工程力学（本）

（第2版）

白新理　主编

国家开放大学出版社·北京

图书在版编目（CIP）数据

工程力学：本／白新理主编. —2 版. —北京：中央
广播电视大学出版社，2014.6（2022.5 重印）

ISBN 978 - 7 - 304 - 06554 - 6

Ⅰ.①工⋯　Ⅱ.①白⋯　Ⅲ.①工程力学 - 开放大学 -
教材　Ⅳ.①TB12

中国版本图书馆 CIP 数据核字（2014）第 118199 号

工程力学（本）（第 2 版）

GONGCHENG LIXUE

白新理　主编

出版·发行：国家开放大学出版社（原中央广播电视大学出版社）

电话：营销中心 010 - 68180820　　　总编室 010 - 68182524

网址：http://www.crtvup.com.cn

地址：北京市海淀区西四环中路 45 号　　邮编：100039

经销：新华书店北京发行所

策划编辑：吴国艳　　　　　　　版式设计：赵　洋
责任编辑：邹伯夏　　　　　　　责任校对：张　娜
责任印制：武　鹏　马　严

印刷：北京时代华都印刷有限公司　　印数：18001 ~ 21000
版本：2014 年 6 月第 2 版　　　　　2022 年 5 月第 10 次印刷
开本：787 × 1092　1/16　　　　　　印张：24.25　　字数：539 千字

书号：ISBN 978 - 7 - 304 - 06554 - 6
定价：34.00 元

第二版前言

本书第一版出版已经10年了。作者在听取了相关教师和读者的意见后，对它进行了修订。

在本版中，我们对全书的内容和词句进行了必要的增删和修改，也订正了第一版中的印刷错误。

本版全书分为11章，主要讲述了结构的基本概念、静定结构的分析方法、各种超静定结构的分析方法（力法、位移法和力矩分配法）、影响线的绘制、结构的稳定分析、弹性力学平面问题的基本方程、平面问题的直角坐标和极坐标解答。

本版修改工作由华北水利水电大学白新理教授（绪论、第9、10、11章）、兰文改教授（第1、2、3、7章）、唐克东教授（第4、5、6章）、马文亮讲师（第8章）分别完成。最后由白新理教授对全书进行了校阅。

本书虽经修改，但由于编者水平有限，纰漏和不足之处在所难免，恳请读者批评指正。

编　者

2014 年 1 月

第一版前言

本书是根据华北水利水电学院和中央广播电视大学联合开办的水利水电工程专业开放教育（专起本）教学计划以及《工程力学（本）》教学大纲编写的工程力学公共必修课程的通用教材。全书共分12章，主要讲述了结构的基本概念、静定结构的分析方法、各种超静定结构的分析方法（力法、位移法、和力矩分配法）、影响线的绘制、矩阵分析法、结构的稳定分析、弹性力学平面问题的基本方程、平面问题的直角坐标和极坐标解答。

本书突出基本理论的掌握和应用，为便于自学，除每章都附有学习指导、小结、习题以外，在页面的右边还有提示旁白（旁注）。

参加本书编写工作的有华北水利水电学院白新理教授（绪论、第10、11、12章）、兰文改（第1、2、3、7章）、唐克东（第4、6、8章）、刘东常（第9章）和中央广播电视大学蒋克中（第5章）。全书由白新理教授担任主编。

参加本书审定工作的有郑州大学孙利民教授、河南广播电视大学牛志新副教授和华北水利水电学院孙大风教授。全书由孙利民教授担任主审。审定专家对本书进行了认真、仔细的审阅，提出了许多宝贵的意见和建议。在此深表谢意。

本书中使用了大量的插图，绘图工作由华北水利水电学院陈伟胜、王兵伟、李国会、马文亮、孟丽娟完成。本书在编写过程中得到了中央广播电视大学、水利行业电大开放教育试点工作办公室的大力支持，在此一并致谢。

本书在编写过程中参考了国内同行的著作和教材，在此对这些作者表示感谢。

由于编者水平有限，再加上时间仓促，本书中可能有不少疏漏、不妥甚至错误之处，恳请读者批评指正。

编　者
2003 年 6 月

目　录

第 0 章

绪　论

学习指导

学习要求：绪论将介绍结构的概念、结构的计算简图、杆件结构的分类、荷载的分类、工程
　　　　　力学的任务与方法5个问题，以使学生对本书的内容有一个初步的了解。

本章重点：结构的计算简图，它是本书后续章节计算的依据。

0.1　结构的概念

在土木工程和水利水电工程中，由建筑材料按照一定的方式筑成，能
承受和传递荷载而起骨架作用的构筑物称为工程结构，简称结构。如
图0-1所示为一些工程结构的例子❶。单层厂房结构中的屋面板、屋架、
梁、柱、基础及其组成的体系也都是结构。

❶这些只是结构
的外形，与结构
或结构的计算简
图是有区别的。

(a)

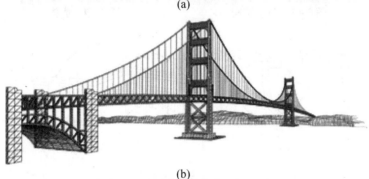

(b)

图0-1　工程结构示例

(a) 某水利枢纽工程；(b) 某大桥

结构一般是由多个构件连接而成的，按几何特征通常分为3类。

1. 杆件结构

杆件结构是由杆件或若干根杆件相互连接组成的。杆件的几何特征如下：在三个方向尺寸中，长度 l 远大于另外两个方向的尺寸——截面宽度 b 和厚度 h[●]，如图0-2（a）所示。在各种结构中，杆件结构最多，本书大部分内容讨论的也是杆件结构。

● 横截面的形状可以是矩形、圆形、工字形等。

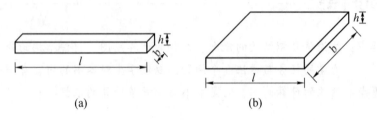

图0-2

（a）杆件；（b）薄板

2. 薄壁结构（板壳结构）

薄壁结构的几何特征如下：在三个方向尺寸中，厚度 h 远小于长度 l 和宽度 b，平面板状的薄壁结构称为薄板，如图0-2（b）所示。几块薄板可组合成折板，如图0-3所示；当薄壁结构为曲面时，则为壳体，如图0-4所示；如图0-5（a）和图0-5（b）所示分别为输水工程中使用的 U 形薄壳渡槽[❷]和壳体屋面结构。

❷ 南水北调中线工程总干渠沙河渡槽中所使用的就是 U 形断面的薄壳结构。

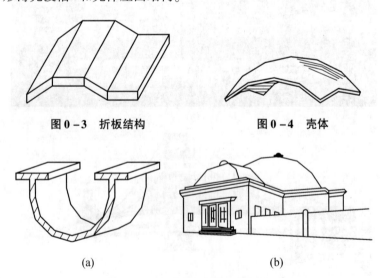

图0-3　折板结构　　　　图0-4　壳体

图0-5　薄壁结构在实际中的应用

（a）U形薄壳渡槽；（b）壳体屋面结构

3. 实体结构

实体结构的几何特征如下：在三个方向尺寸中，长度 l、宽度 b 和厚度 h 大致相当，如挡土墙［如图 0 - 6（a）所示］、堤坝❶和块体基础［如图 0 - 6（b）所示］等。

❶ 如小浪底水利枢纽工程。

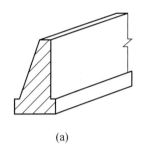 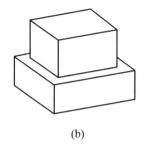

(a)　　　　　　　　　　(b)

图 0 - 6　实体结构

（a）挡土墙；（b）块体基础

当三维空间实体具有某种特殊形状并受到特殊荷载作用时，可以简化为二维平面实体❷，从而可使用弹性力学平面问题中的方法进行处理。如图 0 - 7（a）所示为从大坝中切出的一个单位厚度的模型，这就是一个二维平面实体的例子（详见第 9 章）。

❷ 第 9 章称其为平面应变问题。

当薄板上的作用力都平行于板平面且沿厚度不发生变化时，薄板的变形也在板平面内❸，故也可以按弹性力学平面问题进行处理，如图 0 - 7（b）所示。这种特殊情况将在本书第 9 章和第 10 章加以讨论。如图 0 - 7（a）和图 0 - 7（b）所示的两种情况均可以看作二维平面实体结构，以区别于三维空间实体结构。

❸ 第 9 章称其为平面应力问题。

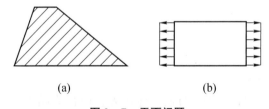

(a)　　　　　　　　　　(b)

图 0 - 7　平面问题

（a）二维平面实体（坝体）；（b）二维平面实体（薄板）

0.2　结构的计算简图

0.2.1　计算简图及其选择原则

实际生活中的结构是很复杂的，完全按照结构的实际工作状态进行力学分析是不可能的，也是不必要的。因此，在对实际结构进行力学计算以前，必须加以简化，抓住主要矛盾，略去不重要的细节，用一个能反映其基本受力和变形性能的、简化了的计算图形进行代替。这种代替实际结构的简化计算图形称为结构的计算简图❶。结构的受力分析都是在计算简图中进行的。因此，计算简图的选择是结构受力分析的基础，极为重要。如果选择不当，则计算结果不能反映结构的实际工作状态，严重的还会引起工程事故。所以，对于计算简图的选择应十分重视。

计算简图的选择应遵循下列原则：

（1）计算简图应尽可能反映实际结构的主要受力和变形特征。

（2）略去次要因素，使计算简图便于计算。

0.2.2　计算简图的简化要点

一般结构实际上都是空间结构，各部分相互连接成一个空间整体，以承受各个方向可能出现的荷载。但是，在多数情况下，常常可以忽略一些次要的空间约束，而将实际结构简化为平面结构❷，使计算过程变得简单，其结果也能反映实际状态。本书仅讨论平面结构的计算问题。平面杆件结构的简化主要包括杆件、结点和支座的简化及材料性质和荷载的简化。

1. 杆件的简化

杆件的截面尺寸（宽度、厚度）通常比杆件的长度小得多，截面变形符合平截面假定，截面上的应力可根据截面的内力（弯矩、剪力、轴力）确定，截面上的变形也可根据轴线上的应变分量确定。因此，在计算简图中，杆件可用其轴线表示❸，杆件之间的连接区可用结点表示，杆件长度可用结点之间的距离表示。这样，荷载的作用点也就转移到轴线上了。当截面尺寸增大（如超过杆长的1/4）时，杆件用其轴线表示的简化将引起较大的误差。

2. 结点的简化

结构中杆件与杆件之间的相互连接处，简化为结点。虽然在木结构、钢结构和混凝土结构中，杆件与杆件之间相互连接的构造方式很多，但其结点通常可简化为以下3种理想情形：

（1）铰结点。理想铰结点的特点如下：被连接的杆件在结点处不能相对移动，但可绕铰自由转动；铰结点处可以承受和传递力，但不能承受和传递力矩❹。如图0-8（a）所示为木屋架端结点，各杆件之间虽然不能相对移动，但可以有微小的转动，计算时需简化为一个铰结点。铰结点的计算简图如图0-8（b）所示。铰结点是极为理想的情况，在实际结构中是很难遇到的，木屋架的结点也只是比较接近铰结点。在计算简图中，铰结

❶ 有时称为计算模型。

❷ 三维空间结构的计算是很烦琐的。

❸ 杆件变成了一条线。

❹ 例如，若干根杆件用销钉或螺杆连接在一起。

点可用一个小圆圈表示。

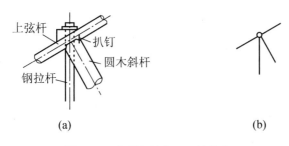

图 0-8 木屋架结点——铰结点

（a）木屋架结点构造；（b）计算简图

（2）刚结点。刚结点的特点如下：被连接的杆件在结点处不能相对移动，也不能相对转动；刚结点处不仅能承受和传递力，而且还能承受和传递力矩。如图 0-9（a）所示为一个钢筋混凝土框架边柱和梁的结点，由于梁和柱之间的钢筋布置以及混凝土将它们浇筑成一个整体，使梁和柱不能产生相对移动和转动，故计算时可简化为一个刚结点❶。刚结点的计算简图如图 0-9（b）所示。

（3）组合结点。若干杆件交会于同一结点，当某些杆件的连接可以视为刚结点，而另一些杆件可以视为铰结点❷时，该结点称为组合结点。在如图 0-10 所示的组合结点的计算简图中，结点 D 为组合结点。

❶ 这是最有代表性的刚结点。

❷ BD 与 ED 实际上为一根杆件，可以看作两根杆件的刚性连接，CD 则与它们铰接。

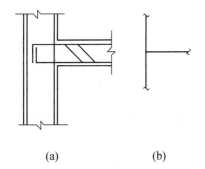

图 0-9 钢筋混凝土梁柱结点——刚结点

（a）钢筋混凝土梁柱结点构造；（b）计算简图

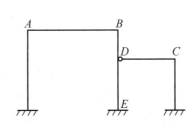

图 0-10 组合结点的计算简图

3. 支座的简化

将结构与基础或其他支撑物联系起来，以固定结构位置的装置称为支座。支座对结构的反作用力称为支座反力。平面结构的支座通常可以简化为以下 4 种形式。

（1）活动铰支座。这种支座通常用图 0-11（a）所示的方式表示。它对结构的约束作用是：只能阻止结构上的 A 端沿垂直于支撑面的方向移动；

而结构既可以沿支撑平面的方向移动●，又可以绕铰 A 转动。因此，当不考虑支撑平面的摩擦力时，其支座反力将通过铰 A 的中心并与支撑平面垂直，即支座反力的方向和作用点是确定的，只有大小是未知的，可用 F_{RA} 表示。根据上述特点，这种支座在计算简图中可以用一根垂直于支撑面的链杆来表示，如图 0 – 11（b）所示。在实际结构中，凡符合或近似符合上述约束条件的支撑装置均可取为活动铰支座。

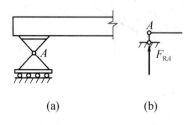

图 0 – 11　活动铰支座

（a）辊轴支座；（b）计算简图

（2）固定铰支座。这种支座的构造如图 0 – 12（a）所示，常简称为铰支座，它允许结构在支撑处绕铰 A 转动，但 A 点不能做水平和竖直移动。固定铰支座的支座反力 F_{RA} 将通过铰 A 中心，但大小和方向都是未知的，通常可用沿两个确定方向的分反力，如水平反力 F_{xA} 和竖向反力 F_{yA} 来表示。这种支座的计算简图可用交于 A 点的两根支撑链杆来表示，如图 0 – 12（b）或图 0 – 12（c）所示。

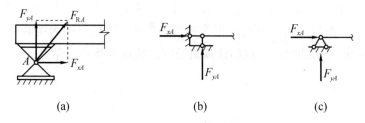

（a）　　　　　　　　　　（b）　　　　　　　　　　（c）

图 0 – 12　固定铰支座

（a）固定铰构造；（b）计算简图 1；（c）计算简图 2

在实际结构中，凡属不能移动，但可做微小转动的装置都可简化为固定铰支座❷。例如，如图 0 – 13（a）所示的预制混凝土柱，插入杯形基础，杯口的空隙用沥青麻丝填充，柱子可以有微小的转动，但在水平方向和竖直方向的移动受限制，因此，可简化为一个固定铰支座，如图 0 – 13（b）所示。

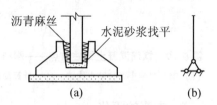

沥青麻丝　水泥砂浆找平

（a）　　　　　　（b）

图 0 – 13　固定铰支座的例子

（a）固定铰实例；（b）计算简图

（3）固定支座。如图 0 – 14（a）所示为悬臂梁，当梁端插入墙身有相当深度且与四周有相当好的密实性时，梁端被完全固定，可以视为固定支座。这种支座不允许结构在支撑处发生任何移动和转动，它的反力大小、方向和作用点位置都是未知的,通常用水平反力 F_{xA}、竖直反力 F_{yA} 和反力偶 M_A 表示,计算简图如图 0 – 14 (b) 或图 0 – 14 (c) 所示。

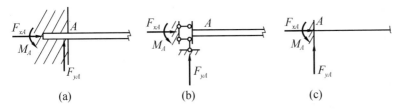

图 0 – 14   固定支座

(a) 悬臂梁构造;(b) 计算简图 1;(c) 计算简图 2

如图 0 – 15 (a) 所示为一个预制钢筋混凝土柱,插入杯形基础,杯口的空隙用细石混凝土填实。当预制钢筋混凝土柱插入基础有一定的深度时,柱在基础内的移动和转动均被限制,可以简化为固定支座❶,计算简图如图 0 – 15 (b) 所示。如图 0 – 16 (a) 所示为悬挑阳台梁,其计算简图如图 0 – 16 (b) 所示。

> ❶ 此处与图 0 – 13 所示的示例相同,但处理方法不同,设计要求不同,故得到的计算简图也不相同。

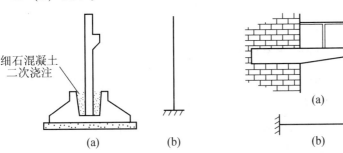

图 0 – 15   固定支座的例子

(a) 预制柱杯口基础;(b) 计算简图

图 0 – 16   固定支座——悬挑阳台梁

(a) 悬挑阳台梁;(b) 计算简图

(4) 定向支座。在支撑处不能转动,不能沿垂直于支撑面的方向移动,但可以沿支撑面方向滑动的结构都可以简化为定向支座,如图 0 – 17 (a) 和图 0 – 17 (b) 所示。其反力为一个垂直于支撑面的力 F_{yA} 和一个反力偶 M_A,计算简图可用垂直于支撑面的两根平行链杆表示。它允许杆端在水平方向上滑动,在另一个定向支座 [如图 0 – 17 (c) 所示] 中,则允许杆端在竖直方向上滑动❷。

> ❷ 这要看实际约束允许结构沿什么方向滑动。

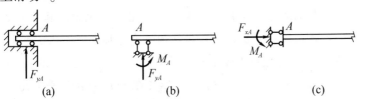

图 0 – 17   定向支座

(a) 定向支座构造;(b) 计算简图 1;(c) 计算简图 2

4. 材料性质的简化

在水利工程中，结构所用的建筑材料通常为钢、混凝土、砖、石等。在结构计算中，为简化起见，对组成各构件的材料一般都假设为连续的、均匀的、各向同性的、完全弹性或弹塑性的。

上述假设对于金属材料在一定受力范围内是符合实际情况的。对于混凝土、钢筋混凝土、砖、石等材料，则带有一定程度的近似性。

5. 荷载的简化

结构承受的荷载可以分为体积力和表面力两大类。体积力指的是结构的重力或惯性力等；表面力则是由其他物体通过接触面而传给结构的作用力❶，如土压力、水压力、风压力、车辆的轮压力等。

❶ 表面力一般都是压力（接触力）。

在杆件结构中，通常将杆件简化为轴线，因此，不管是体积力还是表面力，都可以简化为作用在杆件轴线上的力。荷载按其分布情况，可简化为集中荷载和分布荷载。荷载的简化与确定比较复杂，在 0.4 节中还要专门讨论。

二维平面实体结构中荷载的简化计算将在第 9 章详细讨论。

0.2.3　结构计算简图示例

在实际工程中，只有根据实际结构的主要受力情况去进行抽象和简化，才能得出它的计算简图。下面通过两个实例进行具体分析。

【例 0-1】　钢筋混凝土单层工业厂房结构的示意图如图 0-18（a）所示，请对其进行简化。

1. 厂房体系的简化

该厂房结构是由一系列屋架、柱和基础组成的平面单元［如图 0-18（a）中的阴影线部分或如图 0-18（b）所示］沿厂房的纵向有规律地排列起来，再由屋面板等纵向构件连接组成的空间结构。作用在厂房上的荷载，通常沿纵向是均匀分布的。因此，可以从这个空间结构中，取出柱间距中线之间的部分作为计算单元；作用在结构上的荷载则通过纵向构件分配到各计算单元平面内。在计算单元中，荷载和杆件都在同一平面内，这样，就把一个空间结构简化成为平面结构了❷［如图 0-18（b）所示］。这里我们忽略了纵向构件的联系，这种不考虑空间作用的简化方法具有一定的近似性。但在一般情况下，它反映了厂房结构的受力特点，抓住了主要矛盾。

❷ 一般结构设计中，往往按平面结构进行初算。最终用其他方法按三维空间问题进行校核。

2. 在竖向荷载的作用下屋架的计算简图

下面分别讨论如图 0-18（b）所示屋架和厂房柱的平面结构的计算简图。

在竖向荷载的作用下，屋架的计算简图如图 0-18（c）所示，这里采

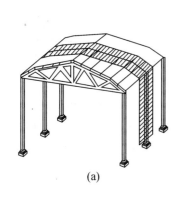
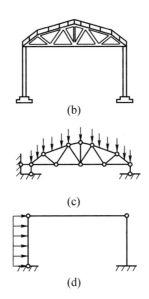

图 0-18　单层厂房结构的计算简图

（a）单层厂房结构；（b）平面单元；

（c）竖向荷载下的屋架计算简图；（d）横向水平荷载下的排架计算简图

用了以下简化：

（1）屋架的杆件用其轴线表示。

（2）屋架杆件之间的连接简化为铰结点。

（3）屋架的两端通过钢板焊接在柱顶，可将其端点分别简化为固定铰支座和活动铰支座。

（4）屋面荷载通过屋面板的 4 个角点以集中力的形式作用在屋架的上弦上。

3. 在横向水平荷载的作用下厂房柱的计算简图

在横向水平荷载（如侧向风载）的作用下，厂房柱的计算简图如图 0-18（d）所示。这里采用了以下简化：

（1）柱用其轴线表示。

（2）屋架在两端均以铰与柱顶连接；计算柱时，屋架的作用如同一个两端为铰的链杆，将两柱在顶部连在一起。

（3）柱插入基础后，用细石混凝土填实，柱基础视为固定支座。

如图 0-18（b）和图 0-18（d）所示的结构称为铰接排架，是单层工业厂房常用的一种结构形式。

从例 0-1 中我们对计算简图有了初步的认识，知道了选择计算简图的步骤和应注意的问题。此外，计算简图的选择还涉及施工知识、构造知识及设计概念。这一点从例 0-2 中可以看出。

【例 0 - 2】 斜梁门式刚架结构的简化。

如图 0 - 19（a）所示为一个斜梁门式刚架结构的示意图。一般的，为了施工方便，斜梁门式钢架结构的左、右两半刚架分别平卧在地面上整体预制，因此，斜梁与立柱构成了刚结点●。左、右两半刚架通过吊装插入事先浇筑成带有杯口的独立基础上，顶部通过预埋铁件或焊接或螺栓连接等构造方式形成铰结点。与基础的连接则取决于设计要求：如果用细石混凝土分两次浇捣密实形成整体，则该支座可简化为固定支座［如图 0 - 19（b）所示］；如果设计要求支座能有微小的转动，如室内有高温热源的厂房，需要考虑温度应力，则应填塞沥青麻丝于杯口上部，此时支座可简化为固定铰支座［如图 0 - 19（c）所示］。需要指出的是，不同的处理结构所产生的内力分布也是不同的，设计的效果更不一样。因此，计算简图的选取必须要与实际要求相一致，否则就会导致设计的不合理、不经济，甚至不安全。

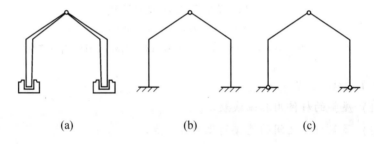

图 0 - 19　斜梁门式刚架结构的简化

（a）示意图；（b）简化为固定支座的计算简图；（c）简化为固定铰支座的计算简图

结构计算简图的选择十分重要，又很复杂，需要选择者有较多的实际经验，并善于判断各种不同因素的相对重要性。对一些新型结构，往往要通过多次实验和实践，才能获得比较合理的计算简图；但对常用的结构形式，已有前人积累的经验，可以直接取其常用的计算简图●。所以，选择结构计算简图的能力是在本课程、后续结构课程以及长期的工程实践中逐步形成的。

0.3　杆件结构的分类

本书研究的主要对象是杆件结构。杆件结构的分类实际上就是计算简图的分类。

1. 根据组成和受力特点分类

常用的杆件结构按其组成和受力特点，可以分为以下几类：

● 应该同时考虑设计与施工的要求。

● 计算简图的选择往往比计算方法的选择更为重要。

（1）梁。梁的轴线通常为直线，水平梁在竖直荷载的作用下无水平支座反力，内力有弯矩和剪力。梁有单跨梁［如图 0 - 20（a）和图 0 - 20（b）所示］和多跨梁［如图 0 - 21（a）和图 0 - 21（b）所示］之分。

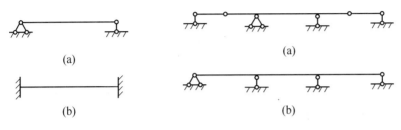

图 0 - 20　单跨梁　　　　　　　　　图 0 - 21　多跨梁

（a）静定梁；（b）超静定梁　　　　　　（a）静定多跨梁；（b）连续梁

（2）拱。拱的轴线为曲线，在竖直荷载的作用下有水平推力 F_x［如图 0 - 22（a）和图 0 - 22（b）所示］。水平推力大大改变了拱的受力特性。当跨度、荷载及支撑情况相同时，拱的内弯矩远小于梁的内弯矩。

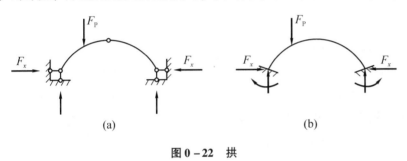

图 0 - 22　拱

（a）三铰拱；（b）无铰拱

（3）刚架。刚架是由梁和柱等直杆组成的结构，杆件间的结点多为刚结点（如图 0 - 23 所示）；刚架结构的杆件的内力一般有弯矩、剪力和轴力，其中，弯矩为主要内力。刚架通常也被称为框架。

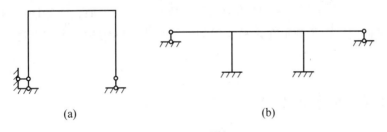

图 0 - 23　刚架

（a）静定刚架；（b）超静定刚架

（4）桁架。桁架由两端为铰的直杆（链杆）组成。当荷载作用于结点时，桁架的各杆只受轴力，如图 0 - 24 所示。

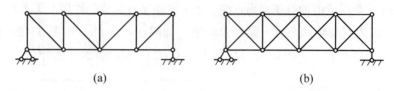

图 0 - 24　桁架

（a）静定桁架；（b）超静定桁架

（5）组合结构。组合结构是由梁式杆（以受弯为主的杆件）和链杆组成的，如图 0 - 25 所示。

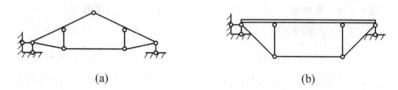

图 0 - 25　组合结构

（a）静定组合结构；（b）超静定组合结构

2. 根据计算特点分类

根据计算特点，杆件结构可以分为静定结构和超静定结构两大类。

（1）静定结构。凡用静力平衡条件可以确定全部支座反力和内力的结构均称为静定结构❶，如图 0 - 20 ~ 图 0 - 25 中的（a）所示。

（2）超静定结构。凡不能由静力平衡条件确定全部支座反力和内力的结构均称为超静定结构❷，如图 0 - 20 ~ 图 0 - 25 中的（b）所示。

3. 根据杆件和荷载在空间的位置分类

根据杆件和荷载在空间的位置，结构可以分为平面结构和空间结构。

（1）平面结构。各杆件的轴线和荷载都在同一平面内的结构称为平面结构。如图 0 - 20 ~ 图 0 - 25 所示均为平面结构。

（2）空间结构。各杆件的轴线和荷载不在同一平面，或各杆件轴线在同一平面内，但荷载不在该平面内的结构称为空间结构。本书不讨论空间结构。

0.4　荷载的分类

荷载是主动作用于结构的外力，如结构的自重（重力）、风压力、工业厂房结构上的吊车荷载、行驶在桥梁上的车辆荷载以及作用于水利工程结构的水压力和土压力等。荷载使结构产生内力和变形。

根据不同特征，荷载有如下分类：

❶ 静定结构的计算是基础，要求熟练掌握。

❷ 超静定结构的计算依赖于对静定结构计算的熟练程度。

1. 根据作用时间的久暂分类

荷载根据其作用时间的久暂，可以分为恒载和活载。

（1）恒载。永久作用在结构上的不变荷载称为恒载，如结构的自重、固定于结构上的设备的重力等。

（2）活载。暂时作用在结构上的可变荷载称为活载，如楼面上的人群、风载和雪载等。有些活载在结构上的作用位置是移动的，这类荷载又被称为移动荷载，如列车荷载和吊车荷载等。

2. 根据作用的性质分类

荷载根据其作用的性质，可以分为静力荷载和动力荷载。

（1）静力荷载。荷载的大小、方向和位置不随时间变化或变化极为缓慢的荷载称为静力荷载。静力荷载不会使结构产生显著的振动，因而可略去惯性力的影响。结构的恒载都是静力荷载；只考虑位置改变，不考虑动力效应的移动荷载，也是静力荷载。

（2）动力荷载。动力荷载是随时间迅速变化的荷载。它使结构产生显著的振动，因而惯性力的影响不能忽略。例如，机械运转时产生的荷载、地震时由于地面运动对结构的动力作用以及爆炸引起的冲击波等都是动力荷载。

除荷载以外，还有其他一些因素也可以使结构产生内力或变形，如温度变化、支座沉陷、制造误差、材料收缩以及松弛、徐变等❶。

❶ 从广义上来说，这些因素也可以视为广义荷载。

0.5 "工程力学（本）"与其他课程的联系及其任务和学习方法

0.5.1 "工程力学（本）"与其他课程的关系

"工程力学（本）"是水利水电工程专业一门重要的技术基础课，在各门课程的学习中起承上启下的作用。

"工程力学（本）"是"理论力学"和"材料力学"的后续课程。"理论力学"研究的是刚体的机械运动（包括静止和平衡）的基本规律和刚体的力学分析；"材料力学"研究的是单根杆件的强度、刚度和稳定性问题；"工程力学（本）"则是研究杆件体系的强度、刚度和稳定性问题，以及弹性力学平面问题的基本方程和某些平面问题的解答（直角坐标和极坐标）。因此，"理论力学"和"材料力学"是学习"工程力学（本）"的重要的基础课程，它们为"工程力学（本）"提供了力学分析的基本原理和基础。

同时，"工程力学（本）"又为后续课程，如"钢结构""混凝土结构""砌体结构"等专业课程提供了进一步的力学知识基础。因此，"工程力学（本）"课程的学习在水利水电工程专业，房建、结构、道路、桥梁及地下工程各专业的学习中均占有重要的地位。

0.5.2 "工程力学（本）"的任务、基本条件和学习方法

1. "工程力学（本）"课程的任务

"工程力学（本）"课程的研究对象是杆件结构（第1~8章）和二维平面实体结构（第9~11章）。其任务包括以下几方面：

（1）研究结构的组成规律、合理形式以及结构计算简图的合理选择（仅对杆件结构）。

（2）研究结构内力和变形的计算方法，以便进行结构强度和刚度的验算。

（3）研究结构的稳定性● （仅对杆件结构）。

2. 工程力学（本）计算问题中的基本条件

工程力学（本）的计算问题分为两类：一类为静定问题，即只需根据下面3个基本条件的条件（1）——平衡条件即可求解；另一类为超静定问题，即必须满足以下3个基本条件，方能求解。3个基本条件如下：

（1）力系的平衡条件。在一组力系的作用下，结构的整体及其中任何一部分都应满足力系的平衡条件。

（2）变形的连续条件。变形的连续条件即几何条件。连续的结构发生变形后，仍是连续的，材料没有重叠或缝隙。同时，结构的变形和位移应满足支座和结点的约束条件。

（3）物理条件。将结构的应力和变形联系起来的条件（关系式）即物理方程或本构方程。

以上3个基本条件贯穿于本课程的全部计算方法中，只是满足的次序和方式不同而已●。

3. "工程力学（本）"的学习方法

（1）要注意"工程力学（本）"课程与其他课程之间的联系。对"理论力学"和"材料力学"等先修课程的知识，应当根据情况进行必要的复习，并在运用中得到巩固和提高。

（2）要注意分析方法与解题思路。本课程讲述的各种具体的计算方法，均是前述3个基本条件的具体体现，因此，要注意各种方法在其计算过程中是怎样实现3个基本条件的要求的。学习时，要着重掌握各种方法的解题思路，特别是要从这些具体的算法中学习分析问题的一般方法。例如，如何由已知领域逐步过渡到未知新领域的方法；如何将整体分解成局

● 板壳结构的稳定性问题超出了本书的讨论范围。

● 弹性力学问题都是超静定问题，上述3个基本条件都要用到。

部，再由局部综合成整体的方法；如何把有关几个问题加以对比的方法；等等。

（3）要注意多练、多做习题。这是学习"工程力学（本）"课程的重要环节。不做一定数量的习题，是很难掌握"工程力学（本）"课程中的概念、原理和方法的。在做习题前，一定要看书复习，搞清概念，抓住问题的本质、要点，切忌按例题照搬照套。要养成对计算结果进行校核的习惯，不要只对答案，还要能从错题中吸取教训，不再犯同样的错误。

小 结

本章讨论了 5 个问题：结构的概念，结构的计算简图，杆件结构的分类，荷载的分类，工程力学的任务、基本条件与方法，它们都是贯穿在全书中的重要问题。通过本章的学习，学生应该明确"工程力学（本）"课程的研究对象是杆件结构和二维平面实体结构，研究任务是这些结构的强度、刚度和稳定性问题。

值得强调的是，结构的计算简图是本章的重点，也是以后计算的出发点。学习时，应对其选择原则、简化要点（特别是其中的结点和支座的简化要点）等给予特别的注意，为今后对结构进行受力和变形分析打下基础。

思考题

1. 什么是结构的计算简图？它与实际结构有什么联系与区别？为什么要将实际结构简化为计算简图？
2. 平面杆件结构的结点通常能简化为哪 3 种情形？它们的构造、限制分别是什么？
3. 平面杆件结构的支座常简化为哪几种情形？它们的构造、限制结构运动和受力的特征各是什么？
4. 常用的杆件结构有哪几类？
5. 二维平面实体结构与三维空间实体结构有何区别？

第 1 章

平面杆件体系的几何构造分析

学习要求：1. 理解自由度、约束、几何不变体系、几何可变体系、瞬变体系、刚片、多余及非多余约束的概念。
2. 掌握几何不变体系的几何组成规则。
3. 熟练掌握常见结构的几何组成分析。

本章重点：体系的几何组成分析。

杆系结构是由若干杆件相互连接而成的体系。其与地基连接成一个整体，可以用来承受和传递荷载。一个结构要能承受和传递荷载，首先它的几何构造应当合理。因此，在进行内力分析之前，我们首先要对结构进行几何组成分析。本章将讨论平面杆系结构❶的几何组成规律。

❶ 平面杆系结构是指杆系结构中，各杆的轴线都在同一平面内。

1.1 几何构造分析的几个概念

1.1.1 几何不变体系和几何可变体系

体系受到任意荷载作用后，在不考虑材料应变的条件下❷，其几何形状与位置均保持不变，我们将这样的体系称为几何不变体系。工程结构中所采用的体系应为几何不变体系。如图 1 – 1 （a）所示是由 3 根链杆与地基组成的三角形结构，它是一个几何不变体系。

❷ 要把由于杆件变形产生的位移与刚体机械运动（刚性位移）区别开来。

体系受到任意荷载作用后，在不考虑材料应变的条件下，其形状与位置可以改变，我们将这样的体系称为几何可变体系。显然，几何可变体系不能用于工程结构。如图 1 – 1 （b）所示是一个铰接四边形体系，它是一个几何可变体系。

不同的体系有不同的几何组成，我们将分析体系的几何组成、判断结构是不是几何不变体系的过程，称为结构的几何组成分析。

1.1.2 几何组成分析的目的

（1）通过判别某一体系是否为几何不变体系，即可决定它是否能作为

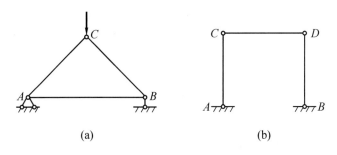

图1-1 几何不变体系与几何可变体系

(a) 几何不变体系;(b) 几何可变体系

工程结构。在工程结构中,不应使用几何可变体系,否则容易造成事故。

(2) 研究几何不变体系的组成规则,了解结构各个部分之间的构造关系,改善和提高结构的性能。

(3) 判别结构是静定结构还是超静定结构,以便在结构计算时,选择相应的计算方法❶。

1.1.3 刚片

在几何组成分析中,由于不考虑杆件本身的变形,故可以将一根梁、一根链杆或在体系中已确定为几何不变的部分看作一个平面刚体,我们将其称为刚片,它的几何形状和尺寸是不变的。例如,图1-1(a)中的三角形就可视为由3个刚片 AC、AB、CB 组成,也可以将此三角形视为一个刚片。支撑结构的地基,当不考虑其本身的变形时,也可以看作一个刚片。

1.1.4 自由度

为了便于对体系进行几何组成分析,首先要讨论平面体系自由度的概念。

平面体系的自由度是指确定物体位置所需要的独立坐标数目。一个点 A 在平面内自由运动时,其位置只需要用两个独立的坐标 x、y 来确定,如图1-2(a)所示。所以,一个点在平面内有两个自由度。

一个刚片在平面内自由运动时,其位置可由在它上面任意一点 A 的坐标和任意一直线 AB 的倾角 φ 来确定,如图1-2(b)所示。所以,一个刚片在平面内有3个自由度。

1.1.5 约束

刚片加入限制运动的装置后,它的自由度将会因此而减少。凡减少自由度的装置均被称为约束或联系。刚片之间的各种连接装置和各种支座都是约束装置,不同的约束对自由度的影响是不同的。

❶ 静定结构和超静定结构的计算方法是不同的。静定结构的未知力全部可以由静平衡方程求得;而超静定结构的未知力不能全部由静平衡方程求得。

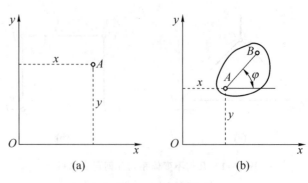

图 1 - 2　自由度

（a）点的运动；（b）刚片的运动

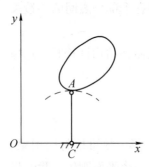

图 1 - 3　链杆约束

1. 链杆❶

如图 1 - 3 所示，一个刚片与地基用一根链杆 AC 相连，则刚片不能沿 y 轴运动，但可以沿 x 轴移动和绕 A 点转动，此时，刚片的自由度由 3 减为 2，使体系减少了一个自由度，因此，一根链杆相当于一个约束。

2. 固定铰支座或单铰

如图 1 - 4（a）所示，有一个刚片，在不受约束时，其在平面内有 3 个自由度，加入一个固定铰支座后，便只有一个绕 A 点转动的自由度 φ 了。也就是说，刚片的自由度由 3 个减为 1 个。

用一个铰 B 把两个刚片连接起来，如图 1 - 4（b）所示，这种连接两个刚片的铰称为单铰。当刚片 Ⅰ 的位置由 A 点的坐标 x、y 和 φ 确定后，刚片 Ⅱ 只能绕 B 点转动，其位置只需一个参数 φ 即可确定。这样，两个刚片的自由度就由 6 个减为 4 个了。

由此可见，固定铰支座和单铰限制了两个自由度，相当于两个约束。

通常，一个固定铰支座或一个单铰可以用两根链杆来等效替换，即两根链杆相当于一个固定铰支座或一个单铰的约束。例如，如图 1 - 4（c）与图 1 - 4（b）所示的结构是等效的。

3. 复铰

如图 1 - 4（d）所示为 3 个刚片用一个铰 A 相连，我们将这种连接两个以上刚片的铰称为复铰。未连接之前，3 个刚片在平面内共有 9 个自由度，用铰 A 连接后，先用坐标 x、y 和 φ 确定刚片 Ⅰ 的位置，这时，刚片 Ⅱ 和刚片 Ⅲ 分别只需一个参数 α 和 β 即可确定，体系的自由度由 9 个减为 5 个。由此可见，连接 3 个刚片的复铰相当于两个单铰的作用。一般来说，

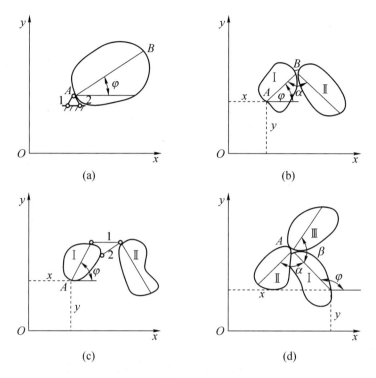

图1-4 固定铰支座或单铰

(a) 固定铰；(b) 单铰；(c) 单铰的替换形式；(d) 复铰

连接 n 个刚片的复铰相当于 $(n-1)$ 个单铰，因此，复铰相当于 $2(n-1)$ ^❶ 个约束。

❶ n 个刚片未连接前共有 $3n$ 个自由度，用一个复铰连接后有 $3+(n-1)$ 个自由度。

4. 刚结点

如图1-5所示，两个刚片 AB 和 BC 在点 B 连接成为一个整体，结点 B 称为刚结点。两个刚片在未连接前在平面内共有6个自由度，刚性连接成整体后只有3个自由度，故一个刚结点相当于3个约束。

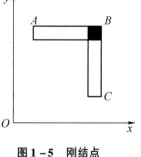

5. 必要约束与多余约束^❷

（1）必要约束。必要约束是指使体系成为几何不变体系而必需的约束。

图1-5 刚结点

（2）多余约束。如果在一个体系中增加一个约束，而体系的自由度并不因此而减少，则此约束称为多余约束。

如图1-6（a）所示，平面内一个自由点 A 原来有两个自由度。如果用两根不共线的链杆1和2把点 A 与基础相连，则点 A 即被固定，即自由度为0，因此，减少了两个自由度。可见，链杆1和2都是非多余

❷ 多余约束只是从几何组成分析这个角度来讲是多余的，在实际工程中并不是多余的。

约束。

如图 1-6（b）所示，如果用 3 根不共线的链杆将点 A 与基础相连，这时点 A 的自由度也为 0，实际上仍只减少了两个自由度。也就是说，要使点 A 的自由度减为 0，只需要两个约束即可。因此，在这 3 根链杆中，只有两根是非多余约束，而有一根是多余约束（可将 3 根链杆中的任何一根视为多余约束）。

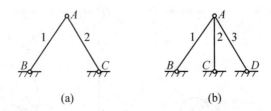

（a）   （b）

图 1-6 非多余约束与多余约束

（a）非多余约束；（b）多余约束

1.1.6 虚铰（瞬铰）

如图 1-7（a）所示，两个刚片用两根链杆连接，两根链杆的延长线交于点 O。我们将连接两个刚片的两根链杆的延长线的交点 O 称为虚铰。这时，两个刚片之间的运动只有绕 O 点的相对转动，O 点也称为刚片 Ⅰ 与刚片 Ⅱ 的相对转动瞬心。可以看出，随着两个刚片做微小转动，这个瞬心的位置也在改变（有时也将这种随链杆转动而改变位置的铰称为瞬铰）。显然，两个刚片在未连接之前，平面内共有 6 个自由度，用两根链杆连接后，减少为 4 个自由度。所以，虚铰的作用相当于一个单铰，只是虚铰的位置随链杆的转动而改变。

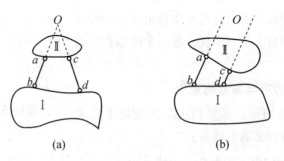

（a）   （b）

图 1-7 虚铰

当两个刚片 Ⅰ、Ⅱ 用两根互相平行的链杆相连时，如图 1-7（b）所示，这两根链杆的作用相当于一个无穷远处的"铰"，我们将两根平行链杆延长线的无穷远处称为无穷远的虚铰。

1.2　几何不变体系的几何组成规律❶

❶ 1.2 节是本章的重点，也是难点，在应用时要灵活运用。

本节将讨论无多余约束的几何不变体系的组成规律，在几何组成分析中，最基本的规律是三角形规律，无多余约束的几何不变体系的组成规律都是建立在基本三角形几何不变的性质上的。

1.2.1　三刚片规则

3 个刚片用不在同一条直线上的 3 个铰两两相连，则组成的体系是几何不变体系，且无多余约束。

如图 1-8 所示，有 3 个刚片Ⅰ、Ⅱ、Ⅲ，用不在同一条直线上的 3 个单铰 A、B、C 两两相连，由三角形的几何不变性可知，它的几何形状是不变的。下面我们分析它们的运动情况。如假定刚片Ⅰ不动，则刚片Ⅱ只能绕 A 点转动，即刚片Ⅱ上的 C 点只能沿着以 AC 为半径的圆弧运动；刚片Ⅲ只能绕 B 点转动，即刚片Ⅲ上的 C 点只能沿着以 BC 为半径的圆弧运动。但是，由于刚片Ⅱ、Ⅲ在 C 点用铰相连，C 点不可能同时在两个不同的圆弧上运动，只能在两个圆弧的交点处固定不动，因此，刚片之间不可能发生相对运动，故这个组成的体系是几何不变的，且无多余约束。

另外，连接 3 个刚片的 3 个铰，也可以分别为两根链杆组成的实铰或虚铰。如图 1-9 所示，刚片Ⅰ、Ⅲ用杆 3、4 组成的虚铰 B 相连，刚片Ⅱ、Ⅲ用杆 1、2 组成的实铰 A 相连，刚片Ⅰ、Ⅱ用两根平行的杆 5、6 形成的无穷远处的虚铰相连，3 个铰不在同一条直线上，故满足三刚片规则。

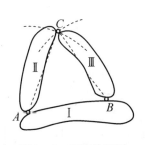

图 1-8　三刚片规则

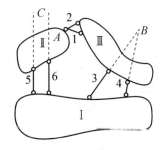

图 1-9　三刚片规则（实铰或虚铰）

1.2.2　二刚片规则

两个刚片用一个铰和一根不通过此铰的链杆相连，则组成的体系是几何不变体系，且无多余约束。

将图 1-8 中的刚片Ⅲ用一根链杆替代，便得到如图 1-10（a）所示的体系，刚片Ⅰ、Ⅱ用铰 A 及不通过该铰的链杆 CB 相连。显然，该体系是几何不变体系，且无多余约束。

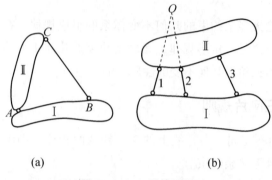

(a)　　　　　　　　　　　　(b)

图 1 – 10　二刚片规则

同理，连接两个刚片的铰也可以用两根链杆代替，如图 1 – 10（b）所示，刚片Ⅰ、Ⅱ用杆 1、2 组成的虚铰 O 及不通过铰 O 的杆 3 相连，同样满足二刚片规则。

1.2.3　二元体规则

在一个刚片Ⅰ上用杆 1、2 两根链杆连接一个新的结点 A，如图 1 – 11 所示，我们将这种由两根不在同一条直线上的链杆连接一个新结点的构造，称为二元体。可以看出，原刚片加上二元体后形成的体系仍是几何不变的，因此，在一个几何不变的体系上依次增加或拆去二元体，不会改变体系的几何不变性。如图 1 – 12 所示为几种二元体的形式。

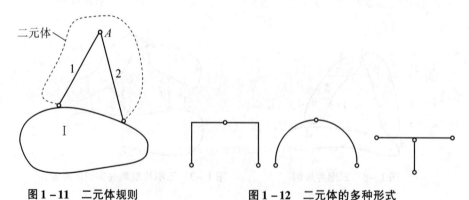

图 1 – 11　二元体规则　　　　　**图 1 – 12　二元体的多种形式**

❶ 可以根据三角形的几何不变性来理解二元体的概念。

在一个体系中增加或拆去一个二元体❶，不会改变原体系的几何构造性质。

以上所讨论的几何不变体系的基本组成规则，提出了刚片之间的不同连接方式。虽然表述方式不同，但这些连接方式可归结为一个基本规则，即铰接三角形规则。

由以上分析可知，同一体系可采用不同的规则来分析其几何不变性。在使用以上规则时，可视具体情况选择合适的规则进行分析。通常，可以将一根链杆视为一个刚片，也可以将一个刚片视为一根链杆，还可以将体系中某一已确定为几何不变的部分作为刚片来处理。

1.2.4 瞬变体系❶与常变体系

1. 瞬变体系

如图 1-13 所示的体系有两个特点：

（1）A 点同时可以绕 B 点和 C 点转动，由于 A、B、C 三铰共线，因此，两个圆弧在 A 点有公切线，所以在图示瞬间，A 点是可能发生运动的，体系在这一瞬时是几何可变的。但是，经过一个微小位移后，A、B、C 三铰就不共线了，A 点不能继续发生运动，体系成为几何不变的。

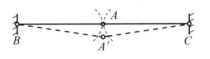

图 1-13 瞬变体系（1）

❶ 瞬变体系在工程中也是不能作为结构使用的。

这种原来为几何可变体系，经微小位移后又成为几何不变的体系称为瞬变体系。

（2）在图 1-13 中，点 A 在没有受到约束前，有两个自由度，增加了两个链杆后，A 点仍有一个自由度。可见，两个链杆中有一个是多余约束。故在一瞬变体系中，必然有多余约束。

如图 1-14（a）所示为两个刚片用 3 根延长线汇交于 O 点的链杆连接为几何可变体系，经一微小位移后，3 根链杆不再交于一点，成为几何不变体系的瞬变体系。

如图 1-14（b）所示为两个刚片用 3 根相互平行但长度不等的链杆连接为几何可变体系，经一微小位移后，3 根链杆不再相互平行，成为几何不变体系的瞬变体系。

2. 常变体系

如果一个几何可变体系可以发生较大的位移，则称为常变体系，如图 1-15（a）和图 1-15（b）所示。

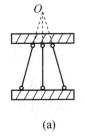 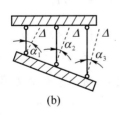

(a) (b)

图 1-14 瞬变体系（2）

(a) (b)

图 1-15 常变体系

瞬变体系和常变体系都为可变体系，都不能作为结构在工程中使用。

1.3 几何组成分析实例

下面根据三刚片规则、二刚片规则和二元体规则，对体系进行几何组成分析。

【**例 1 – 1**】 试分析如图 1 – 16（a）和图 1 – 16（b）所示体系的几何组成。

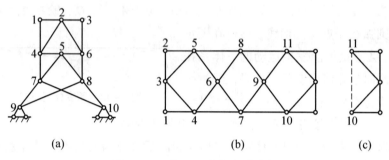

图 1 – 16 例 1 – 1 几何组成分析

解：如图 1 – 16（a）所示的体系可视地基为一个刚片，在其刚片上依次增加二元体 9—7—10、9—8—10、7—5—8、7—4—5、5—6—8、4—2—6、4—1—2、2—3—6，由二元体规则可知，原体系为无多余约束的几何不变体系。

❶ 读者可以考虑一下能不能用增加二元体的方法来分析如图 1 – 16（b）所示的体系。

如图 1 – 16（b）所示的体系❶从左至右依次去掉二元体 4—1—3、3—2—5、5—3—4、7—4—6、6—5—8、7—6—8、10—7—9、9—8—11、10—9—11，得到两个刚片用一个铰连接的几何可变体系，如图 1 – 16（c）所示。如果增加一根链杆 10、11，则成为几何不变体系。所以，原体系为几何可变体系。

【**例 1 – 2**】 试分析如图 1 – 17 所示体系的几何组成。

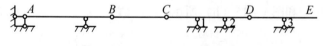

图 1 – 17 例 1 – 2 几何组成分析

解：刚片 AB 与地基视为刚片 Ⅰ，刚片 Ⅰ 和刚片 CD 用杆 1、2 组成的无穷远处的虚铰与不通过该铰的杆 BC 连接成为一个新刚片 Ⅱ，刚片 Ⅱ 和刚片 DE 用铰 D 与不通过该铰的杆 3 连接，所以整体为无多余约束的几何不变体系。

【**例 1 – 3**】 试分析如图 1 – 18 所示体系的几何组成。

解：折杆 AE、EC、BF、DF 也可看成链杆，则 AEC、BFD 可看成工字形刚片 $ABCD$ 上增加的二元体，所以体系为无多余约束的几何不变体系。

【**例 1 – 4**】 试分析如图 1 – 19 所示体系的几何组成。

解：三角形 BCF 和 ADE 可以看成两个刚片，它们之间用不交于一点也不平行的 3 根链杆 AB、CD、EF 连接组成一个大刚片，此刚片与地基用 3 根链杆连接，所以整体为无多余约束的几何不变体系。

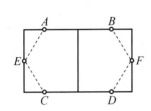

图 1 – 18 例 1 – 3 几何组成分析 　　　　图 1 – 19 例 1 – 4 几何组成分析

【**例 1 – 5**】 试分析如图 1 – 20 所示体系的几何组成[1]。

❶ 例 1 – 5 是否可以将 AC、BE、DF 看作 3 个刚片来分析？

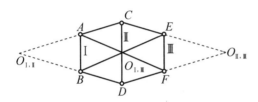

图 1 – 20 例 1 – 5 几何组成分析

解：将 AB、CD、EF 分别看成 3 个刚片，刚片 Ⅰ 与 Ⅱ 之间由链杆 AC 和 BD 连接，相当于一个虚铰 $O_{I,II}$。同理，刚片 Ⅱ 与 Ⅲ 之间用虚铰 $O_{II,III}$ 连接，刚片 Ⅰ 与 Ⅲ 之间用虚铰 $O_{I,III}$ 连接。三铰共线，故该体系为瞬变体系。

1.4 平面杆件体系的计算自由度

1.4.1 计算自由度的定义

体系中各部件的自由度的总和 a 减去全部约束的总数 d 称为体系的计算自由度，以 W 表示。

1.4.2 计算自由度的几种计算方法

1. 将体系看作由若干个刚片受铰接、刚结和链杆的约束而组成

以 m 表示体系中刚片的个数，则刚片的自由度总和为 $3m$。以 g 表示

单刚结的个数，以 h 表示单铰接的个数，以 b 表示单链杆的根数，则约束总数为 $3g+2h+b$，于是体系的计算自由度为：

$$W = 3m - 3g + 2h + b$$

2. 把体系看作由若干个结点受链杆的约束而组成的

以 j 表示结点的个数，以 b 表示单链杆的根数，则计算自由度为：

$$W = 2j - b$$

这里应注意以下几点：

第一，计算约束总数时，体系中如有复约束，则应事先把它折合成单约束。

第二，刚片内部如有多余约束，则应将它们计算在内。

由此可得出如下定性结论：

（1）若 $W > 0$，则体系是几何可变的。

（2）若 $W = 0$，如无多余约束，则为几何不变体系；如有多余约束，则为几何可变体系。

（3）若 $W < 0$，则体系有多余约束。

小 结

1. 体系的分类

体系可以分为几何不变体系和几何可变体系（几何瞬变体系、几何常变体系）。

2. 几何不变体系的几何组成规律

（1）三刚片规则。3 个刚片用不在同一条直线上的 3 个铰两两相连，则组成的体系是几何不变体系，且无多余约束。

（2）二刚片规则。两个刚片用一个铰和一根不通过此铰的链杆相连，则组成的体系是几何不变体系，且无多余约束。

（3）二元体规则。在一个体系中增加或拆去一个二元体，不会改变原体系的几何构造性质。

（4）上述 3 个规则的实质是三角形规则。

3. 关于三角形规则的运用问题

（1）三角形规则是无多余约束的几何不变体系的基本组成规律。

（2）体系与地基之间的连接方式有两种：

① 如果体系与地基之间只有 3 个约束，则从内部出发进行分析。

② 如果体系与地基之间的约束多于 3 个，则从地基出发进行分析。

（3）等效变换。用虚铰代替对应的两根链杆；用大刚片代替几何不变部分；用直线链杆代替曲线链杆和折杆；用一个刚片代替整个地基；等等。

思考题

1. 何为二元体？在一个已知的几何不变体系上依次去掉或增加二元体，能否改变体系的几何不变性？

2. 何为多余约束？

3. 何为瞬变体系？瞬变体系能否用于工程结构？

习 题

1. 试对题图 1-1 所示的体系进行几何组成分析。

(a)   (b)

题图 1-1

2. 试对题图 1-2 所示的体系进行几何组成分析。

3. 试对题图 1-3 所示的体系进行几何组成分析。

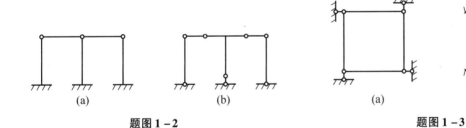

(a)   (b)   (a)   (b)

题图 1-2   题图 1-3

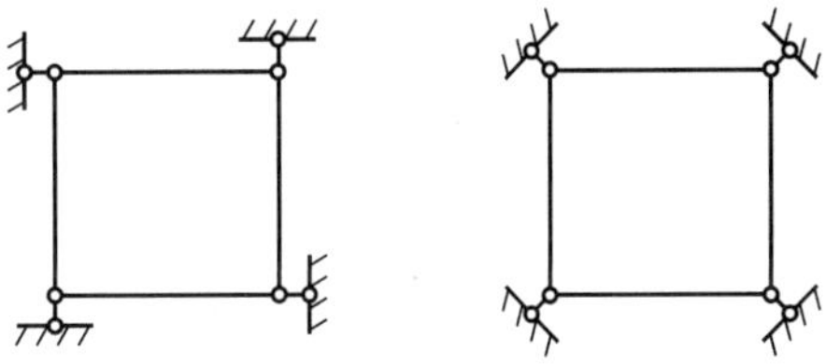

4. 试对题图 1-4 所示的体系进行几何组成分析。

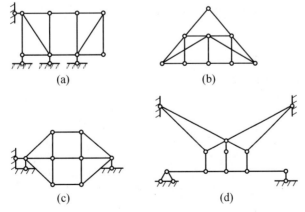

(a)   (b)

(c)   (d)

题图 1-4

5. 试对题图 1−5 所示的体系进行几何组成分析。

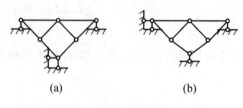

(a)　　　　　　　　　(b)

题图 1−5

6. 试对题图 1−6 所示的体系进行几何组成分析。

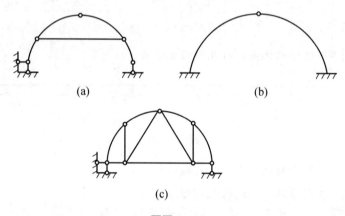

(a)　　　　　　　　　(b)

(c)

题图 1−6

第 2 章

静定结构的受力分析

学习指导

学习要求：本章内容是工程力学的一个十分重要的基础内容，要求掌握静定结构受力分析的基本方法：选取隔离体，建立平衡方程，解方程求出支座反力和杆件内力。掌握利用荷载与内力之间的微分关系绘制梁和刚架内力图的方法。掌握叠加法绘制弯矩图的方法。注意内力图的校核。掌握利用结点法和截面法计算桁架轴力的方法，并会联合运用。对于组合结构，主要学会识别链杆和梁式杆，求出链杆的轴力、画出梁式杆的内力图的方法。理解三铰拱的受力特点，掌握三铰拱的内力计算，了解三铰拱合理拱轴线的概念。

本章重点：多跨静定梁、刚架内力图的画法；桁架的轴力计算。

本章将讨论梁、刚架、桁架、组合结构、拱等几种常见的典型静定结构形式的受力分析问题[1]。

❶ 内容包括支座反力的计算、内力图的绘制、受力性能的分析。

2.1 静定梁

2.1.1 单跨静定梁

单跨静定梁是组成各种结构的基本构件之一，所以对单跨静定梁的分析是各种结构受力分析的基础。常见的单跨静定梁有 3 种形式：简支梁、伸臂梁和悬臂梁，如图 2-1 所示。

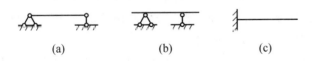

(a)   (b)   (c)

图 2-1　单跨静定梁

（a）简支梁；（b）伸臂梁；（c）悬臂梁

1. 截面法求指定截面的内力

在任意荷载作用下，平面杆件的任意截面上一般有 3 个内力分量，即

轴力 F_N、剪力 F_Q 和弯矩 M。轴力以受拉为正，以受压为负；剪力以绕隔离体顺时针转者为正，反之，为负；在水平杆件中，弯矩使杆件下侧受拉时为正，反之，为负。

计算指定截面内力的基本方法是截面法，即用一个假想平面将杆件在指定截面截开，取截面任意一侧的部分为隔离体**❶**，利用隔离体的平衡条件即可计算出此截面的 3 个内力分量。

（1）轴力等于截面任意一侧所有外力沿杆轴线切线方向投影的代数和。

（2）剪力等于截面任意一侧所有外力沿杆轴线法线方向投影的代数和。

（3）弯矩等于截面任意一侧所有外力对截面形心力矩的代数和。

作内力图时，规定轴力图和剪力图要标明正负号，弯矩图画在杆件的受拉一侧，不注明正负号。

2. 荷载与内力之间的微分关系

在荷载连续分布的直杆上截取微段 $\mathrm{d}x$ 为隔离体，如图 2-2 所示，x 轴以向右为正，y 轴以向下为正，荷载垂直于梁轴线，荷载集度为 $q(x)$，以向下为正。由平衡条件，可导出微分关系如下：

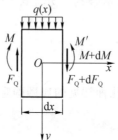

图 2-2　荷载与内力
之间的微分关系

$$\begin{cases} \dfrac{\mathrm{d}F_Q}{\mathrm{d}x} = -q(x) \\[2mm] \dfrac{\mathrm{d}M}{\mathrm{d}x} = F_Q \\[2mm] \dfrac{\mathrm{d}^2 M}{\mathrm{d}x^2} = -q(x) \end{cases} \quad (2-1)$$

3. 叠加法作弯矩图

作弯矩图时，可以采用分段叠加法，使绘制工作得到简化。

设简支梁如图 2-3（a）所示，荷载包括两部分：跨间荷载 q 和端部力矩 M_A、M_B。当端部力矩单独作用时，弯矩图（M' 图）为直线图形，如图 2-3（b）所示。当跨间荷载 q 单独作用时，弯矩图（M'' 图）如图 2-3（c）所示。如果在 M' 图的基础上再叠加图 M''，即得到总弯矩图（M 图），如图 2-3（d）所示。

应当指出的是，这里所说的弯矩图叠加，是指纵坐标的叠加，而不是指图形的简单拼合。如图 2-3（d）所示，3 个纵坐标 M'、M'' 与 M 之间的叠加关系为：

$$M'(x) + M''(x) = M(x)$$

注意：图 2-3（d）中的纵坐标 M''，如同 M、M' 一样，也是垂直于杆轴 AB 的，而不是垂直于图中的虚线 $A'B'$ 的。

❶ 一般假设为正号方向，这样，未知力计算得到的正负号就是实际的正负号。

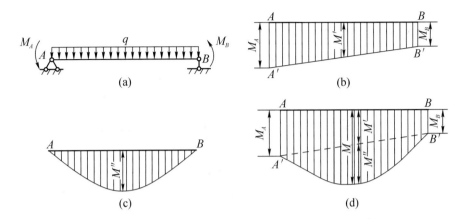

图 2 - 3　简支梁弯矩图

（a）简支梁；（b）M' 图；（c）M'' 图；（d）M 图

【例 2 - 1】　试作如图 2 - 4（a）所示简支梁的内力图。

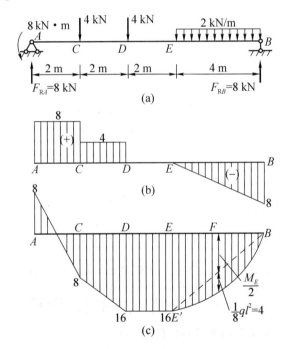

图 2 - 4　简支梁的内力图

（a）简支梁；（b）F_Q 图；（c）M 图

解：（1）求支座反力。取梁为研究对象，列平衡方程。

由 $\sum M_B = 0$ 得到：

$$8 + 4 \times 8 + 4 \times 6 + \frac{1}{2} \times 2 \times 4^2 - F_{RA} \times 10 = 0$$

即：

$$F_{RA} = 8(\text{kN})(\uparrow)$$

由 $\sum M_A = 0$，得到：

$$4 \times 2 + 4 \times 4 + 2 \times 4 \times 8 - 8 - F_{RB} \times 10 = 0$$

即：

$$F_{RB} = 8(\text{kN})(\uparrow)$$

（2）作剪力图。选择 A、C、D、E、B 为控制截面，用截面法求得各个剪力值分别如下：

$$F_{QA} = 8(\text{kN})$$
$$F_{QC}^R = 8 - 4 = 4(\text{kN})$$
$$F_{QD}^R = 8 - 4 - 4 = 0(\text{kN})$$
$$F_{QE} = 0(\text{kN})$$
$$F_{QB} = -8(\text{kN})$$

用直线连接各段两端控制截面剪力纵坐标，绘制剪力图，如图 2-4（b）所示。

（3）作弯矩图。选择 A、C、D、E、B 为控制截面，用截面法求得各个弯矩值如下：

$$M_A = -8(\text{kN} \cdot \text{m})$$
$$M_C = 8 \times 2 - 8 = 8(\text{kN} \cdot \text{m})$$
$$M_D = 8 \times 4 - 4 \times 2 - 8 = 16(\text{kN} \cdot \text{m})$$
$$M_E = 8 \times 6 - 4 \times 4 - 4 \times 2 = 16(\text{kN} \cdot \text{m})$$
$$M_B = 0(\text{kN} \cdot \text{m})$$

用直线连接各段两端控制截面弯矩纵坐标。由于 EB 段有均布荷载，故需以 $E'B$ 为基线，如图 2-4（c）中虚线所示，然后叠加以 EB 为跨度的简支梁在均布荷载作用下的弯矩图❶。从弯矩图中可知，最大弯矩 $M_{\max}$ 发生在剪力为 0 处，$M_{\max} = 16 \text{ kN} \cdot \text{m}$，该段中点 F 处的弯矩值为：

❶ 注意：弯矩图叠加是指纵坐标的叠加，而不是指图形的简单拼合。

$$M_F = \frac{M_E}{2} + \frac{1}{8}ql^2 = \frac{1}{2} \times 16 + \frac{1}{8} \times 2 \times 4^2 = 12(\text{kN} \cdot \text{m})$$

绘制出梁的弯矩图如图 2-4（c）所示。

2.1.2 多跨静定梁

简支梁、伸臂梁和悬臂梁是静定梁中最简单的情形，而多跨静定梁是由若干根单跨梁，通过约束及支座相连组成的静定结构。如图 2-5（a）所示为公路桥使用的多跨静定梁，如图 2-5（b）所示为其计算简图。

从几何组成分析来看，梁 AB 和梁 CD 部分分别用 3 根链杆与地基相连，组成几何不变体系。梁 BC 在两端通过铰和链杆支撑在梁 AB 和梁 CD

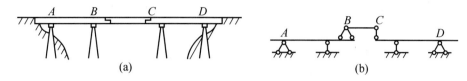

图 2 – 5　多跨静定梁

（a）公路桥使用的多跨静定梁；（b）计算简图

的伸臂上面，整个结构是几何不变的。梁 *AB* 和梁 *CD* 本身（不依赖梁 *BC*）就可以承受荷载，并保持平衡，成为基本部分；而依靠基本部分的支撑才能承受荷载并保持平衡的 *BC* 梁，称为附属部分。

　　如图 2 – 6（a）所示为木檩条构造的多跨静定梁结构形式，计算简图如图 2 – 6（b）所示，梁的支撑关系如图 2 – 6（c）所示。基本部分为 *ABC*，*CDE* 是依靠 *ABC* 才能维持平衡的，故为附属部分，而 *EF* 依靠 *ABC* 和 *CDE* 才能维持平衡，故也是附属部分。

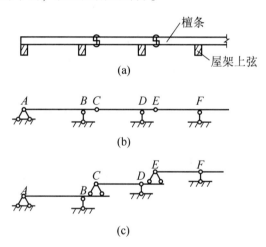

图 2 – 6　木檩条构造的多跨静定梁结构形式

（a）结构形式；（b）计算简图；（c）梁的支撑关系

　　从受力分析来看，基本部分能独立承受荷载并能保持平衡。当荷载作用在基本部分时，只有基本部分受力，附属部分不受力；而当荷载作用在附属部分时，不仅附属部分受力，而且使基本部分受力。因此，在对多跨静定梁进行计算时，应先计算附属部分，根据作用力与反作用力原理，将附属部分的反力加在基本部分上，最后计算基本部分。

　　综上所述，多跨静定梁是由基本部分和附属部分组成的，组成的顺序是先固定基本部分，然后把附属部分固定在基本部分上。而计算多跨静定梁时，先计算附属部分，再计算基本部分，画出各单跨梁的内力图，然后将各单跨梁的内力图组合在一起，即得到多跨静定梁的内力图❶。

❶ 计算顺序和组成顺序相反。

【例2-2】 试作如图2-7（a）所示多跨静定梁的内力图。

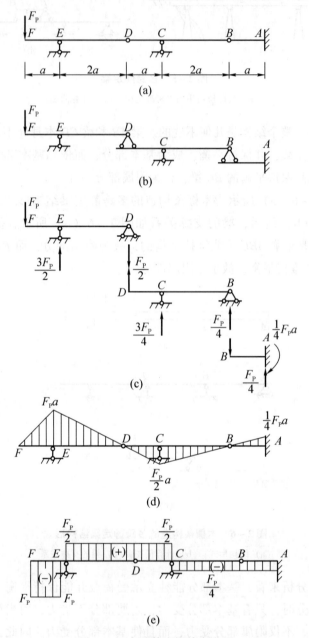

图2-7 多跨静定梁的内力图

（a）多跨静定梁；（b）计算简图1；（c）计算简图2；（d）M图；（e）F_Q图

❶ 组成顺序是先固定梁 AB，再固定梁 BD，最后固定梁 DF。

解： 梁的支撑关系如图2-7（b）所示❶。计算约束反力时，先计算附属部分 DF。D 点反力求出以后，将其反作用于 BD 梁的 D 点上，即为梁 BD 上的荷载。再将梁 BD 在 B 点的反力求出以后，反作用于 AB 梁的 B 点上，即为梁 AB 上的荷载。最后计算出 A 端的支座反力，如图2-7（c）所示。画出各单跨梁的内力图，并组合在一起，即可得到整个梁的内力图，如图2-7（d）和图2-7（e）所示。

在设计多跨静定梁时，铰的安放位置可以适当选择，以减小弯矩图的峰值，从而节约材料。下面举例说明。

【例2-3】 如图2-8（a）所示为一个三跨梁，全长承受均布荷载q。试求铰B、E的位置，以使负弯矩峰值与正弯矩峰值相等。

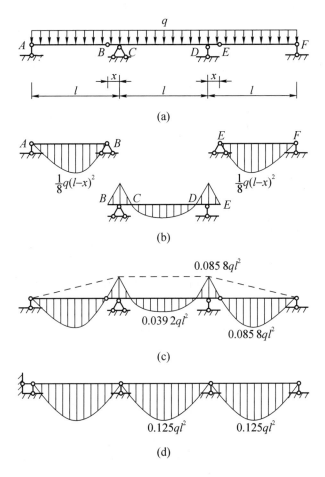

图2-8 三跨梁

解：以x表示铰B与支座C、铰E及支座D之间的距离。在图2-8（b）中，先计算附属部分AB和EF，求出支座反力为$q(l-x)/2$，跨中正弯矩峰值为$q(l-x)^2/8$。

再计算基本部分BE，将附属部分在B点和E点所受的支座反力$q(l-x)/2$，分别反作用在基本部分BE的B点和E点上，并作为基本部分的荷载，支座C、D处的负弯矩峰值为$[q(l-x)x+qx^2]/2$。作出三跨梁的弯矩图，如图2-8（b）所示。

令正、负弯矩峰值彼此相等，即：

$$\frac{q(l-x)^2}{8}=\frac{q(l-x)x}{2}+\frac{qx^2}{2}$$

得到：

$$x = 0.171\,6l$$

铰的位置确定后，可作弯矩图如图 2-8（c）所示。其中，正、负弯矩峰值都等于 $0.085\,8ql^2$。

如果选用 3 个跨度为 l 的简支梁，则弯矩图如图 2-8（d）所示。由此可知，多跨静定梁的弯矩峰值比一系列简支梁的要小，两者的比值为：

$$\frac{0.085\,8}{0.125}=68.8\%$$

一般来说，多跨静定梁与一系列简支梁相比，材料用量可少一些，但构造要复杂一些。

2.2　静定平面刚架

2.2.1　刚架的特点

❶ 结点 C 和结点 D 为刚结点，结点 E 为铰结点。由几何组成分析可知，该体系为一几何不变体系，可以承受任意荷载。由于结构中各杆轴线和外力作用线都在同一平面内，所以该体系为一平面刚架。

刚架是由若干直杆组成的结构，各杆之间全部或部分是由刚结点连接而成的几何不变体系。当刚架各杆轴线和外力作用线都在同一个平面内时，称为平面刚架。

如图 2-9 所示的体系就是一个平面刚架❶。

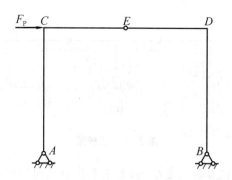

图 2-9　平面刚架示例

❷ 从变形的角度来看，刚结点所连接的各杆之间不能发生相对转动，因而各杆之间的夹角始终保持不变。

与铰结点相比，刚结点具有不同的特点❷。从受力的角度来看，刚结点可以承受和传递弯矩，因而在刚架中弯矩是主要内力。

为了将刚架与简支梁加以比较，在图 2-10 中给出了两者在均布荷载作用下的弯矩图。如图 2-10（b）所示的刚架由于刚结点处产生弯矩，故这种结构的横梁跨中弯矩的峰值比如图2－10（a）所示结构小得多。

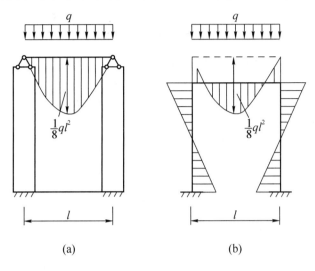

图2－10　刚架与简支梁的比较

（a）简支梁；（b）刚架

常见的静定平面刚架❶有3种形式，如图2－11所示，它们分别为悬臂刚架、简支刚架、三铰刚架。

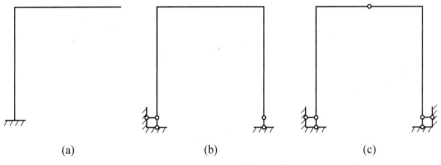

图2－11　常见的静定平面刚架

（a）悬臂刚架；（b）简支刚架；（c）三铰刚架

❶ 刚架中的反力和内力全部可由静平衡条件确定的称为静定刚架。

2.2.2　刚架中各杆的杆端内力及内力图的绘制

刚架的内力有弯矩、剪力和轴力。作刚架的内力图时，首先要利用截面法求出各杆的杆端内力，然后利用杆端内力分别作出各杆的内力图，各杆的内力图组合在一起就是刚架的内力图了。

现在结合刚架的特点来说明几个问题。

1. 内力正负号的规定

在刚架中，剪力以绕隔离体顺时针转者为正；反之，为负（与梁相同）。剪力图可画在杆的任意一侧，但要标明正负号。轴力以使杆受拉为正，受压为负，轴力图也可画在杆的任意一侧，但也要标明正负号。弯矩则不规定正负号，只规定弯矩图画在杆件受拉纤维的一边。

2. 同一结点处有不同的杆端截面

为了清楚地表示各杆端截面的内力，在内力符号右下方引入两个脚标。第一个脚标表示某杆内力所属截面，第二个脚标表示该截面所属杆件的另一端❶。

❶ M_{BC} 是指 BC 杆 B 端弯矩。

【例 2 – 4】 作如图 2 – 12（a）所示刚架的内力图。

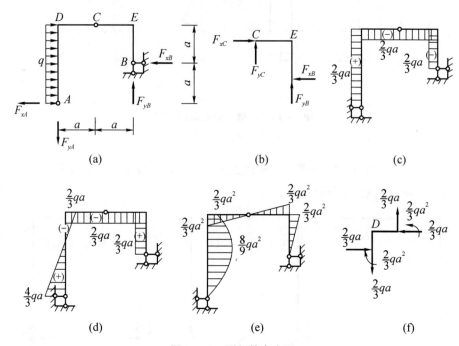

图 2 – 12 刚架的内力图

（a）刚架；（b）CEB 部分受力图；（c）F_N 图；（d）F_Q 图；（e）M 图；（f）结点 D 各杆件杆端的内力

解：（1）求支座反力。由图 2 – 12（a），列平衡方程，有 $\sum M_A = 0$，故可得：

$$F_{xB} \cdot a + F_{yB} \cdot 2a - \frac{1}{2}q(2a)^2 = 0$$

由如图 2 – 12（b）所示的隔离体，列平衡方程，有 $\sum M_C = 0$，故可得：

$$F_{xB} \cdot a - F_{yB} \cdot a = 0$$

将两个方程联立，求得：

$$F_{xB} = \frac{2}{3}qa(\leftarrow)$$

$$F_{yB} = \frac{2}{3}qa(\uparrow)$$

再由图 2 - 12（a），列平衡方程。由 $\sum F_x = 0$，有：

$$-F_{xA} - F_{xB} + q(2a) = 0$$

由 $\sum F_y = 0$，有：

$$-F_{yA} + F_{yB} = 0$$

两个方程联立，求得：

$$F_{xA} = \frac{4}{3}qa\,(\leftarrow)$$

$$F_{yA} = \frac{2}{3}qa\,(\downarrow)$$

（2）利用截面法求各杆的杆端内力如下：

$$F_{NAD} = F_{NDA} = \frac{2}{3}qa$$

$$F_{NDC} = F_{NCD} = F_{NCE} = F_{NEC} = -\frac{2}{3}qa$$

$$F_{NBE} = F_{NEB} = -\frac{2}{3}qa$$

$$F_{QAD} = \frac{4}{3}qa$$

$$F_{QDA} = -\frac{2}{3}qa$$

$$F_{QDC} = F_{QCD} = F_{QCE} = F_{QEC} = -\frac{2}{3}qa$$

$$F_{QBE} = F_{QEB} = \frac{2}{3}qa$$

$$M_{AD} = M_{CD} = M_{CE} = M_{BE} = 0$$

$$M_{DA} = \frac{2}{3}qa^2\,(右边受拉)$$

$$M_{DC} = \frac{2}{3}qa^2\,(下边受拉)$$

$$M_{DC} = \frac{2}{3}qa^2\,(下边受拉)$$

$$M_{EC} = \frac{2}{3}qa^2\,(上边受拉)$$

$$M_{EB} = \frac{2}{3}qa^2\,(右边受拉)$$

M_{max} 发生在 AD 杆剪力为 0 的点，故 $M_{max} = 8qa^2/9$。

（3）根据各杆端内力，画出刚架的内力图，如图 2 - 12（c）~图 2 - 12（e）所示。

（4）校核。如图 2 - 12（f）所示为结点 D 各杆件杆端的内力，满足如下平衡条件：

$$\sum F_x = 0, \ \sum F_y = 0, \ \sum M_D = 0$$

同理，结点 E 也满足平衡条件。

【例 2-5】 试绘制如图 2-13（a）所示的门式刚架在均布荷载作用下的内力图。

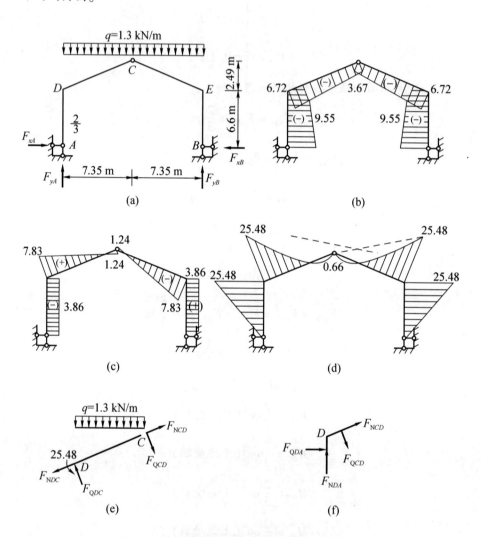

图 2-13　门式刚架在均布荷载作用下的内力图

（a）门式钢架；（b）F_N 图；（c）F_Q 图；（d）M 图；

（e）CD 杆受力图；（f）结点 D 各杆件杆端的内力

解：该刚架为对称结构，因此，反力、弯矩图和轴力图正对称，剪力图反对称。

（1）求支座反力。

$$F_{yA} = F_{yB} = \frac{1}{2} \times 1.3 \times 2 \times 7.35 = 9.56(kN)(\uparrow)$$

考虑半边结构，由 $\sum M_C = 0$，得到：

$$F_{xA} = 3.86(kN)(\rightarrow)$$

$$F_{xB} = 3.86(kN)(\leftarrow)$$

（2）用截面法求各杆杆端的内力。由于对称，只需计算半边杆件的内力。

对于 AD 杆，有：

$$F_{NAD} = -9.56(kN), F_{NDA} = -9.56(kN)$$

$$F_{QAD} = -3.86(kN), F_{QDA} = -3.86(kN)$$

$$M_{AD} = 0, M_{DA} = 25.48(kN \cdot m)(左边受拉)$$

对于 CD 杆，可取 CD 杆和结点 D 为隔离体，如图 2 – 13（e）和图 2 – 13（f）所示，求出杆端内力如下：

$$F_{NDC} = -6.72(kN), F_{NCD} = -3.67(kN)$$

$$F_{QDC} = 7.83(kN), F_{QCD} = -1.24(kN)$$

$$M_{DC} = M_{DA} = 25.48(kN \cdot m)(外边受拉)$$

（3）作内力图，如图 2 – 13（b）~ 图 2 – 13（d）所示。

（4）校核（略）。

2.3 静定平面桁架和组合结构

2.3.1 静定平面桁架

1. 桁架的定义与分类

桁架❶是由直杆组成的几何不变体系，与梁和刚架相比，当荷载只作用在结点上时，各杆的内力主要为轴力，横截面上的应力基本上是均匀分布的，可以充分发挥材料的作用，而且质量轻。因此，桁架是大跨度结构常用的一种形式。如图 2 – 14 所示是钢筋混凝土组合屋架。

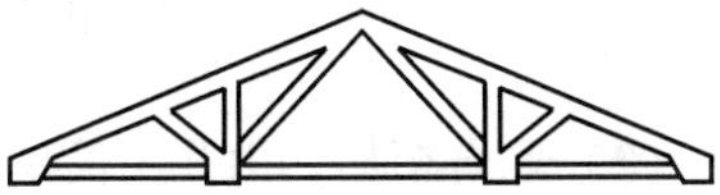

图 2 – 14 钢筋混凝土组合屋架

本小节将对静定平面桁架进行分析。实际桁架的受力情况比较复杂，为了简化计算，在计算中必须抓住主要矛盾，略去次要因素，对实际桁架进行必要的简化。通常，对实际桁架的内力计算应做如下假设：

（1）桁架中各杆之间的连接是光滑的铰结点。

（2）各杆的轴线都是直线，并通过铰的中心。

❶ 桁架可分为平面桁架和空间桁架，凡各杆轴线和荷载作用线位于同一平面内的桁架称为平面桁架，实际工程中的桁架一般为空间桁架。但有些可以简化为平面桁架来分析。如果桁架结构的约束反力及杆件内力全部由静力平衡方程求得则称为静定桁架。

（3）荷载和支座反力都作用在结点上，而且在桁架平面内。

（4）各杆件质量略去不计，或平均分配在杆件两端的结点上。

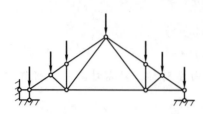

根据以上假设，桁架中的各杆件都只有两端受力，即为二力杆。如图 2 – 15 所示就是根据上述假设简化得到的图 2 – 14 中的实际桁架的计算简图。

图 2 – 15　图 2 – 14 所示的
实际桁架的计算简图

实际桁架与上述的假定是有差别的。钢桁架采用的是焊接或铆钉连接，钢筋混凝土采用的是整体浇筑，都具有较大的刚性，木结构为榫接和螺栓连接，较接近于铰结点。各杆的轴线也不一定全是直线，结点上各杆的轴线也不一定全交于一点。但实际证明，一般来说，上述因素的影响对桁架是次要的。按上述假定计算得到的桁架的内力称为主内力，由于实际情况与上述假定不同而产生的附加内力称为次内力。这里只研究主内力的计算。

根据几何组成的特点，静定平面桁架可分为 3 类。

（1）简单桁架。由基础或一个基本铰接三角形开始，依次增加二元体而组成的桁架为简单桁架，如图 2 – 16（a）和图 2 – 16（b）所示。

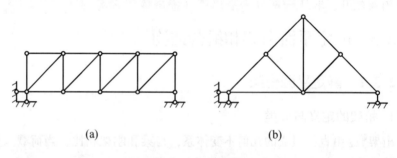

(a)　　　　　　　　　　　　(b)

图 2 – 16　简单桁架

（2）联合桁架。由几个简单桁架按几何不变的组成规律组成的桁架称为联合桁架。

在图 2 – 17（a）中，铰接三角形 ABC 和 DEF 由 3 根链杆 AF、EB、CD 连接组成一个联合桁架。

在图 2 – 17（b）中，简单桁架 ABC 和 ADE 由铰 A 和链杆 CE 连接组成一个联合桁架。

（3）复杂桁架。复杂桁架是指不属于前面两类的桁架，如图 2 – 18 所示。

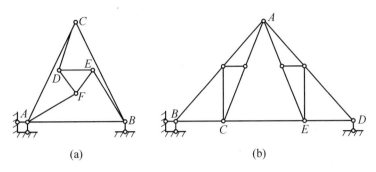

图 2-17　联合桁架

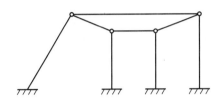

图 2-18　复杂桁架

2. 桁架内力的求解方法

为了求出桁架的各杆轴力，可以逐个取结点为研究对象，由其平面汇交力系的平衡方程求出各杆的轴力，这种方法称为结点法。如果用一个截面将桁架截开，取任一部分为隔离体（隔离体包含两个及以上的结点），利用平面任意力系的平衡方程，可以求出某些杆件的轴力，这种方法称为截面法。

计算时，通常先假设各杆轴力为拉力。若计算结果为正值，则表示该轴力为拉力；若计算结果为负值，则表示轴力为压力。

（1）结点法。结点法[1]最适用于计算简单桁架。下面结合例题说明结点法的计算步骤。

【例2-6】　试计算如图2-19（a）所示桁架中各杆的轴力。

解：（1）求支座反力。

$$F_{yA} = F_{yR} = 13(\text{kN})(\uparrow), \quad F_{xA} = 0$$

（2）结点 F。结点 F 的受力如图2-19（b）所示，由平衡方程 $\sum F_x = 0$ 和 $\sum F_y = 0$，得到：

$$F_{NFG} = 0$$
$$F_{NFC} = -8(\text{kN})(\text{压力})$$

利用对称性，可知：

$$F_{NGH} = F_{NFG} = 0$$
$$F_{NHE} = F_{NFC} = -8(\text{kN})(\text{压力})$$

❶ 结点法是取桁架结点为隔离体，画出受力图，利用平面汇交力系两个平衡方程求出各杆的轴力。

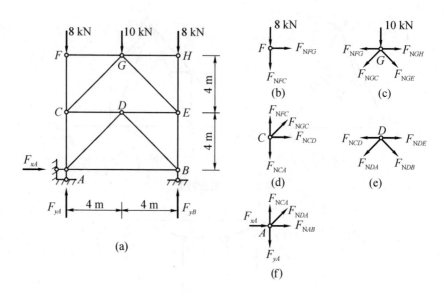

图 2-19 桁架

（3）结点 G。结点 G 的受力如图 2-19（c）所示，利用对称性，得到：

$$F_{NGC} = F_{NGE}$$

由平衡方程 $\sum F_y = 0$，得到：

$$F_{NGC} = F_{NGE} = -5\sqrt{2}(kN)（压力）$$

（4）结点 C。结点 C 的受力如图 2-19（d）所示，由平衡方程 $\sum F_x = 0$ 和 $\sum F_y = 0$，得到：

$$F_{NCD} = 5(kN)（拉力）$$

$$F_{NCA} = -13(kN)（压力）$$

利用对称性，得到：

$$F_{NDE} = F_{NCD} = 5(kN)（拉力）$$

$$F_{NEB} = F_{NCA} = -13(kN)（压力）$$

（5）结点 D。结点 D 的受力如图 2-19（e）所示，利用对称性，由平衡方程 $\sum F_y = 0$，得到：

$$F_{NDA} = F_{NDB} = 0$$

（6）结点 A。结点 A 的受力如图 2-19（f）所示，由平衡方程 $\sum F_x = 0$，得到：

$$F_{NAB} = 0$$

（7）校核（略）。

下面介绍内力计算中的一些特殊情况。

① 若不共线的两杆汇交的结点上无荷载，则两杆的内力都为 0，我们称其为零杆，如图 2-20（a）所示。

② 三杆汇交的结点，若其中两根杆共线，且结点上无荷载，则第三根杆的内力为 0，如图 2 - 20（b）所示。

③ 四杆汇交的结点，若其中两根杆共线，另外两根杆在另一条直线上，且结点上无荷载，则共线的两根杆的内力必相等，如图 2 - 20（c）所示。

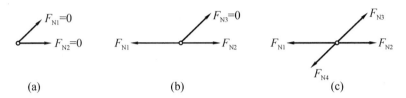

图 2 - 20 结点法内力计算中的一些特殊情况

（a）不共线的两杆汇交的情况；（b）三杆汇交的情况；（c）四杆汇交的情况

（2）截面法。截面法是用截面截开要求内力的杆件，取桁架的一部分为隔离体（隔离体包括两个以上的结点），画出受力图 ❶，求出所求杆轴力的方法。截面法适用于计算联合桁架及求桁架中指定杆的内力。下面举例说明。

【例 2 - 7】 试用截面法计算如图 2 - 21（a）所示桁架中桁架中杆 1、杆 2 和杆 3 的内力，其中，$F_P = 10$ kN。

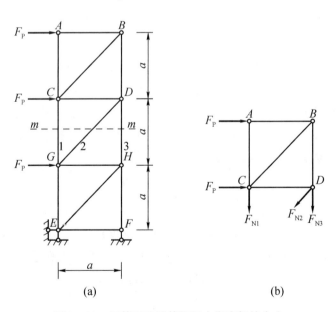

图 2 - 21 用截面法计算桁架中指定杆的内力

解： 此题的计算可不求支座反力。用截面 $m - m$ 将桁架截开，取截面上部分为隔离体，如图 2 - 21（b）所示。

❶ 得到的力系为平面一般力系，平面一般力系有 3 个平衡方程。

由平衡方程 $\sum M_D = 0$，$F_{N1} \cdot a - F_P \cdot a = 0$，得到：

$$F_{N1} = F_P = 10 (kN)（拉力）$$

由平衡方程 $\sum F_x = 0$，$2F_P - F_{N2} \cdot \cos45° = 0$，得到

$$F_{N2} = 2\sqrt{2}F_P = 20\sqrt{2}(kN)（拉力）$$

由平衡方程 $\sum F_y = 0$，$-F_{N1} - F_{N2} \cdot \cos45° - F_{N3} = 0$，得到

$$F_{N3} = -30(kN)（压力）$$

用截面法时要注意以下几点：

① 选取的截面可以为平面，也可以为曲面等，一般截面所截断的杆件不多于3根，如图2-22（a）和图2-22（b）所示。

② 如果截面截取了3根以上的杆件，但只要在被截断的杆件中，除一根杆以外，其余各杆都汇交于一点或互相平行，选取适当的平衡方程，也可以求出该杆的内力，如图2-22（c）所示。

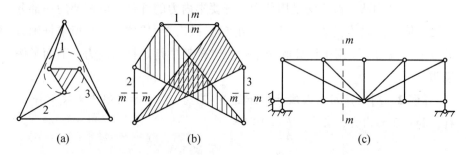

图2-22 截面法内力计算中的一些注意事项

（3）结点法和截面法的联合应用。在桁架内力计算中，结点法和截面法是两种最基本的方法，但将两种方法联合起来运用会使计算更为方便。

【例2-8】 试求如图2-23（a）所示桁架中杆1和杆2的内力。

解： 用截面 $m-m$ 将桁架截开，取截面上部分为隔离体如图2-23（b）所示。由平衡方程 $\sum F_x = 0$，得到：

$$F_x - F_{N1}\cos45° = 0$$

即：

$$F_{N1} = 10\sqrt{2}(kN)（拉力）$$

分析结点 B 受力，如图2-23（c）所示，由平衡方程 $\sum F_y = 0$，得到：

$$-F_{N1}\cos45° - F_{NBC}\cos45° = 0$$

即：

$$F_{NBC} = -10\sqrt{2}(kN)（压力）$$

分析结点 C 受力，如图2-23（d）所示，由平衡方程 $\sum F_x = 0$，得到：

$$F_{N2} - F_{NBC}\cos45° = 0$$

即：

$$F_{N2} = -10(\text{kN})(\text{压力})$$

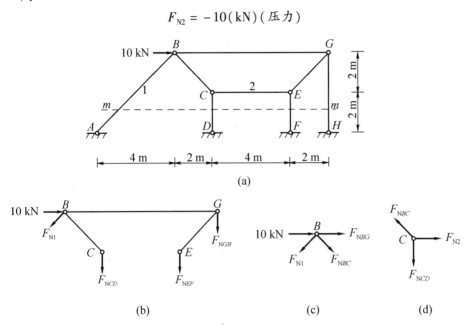

(a)

(b)　　　　　　　　　(c)　　　　　　　　　(d)

图 2 - 23　例 2 - 8 桁架

2.3.2　静定组合结构

组合结构也是由直杆组成的，但在这些直杆中，有链杆❶和梁式杆。链杆只受轴力的作用，而梁式杆除受轴力以外，还受剪力和弯矩的作用。如图 2 - 24 （b）所示为图 2 - 24 （a）所示的下撑式五角形屋架的计算简图。

❶ 在组合结构中，由于链杆的作用，改善了梁式杆的受力状态，可使梁式杆件的弯矩减小。

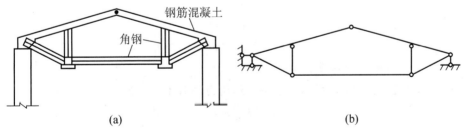

钢筋混凝土

角钢

(a)　　　　　　　　　(b)

图 2 - 24　下撑式五角形屋架

（a）下撑式五角形屋架结构；（b）计算简图

对组合结构的内力计算，一般采用截面法和结点法，但要注意分清结构中哪些为链杆，哪些为梁式杆。计算步骤一般如下：计算支座反力后，先求出链杆的轴力，再计算梁式杆的内力。下面举例说明。

【例2－9】 试作如图2－25（a）所示组合结构的内力图。

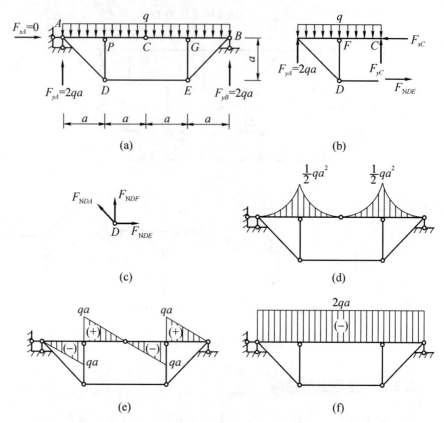

图2－25 组合结构及内力图

解： （1）求支座反力。

考虑整体平衡，由$\sum M_B=0$，$\sum M_A=0$，$\sum F_x=0$，得到：

$$F_{xA}=0$$

$$F_{yA}=2qa$$

$$F_{yB}=2qa$$

（2）求链杆的轴力。

如图2－25（b）所示，取半边结构为隔离体，由$\sum F_y=0$，得到：

$$F_{yC}=0$$

由$\sum M_C=0$，$F_{NDE}a+q(2a)^2/2-F_{yA}2a=0$，得到：

$$F_{NDE}=2qa（拉力）$$

由$\sum F_x=0$，得到：

$$F_{xC}=F_{NDE}=2qa$$

如图2－25（c）所示，取结点D为隔离体，列平衡方程。由$\sum F_x=0$，

$F_{NDE}-F_{NDA}\cos45°=0$，得到：

$$F_{NDA} = 2\sqrt{2}qa\,(拉力)$$

由 $\sum F_y = 0$，$F_{NDA}\sin45° + F_{NDF} = 0$，得到：

$$F_{NDF} = -2qa\,(压力)$$

（3）求梁式杆内力，并作内力图。

$$F_{NAF} = F_{NFC} = F_{NCG} = F_{NGB} = -2qa\,(压力)$$

$$F_{QA} = 0$$

$$F_{QF}^{L} = -qa$$

$$F_{QF}^{R} = qa$$

$$M_F = \frac{1}{2}qa^2\,(上侧受拉)$$

$$M_C = 0$$

利用结构对称性画出结构的内力图，如图 2 - 25（d）~图 5 - 25（f）所示。

2.4　三铰拱

2.4.1　拱的组成和类型

拱式结构是指杆轴线为曲线，在竖直荷载的作用下产生水平的支座反力（也称为水平推力）的结构。拱式结构与梁的主要区别在于是否有水平推力存在。

拱式结构可以分为无铰拱、两铰拱和三铰拱。其中，无铰拱和两铰拱为超静定拱；三铰拱为静定拱。本节只介绍三铰拱。

如图 2 - 26（a）所示为一拱桥，其计算简图如图 2 - 26（b）所示，为三铰拱，各部分名称如图 2 - 26（b）所示。

两拱趾位于同一水平线上的拱，称为平拱；两拱趾不位于同一水平线上的拱，称为斜拱。如图 2 - 27 所示即为一个斜拱。

由于水平推力的存在，对拱趾处的基础要求高。为了消除水平推力对基础的影响，在两个支座之间需增加一拉杆，使两支座简化为简支形式。这种三铰拱称为有拉杆的三铰拱。如图 2 - 28（a）所示为装配式混凝土三铰拱，如图 2 - 28（b）所示为其计算简图。

2.4.2　三铰拱支座反力和内力的计算

为了说明三铰拱的受力特征，下面讨论在竖直荷载作用下，两拱趾位于同一水平线上的三铰拱的支座反力和内力的计算方法，并将其与同跨度、同荷载的简支梁加以比较。

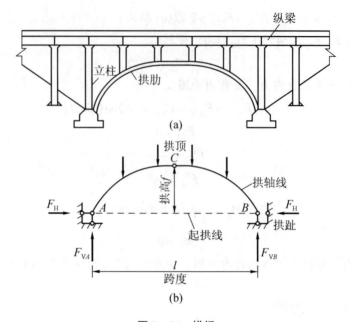

图 2-26 拱桥

(a) 拱桥结构；(b) 计算简图 (三铰拱)

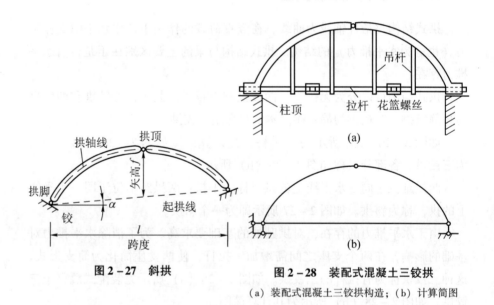

图 2-27 斜拱

图 2-28 装配式混凝土三铰拱

(a) 装配式混凝土三铰拱构造；(b) 计算简图

❶ 三铰拱与三铰
刚架的几何组成
相同，所以支座
反力的计算方法
相同。

1. 支座反力的计算❶

如图 2-29 (a) 所示为一个三铰拱。为了便于比较，取一个与该三铰拱同跨度、同荷载的简支梁，如图 2-29 (b) 所示。设简支梁的支座反力为 F_{VA}^0、F_{VB}^0，截面 C 的弯矩以 F_C^0 表示。

现在来计算三铰拱的 4 个支座反力。

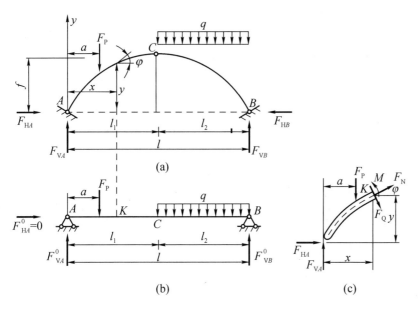

图 2 – 29　三铰拱与简支梁的对比

（a）三铰拱；（b）简支梁；（c）隔离体 *AK* 段

由整体平衡方程 $\sum M_A = 0$，$\sum M_B = 0$，可以求出两个竖直反力分别为：

$$\begin{cases} F_{VA} = \dfrac{ql_2\dfrac{l_2}{2} + F_P(l-a)}{l} = F_{VA}^0 \\[3mm] F_{VB} = \dfrac{F_P a + ql_2\left(\dfrac{l_2}{2} + l_1\right)}{l} = F_{VB}^0 \end{cases} \qquad (2-2)$$

取铰 *C* 的左半拱为隔离体，由 $\sum M_C = 0$，得到：

$$F_{HA} = \frac{F_{VA}l_1 - F_P(l_1 - a)}{f} = \frac{M_C^0}{f} \qquad (2-3)$$

由整体水平投影方程 $\sum F_x = 0$，得到：

$$F_{HA} = F_{HB} = F_H \qquad (2-4)$$

式中：F_H——拱的水平推力。

从式（2-2）中可以看出，F_{VA} 和 F_{VB} 分别相当于图 2-29（b）所示与拱相应的同跨度简支梁的支座反力 F_{VA}^0 和 F_{VB}^0。又从式（2-3）可以看出，其分子相当于简支梁上相应截面 *C* 的弯矩 M_C^0。由此可见，F_{VA}^0、F_{VB}^0 和 F_H 均只与荷载及荷载位置有关，而与拱轴线的形状无关。此外，拱的水平推力 F_H 与拱的矢高 *f* 成反比，拱越低（*f* 越小），水平推力越大；反之，拱越高（*f* 越大），水平推力越小；如果 $f \to 0$，则水平推力 $F_H \to \infty$，3 个铰位于同一条直线上。由几何组成分析可知，该结构为瞬变体系。

❶ 三铰拱的内力计算方法仍为截面法，截面不是水平的，也不是竖直的，而是垂直于杆轴切线方向的。

2. 内力的计算❶

支座反力求出之后，可以在拱上任取一个截面 K，求得垂直于拱轴线的截面中的内力，即该截面中的弯矩、剪力和轴向力。

正负号规定如下：弯矩以内侧纤维受拉为正，反之，为负；剪力以使隔离体顺时针旋转为正，反之，为负；轴力以拉为正，反之，为负。

取出隔离体 AK 段，如图 2 – 29（c）所示，截面 K 中的弯矩 M 等于 K 截面以左隔离体上所有外力对该截面形心力矩的代数和，即：

$$M = F_{VA}x - F_P(x - a) - F_H y = M^0 - F_H y \qquad (2-5)$$

式（2 – 5）表明，拱的任意截面 K 中的弯矩 M 等于简支梁中相应截面内的弯矩 M^0 减去拱趾处推力产生的弯矩 $F_H y$。也就是说，拱中的弯矩小于相应简支梁的弯矩。

截面 K 中的剪力 F_Q 等于 K 截面以左隔离体上所有外力沿该截面切线方向投影的代数和，即：

$$F_Q = (F_{VA} - F_P)\cos\varphi - F_H\sin\varphi = F_Q^0\cos\varphi - F_H\sin\varphi \qquad (2-6)$$

注意：式（2 – 6）中的（$F_{VA} - F_P$）等于相应简支梁上截面 K 中的剪力 F_Q^0。这里，左半拱上拱轴线的切线与水平线之倾斜角 φ 为正，对于右半拱，φ 应以负值代入。

截面 K 中的轴力 F_N 等于 K 截面以左隔离体上所有外力沿该截面法线方向投影的代数和，即：

$$F_N = -(F_{VA} - F_P)\sin\varphi - F_H\cos\varphi = -F_Q^0\sin\varphi - F_H\cos\varphi \qquad (2-7)$$

【例 2 – 10】 试求如图 2 – 30（a）所示抛物线三铰拱的支座反力，并作内力图。已知拱轴线方程为 $y = 4fx(l - x)/l^2$。

解：（1）支座反力的计算。根据式（2 – 2），可求得反力为：

$$F_{VA} = 15.38(\text{kN}), F_{VB} = 8.62(\text{kN})$$

再根据式（2 – 3），求得水平推力为：

$$F_{HA} = F_{HB} = F_H = \frac{M_C^0}{f} = 14.76(\text{kN})$$

（2）内力计算。分别用式（2 – 5）~ 式（2 – 7）得出各个拱段的弯矩、剪力及轴力方程如下：

① AC 段（$0 \leqslant x \leqslant 8$）：

$$M = M^0 - F_H y = 15.38x - x^2 - 14.76y$$

$$F_Q = F_Q^0\cos\varphi - F_H\sin\varphi = (15.38 - 2x)\cos\varphi - 14.76\sin\varphi$$

$$F_N = -F_Q^0\sin\varphi - F_H\cos\varphi = -(15.38 - 2x)\sin\varphi - 14.76\cos\varphi$$

② CD 段（$8 \leqslant x \leqslant 12$）：

$$M = 8.62(16 - x) - 10 - 14.76y$$

$$F_Q = -8.62\cos\varphi - 14.76\sin\varphi$$

$$F_N = 8.62\sin\varphi - 14.76\cos\varphi$$

③ DB 段（$12 \leqslant x \leqslant 16$）：

$$M = 8.62(16 - x) - 14.76y$$

F_Q、F_N 的方程同 CD 段。

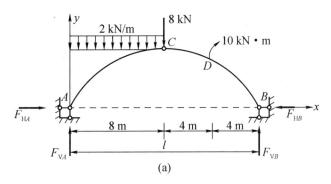

(a)

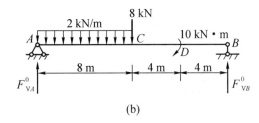

(b)

图 2-30　抛物线三铰拱

由内力方程可以计算各个截面的内力。沿 x 轴每隔 2 m 取一个截面，共计算出 9 个截面的内力，如表 2-1 所示。表中列出与给定截面有关的三角函数值以及拱和与之相应的同跨度梁的内力。其中，函数 $\sin\varphi$、$\cos\varphi$ 是先由：

$$\tan\varphi = \frac{\mathrm{d}y}{\mathrm{d}x} = \frac{4f}{l^2}(l - 2x) = 1 - \frac{1}{8}x$$

确定各个截面的 φ 值，然后算出的。

表 2-1　三铰拱的内力计算

x	y	$\tan\varphi$	φ	$\sin\varphi$	$\cos\varphi$	M^0	F_Q^0	M	F_Q	F_N
0	0.00	1.00	45°00′	0.707	0.707	0.00	15.38	0.00	0.44	-21.31
2	1.75	0.75	36°52′	0.600	0.800	26.76	11.38	0.93	0.25	-18.64
4	3.00	0.50	26°34′	0.447	0.895	45.52	7.38	1.24	0.00	-16.50
6	3.75	0.25	14°02′	0.243	0.970	56.28	3.38	0.93	-0.30	-15.14
8	4.00	0.00	0°00′	0.000	1.000	59.04	-0.60 -8.60	0.00	-0.62 -8.62	-14.76 -14.76

x	y	tanφ	φ	sinφ	cosφ	M^0	F_Q^0	M	F_Q	F_N
10	3.75	-0.25	-14°02'	-0.243	0.970	41.78	-8.60	-13.55	-4.77	-16.42
12	3.00	-0.50	-26°34'	-0.447	0.895	24.52 34.52	-8.60	-19.78 -9.78	-1.11	-17.05
14	1.75	-0.75	-36°52'	-0.600	0.800	17.24	-8.60	-8.59	1.96	-16.98
16	0.00	-1.00	-45°00'	-0.707	0.707	0.00	-8.60	0.00	4.35	-16.53

根据表 2 - 1 中的相应数据，绘出拱的 M、F_Q、F_N 图，分别如图 2 - 31（a）~图 2 - 31（c）所示。

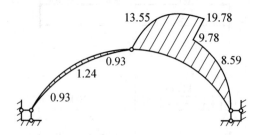

(a)

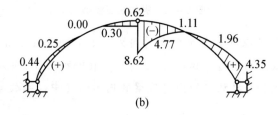

(b)

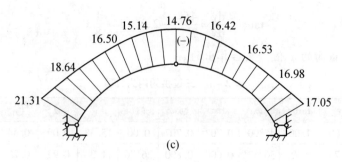

(c)

图 2 - 31 拱的 M、F_Q、F_N 图

（a）M 图（单位：kN·m）；（b）F_Q 图（单位：kN）；

（c）F_N 图（单位：kN）

2.4.3　三铰拱的受力特点

由上述分析可知，三铰拱的受力特点如下：

（1）在竖直荷载作用下，梁没有水平反力，而拱有水平推力。

（2）由 $M_K = M_K^0 - F_H y$ 可知，由于水平推力的存在，三铰拱截面上的弯矩比简支梁的弯矩小，因此，拱能充分地发挥材料的作用。

（3）在竖直荷载的作用下，梁的横截面内没有轴力，而拱的横截面内轴力较大，且一般为压力。

总之，拱比梁更能有效地发挥材料的作用，因此，适用于较大的跨度和较重的荷载。由于拱主要是受压，因此，适于利用抗压性能好而抗拉性能差的材料，如砖、石、混凝土等。但是，三铰拱会受到较大的水平推力的作用，这也就给基础施加了较大的反推力，所以三铰拱的基础比梁的基础要大，且更加坚固。因此，用拱作为屋顶时，都使用有拉杆的三铰拱，以减少其对墙（或柱）的推力。

2.4.4　三铰拱的合理轴线

当拱的各个截面弯矩为 0，只受轴力作用时，正应力沿截面均匀分布，拱处于无弯矩状态。这时，材料的使用最合理。在固定荷载作用下，使拱处于无弯矩状态的轴线称为合理拱轴线。

由式（2-5）可知：

$$M = M^0 - F_H y = 0$$

故：

$$y = \frac{M^0}{F_H} \qquad (2-8)$$

这就是说，在竖直荷载的作用下，三铰拱的合理轴线的纵坐标与简支梁的弯矩图的纵坐标成正比。

了解拱的合理轴线这个概念，有助于我们在设计中选择合理的结构形式，更好地发挥人的主观能动作用。

【例 2-11】　如图 2-32（a）所示，设三铰拱承受沿水平方向均匀分布的竖直荷载，试求其合理拱轴线。

解：由式（2-8）可知：

$$y = \frac{M^0}{F_H}$$

如图 2-32（b）所示简支梁的弯矩方程为：

$$M^0 = \frac{q}{2} x(l - x)$$

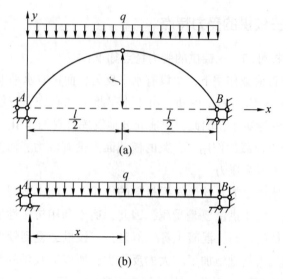

图 2 – 32　例 2 – 11 中的三铰拱

水平推力为：

$$F_H = \frac{M_C^0}{f} = \frac{ql^2}{8f}$$

$$y = \frac{4f}{l^2}x(l-x)$$

拱的合理轴线为一条抛物线。

由此可知，不同的荷载对应不同的合理轴线，因此，在设计中，应尽可能使拱接近于无弯矩状态。

2.5　静定结构特性

2.5.1　静定结构的一般性质

通过以上对几种静定结构的分析可知，从几何组成分析方面来看，静定结构为无多余约束的几何不变体系；从受力分析方面来看，静定结构的内力可以由平衡条件完全确定，而且内力的解答是唯一的，这也是静定结构的基本静力特性。

下面根据此特性，讨论静定结构的一些性质。

1. 温度改变、支座移动和制造误差等因素在静定结构中不引起内力

（1）如图 2 – 33（a）所示，当简支梁由于支座 B 下沉 Δ 时，只会引起刚体位移（如虚线所示），而在梁内并不引起内力。可以假想，先将 B 端的支座去掉，使 AB 绕 A 自由转动后，再将支座重新加上。在此过程中，梁内不会有内力产生。

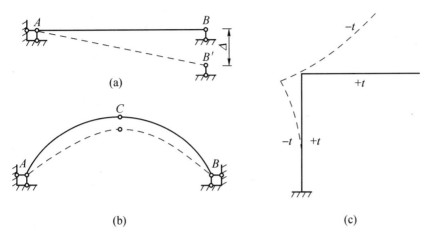

(a)

(b)　　　　　　　　　　　　(c)

图 2 - 33　温度改变、支座移动和制造误差等因素在静定结构中不引起内力

（2）如图 2 - 33（b）所示，三铰拱中杆 AC 因施工误差短了一点，拼装后结构形状如虚线所示，但三铰拱内不会产生内力。

（3）如图 2 - 33（c）所示，设悬臂刚架的内、外侧温度分别改变了 ±t，因为刚架可以自由地产生弯曲变形（如虚线所示），所以梁内不会产生内力。

2. 静定结构的局部平衡特性

在荷载作用下，如果静定结构中的某一局部可以与荷载维持平衡，则其余部分的内力必为 0。

如图 2 - 34 所示，有一多跨静定梁，当荷载作用在基本部分 AB 上时，它自身可与荷载维持平衡，因而附属部分 BC 不受力。

对于上述内力状态，结构各部分已满足了所有的平衡条件。对于静定结构来说，这就是内力的唯一解答。

还应指出的是，局部平衡部分不一定是几何不变的，也可以是几何可变的，只要在特定荷载作用下可以维持平衡即可。如图 2 - 35（a）所示的静定桁架，在特定荷载作用下，只有下弦杆承受压力已经可以维持局部平衡，如图 2 - 35（b）所示，因此，其余各杆都为零杆。

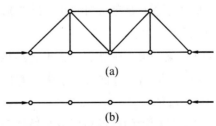

(a)

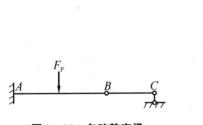

(b)

图 2 - 34　多跨静定梁　　　　**图 2 - 35　静定桁架**

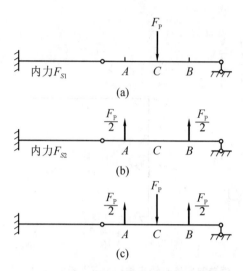

图 2 - 36　静定结构的荷载等效特性

3. 静定结构的荷载等效特性

作用在静定结构的一个内部几何不变部分上的荷载做等效变换时，只有此部分内力发生变化，其余部分的内力不变。

下面可用局部平衡特性来说明这一点。设在多跨静定梁的某一个几何不变的部分 AB 段上作用有两种等效荷载，其相应的内力分别为 F_{S1} 和 F_{S2}，分别如图 2 - 36（a）和图 2 - 36（b）所示。根据叠加原理，在如图 2 - 36（c）所示的平衡力系作用下，相应的内力应为 $F_{S1} - F_{S2}$。根据局部平衡特性可知，除 AB 段以外，其余部分的内力 $F_{S1} - F_{S2}$ 应为 0，即 $F_{S1} = F_{S2}$。因此，在两种等效荷载分别作用时，除杆 AB 以外，其余部分相应的内力 F_{S1} 和 F_{S2} 必相等。

4. 静定结构的构造变化特性

当静定结构的一个内部几何不变部分做构造变换时，只有此部分内力发生变化，其余部分的内力不变。

在如图 2 - 37（a）所示的桁架中，设将上弦杆 AB 改为一个小桁架，如图 2 - 37（b）所示，则只是 AB 的内力发生改变，其余部分的内力不发生改变。为了证明这一点，我们可以分别从图 2 - 37（a）和图 2 - 37（b）取出 AB 部分，其受力情况分别如图 2 - 37（c）和图 2 - 37（d）所示。可以看出，只要两者的荷载等效，则 AB 两点的约束力保持不变，即两者对其余部分的影响完全相同。

2.5.2　各杆结构形式的受力特点

前面讨论了静定结构的几种结构形式，下面从不同的角度讨论各种静定结构的受力特点。

（1）梁和梁式桁架属于无推力结构。三铰拱、三铰刚架、拱式桁架和某些组合结构属于有推力的结构。有推力的结构可以利用水平推力的作用减少弯矩峰值。

（2）结构中的杆件可以分为链杆和梁式杆。

桁架和组合结构中的部分杆件是链杆，链杆中只有轴力，处于无弯矩

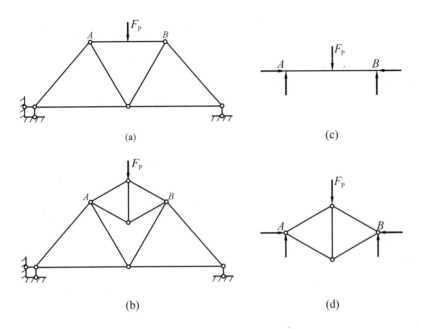

(a)

(c)

(b)

(d)

图 2 - 37　静定结构的构造变化特性

状态，杆件横截面上的正应力为均匀分布，材料能够充分发挥作用。

梁和刚架中各杆及组合结构中的某些杆件为梁式杆，梁式杆处于有弯矩状态，杆件横截面上的正应力分布不均匀，材料不能充分发挥作用。

（3）在多跨静定梁和伸臂梁中，由于负弯矩的存在，与简支梁相比，它们可以减少跨中的正弯矩。

（4）在三铰拱中，采用合理轴线也可以使拱处于无弯矩状态。从力学的角度来看，无弯矩状态是一种合理的受力状态，所以我们要尽量减小杆件中的弯矩。

根据以上各种结构的受力特点，在工程实际中，简支梁多用于小跨度结构；伸臂梁、多跨静定梁、三铰刚架和组合结构可用于跨度较大的结构；当跨度更大时，多采用桁架和具有合理轴线的拱。所以，不同的结构形式有其各自适用的跨度范围，这是在选择结构形式时要注意的一个问题。

另外，各种结构形式都有它的优点和缺点。简支梁虽然具有上述缺点，但施工简单，使用方便；桁架的杆件很多，结点构造比较复杂；三铰拱要求基础能承受推力（或者需要设置拉杆承受推力），但其施工也不方便。因此，简支梁仍然是工程实际中被广泛使用的一种结构形式。所以，选择结构形式时，必须进行全面的分析和比较。

小 结

本章讨论了静定结构的受力分析，基本方法是取隔离体，列平衡方程。受力分析和位移分析是静定结构分析的两个主题。静定结构受力分析同时也是静定结构位移分析的基础，还是超静定结构分析的基础。因此，本章是工程力学的一个重要的基础性内容，应当熟练掌握。

1. 静定结构常见的结构类型

（1）梁和刚架。由受弯直杆（称为梁式杆）组成。

（2）桁架和组合结构。桁架由只受轴力的链杆组成，组合结构由链杆和梁式杆组成。

（3）三铰拱。轴线为曲线，在竖直荷载的作用下，除产生竖直反力以外，还有水平反力产生。拱的主要内力是轴向压力。

2. 各种结构形式的分析要点

（1）梁和刚架的受力分析要点。梁和刚架中的杆件都是梁式杆，弯矩是主要内力。对于结构的受力分析，通常要画出结构中各杆的弯矩图、剪力图和轴力图。

弯矩图的一般作法是叠加法。首先求出各个控制截面（支座处、集中力作用点、集中力偶作用点、均布荷载的起点和终点）的弯矩值，无荷载段，即相邻控制截面弯矩纵坐标值连直线；有荷载段，以相邻控制截面弯矩纵坐标值所连直线为基线，叠加以该段长度为跨度的简支梁在相应跨间荷载作用下的弯矩图，得到最后弯矩。

作出内力图以后，要进行校核。对各杆内力图检验是否满足荷载与内力之间的微分关系。在结点处，可取结点进行隔离体检验，看是否满足平衡条件。

（2）桁架和组合结构的受力分析要点。结点法和截面法是计算桁架轴力的基本方法，要熟练掌握，并会联合应用。

分析组合结构时，正确识别出链杆和梁式杆后，要求出链杆的轴力，画出梁式杆的内力图。

（3）三铰拱的受力分析要点。求解三铰拱的反力和内力主要利用数解法，即通过取隔离体，列出静力平衡方程，求出任一截面的内力或内力方程式。

利用 $y = M^0/F_H$，合理选择三铰拱的轴线形状，使各个截面的弯矩为 0，拱处于无弯矩状态，从而得到拱轴线的最优化结果。

思考题

1. 如何用叠加法作结构的弯矩图？
2. 与梁相比，刚架的力学性能有什么不同？
3. 计算桁架内力的方法有哪些？
4. 三铰拱的受力特点是什么？
5. 什么是三铰拱的合理轴线？

习　题

1. 试用叠加法作如题图 2−1 所示梁的内力图。

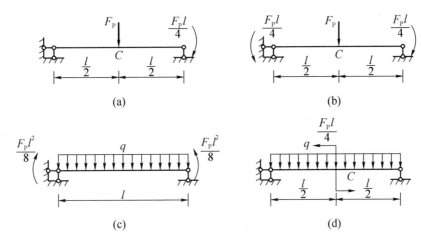

(a)　　　　　　　　　　　　　　(b)

(c)　　　　　　　　　　　　　　(d)

题图 2−1

2. 试作如题图 2−2 所示静定梁的内力图。

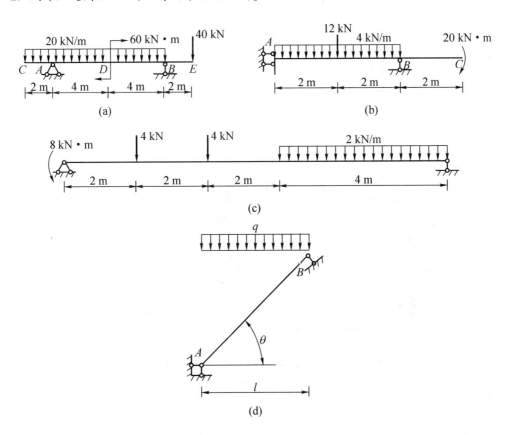

(a)　　　　　　　　　　　　　　(b)

(c)

(d)

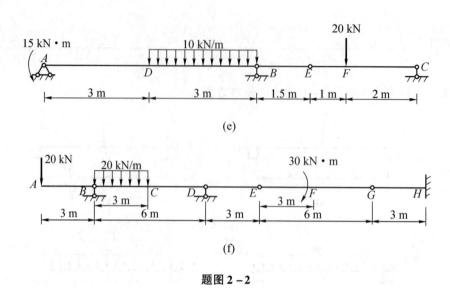

(e)

(f)

题图 2 – 2

3. 试作如题图 2 – 3 所示刚架的内力图。

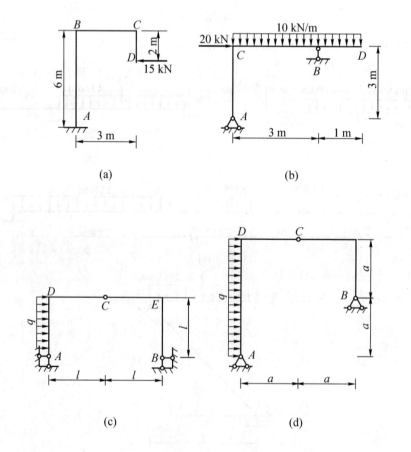

(a)

(b)

(c)

(d)

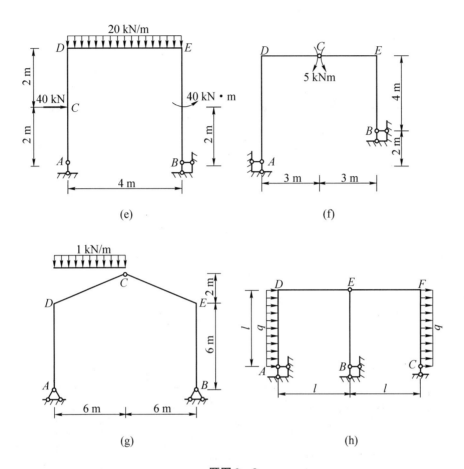

(e)　　　　　　　　　　　　　　　　(f)

(g)　　　　　　　　　　　　　　　　(h)

题图 2 - 3

4. 试分析如题图 2 - 4 所示桁架的类型，并指出零杆。

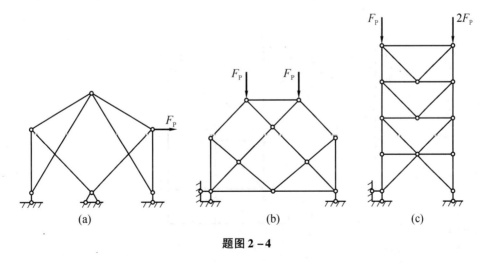

(a)　　　　　　　　　　(b)　　　　　　　　　　(c)

题图 2 - 4

5. 试用结点法求如题图 2 - 5 所示桁架中各杆的轴力。

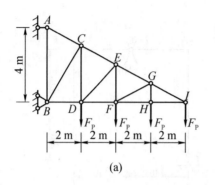 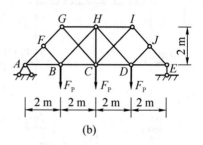

(a)   (b)

题图 2 – 5

6. 试求如题图 2 – 6 所示各个桁架中指定杆的内力。

（1）对于题图 2 – 6（a）所示桁架，请求出杆 1、杆 2 和杆 3 的内力。

（2）对于题图 2 – 6（b）所示桁架，请求出杆 1、杆 2、杆 3 和杆 4 的内力。

（3）对于题图 2 – 6（c）所示桁架，请求出杆 1 和杆 2 的内力。

（4）对于题图 2 – 6（d）所示桁架，请求出杆 1、杆 2 和杆 3 的内力。

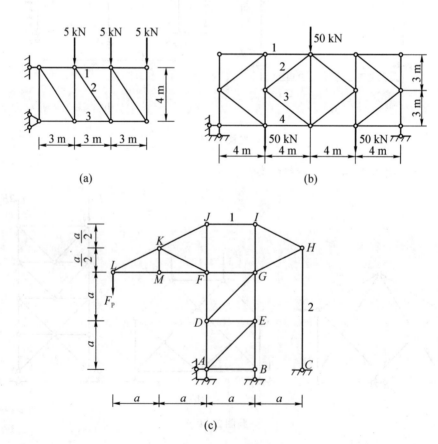

(c)

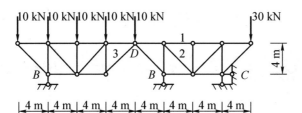

(d)

题图 2 - 6

7. 试作如题图 2 - 7 所示组合结构的内力图。

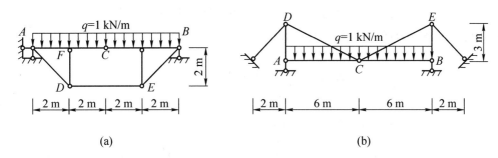

(a)   (b)

题图 2 - 7

8. 试求如题图 2 - 8 所示带拉杆的半圆三铰拱 K 截面的内力。

9. 如题图 2 - 9 所示抛物线三铰拱轴线的方程为：

$$y = \frac{4f}{l^2}x(l - x)$$

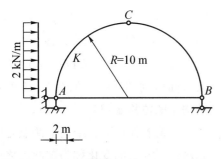

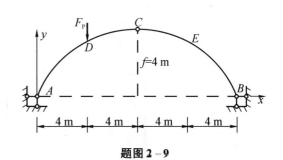

题图 2 - 8   题图 2 - 9

并且 $l = 16$ m，$f = 4$ m。

（1）求支座反力。

（2）求截面 E 的 M、F_N、F_Q 值。

（3）求 D 点左右两侧截面的 F_N、F_Q 值。

第3章

静定结构的位移计算——能量法

学习指导

学习要求：理解根据虚功原理推导的位移计算公式。熟练掌握静定结构的位移计算方法。了解温度改变及支座移动产生的位移计算，了解互等定理。

本章重点：静定结构的位移计算、图乘法求位移。

3.1　位移计算概述

3.1.1　结构的位移

❶ 本章处于静定结构分析与超静定结构分析的交界处，既是静定部分的结尾，又是超静定部分的先导。

静定结构的位移计算是超静定结构内力分析的基础，在静定结构与超静定结构分析中，起到承上启下的作用❶。

结构在荷载作用下将发生尺寸和形状的改变，这种改变称为结构的变形。在结构发生变形时，结构上各点或各截面产生的移动或转动称为结构的位移。

结构的位移分为两类：

（1）线位移。线位移是指结构上某点沿直线方向移动的距离，如图3－1所示结构中的位移 Δ_{AH} 和 Δ_{BH}。

（2）角位移。角位移是指结构某截面转动的角度，如图3－1所示结构中的位移 φ_A 和 φ_B。

在荷载作用下，结构上两点之间相对位置发生的变化称为这两点之间的相对位移，如图3－1所示结构中 A、B 两点之间的相对线位移为 $\Delta_{AH}+\Delta_{BH}$，相对角位移为 $\varphi_A+\varphi_B$。

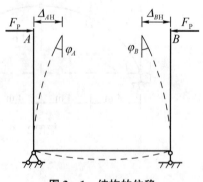

图3－1　结构的位移

产生位移的主要原因有以下几个：

（1）荷载作用。

（2）温度改变和支座移动。

（3）制造误差。

3.1.2   结构位移计算的目的

（1）校核结构的刚度，确保结构的变形符合工程要求。在结构设计中，结构除要满足强度要求以外，还应该满足刚度要求，即结构的变形不要超过规范中所规定的范围❶。

（2）为超静定结构的内力计算打基础。在超静定结构计算中，不但要考虑结构的平衡条件，同时还要考虑结构的变形协调条件。

（3）预先知道结构的位移，以便采取一定的措施，以达到预期的目的。

3.1.3   结构位移计算的有关假设

在计算结构位移时，为了简化计算，通常进行以下假设：

（1）材料处于线弹性阶段，胡克定律可以使用，应力和应变呈线性变化。

（2）变形是微小的。

满足以上假设条件的体系，其位移和荷载呈线性关系，通常称为线性变形体。在此假设条件下，叠加原理可以使用。

3.2   虚功和虚功原理

本章讨论的主要内容是线性变形体的位移计算。其计算的理论基础是虚功原理。

3.2.1   实功和虚功

1. 实功

力在由其本身引起的位移上所做的功称为力的实功。下面讨论变形体承受荷载的情况。

如图 3-2（a）所示的简支梁，取静力加载方式，对线性变形体来说，位移与荷载呈线性关系，如图 3-2（b）所示。由实功的定义可知，在此加载过程中，F_{P1} 做了实功，即：

$$W_{11} = \frac{1}{2} F_{P1} \Delta_{11} ❷ \qquad (3-1)$$

2. 虚功

力在由其他原因（其他的荷载、温度的改变、支座的移动等）所引起

❶ 例如，吊车梁允许的挠度限制通常规定为跨度的 1/600。

❷ 在这个过程中力做功为变力做功（力的方向不变，但大小在变），因为位移与荷载呈线性关系，这时力做的功是图 3-2（b）中下三角形的面积。

的位移上所做的功称为力的虚功。

设在如图 3 - 2（a）所示的简支梁中，F_{P1} 加载过程完成之后，在简支梁点 2 处仍以静力加载方式加载 F_{P2}，如图 3 - 2（c）所示，梁挠曲线由曲线 I 变为曲线 II。在此过程中，F_{P2} 与 Δ_{22} 呈线性关系，F_{P2} 沿位移 Δ_{22} 方向做实功，即：

$$W_{22} = \frac{1}{2} F_{P2} \Delta_{22} \qquad\qquad (3 - 2)$$

由于 F_{P2} 的作用，F_{P1} 的作用点位置也发生了位移 Δ_{12}，因此，在这个过程中，F_{P1} 也做了功，且为常力做功，即：

$$W_{12} = F_{P1} \Delta_{12} \qquad\qquad (3 - 3)$$

由于 Δ_{12} 与 F_{P1} 无关，故由虚功的定义可知，力 F_{P1} 沿位移 Δ_{12} 方向所做的功 W_{12} 应为虚功。

在虚功中，力与位移分别属于同一体系的两种彼此无关的状态，其中，力所属的状态称为力状态，而位移所属的状态称为位移状态。

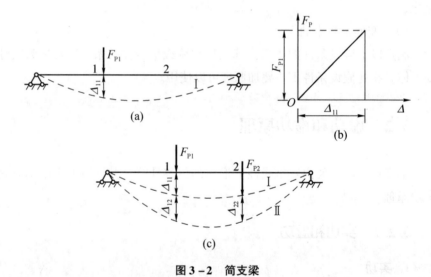

图 3 - 2　简支梁

力状态的力可以是一个力 F_P，如图 3 - 3（a）所示；可以是一个力偶 m，如图 3 - 3（b）所示；可以是一对力 $F_{P1} = F_{P2} = F_P$，如图 3 - 3（c）和图 3 - 3（d）所示；可以是一对力偶 $m_1 = m_2 = m$，如图 3 - 3（e）所示；等等。我们把它们统称为广义力。

位移状态的位移可以是线位移 Δ，如图 3 - 3（a）所示；可以是角位移 θ，如图 3 - 3（b）所示；可以是相对线位移 $\Delta = \Delta_1 + \Delta_2$，如图 3 - 3（c）和图 3 - 3（d）所示；可以是相对角位移 $\theta = \theta_1 + \theta_2$，如图 3 - 3（e）所示；等等。我们把这些位移统称为广义位移。

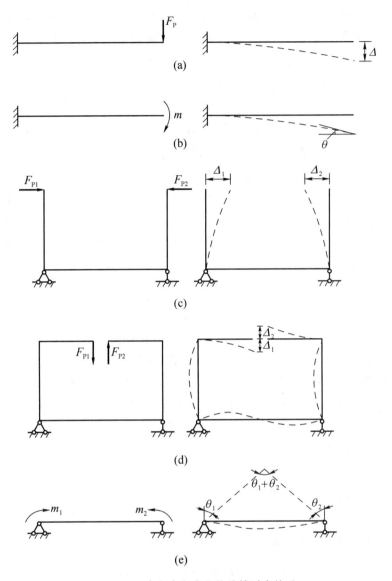

图 3 – 3　广义力和广义位移的对应关系

因此，虚功的表达方式可以写为：

$$W = F_P \Delta \qquad\qquad (3-4)$$

式中：W——虚功；

　　　F_P——广义力；

　　　Δ——与 F_P 相应的广义位移。

3.2.2　变形体的虚功原理

我们在理论力学中已经学过刚体的虚功原理。按照这个原理，体系在

❶ 在变形体发生
位移的过程中，
体系既有位移，
也有应变。

发生位移的过程中，不考虑材料应变，各杆只发生刚体运动，这时体系属于刚体体系❶。刚体体系的虚功原理可以表述如下，刚体体系在任意平衡力系的作用下，体系上所有主动力在任意与约束条件相符合的微小刚体位移上所做的虚功总和恒等于 0，即：

$$W_e = 0 \qquad\qquad (3-5)$$

❷ 在变形体发生
位移的过程中，
体系既有位移也
有应变。

体系在发生变形的过程中，不但各杆发生刚体运动，内部材料同时也发生应变，这时体系属于变形体体系❷。对于变形体体系，虚功原理可以表述如下，在任意平衡力系的作用下，设变形体系由于其他原因产生符合约束条件的微小连续变形，体系上所有外力所做的虚功总和恒等于体系各个截面所有内力在微段变形上所做的虚功的总和，即：

$$W_e = W_i \qquad\qquad (3-6)$$

式中：W_e——体系的外力虚功；

W_i——体系的内力虚功。

下面对杆件体系的内力虚功 W_i 进行讨论。

如图 3-4（a）所示是一杆件在荷载作用下的一组平衡力系，即力状态；如图 3-4（b）所示是该杆件在其他因素作用下的位移状态。

从梁中取出微段 ds 进行讨论。图 3-4（a）中微段 ds 的内力如图 3-4（c）所示，图 3-4（b）中相应微段 ds 的变形如图 3-4（d）所示。

如图 3-4（c）所示微段的内力在如图 3-4（d）所示微段变形上所做的内力虚功为：

$$W_i = F_N \mathrm{d}\lambda + F_Q \mathrm{d}\eta + M\mathrm{d}\theta$$

式中：F_N、F_Q、M ——广义力；

$\mathrm{d}\lambda$、$\mathrm{d}\eta$、$\mathrm{d}\theta$ ——相应的广义位移。

因此，杆件的内力虚功表达式为：

$$W_i = \int_A^B (F_N \mathrm{d}\lambda + F_Q \mathrm{d}\eta + M\mathrm{d}\theta)$$

对于杆件体系，有：

$$W_i = \sum \int (F_N \mathrm{d}\lambda + F_Q \mathrm{d}\eta + M\mathrm{d}\theta)$$

外力的虚功为：

$$W_e = \sum F_{Pi}\Delta_i + \sum F_{RK}c_K$$

则式（3-6）可以写为：

$$\sum F_{Pi}\Delta_i + \sum F_{RK}c_K = \sum \int (F_N \mathrm{d}\lambda + F_Q \mathrm{d}\eta + M\mathrm{d}\theta) \qquad (3-7)$$

因为：

$$\mathrm{d}\lambda = \varepsilon \mathrm{d}s, \mathrm{d}\eta = \gamma_0 \mathrm{d}s, \mathrm{d}\theta = \kappa \mathrm{d}s \qquad\qquad (3-8)$$

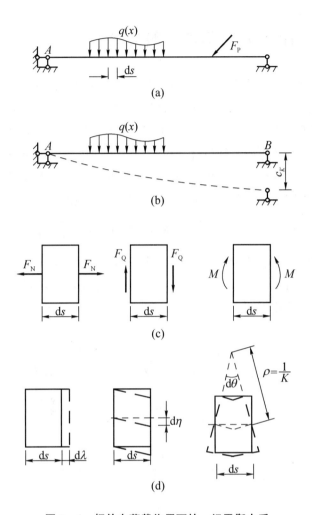

图 3-4　杆件在荷载作用下的一组平衡力系

所以：

$$\sum F_{\mathrm{P}i}\Delta_i + \sum F_{\mathrm{R}K}c_K = \sum \int (F_{\mathrm{N}}\varepsilon + F_{\mathrm{Q}}\gamma_0 + M\kappa)\,\mathrm{d}s \qquad (3-9)$$

式中：$F_{\mathrm{R}K}$、F_{N}、F_{Q}、M ——结构杆件在力状态下的支座反力以及 $\mathrm{d}s$ 微段
截面的内力，即轴力、剪力和弯矩；

　　　c_K、$\mathrm{d}\lambda$、$\mathrm{d}\eta$、$\mathrm{d}\theta$ ——结构杆件在位移状态下支座处的位移以及 $\mathrm{d}s$
微段截面相应的相对轴向变形、相对剪切变形
和相对转角；

　　　ε、γ_0、κ ——微段相应的轴向应变、剪应变和杆轴变形后的曲率。

　　式（3-9）就是变形体体系虚功原理的表达式，称为变形体体系的虚
功方程式。

3.3 结构位移计算的一般公式

设结构有一实际的位移状态，如图 3-5（a）所示（荷载、温度改变、支座移动等因素引起），为了便于利用式（3-9）求出 Δ，希望在虚功方程中除了要求的未知位移 Δ 外，不再包含其他未知位移。因此，在虚设力状态时，应只在要求的未知位移 Δ 的位置和方向虚设一单位荷载，而在其他位置不再设置荷载。这个单位荷载与相应的支座反力组成了一个虚设的平衡力系，如图 3-5（b）所示，由式（3-9）可得：

$$1 \times \Delta = \sum \int (\overline{F}_N \varepsilon + \overline{F}_Q \gamma_0 + \overline{M} \kappa) \mathrm{d}s - \sum \overline{F}_{RK} c_K \qquad (3-10)$$

这里的位移和变形状态 Δ、c_K、$\varepsilon \mathrm{d}s$、$\gamma_0 \mathrm{d}s$、$\kappa \mathrm{d}s$ 等是实际给定的位移和变形状态；这里的力和弯矩 $\overline{F}_N$、$\overline{F}_Q$、$\overline{M}$、$\overline{F}_{RK}$ 等是虚设的力状态下的内力、支座反力和弯矩。

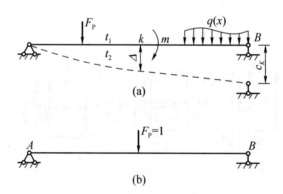

图 3-5 结构位移计算的一般公式

（a）实际位移状态；（b）虚设力状态

这种利用虚功原理虚设单位荷载来计算结构位移的方法称为单位荷载法。利用这个方法就可以求出一个未知位移。

应用虚功原理计算结构的位移时需要注意以下几个问题：

（1）计算时，虚设的单位力的指向可以任意假定，若位移的计算结果为正，表示实际位移方向与虚设单位力方向相同，反之则相反。

（2）在式（3-10）等号右边的 4 个乘积中，当虚设的力状态中 $\overline{F}_N$、$\overline{F}_Q$、$\overline{M}$、$\overline{F}_{RK}$ 与实际位移状态中的 $\varepsilon \mathrm{d}s$、$\gamma_0 \mathrm{d}s$、$\kappa \mathrm{d}s$、c_K 的方向一致时，其乘积为正，反之，为负。

（3）虚设的单位力的位置和方向要与拟求位移 Δ 的位置和方向一致，参照图 3-3。

3.4 荷载作用时的位移计算

本节讨论结构只受荷载作用时的位移计算。

假设材料是弹性的，结构在荷载作用下产生的内力以 M_P、F_{NP}、F_{QP} 表示，由虎克定律，可以求得 ds 微段上与 M_P、F_{NP}、F_{QP} 相应的弹性变形为：

$$\varepsilon ds = \frac{F_{NP}}{EA} ds \qquad (3-11a)$$

$$\gamma_0 ds = \mu \frac{F_{QP}}{GA} ds \qquad (3-11b)$$

$$\kappa ds = \frac{M_P}{EI} ds \qquad (3-11c)$$

式中：E、G——材料的弹性模量和剪切弹性模量；

A、I——杆件截面的面积和惯性矩；

μ——截面剪应力分布不均匀的修正系数❶，与截面形状有关。

将式（3-11）代入式（3-10），即可得到荷载作用下计算弹性位移的一般公式，即：

$$\Delta = \sum \int \frac{\overline{F}_N F_{NP}}{EA} ds + \sum \int \frac{\mu \overline{F}_Q F_{QP}}{GA} ds + \sum \int \frac{\overline{M} M_P}{EI} ds \qquad (3-12)$$

式中：F_{NP}、F_{QP}、M_P——实际荷载引起的内力。

轴力 $\overline{F}_N$、F_{NP} 以拉力为正；剪力 $\overline{F}_Q$、F_{QP} 以使微段顺时针转动为正；对于弯矩 $\overline{M}$、M_P，使杆件同侧纤维受拉时，$\overline{M} M_P$ 的乘积取正，反之，为负。

结构在荷载作用下位移计算的步骤如下：

（1）根据要求的位移 Δ 的位置和方向虚设相应的单位荷载，即虚设力状态。

（2）求出结构在实际荷载作用下的内力 F_{NP}、F_{QP}、M_P。

（3）求出结构在单位荷载作用下的内力 $\overline{F}_N$、$\overline{F}_Q$、$\overline{M}$。

（4）代入式（3-12），计算出位移 Δ。

为了方便计算，根据不同结构的受力特点，可对式（3-12）进行简化。

在梁和刚架中，位移主要是由弯矩引起的，轴力和剪力的影响很小，可以略去。因此，式（3-12）可简化为：

$$\Delta = \sum \int \frac{\overline{M} M_P}{EI} ds \qquad (3-13)$$

在桁架中，各杆只受轴力，而且在一般情况下，每根杆件的截面 A 和

❶ 对于矩形截面，系数 μ 取 1.2。

轴力 $\overline{F}_{\mathrm{N}}$、$F_{\mathrm{NP}}$，以及弹性模量 E 沿杆长都是常数。式（3-12）可简化为：

$$\Delta = \sum \int \frac{\overline{F}_{\mathrm{N}} F_{\mathrm{NP}}}{EA} \mathrm{d}s = \sum \frac{\overline{F}_{\mathrm{N}} F_{\mathrm{NP}}}{EA} l \qquad (3-14)$$

在拱中，当压力线与拱轴线不相近时，轴力和剪力的影响较小，可以忽略，只需考虑弯矩的影响即可，可按式（3-13）计算；当压力线与拱轴线相近时（两者的距离与杆件的截面高度为同量级），应考虑弯矩和轴力的影响，即：

$$\Delta = \sum \int \frac{\overline{M} M_{\mathrm{P}}}{EI} \mathrm{d}s + \sum \int \frac{\overline{F}_{\mathrm{N}} F_{\mathrm{NP}}}{EA} \mathrm{d}s \qquad (3-15)$$

在组合结构中，梁式杆只考虑弯矩，链杆只受轴力。因此，式（3-12）可简化为：

$$\Delta = \sum \int \frac{\overline{M} M_{\mathrm{P}}}{EI} \mathrm{d}s + \sum \frac{\overline{F}_{\mathrm{N}} F_{\mathrm{NP}}}{EA} l \qquad (3-16)$$

【例3-1】 如图3-6（a）所示为一伸臂梁，自由端受荷载 F_{P}，试计算自由端的挠度和转角，其中，EI 为常数。

解：对于梁，只考虑弯矩的影响。

（1）求点 A 的挠度 Δ_{AV}。首先虚设与所求位移相应的单位荷载，如图3-6（b）所示为虚设力状态。

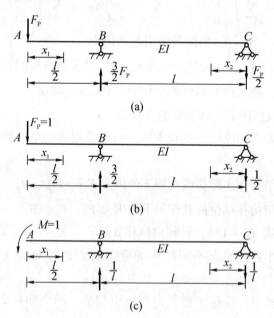

图3-6 虚设力状态

然后求实际荷载作用下和单位荷载作用下的内力。如图3-6（a）所示，实际荷载作用下的内力为：

$$AB \text{ 段}: M_P = -F_P x_1; BC \text{ 段}: M_P = -\frac{F_P}{2} x_2 \qquad (3-17)$$

如图 3-6 (b) 所示，单位荷载作用下的内力为：

$$AB \text{ 段}: \overline{M} = -x_1; BC \text{ 段}: \overline{M} = -\frac{1}{2} x_2 \qquad (3-18)$$

由式 (3-13) 可求位移为：

$$\Delta_{AV} = \sum \int \frac{\overline{M} M_P}{EI} ds$$

$$= \int_0^{\frac{l}{2}} \frac{(-x_1)(-F_P x_1)}{EI} dx_1 + \int_0^l \frac{\left(-\frac{1}{2} x_2\right)\left(-\frac{F_P}{2} x_2\right)}{EI} dx_2$$

$$= \frac{F_P l^3}{8EI} (\downarrow)$$

(2) 求点 A 的转角 θ_A。首先虚设与所求位移相应的单位荷载，如图 3-6 (c) 所示为虚设的力状态；实际荷载作用下的内力图见式 (3-17)。

然后计算单位荷载作用下的内力为：

$$AB \text{ 段}: \overline{M} = -1; BC \text{ 段}: \overline{M} = -\frac{1}{l} x_2$$

由式 (3-13) 可求位移为：

$$\theta_{AV} = \sum \int \frac{\overline{M} M_P}{EI} ds$$

$$= \int_0^{\frac{l}{2}} \frac{(-1)(-F_P x_1)}{EI} dx_1 + \int_0^l \frac{\left(-\frac{1}{l} x_2\right)\left(-\frac{F_P}{2} x_2\right)}{EI} dx_2$$

$$= \frac{7 F_P l^2}{24EI} (\curvearrowleft)$$

【例 3-2】 求如图 3-7 (a) 所示桁架下弦结点 D 的竖直位移 Δ_{DV}，已知各杆 EA 相等。

解：首先虚设与所求位移相应的单位荷载，如图 3-7 (b) 所示为虚设的力状态，求出桁架在实际荷载和单位荷载作用下各杆的轴力。

然后由式 (3-14) 可求得：

$$\Delta_{DV} = \sum \frac{\overline{F}_N F_{NP}}{EA} l$$

$$= 2 \times \frac{\left(-\frac{\sqrt{2}}{2}\right)\left(-\frac{\sqrt{2}}{2} F_P\right)}{EA} \sqrt{2} a + 2 \times \frac{\frac{1}{2} \times \frac{1}{2} F_P}{EA} a$$

$$= \frac{F_P a}{EA}\left(\sqrt{2} + \frac{1}{2}\right) (\downarrow)$$

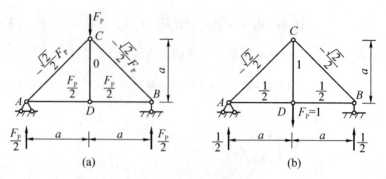

图 3-7 例 3-2 桁架

（a）实际荷载；（b）虚设单位荷载

【例 3-3】 如图 3-8（a）所示为一等截面圆弧形曲梁，截面为矩形，圆弧 AB 为 1/4 圆周，半径为 R，在 B 点受竖直荷载 F_P 作用，试求 B 点的竖直位移。已知 EI、EA、GA 均为常数。

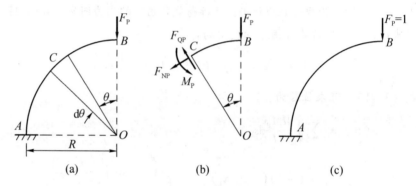

图 3-8 等截面圆弧形曲梁

解： 首先虚设与所求位移相应的单位荷载，如图 3-8（c）所示为虚设的力状态，取 θ 作为变量。

然后在实际荷载作用下，任意截面 C 上的内力 [如图 3-8（b）所示] 为：

$$M_P = F_P R\sin\theta, \quad F_{QP} = F_P\cos\theta, \quad F_{NP} = -F_P\sin\theta$$

在虚设力状态下，任意截面的内力为：

$$\overline{M} = R\sin\theta, \quad \overline{F}_Q = \cos\theta, \quad \overline{F}_N = -\sin\theta, \quad ds = Rd\theta$$

由式（3-12）可得：

$$\Delta_{BV} = \int_B^A \frac{\overline{M}M_P}{EI}ds + \int_B^A \frac{\mu\overline{F}_Q F_{QP}}{GA}ds + \int_B^A \frac{\overline{F}_N F_{NP}}{EA}ds$$

$$= \frac{F_P R^3}{EI}\int_0^{\frac{\pi}{2}}\sin^2\theta d\theta + \frac{\mu F_P R}{GA}\int_0^{\frac{\pi}{2}}\cos^2\theta d\theta + \frac{F_P R}{EA}\int_0^{\frac{\pi}{2}}\sin^2\theta d\theta$$

$$= \frac{\pi F_P R^3}{4EI} + \frac{\mu\pi F_P R}{4GA} + \frac{\pi F_P R}{4EA}(\downarrow)$$

上式中，等号右边 3 项分别为弯矩、剪力和轴力所引起的位移，记：

$$\Delta_M = \int \frac{\overline{M}M_P}{EI}ds = \frac{\pi F_P R^3}{4EI}$$

$$\Delta_Q = \int \frac{\mu \overline{F}_Q F_{QP}}{GA}ds = \frac{\mu \pi F_P R}{4GA}$$

$$\Delta_N = \int \frac{\overline{F}_N F_{NP}}{EA}ds = \frac{\pi F_P R}{4EA}$$

设梁的截面为矩形，尺寸为 $b \times h$，则 $\mu = 1.2$，$I/A = h^2/12$。此外，取 $G = 0.4E$，$h/R = 1/10$，则：

$$\frac{\Delta_Q}{\Delta_M} = \frac{\dfrac{\mu \pi F_P R}{4GA}}{\dfrac{\pi F_P R^3}{4EI}} = \frac{1}{4}\left(\frac{h}{R}\right)^2 = \frac{1}{400}, \quad \frac{\Delta_N}{\Delta_M} = \frac{\dfrac{\pi F_P R}{4EA}}{\dfrac{\pi F_P R^3}{4EI}} = \frac{1}{12}\left(\frac{h}{R}\right)^2 = \frac{1}{1\,200}$$

由此可知，在给定条件下，轴力和剪力所引起的位移非常小，可以忽略不计。

3.5　图乘法

我们知道，对于梁和刚架（包括组合结构中的受弯杆），在荷载作用下的位移计算公式为：

$$\Delta = \sum \int \frac{\overline{M}M_P}{EI}ds$$

当荷载或结构复杂时，$\overline{M}$ 和 M_P 方程的建立以及积分比较烦琐。但结构各杆段均满足一定条件时，可以利用 $\overline{M}$ 和 M_P 图相乘的方法来简化计算。这就是本节将要介绍的图乘法。

3.5.1　图乘法的应用条件和计算公式

当结构各杆段均满足下述条件时，积分式可以用图乘法来计算：

（1）杆段轴线为直线。

（2）杆段的 EI 为常数。

（3）各杆段的 $\overline{M}$ 图和 M_P 图中至少有一个为直线图形。

上述 3 个条件是很容易满足的。对于等截面直杆，前两个条件能够满足，M_P 图有时为曲线，但 $\overline{M}$ 图一般是由直线段组成的。

如图 3-9 所示为等截面直杆 AB 段上的两个弯矩图，其中，$\overline{M}$ 图为直线图形，M_P 图为任意图形。因为 EI = 常数，所以积分式可以写为：

$$\int_A^B \frac{\overline{M}M_P}{EI}ds = \frac{1}{EI}\int_A^B \overline{M}M_P dx \qquad (3-19)$$

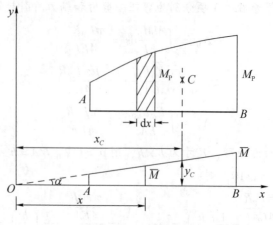

图3－9　图乘法

如图3－9所示建立坐标系，倾角 α 为 $\overline{M}$ 图直线与 x 轴之间的夹角，故：

$$\overline{M} = x\tan\alpha \tag{3－20}$$

将式（3－20）代入式（3－19）中，由于 $\tan\alpha$ 为常数，可提到积分号外，故可得：

$$\int_A^B \overline{M}M_\mathrm{P}\mathrm{d}x = \int_A^B x\tan\alpha M_\mathrm{P}\mathrm{d}x = \tan\alpha\int_A^B xM_\mathrm{P}\mathrm{d}x \tag{3－21}$$

式中：$M_\mathrm{P}\mathrm{d}x$——M_P 图中在 x 处的微分面积，即图3－9中的阴影部分；

$xM_\mathrm{P}\mathrm{d}x$——这个微分面积对 y 轴的面积矩；

$\int_A^B xM_\mathrm{P}\mathrm{d}x$ ——AB 杆上整个 M_P 图对 y 轴的面积矩。

以 x_C 表示 M_P 图的形心 C 到 y 轴的距离，则有：

$$\int_A^B xM_\mathrm{P}\mathrm{d}x = Ax_C \tag{3－22}$$

将式（3－22）代入式（3－21），可得：

$$\int_A^B \overline{M}M_\mathrm{P}\mathrm{d}x = \tan\alpha(Ax_C) = Ay_C \tag{3－23}$$

将式（3－23）代入式（3－19），可得：

$$\int_A^B \frac{\overline{M}M_\mathrm{P}}{EI}\mathrm{d}x = \frac{1}{EI}Ay_C \tag{3－24}$$

式中：A——AB 杆 M_P 图形的面积；

y_C——M_P 图的形心对应的 $\overline{M}$ 图的纵坐标。

因此，用图乘法计算结构位移的公式为：

$$\Delta = \sum\int \frac{\overline{M}M_\mathrm{P}}{EI}\mathrm{d}x = \sum \frac{1}{EI}Ay_C \tag{3－25}$$

式（3－25）将上述积分运算简化为求图形的面积、形心位置及纵坐标运算的问题。

3.5.2 应用图乘法计算时要注意的几个问题

（1）应用条件。杆段必须是直杆，且 EI 为常数，两个图形中至少有一个是直线图形。

（2）正负号规则。当面积 A 与纵坐标 y_C 在杆的同侧时，乘积 Ay_C 取正号；当 A 与 y_C 在杆的异侧时，Ay_C 取负号。

（3）应用图乘法时，如果一个图形是曲线，另一个图形是直线，则纵坐标 y_C 应取自于直线图形。如果两个图形都是直线，则纵坐标 y_C 可以取自其中任一图形。

（4）如果一个图形是曲线，另一个图形是由几段直线组成的，则应分段计算。如图 3 – 10 所示，有：

$$\int \overline{M} M_P \mathrm{d}x = A_1 y_1 + A_2 y_2 + A_3 y_3$$

如果杆件各段有不同的 EI，则应在 EI 变化处分段进行图乘。如图 3 – 11 所示，有：

$$\int \frac{\overline{M} M_P}{EI} \mathrm{d}x = \frac{1}{E_1 I_1} A_1 y_1 + \frac{1}{E_2 I_2} A_2 y_2$$

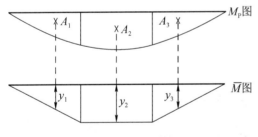

图 3 – 10 图乘法

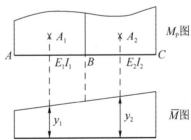

图 3 – 11 在 EI 变化处分段进行图乘

（5）当在图形面积的计算较为复杂或形心位置不易确定时，可将其分解为几个简单的图形，分别进行图乘后再叠加计算。

如图 3 – 12 所示为两个梯形相乘，可以将梯形分解为两个三角形（或分解为一个矩形和一个三角形），分别图乘，然后再叠加计算，即：

$$\int \overline{M} M_P \mathrm{d}x = A_1 y_1 + A_2 y_2$$

其中，纵坐标 y_1 和 y_2 可用下式计算：

$$y_1 = \frac{2}{3} c + \frac{1}{3} d, \quad y_2 = \frac{1}{3} c + \frac{2}{3} d$$

又如图 3 – 13 所示，两个由不同符号两部分组成的直线图，可以将其中一个图形分解为两个三角形 ABC 和 ABD，处理方法仍和上面一样，图乘时应注意正负号❶。

❶ 这时 y_1 和 y_2
的计算公式为：
$$y_1 = -\frac{2}{3}c + \frac{1}{3}d$$
$$y_2 = \frac{1}{3}c - \frac{2}{3}d$$

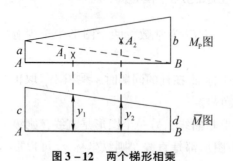

图 3-12　两个梯形相乘

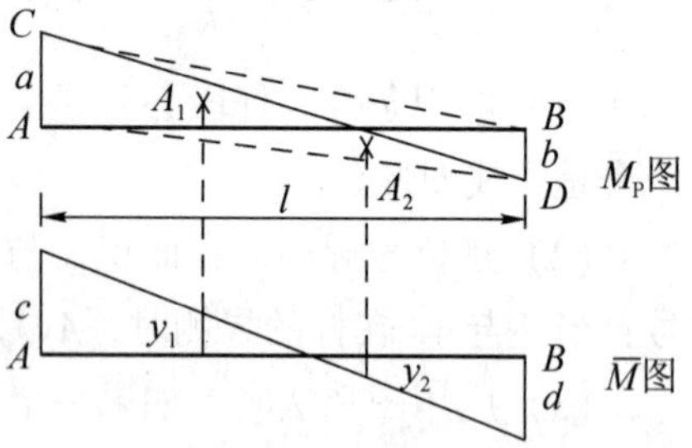

图 3-13　两个由不同符号两部分
组成的直线图

如图 3-14 所示为一杆件某一均布荷载作用区段的 M_P 图，由于其面积和形心位置不易确定，故可根据叠加法画 M_P 的过程，将 M_P 图看成由两端弯矩 M_A 和 M_B 的直线弯矩图（如图 3-14 中的 M' 图）和简支梁在均布荷载 q 的作用下的抛物线弯矩图（如图 3-14 中的 M'' 图）叠加而成，然后将它们分别与 $\overline{M}$ 图图乘，取其代数和。

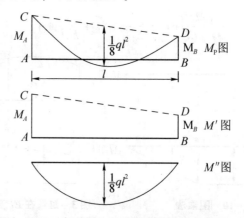

图 3-14　一杆件某一均布荷载作用区段的 M_P 图

3.5.3　几种常见图形的面积和形心位置

为计算方便起见，图 3-15 中给出了位移计算中几种常见图形的面积和形心位置的计算公式。需要指出的是，图中各抛物线的顶点是指其切线平行于基线的点，即抛物线上切线斜率为 0 的点。图中所给出的抛物线通常称为标准抛物线。具有标准抛物线的弯矩图在顶点处有 $\mathrm{d}M/\mathrm{d}x = 0$，即该处截面的剪力为 0。

【例 3-4】　试求如图 3-16（a）所示的伸臂梁在 C 端截面的转角，其中，$EI =$ 常数。

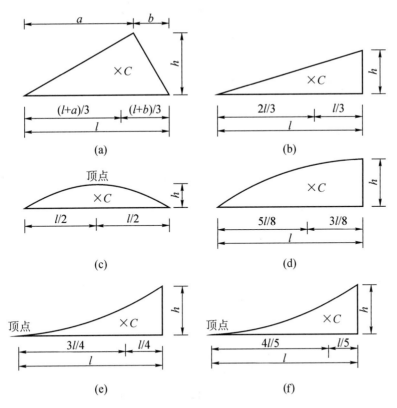

图 3-15 位移计算中几种常见图形的面积和形心位置的计算公式

（a）三角形 $A = \dfrac{lh}{2}$；（b）三角形 $A = \dfrac{lh}{2}$；（c）二次抛物线 $A = \dfrac{2}{3}lh$（1）；

（d）二次抛物线 $A = \dfrac{2}{3}lh$（2）；（e）三次抛物线 $A = \dfrac{1}{3}lh$；（f）三次抛物线 $A = \dfrac{1}{4}lh$

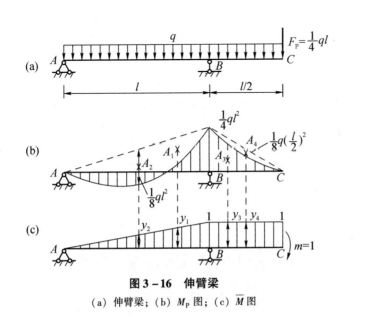

图 3-16 伸臂梁

（a）伸臂梁；（b）M_P 图；（c）$\overline{M}$ 图

解：如图 3-16（c）所示为虚设与所求位移相应的单位荷载。绘制出的 M_P 图和 $\overline{M}$ 图分别如图 3-16（b）和图 3-16（c）所示。

由叠加法绘制 M_P 图的过程如下：可将 M_P 图分成为 4 部分，AB 段可分成基线上边的三角形 A_1 和基线下边的抛物线 A_2；BC 段可分为基线上边的三角形 A_3 和基线下边的抛物线 A_4（注意：点 C 不是该抛物线的顶点）。

面积和标距的计算如下：

$$A_1 = \frac{1}{2} \times \frac{1}{4}ql^2 \times l = \frac{1}{8}ql^3 , y_1 = \frac{2}{3}(A_1 \text{ 与 } y_1 \text{ 同侧})$$

$$A_2 = \frac{2}{3} \times \frac{1}{8}ql^2 \times l = \frac{1}{12}ql^3 , y_2 = \frac{1}{2}(A_2 \text{ 与 } y_2 \text{ 异侧})$$

$$A_3 = \frac{1}{2} \times \frac{1}{4}ql^2 \times \frac{l}{2} = \frac{1}{16}ql^3 , y_3 = 1(A_3 \text{ 与 } y_3 \text{ 同侧})$$

$$A_4 = \frac{2}{3} \times \frac{1}{8}q\left(\frac{l}{2}\right)^2 \times \frac{l}{2} = \frac{1}{96}ql^3 , y_4 = 1(A_4 \text{ 与 } y_4 \text{ 异侧})$$

由式（3-23）可得：

$$\theta_C = \sum \frac{1}{EI} A y_C$$

$$= \frac{1}{EI}\left(\frac{1}{8}ql^3 \times \frac{2}{3} - \frac{1}{12}ql^3 \times \frac{1}{2} + \frac{1}{16}ql^3 \times 1 - \frac{1}{96}ql^3 \times 1\right)$$

$$= \frac{3ql^3}{32EI}(\curvearrowright)$$

【例 3-5】 试求如图 3-17（a）所示刚架点 D 的竖直位移，其中，EI 为常数。

解：虚设与所求位移相应的单位荷载，并绘制 M_P 图和 $\overline{M}$ 图分别如图 3-17（b）和图 3-17（c）所示。

由于两个弯矩图都为直线图形，所以 y_C 可取自于其中任意一个。$\overline{M}$ 图的面积为：

$$A_1 = \frac{1}{2} \times \frac{l}{2} \times \frac{l}{2} = \frac{l^2}{8} , \quad A_2 = \frac{1}{2} \times l \times l = \frac{l^2}{2}$$

M_P 图中相应的标距为：

$$y_1 = \frac{5}{6}F_P l , \quad y_2 = F_P l$$

因此，可得：

$$\Delta_{DV} = \sum \frac{1}{EI} A y_C$$

$$= \frac{1}{EI}(A_1 y_1 + A_2 y_2) = \frac{1}{EI}\left(\frac{l^2}{8} \cdot \frac{5}{6}F_P l + \frac{l^2}{2}F_P l\right)$$

$$= \frac{29F_P l^3}{48EI} (\downarrow)$$

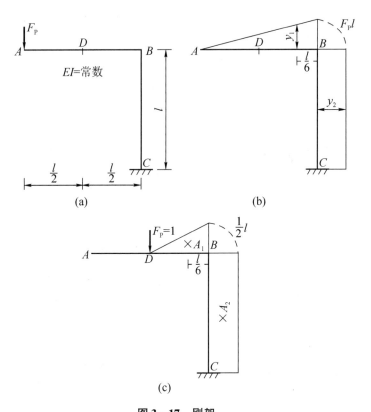

图 3 - 17　刚架

（a）刚架；（b）M_P 图；（c）$\overline{M}$ 图

计算时，也可以取 M_P 的面积，再取 $\overline{M}$ 图中相应的标距，计算结果应是相同的[注]。请读者对两种计算方法进行分析比较。

【例 3 - 6】　试求如图 3 - 18（a）所示框形刚架中 A、B 之间的如下值，设 EI 为常数：

（1）相对水平位移；

（2）相对截面角位移；

（3）相对竖直线位移。

解：（1）求相对水平位移。如图 3 - 18（c）所示，首先虚设与所求位移相应的单位荷载，然后绘制出 M_P 图和 $\overline{M}$ 图，分别如图 3 - 18（b）和图 3 - 18（c）所示。

由叠加法绘制 M_P 图的过程如下：将 CD 杆的 M_P 图分解为梯形（又可分为三角形 A_2 和矩形 A_3）和抛物线 A_4，将 DF 杆的 M_P 图分解为矩形 A_5 和抛物线 A_6。

由图 3 - 18（b）和图 3 - 18（c），可计算面积和标距如下：

$$A_1 = \frac{1}{3} \times \frac{l}{2} \times \frac{ql^2}{8} = \frac{ql^3}{48}, \quad y_1 = 0$$

❶ 注意，计算 AB 杆 M_P 图的面积时，AD 段和 DB 段要分开计算，因为两者对应的 y 值不相同。

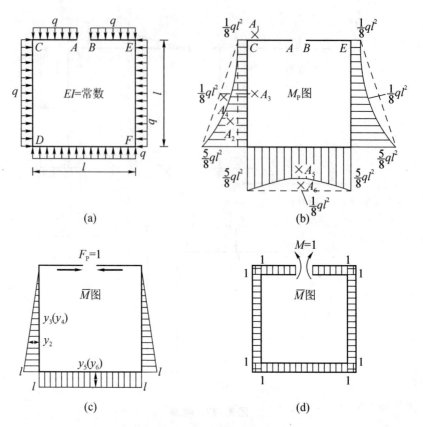

图 3 – 18 框形刚架

$$A_2 = \frac{1}{2} \times l \times \left(\frac{5ql^2}{8} - \frac{ql^2}{8}\right) = \frac{ql^3}{4}, y_2 = \frac{2l}{3}(A_2 \text{ 与 } y_2 \text{ 同侧})$$

$$A_3 = \frac{ql^2}{8} \times l = \frac{ql^3}{8}, y_3 = \frac{l}{2}(A_3 \text{ 与 } y_3 \text{ 同侧})$$

$$A_4 = \frac{2}{3} \times \frac{ql^2}{8} \times l = \frac{ql^3}{12}, y_4 = \frac{l}{2}(A_4 \text{ 与 } y_4 \text{ 异侧})$$

$$A_5 = \frac{5ql^2}{8} \times l = \frac{5ql^3}{8}, y_5 = l(A_5 \text{ 与 } y_5 \text{ 同侧})$$

$$A_6 = \frac{2}{3} \times \frac{ql^2}{8} = \frac{ql^3}{12}, y_6 = l(A_6 \text{ 与 } y_6 \text{ 异侧})$$

利用对称性可得:

$$\Delta_{ABH} = \sum \frac{1}{EI} A y_C$$

$$= \frac{1}{EI}\left(2 \times \frac{ql^3}{48} \times 0 + 2 \times \frac{ql^3}{4} \times \frac{2}{3}l + 2 \times \frac{ql^3}{8} \times \frac{1}{2}l - 2 \times \frac{ql^3}{12} \times \frac{1}{2}l + \frac{5ql^3}{8} \times l - \frac{ql^3}{12} \times l\right)$$

$$= \frac{11ql^4}{12EI} \quad (\rightarrow \leftarrow)$$

（2）求相对截面角位移。虚设与所求位移相应的单位力偶，并画出 $\overline{M}$ 图，如图 3 – 18 （d）所示，M_p 图及其面积计算同上。

由图 3 – 18 （d）可知，各标矩相等，即 $y_C = 1$，于是可得：

$$\theta_{AB} = \sum \frac{1}{EI} A y_C$$

$$= \frac{1}{EI}\left(-2 \times \frac{ql^3}{48} - 2 \times \frac{ql^3}{4} - 2 \times \frac{ql^3}{8} + 2 \times \frac{ql^3}{12} - \frac{5ql^3}{8} + \frac{ql^3}{12} \right)$$

$$= -\frac{7ql^3}{6EI} \quad (\curvearrowright\curvearrowleft)$$

（3）求相对竖直线位移。读者可自己计算并分析❶。

❶ 要考虑对称图形和反对称图形图乘的特点。

3.6 温度改变时的位移计算

本节将讨论温度改变时的位移计算。

对于静定结构，温度改变时不引起内力，但材料会由于发生自由膨胀和收缩而使结构产生变形和位移。

在计算温度改变所产生的位移时，仍可采用单位荷载法求位移的式（3–10)来计算，只是 ε、γ_0、κ 等变量是由温度变化引起的应变。

我们从某结构的一根杆件上任意截取微段 ds，设其上、下边缘的温度分别上升了 t_1 和 t_2，且沿杆件截面高度 h 为线性分布，即在截面发生温度

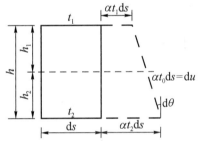

图 3 – 19　温度改变时的位移计算

改变后仍保持为平面，如图 3 – 19 所示，当微段发生弯曲变形 $d\theta$ 和轴向变形 du 时，不发生剪切变形。

轴线处的温度为：

$$t_0 = t_2 + \frac{(t_1 - t_2)}{h} h_2 = \frac{t_1 h_2 - t_2 h_1}{h} \tag{3 – 26}$$

当杆件的截面为对称截面时，有：

$$h_1 = h_2 + \frac{1}{2} h, t_0 = \frac{1}{2}(t_1 + t_2) \tag{3 – 27}$$

上、下边缘的温度改变差为：

$$\Delta t = t_1 - t_2 \tag{3 – 28}$$

式中：h——杆件截面的厚度；

　　h_1、h_2——杆轴至上、下边缘的距离；

t_1、t_2——上、下边缘的温度改变值。

如图 3-19 所示，如材料的线膨胀系数为 α，则 $\mathrm{d}s$ 段的变形为：

$$\mathrm{d}\mu = \varepsilon\mathrm{d}s = \alpha t_0\mathrm{d}s \tag{3-29}$$

$$\mathrm{d}\theta = \kappa\mathrm{d}s = \frac{\alpha(t_2 - t_1)}{h}\mathrm{d}s = \frac{\alpha\Delta t}{h}\mathrm{d}s \tag{3-30}$$

将式（3-29）和式（3-30）代入式（3-10），并令 $\gamma_0 = 0$，得到：

$$\Delta = \sum\int\overline{M}\frac{\alpha\Delta t}{h}\mathrm{d}s + \sum\int\overline{F}_{\mathrm{N}}\alpha t_0\mathrm{d}s \tag{3-31a}$$

如果 t_0 和 Δt 沿每一杆件的全长为常数，则：

$$\Delta = \sum\frac{\alpha\Delta t}{h}\int\overline{M}\mathrm{d}s + \sum\alpha t_0\int\overline{F}_{\mathrm{N}}\mathrm{d}s = \sum\frac{\alpha\Delta t}{h}A_{\overline{M}} + \sum\alpha t_0 A_{\overline{F}_{\mathrm{N}}}$$
$$\tag{3-31b}$$

式中：积分号包括杆件全长；$A_{\overline{M}} = \int\overline{M}\mathrm{d}s$、$A_{\overline{F}_{\mathrm{N}}} = \int\overline{F}_{\mathrm{N}}\mathrm{d}s$，表示每一杆件 $\overline{M}$ 图和 $\overline{F}_{\mathrm{N}}$ 图的面积。

正负号规定如下：轴力 $\overline{F}_{\mathrm{N}}$ 以拉力为正，t_0 以温度升高为正。弯矩 $\overline{M}$ 和温差 Δt 则用其乘积规定正负号：当弯矩 $\overline{M}$ 和温差 Δt 引起的弯曲为同一方向（$\overline{M}$ 和 Δt 使杆件的同一边产生拉伸变形）时，其乘积取正值；反之，取负值。

【例 3-7】 求如图 3-20（a）所示刚架点 C 的竖直位移。已知刚架内侧温度降低 $15\ ℃$，外侧温度无改变，各杆件截面为矩形，截面高度为 h，线膨胀系数为 α。

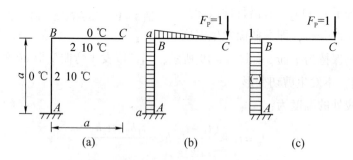

图 3-20 例 3-7 刚架

（a）刚架计算简图；（b）$\overline{M}$ 图；（c）$\overline{F}_{\mathrm{N}}$ 图

解：（1）在点 C 加单位竖直荷载 $F_{\mathrm{P}} = 1$，并分别作 $\overline{M}$ 图及 $\overline{F}_{\mathrm{N}}$ 图，如图 3-20（b）和图 3-20（c）所示。

（2）计算杆件上、下（及左、右）边缘温差 Δt 及轴线处温度变化 t_0。

$$\Delta t = 0 - (-10) = 10(℃)$$

$$t_0 = \frac{0-10}{2} = -5 \ (℃)$$

代入式（3-29b），得到：

$$\Delta = \sum \frac{\alpha \Delta t}{h} \int \overline{M} \mathrm{d}s + \sum \alpha t_0 \int \overline{F}_N \mathrm{d}s = \sum \frac{\alpha \Delta t}{h} A_{\overline{M}} + \sum \alpha t_0 A_{\overline{F}_N}$$

$$= \frac{10\alpha}{h}\left(\frac{1}{2}a \times a + a \times a\right) + (-5)\alpha(-a) = \frac{15\alpha}{h}a^2 + 5\alpha a(\downarrow)$$

因为 Δt 与 $\overline{M}$ 使杆件所产生的弯曲方向相同，所以该式第一项取正号，轴力为压力，轴线温度降低，所以第二项也为正号。

3.7　支座移动时的位移计算

静定结构在支座移动时将发生刚体位移，因此，静定结构在支座移动时并不引起内力。

令式（3-10）中的 ε、γ_0、κ 等于 0，得到：

$$\Delta = -\sum \overline{F}_{RK} c_K \qquad\qquad (3-32)$$

式中：c_K——实际的支座移动；

$\overline{F}_{RK}$——虚设的单位荷载产生的支座反力。

$\overline{F}_{RK} c_K$ 是虚设力系的支座反力 $\overline{F}_{RK}$ 在实际的相应支座移动 c_K 上做的虚功，因此，当两者方向一致时，乘积为正；反之，乘积为负。

【例3-8】　如图3-21（a）所示为一个三铰刚架，若 B 支座处发生了位移，位移的水平分量为 a，竖直分量为 b，求铰 C 两侧横截面的相对转角。

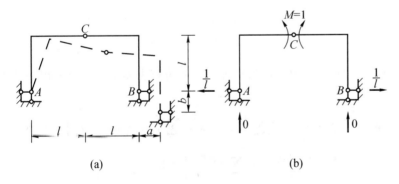

(a)　　　　　　　　　　(b)

图 3-21　三铰刚架

解：如图3-23（b）所示，虚设与所求位移相应的单位荷载，其支座反力可由式（3-32）计算得到，即：

$$\Delta = -\sum \overline{F}_{RK} c_K = -\left(0 \times b + \frac{1}{l} \times a\right) = -\frac{a}{l} \ (\curvearrowleft\curvearrowright)$$

由计算结果可知，Δ 为负值，说明铰 C 两侧横截面的相对转角的转向与假设的单位力偶的转向相反。

*3.8 线性变形体系的互等定理

本节讨论 3 个互等定理：功的互等定理、位移互等定理和反力互等定理，它们对结构的计算是很有用的。其应用条件如下：

（1）材料处于线弹性阶段，应力与应变成正比。

（2）微小变形。

3.8.1 功的互等定理

如图 3-22（a）和图 3-22（b）所示为同一变形体系的两种状态。

在第一种状态中，力系用 F_{P1}、F_{N1}、F_{Q1}、M_1 表示，位移和应变用 Δ_1、ε_1、γ_{01}、κ_1 表示。

在第二种状态中，力系用 F_{P2}、F_{N2}、F_{Q2}、M_2 表示，位移和应变用 Δ_2、ε_2、γ_{02}、κ_2 表示。

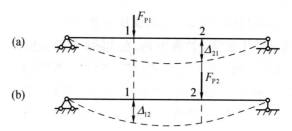

图 3-22 同一变形体系的两种状态

（a）第一状态；（b）第二状态

令第一种状态的力系在第二种状态的位移上做虚功，可写出虚功方程如下：

$$W_{12} = \sum F_{P1}\Delta_2 = \sum \int F_{N1}\varepsilon_2 \mathrm{d}s + \sum \int F_{Q1}\gamma_{02}\mathrm{d}s + \sum \int M_1\kappa_2\mathrm{d}s$$

$$= \sum \int \frac{F_{N1}F_{N2}}{EA}\mathrm{d}s + \sum \int \frac{\mu F_{Q1}F_{Q2}}{GA}\mathrm{d}s + \sum \int \frac{M_1M_2}{EI}\mathrm{d}s$$

同理，令第二种状态的力系在第一种状态的位移上做虚功，可写出虚功方程如下：

$$W_{21} = \sum F_{P2}\Delta_1 = \sum \int F_{N2}\varepsilon_1 \mathrm{d}s + \sum \int F_{Q2}\gamma_{01}\mathrm{d}s + \sum \int M_2\kappa_1\mathrm{d}s$$

$$= \sum \int \frac{F_{N2}F_{N1}}{EA}\mathrm{d}s + \sum \int \frac{\mu F_{Q2}F_{Q1}}{GA}\mathrm{d}s + \sum \int \frac{M_2M_1}{EI}\mathrm{d}s$$

这里，虚功 W 有两个下标：第一个下标表示做功的力系状态；第二个下标表示相应的变形状态。由于上面两式的右边彼此相等，所以：

$$\sum F_{P1}\Delta_2 = \sum F_{P2}\Delta_1 \tag{3-33a}$$

即：

$$W_{12} = W_{21} \tag{3-33b}$$

这就是功的互等定理：在任意一个线性变形体系中，第一种状态的外力在第二种状态位移上所做的虚功等于第二种状态的外力在第一种状态位移上所做的虚功。

3.8.2　位移互等定理

现在我们用功的互等定理来研究一种特殊情况。在图 3－22 中，设两种状态中的荷载都为单位荷载，如图 3－23 所示。在图 3－23（a）中，δ_{21}表示单位荷载 $F_{P1}=1$ 引起的与 F_{P2}相应的位移；在图 3－23（b）中，δ_{12}表示单位荷载 $F_{P2}=1$ 引起的与 F_{P2}相应的位移。这里，位移 δ_{ij}有两个下标：第一个下标 i 表示位移是与 F_{Pi} 相应的；第二个下标 j 表示位移是由力 $F_{Pj}=1$ 引起的。

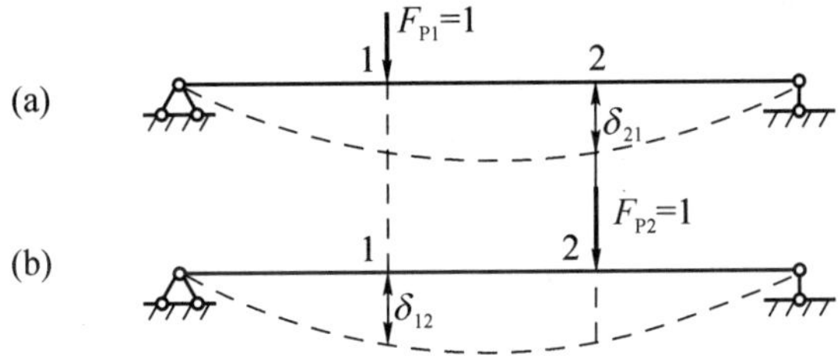

图 3－23　两种状态中的荷载都为单位荷载

（a）第一状态；（b）第二状态

由功的互等定理，即式（3－31a），可得：

$$F_{P1}\delta_{12} = F_{P2}\delta_{21}$$

因为 $F_{P1}=1$，$F_{P2}=1$，故：

$$\delta_{12} = \delta_{21} \tag{3-34}$$

这就是位移互等定理：在任意一个线性变形体系中，由单位荷载 $F_{P2}=1$ 引起的与荷载 F_{P1}相应的位移，在数值上等于由单位荷载 $F_{P1}=1$ 引起的与荷载 F_{P2}相应的位移。这里的单位荷载 F_{P1}、F_{P2}可以是广义力，则位移 δ_{12}和 δ_{21}是相应的广义位移。

3.8.3　反力互等定理

反力互等定理也是功的互等定理的一个特殊情况。如图 3－24 所示为同一线性变形体系的两种变形状态。在图 3 – 24（a）中，第一种状态为由于支座 1 发生单位位移 $c_1 = 1$，在支座 1 和 2 引起的支座反力（分别用 k_{11} 和 k_{21} 表示）。在图 3 – 24（b）中，第二种状态为由于支座 2 发生单位位移 $c_2 = 1$，在支座 1 和 2 引起的支座反力（分别用 k_{12} 和 k_{22} 表示）。这里，支座反力 k_{ij} 有两个下标：第一个下标 i 表示支座反力是与支座 i 处的位移 c_i 相应的；第二个下标 j 表示支座反力是由支座 j 处发生单位位移 c_j 引起的。

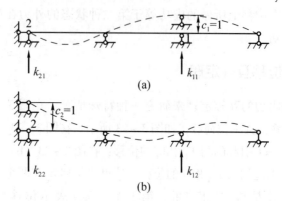

图 3 – 24　反力互等定理

由功的互等定理式（3 – 33），得到：

$$k_{12}c_1 = k_{21}c_2$$

因为 $c_1 = 1$，$c_2 = 1$，所以：

$$k_{12} = k_{21} \qquad\qquad (3 - 35)$$

这就是反力互等定理：在任意一个线性变形体系中，由单位支座位移 $c_2 = 1$ 所引起的与支座位移 c_1 相应的支座反力，在数值上等于由单位支座位移 $c_1 = 1$ 所引起的与支座位移 c_2 相应的支座反力。

小　结

本章处于静定结构分析与超静定结构分析的过渡阶段，为求解超静定问题准备了理论基础，起承上启下的作用，掌握好本章内容有重要意义。

（1）虚功原理是力学中的基本原理。虚功的特点是力系和位移无关。本章就是利用虚功原理，对于拟求的真实存在的位移状态，虚设一个力状态，求出结构的位移，这种方法称为单位荷载法。

（2）单位荷载法计算位移的一般公式为：

$$\Delta = \sum \int (\overline{F}_\mathrm{N}\varepsilon + \overline{F}_\mathrm{Q}\gamma_0 + \overline{M}\kappa)\mathrm{d}s - \sum \overline{F}_{\mathrm{R}K}c_K$$

（3）荷载作用下的位移计算公式为：

$$\Delta = \sum \int \frac{\overline{F}_N F_{NP}}{EA} ds + \sum \int \frac{\mu \overline{F}_Q F_{QP}}{GA} ds + \sum \int \frac{\overline{M} M_P}{EI} ds$$

对于不同的结构，弯矩、剪力、轴力对位移影响的大小不同，计算时可以对公式进行简化。

（4）对于在荷载作用下梁和刚架的位移计算，可采用图乘法。

（5）温度改变和支座移动时在结构中产生的位移，可用下式计算：

$$\Delta = \sum \int \overline{M} \frac{\alpha \Delta t}{h} ds + \sum \int \overline{F}_N \alpha t_0 ds$$

$$\Delta = - \sum \overline{F}_{RK} c_K$$

（6）线性变形体系的3个互等定理：功的互等定理、位移互等定理和反力互等定理。这3个互等定理是力学中的基本原理，应在应用中逐步加深理解。

思考题

1. 没有变形就没有位移，此结论是否正确？

2. 没有内力就没有位移，此结论是否正确？

3. 什么叫虚功？应用虚功原理求位移时，怎样虚设单位荷载？

4. 图乘法的适用条件是什么？

5. 下列图乘是否正确？

（1）思考题图 3-1（a）的计算为：

$$\int \overline{M} M_P dx = A_1 y_1 + A_2 y_2$$

（2）思考题图 3-1（b）的计算为：

$$\int \overline{M} M_P dx = \left(\frac{1}{3} \cdot \frac{3}{2} q l^2 \cdot l \right) \cdot \frac{3}{4} = \frac{3}{8} q l^3$$

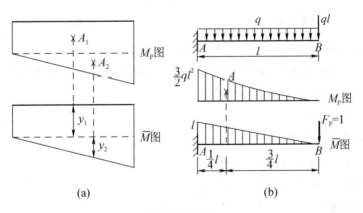

思考题图 3-1

6. 如何计算温度改变引起的位移? 各项的正负号如何确定?

习 题

1. 求题图 3 – 1（a）中端点 B 的竖直线位移和题图 3 – 1（b）中端点 B 的水平线位移。

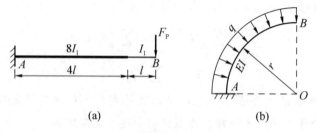

(a)　　　　　　　　(b)

题图 3 – 1

2. 求如题图 3 – 2 所示桁架结点 B 的竖直位移，已知桁架各杆的 $EA = 21 \times 10^4$ kN。

3. 试求如题图 3 – 3 所示桁架中的下列值：

（1）点 F 的水平线位移；

（2）点 H 的竖直线位移。

已知各水平杆的截面面积为 $10\ \text{cm}^2$，各竖杆及斜杆的截面面积均为 $15\ \text{cm}^2$，所用材料的 $E = 2.12 \times 10^4$ MPa。

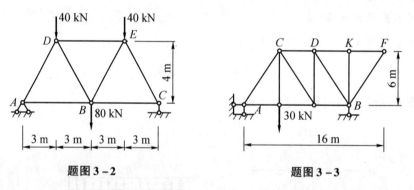

题图 3 – 2　　　　　　　　　　题图 3 – 3

4. 试用图乘法解如题图 3 – 1（a）所示的结构。

5. 试用图乘法求如题图 3 – 4 所示梁点 C 的竖直线位移和截面 A 的转角。

6. 试求如题图 3 – 5 所示结构的下列值：

（1）点 A 的水平线位移；

（2）点 A 的竖直线位移；

（3）点 A 的总线位移（大小、方向）。

7. 试求如题图 3 – 6 所示结构的下列值：

（1）截面 A 的转角；

（2）点 C 的水平线位移。

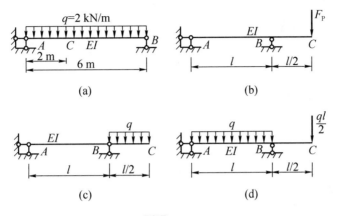

题图 3 – 4

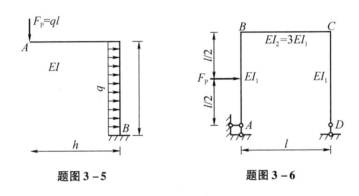

题图 3 – 5   题图 3 – 6

8. 试求如题图 3 – 7 所示结构的下列值：

（1）点 C 的竖向线位移；

（2）截面 B 的转角。

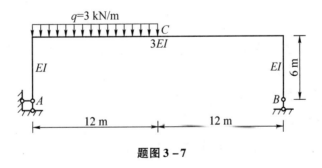

题图 3 – 7

9. 试求如题图 3 – 8 (a) 与题图 3 – 8 (b) 所示 A、B 两点之间的下列值，已知 $EI =$ 常数：

（1）相对水平线位移；

（2）相对竖直线位移；

（3）相对截面转角。

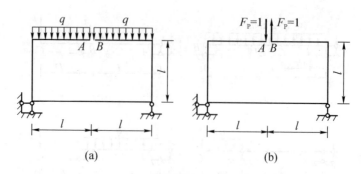

(a)   (b)

题图 3-8

10. 已知 $EI=$ 常数，试求如题图 3-9 所示结构的下列值：

（1）铰 C 左、右两截面的相对转角；

（2）D、B 两截面的相对转角。

11. 如题图 3-10 所示的三铰刚架，若其内部温度升高 $30\ ℃$，试求点 C 的竖直线位移。已知各杆的截面均为矩形，线膨胀系数为 α。

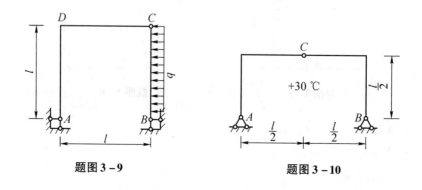

题图 3-9   题图 3-10

12. 已知如图 3-11 所示刚架所用材料的线膨胀系数为 α，各杆为矩形截面，截面高度 $h=l/20$。在图示的温度变化情况下，试求：

（1）点 A 的竖直线位移；

（2）点 A 的水平线位移；

（3）截面 A 的转角。

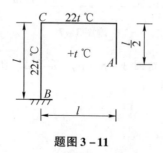

题图 3-11

13. 如题图 3 – 12 所示结构的固定端支座 A 顺时针转动 0.01 rad、B 支座下沉 $0.01a$，试求：

（1）点 D 的竖直线位移；

（2）铰 C 两截面的相对转角。

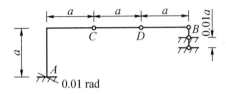

题图 3 – 12

14. 试求如题图 3 – 13 所示的简支刚架，当支座 A 下沉 a 时，点 B 的水平线位移和 B 端截面的转角。

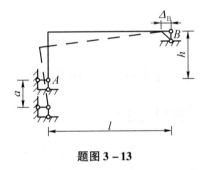

题图 3 – 13

第 4 章

力　法

学习指导

学习要求：掌握超静定次数的确定方法。理解力法的基本未知量、基本体系、基本方程，理解力法的典型方程及其系数和自由项的物理意义。熟练掌握使用力法解超静定结构的方法。会计算超静定结构的位移，会校核。掌握对称结构的简化计算方法。会计算超静定拱。

本章重点：1. 力法典型方程的建立。
　　　　　　　2. 荷载作用下超静定刚架的计算。

4.1　超静定结构和超静定次数的确定

4.1.1　超静定结构

在实际工程中有一类结构，从几何组成分析的角度来看，它们是可以作为结构使用的几何不变体系，但具有多余约束；它们的支座反力和内力单靠静力平衡条件无法全部唯一确定下来，这类结构称为超静定结构。

如图 4-1（a）所示的连续梁，其受力图如图 4-1（b）所示。除水平支座反力以外，该连续梁其余 3 个竖直支座反力仅靠静力平衡条件是无法确定的，当然，内力也无法仅由静力平衡条件求出，故是超静定结构。

如图 4-1（c）所示的刚架，其任何一个支座反力单靠静力平衡条件都不能确定，当然，内力更无法仅由静力平衡条件直接求出，因此，它是超静定结构。

如图 4-1（d）所示的桁架，其支座反力可全部由静力平衡条件直接求出，但其各杆内力单靠静力平衡条件无法确定，因此，它也是超静定结构。

如图 4-1（a）所示的连续梁和如图 4-1（c）所示的刚架，其支座反力都不能全部由静力平衡条件直接求出，故称为外部超静定。

如图 4-1（d）所示的桁架，其支座反力可以由对桁架整体写出的 3 个静力平衡条件直接求出，故对支座反力来说，它是静定的。但各杆内力无法全部由静力平衡条件确定下来，因此，称为内部超静定。

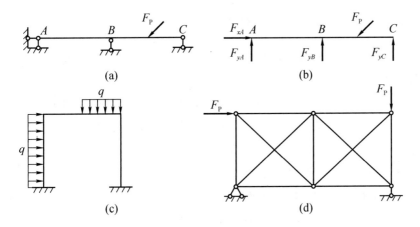

图 4 – 1　超静定结构

（a）连续梁；（b）受力图；（c）刚架；（d）桁架

总之，支座反力和内力仅由静力平衡条件是无法全部唯一确定的几何不变，但有多余约束的体系，即超静定结构。

平面超静定结构的主要类型有超静定梁、超静定刚架、超静定桁架、超静定组合结构、超静定拱，如图 4 – 2 所示。

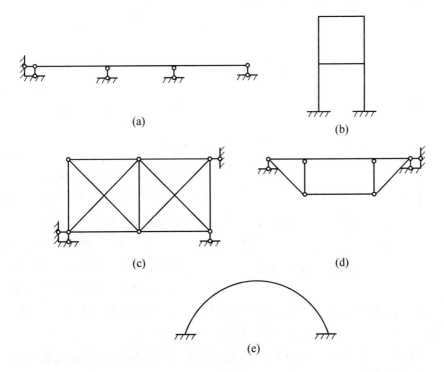

图 4 – 2　平面超静定结构

（a）超静定梁；（b）超静定刚架；（c）超静定桁架；（d）超静定组合结构；（e）超静定拱

4.1.2 超静定次数的确定

超静定次数是超静定结构中所具有的多余约束的数目，或者说，多余未知力的数目。

确定超静定次数的方法如下：将给定的超静定结构通过撤去多余约束变为静定结构，所去掉的多余约束的数目就是超静定次数。如果去掉 n 个约束，则称原结构为 n 次超静定结构。

通过前面的学习可知，有如下结论：

（1）去掉一个链杆支座或切断一根链杆的轴向联系，相当于去掉 1 个约束。

（2）去掉一个铰支座或去掉一个单铰，相当于去掉 2 个约束。

（3）去掉一个固定支座或切断一根受弯杆，相当于去掉 3 个约束。

（4）将一个固定支座改为固定铰支座或将一个单刚性连接改为单铰，相当于去掉 1 个约束。

如图 4 – 3（a）所示的超静定连续梁，去掉右边两根链杆支座后，即变为静定结构。加上与链杆支座相应的约束力后的效果如图 4 – 3（b）所示，该连续梁为两次超静定结构。

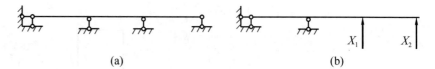

(a)   (b)

图 4 – 3　超静定连续梁

如图 4 – 4（a）所示的超静定刚架，从铰 C 处将原结构拆开，即变为两个静定悬臂刚架。去掉一个单铰，相当于去掉两个约束，故该刚架为两次超静定结构。加上相应的多余约束力后的效果如图 4 – 4（b）所示。

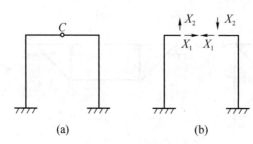

(a)   (b)

图 4 – 4　超静定刚架

如图 4 – 5 所示的超静定桁架，切断链杆 CD 的轴向联系后，即变为静定结构。切断一根链杆的轴向联系，相当于去掉一个约束，故该桁架为一次超静定结构。加上相应的多余约束力后的效果如图 4 – 5（b）所示。

如图 4 – 6（a）所示的超静定组合结构，两个固定支座都改为铰支座，即变为静定结构。一个固定支座改为铰支座相当于去掉一个约束，两个固定支座都改为铰支座相当于去掉两个约束，故该组合结构为两次超静定结

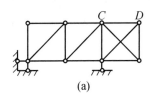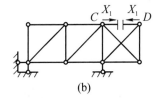

图 4 - 5　超静定桁架

构。加上相应的多余约束力后的效果如图 4 - 6 （b） 所示。

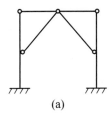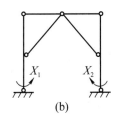

图 4 - 6　超静定组合结构

如图 4 - 7 （a） 所示的超静定无铰拱，去掉一个固定支座即变为静定结构。去掉一个固定支座，相当于去掉 3 个约束，故该无铰拱为三次超静定结构。加上相应的多余约束力后的效果如图 4 - 7 （b） 所示。

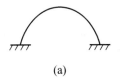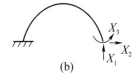

图 4 - 7　超静定无铰拱

在确定超静定次数时，还应注意以下两点：

（1） 不要把原结构拆成一个几何可变体系，故应特别注意非多余约束不能去掉，如在图 4 - 3 （a） 中的水平链杆支座不能去掉。

（2） 要把所有多余约束全部去掉。如图 4 - 8 （a） 所示的结构，如果只去掉一根水平链杆支座，即得到如图 4 - 8 （b） 所示的结构，则其中的

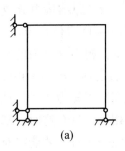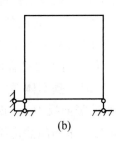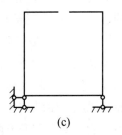

图 4 - 8　要把所有多余约束全部去掉

闭合框仍具有 3 个多余约束，必须把闭合框再切开一个截面，如图 4 - 8 （c）所示，才能成为静定结构，故原结构共有 4 个多余约束，是四次超静定结构。

4.2 力法的基本概念

4.2.1 力法的基本思路

力法在超静定结构的各种计算方法中使用最早，它是超静定结构计算最基本的方法。力法解题的基本思路如下：把未知的目前不会求解的超静定结构同已知的目前已熟练掌握其求解方法的静定结构联系起来，通过分析比较，寻找求解方法，实现解超静定结构的目的。

要将超静定结构变为静定结构，就要把原结构中所有的多余约束全部去掉，并代之以相应的约束力。这些多余的约束力统一用 X 表示，下标为多余未知力的编号。

如图 4 - 9 （a）所示的超静定结构，将右端的链杆支座 B 去掉，用相应的竖直多余约束力 X_1 代替，原荷载照画，即可得到如图 4 - 9 （b）所示的在已知和未知荷载共同作用下的悬臂梁，称为力法的基本体系。该多余未知力 X_1 称为力法的基本未知量。

❶ 注意基本体系与基本结构的区别。

由原结构通过去掉多余约束得到的静定结构称为力法的基本结构**❶**，如图 4 - 9 （c）所示。

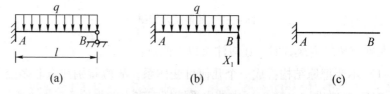

图 4 - 9 超静定结构
（a）原体系；（b）基本体系；（c）基本结构

从受力和变形两方面对基本体系和原结构进行比较，原结构中 B 支座处的竖直反力 F_{yB} 是被动力，是固定值，相应的位移——竖直位移为 0。在基本体系中，X_1 是主动力，是可以取任意数值的变量，相应 B 截面的竖直位移随 X_1 取值的不同而不同，但只有当 B 截面的竖直位移与原结构相应截面的竖直位移一致（位移为 0）时，**基本体系中的多余未知力 X_1（变量）才能与原超静定结构中 B 支座的竖向反力 F_{yB} 正好相等。只有这时，基本体系才能从受力和变形两方面与原来的超静定结构完全等价**，才能将对原结构的支座反力、内力以及变形的求解转换为对基本体系的支座反力、内力和变形的求解。

可以看出,基本体系中多余约束力 X_1 处于一个关键的位置,即只有 X_1 确定后,基本体系上所受到的荷载才全部为已知确定的荷载。这也就是称多余约束力 X_1 为力法的基本未知量的原因,"力法"这个名称也是由此而来的。

多余未知力 X_1 不能由静力平衡条件求出,必须寻找补充条件。从上面的分析可以看出,基本体系和原结构等价是有条件的,即基本体系沿多余未知力方向的位移应与原结构一致,原结构沿力 X_1 方向的位移为0,故:

$$\Delta_1 = 0 \qquad (4-1)$$

式中:Δ_1——基本体系沿多余未知力方向的位移(基本结构在已知的均布荷载 q 和多余未知力 X_1 的共同作用下产生的沿力 X_1 方向的位移)。

式(4-1)右端的"0"表示原结构沿力 X_1 方向的位移。

对线性变形体系,根据叠加原理(如图4-10所示),有:

$$\Delta_1 = \Delta_{1P} + \Delta_{11} = 0 \qquad (4-2)$$

式中:Δ_{1P}——基本结构在已知荷载单独作用下产生的沿力 X_1 方向的位移;

Δ_{11}——基本结构在多余未知力 X_1 单独作用下产生的沿力 X_1 方向的位移。

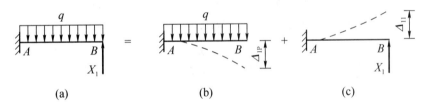

图4-10 叠加原理中的超静定结构

这里需要注意的是,当位移 Δ_1、Δ_{1P}、Δ_{11} 的方向与力 X_1 的正方向相同时为正。

设 δ_{11} 为 $X_1 -1$ 单独作用于基本结构在力 X_1 方向引起的位移,则由叠加原理,有:

$$\Delta_{11} = \delta_{11} X_1 \qquad (4-3)$$

因此,有:

$$\delta_{11} X_1 + \Delta_{1P} = 0 \qquad (4-4)$$

式(4-4)即为线性变形体系一次超静定结构的力法基本方程,简称力法方程。

由于式(4-4)是根据基本体系沿多余未知力方向的位移应与原结构

一致的条件推出的，故也称为变形协调方程。

该一次超静定结构的 M_P 图与 $\overline{M}_1$ 图分别如图 4 - 11（c）和图 4 - 11（d）所示。

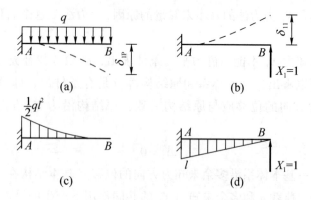

图 4 - 11　一次超静定结构的 M_P 图与 $\overline{M}_1$ 图

（a）基本结构在荷载单独作用下；（b）基本结构在 $X_1 = 1$ 单独作用下；

（c）M_P 图；（d）$\overline{M}_1$ 图

Δ_{1P} 和 δ_{11} 可由下式求解：

$$\Delta_{1P} = \sum \int \frac{M_i M_P}{EI}\mathrm{d}s = -\frac{1}{EI}\left(\frac{1}{3} \times \frac{ql^2}{2} \times l\right) \times \frac{3l}{4} = \frac{ql^4}{8EI}$$

$$\delta_{11} = \sum \int \frac{\overline{M}_1^2}{EI}\mathrm{d}s = \frac{1}{EI}\left(\frac{1}{2} \times l \times l \times \frac{2l}{3}\right) = \frac{l^3}{3EI}$$

将 δ_{11} 和 Δ_{1P} 代入力法方程（4 - 4），得：

$$\frac{l^3}{3EI} X_1 - \frac{ql^4}{8EI} = 0$$

由此可求出：

$$X_1 = \frac{3}{8}ql$$

求得的未知力是正值，表示所设多余约束力 X_1 的方向与实际方向相同。

多余未知力求出以后，基本体系上的荷载全部变为已知荷载，这时就可以利用静力平衡条件求出原结构的支座反力和内力，进而作出内力图了。该一次超静定结构的弯矩图和剪力图如图 4 - 12 所示。

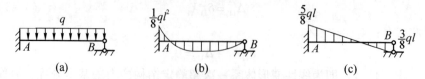

图 4 - 12　一次超静定结构的弯矩图和剪力图

（a）原结构；（b）弯矩图；（c）剪力图

原结构任意截面的内力值都可以利用叠加原理来确定，用公式表示如下：

$$\begin{cases} M = \overline{M}_1 X_1 + M_P \\ F_Q = \overline{F}_{Q1} X_1 = F_{QP} \end{cases} \qquad (4-5)$$

式中：$\overline{M}_1$——基本结构在单位力 $X_1 = 1$ 单独作用下产生的弯矩；

M_P——基本结构在原结构所受荷载单独作用下产生的弯矩；

$\overline{F}_{Q1}$——基本结构在单位力 $X_1 = 1$ 单独作用下产生的剪力；

F_{QP}——基本结构在原结构所受荷载单独作用下产生的剪力。

4.2.2　力法的典型方程

为了求得力法的典型方程，下面首先以如图 4-13（a）所示的两次超静定刚架为例，研究两次超静定结构的求解，然后进一步推出多次超静定结构求解的典型方程。将 C 点的两根链杆支座去掉，并用相应的多余约束力 X_1 和 X_2 代替，原荷载照画，得到如图 4-13（b）所示的基本体系，相应的基本结构如图 4-13（c）所示。

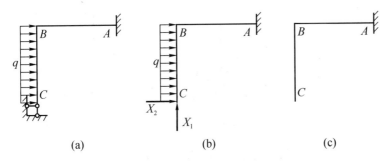

（a）　　　　　　　　（b）　　　　　　　　（c）

图 4-13　力法的典型方程图 1

（a）原结构；（b）基本体系；（c）基本结构

由 4.2.1 节的研究可知，多余约束力 X_1 和 X_2 处于一个关键位置，只有在 X_1 和 X_2 确定后，基本体系上所受到的荷载才全部为已知确定的荷载，原结构才能得到解决。而多余约束力 X_1 和 X_2 又不能由静力平衡条件求出，必须借助多余约束力方向的位移与原结构一致的条件求解。由于原结构 X_1 和 X_2 方向的位移均为 0，故：

$$\begin{cases} \Delta_1 = 0 \\ \Delta_2 = 0 \end{cases} \qquad (4-6)$$

式中：Δ_1——基本体系沿 X_1 方向的位移（基本结构在已知的均布荷载 q 和多余未知力 X_1、X_2 的共同作用下产生的沿 X_1 方向的位移），即 C 点的竖直位移；

Δ_2——基本体系沿 X_2 方向的位移（基本结构在已知的均布荷载 q 和多余未知力 X_1、X_2 的共同作用下产生的沿 X_2 方向的位移），即 C 点的水平位移。

在线性变形体系中，根据叠加原理，并引入单位力引起的位移，有：

$$\Delta_1 = \delta_{11}X_1 + \delta_{12}X_2 + \Delta_{1P} \tag{4-7}$$

$$\Delta_2 = \delta_{21}X_1 + \delta_{22}X_2 + \Delta_{2P} \tag{4-8}$$

因此，有：

$$\begin{cases} \delta_{11}X_1 + \delta_{12}X_2 + \Delta_{1P} = 0 \\ \delta_{21}X_1 + \delta_{22}X_2 + \Delta_{2P} = 0 \end{cases} \tag{4-9}$$

式中：δ_{ij}——基本结构在 $X_j = 1$ 单独作用时，在 X_i 方向上引起的位移，常称为柔度系数，如图 4-14（b）、图 4-14（c）所示；

Δ_{iP}——基本结构在原结构所受外荷载单独作用时，在 X_i 方向上引起的位移，如图 4-14（a）所示。

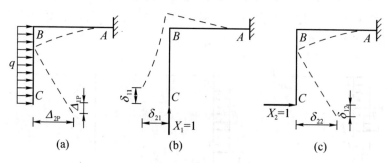

图 4-14　单独荷载作用下的位移及柔度系数

式（4-9）即为两次超静定结构的力法方程。

位移 δ_{ij} 和 Δ_{iP} 的正负号规则如下：当位移 δ_{ij}、Δ_{iP} 的方向与相应的多余未知力 X_i 所假设的方向一致时为正。

力法方程（4-9）中的系数 δ 和自由项 Δ 均是基本结构的位移，即静定结构的位移。

由力法方程（4-9）求出多余约束力 X_1 和 X_2 以后，基本体系上的荷载全部为已知荷载，这时就可以利用静力平衡条件求出原结构的支座反力和内力，进而作出内力图了。

此外，也可以利用叠加原理来确定原结构任意截面的内力值，用公式表示如下：

$$\begin{cases} M = \overline{M}_1 X_1 + \overline{M}_2 X_2 + M_P \\ F_Q = \overline{F}_{Q1} X_1 + \overline{F}_{Q2} X_2 + F_{QP} \\ F_N = \overline{F}_{N1} X_1 + \overline{F}_{N2} X_2 + F_{NP} \end{cases} \tag{4-10}$$

式中：$\overline{M}_i$、$\overline{F}_{Qi}$、$\overline{F}_{Ni}$——基本结构在单位力 $X_i = 1$ 单独作用下所产生的弯矩、剪力、轴力；

　　　M_P、F_{QP}、F_{NP}——基本结构在原结构所受荷载单独作用下所产生的弯矩、剪力、轴力。

同一结构可以选取不同的基本体系，相应的基本未知量也会不同。例如，如图 4 – 13（a）所示的结构，其基本体系也可以采用如图 4 – 15（a）和图 4 – 15（b）所示的体系表示，图 4 – 15（a）和图 4 – 15（b）所示体系对应的力法方程很容易写出，形式和式（4 – 9）完全相同。但由于多余未知力 X_1 和 X_2 的含义不同，因而变形条件的含义也并不相同，也就是说，力法方程的含义并不相同。在如图 4 – 15（a）所示的结构中，X_1 为支座 A 处的水平反力，相应的，$\Delta_1 = 0$ 说明原结构支座 A 处的水平位移等于为 0；X_2 为支座 A 处的反力矩，相应的，$\Delta_2 = 0$ 说明原结构支座 A 处的转角等于 0。而在图 4 – 15（b）中，X_1 为支座 A 处的竖直反力，相应的，$\Delta_1 = 0$ 说明原结构支座 A 处的竖直位移等于 0。此外，应特别注意的是，基本体系应是几何不变体系，如图 4 – 15（c）所示的瞬变体系不能取为基本体系。

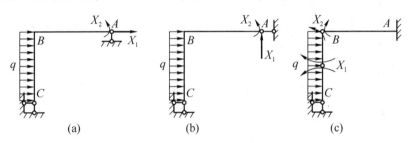

（a）　　　　　　　　（b）　　　　　　　　（c）

图 4 – 15　力法的典型方程图 2

下面研究 n 次超静定结构的求解。一个 n 次超静定结构用力法求解时，力法的基本未知量是 n 个多余约束 X_1，X_2，…，X_n；力法的基本结构是从原结构中去掉 n 个多余约束后所得到的静定结构；力法的基本体系是将原结构所受到的荷载及与去掉的 n 个多余约束对应的 n 个多余约束力加到基本结构所得到的体系。力法的基本方程是 n 个多余约束处的 n 个变形条件——基本体系沿多余约束力方向的位移与原结构中相应的位移相等。对于线性变形体系来说，当原结构中多余约束力方向的位移都等于 0 时，根据叠加原理，n 个变形条件可以写为

$$\begin{cases} \delta_{11}X_1 + \delta_{12}X_2 + \cdots + \delta_{1n}X_n + \Delta_{1P} = 0 \\ \delta_{21}X_1 + \delta_{22}X_2 + \cdots + \delta_{2n}X_n + \Delta_{2P} = 0 \\ \quad\quad\quad\quad\quad \cdots \\ \delta_{n1}X_1 + \delta_{n2}X_2 + \cdots + \delta_{nn}X_n + \Delta_{nP} = 0 \end{cases} \quad (4-11)$$

式（4－11）为在荷载作用下 n 次超静定结构力法方程的一般形式。在荷载作用下，不管原超静定结构是什么形式的结构，也不管基本体系和基本未知量如何选取，其力法方程通常均为此形式，因此，常称式（4－11）为力法的典型方程。

式（4－11）也可以写成矩阵形式，即：

$$\begin{bmatrix} \delta_{11} & \delta_{12} & \cdots & \delta_{1n} \\ \delta_{21} & \delta_{22} & \cdots & \delta_{2n} \\ \vdots & \vdots & & \vdots \\ \delta_{n1} & \delta_{n2} & \cdots & \delta_{nn} \end{bmatrix} \begin{Bmatrix} X_1 \\ X_2 \\ \vdots \\ X_n \end{Bmatrix} + \begin{Bmatrix} \Delta_{1P} \\ \Delta_{2P} \\ \vdots \\ \Delta_{nP} \end{Bmatrix} = \begin{Bmatrix} 0 \\ 0 \\ \vdots \\ 0 \end{Bmatrix} \qquad (4-12)$$

其系数矩阵为：

$$\begin{bmatrix} \delta_{11} & \delta_{12} & \cdots & \delta_{1n} \\ \delta_{21} & \delta_{22} & \cdots & \delta_{2n} \\ \vdots & \vdots & & \vdots \\ \delta_{n1} & \delta_{n2} & \cdots & \delta_{nn} \end{bmatrix} \qquad (4-13)$$

这个由柔度系数组成的矩阵称为柔度矩阵。

在矩阵中从左上角到右下角的对角线称为主对角线，主对角线上的系数 δ_{ii} 为基本结构，当 $X_i = 1$ 单独作用时在 X_i 方向上引起的位移，称为主系数，主系数恒为正且不等于 0。不在主对角线上的系数 $\delta_{ij}(i \neq j)$ 称为副系数，副系数可以是正值、负值或者 0。

根据位移互等定理，副系数 δ_{ij} 与 δ_{ji} 是相等的，即：

$$\delta_{ij} = \delta_{ji}$$

由此可知，柔度矩阵是一个对称矩阵。由于力法方程的系数也称为柔度系数，因此，力法也称为柔度法，力法方程也称为柔度方程。

系数和自由项求出后代入力法方程，解力法方程组即可求得多余约束力 X_1，X_2，$\cdots$，X_n。多余约束力求出后，即可根据静力平衡条件求出原结构的支座反力和内力，进而作出内力图。

利用叠加原理来确定原结构任意截面的内力值，也可以用如下公式表示：

$$\begin{cases} M = \overline{M}_1 X_1 + \overline{M}_2 X_2 + \cdots + \overline{M}_n X_n + M_P \\ F_Q = \overline{F}_{Q1} X_1 + \overline{F}_{Q2} X_2 + \cdots + \overline{F}_{Qn} X_n + F_{QP} \\ F_N = \overline{F}_{N1} X_1 + \overline{F}_{N2} X_2 + \cdots + \overline{F}_{Nn} X_n + F_{NP} \end{cases} \qquad (4-14)$$

在实际中，由于在求系数和自由项时，对于以弯曲变形为主的杆件只考虑弯矩的影响，所以只需画 $\overline{M}_i$ 图和 M_P 图，因此，可先直接利用式（4－14）中的第一式画出原结构的弯矩图，然后直接利用平衡条件计算 F_Q 和 F_N，进而画出 F_Q 图和 F_N 图。

4.3 荷载作用下超静定梁、超静定刚架和超静定排架的计算

4.3.1 超静定梁和刚架的计算

在用力法计算荷载作用下的超静定梁和刚架时，力法方程的系数和自由项通常都是静定梁和刚架的位移计算，因此，如无特别声明，暂不考虑轴力和剪力的影响，只考虑弯矩的影响，故力法方程中荷载作用下系数和自由项的计算式可写为：

$$\delta_{ii} = \sum \int \frac{\overline{M_i}^2}{EI} ds$$

$$\delta_{ij} = \sum \int \frac{\overline{M_i}\,\overline{M_j}}{EI} ds$$

$$\delta_{iP} = \sum \int \frac{\overline{M_i}M_P}{EI} ds$$

【例4-1】 作如图4-16所示连续梁的弯矩图和剪力图。已知各杆 EI 相同且为常数。

解：（1）选取基本体系。由几何组成分析的知识易知，这是一个三次超静定结构，可将连续梁 $ABCD$ 中 B、C、D 处抵抗转动的约束去掉，得到如图4-17所示的基本体系[❶]。

❶ 基本体系的选取直接影响计算工作量的大小。对于同一题目，读者可尝试选取不同的基本体系进行计算，以便积累基本体系的选取经验。

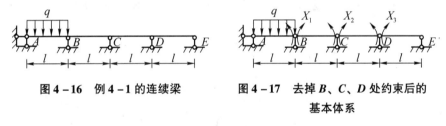

图4-16 例4-1的连续梁 **图4-17 去掉 B、C、D 处约束后的基本体系**

（2）写出力法方程。由 B 截面左、右相对转角为 0，C 截面左、右相对转角为 0，D 截面左、右相对转角为 0，可得力法方程为：

$$\begin{cases} \delta_{11}X_1 + \delta_{12}X_2 + \delta_{13}X_3 + \Delta_{1P} = 0 \\ \delta_{21}X_1 + \delta_{22}X_2 + \delta_{23}X_3 + \Delta_{2P} = 0 \\ \delta_{31}X_1 + \delta_{32}X_2 + \delta_{33}X_3 + \Delta_{3P} = 0 \end{cases}$$

（3）计算系数及自由项。系数和自由项是基本结构（静定结构）在单位力和荷载分别作用下的位移计算，因此，可按下述两步进行：

① 画出基本结构在 $X_1 = 1$ 单独作用下的弯矩图 $\overline{M}_1$，在 $X_2 = 1$ 单独作用下的弯矩图 $\overline{M}_2$，在 $X_3 = 1$ 单独作用下的弯矩图 $\overline{M}_3$，在给定外荷载单独作用下的弯矩图 M_P，如图4-18所示。

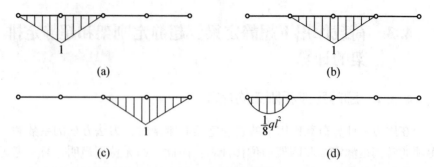

图 4 – 18 弯矩图

(a) 弯矩图 $\overline{M}_1$；(b) 弯矩图 $\overline{M}_2$；(c) 弯矩图 $\overline{M}_3$；(d) 弯矩图 M_P

② 利用静定结构位移计算公式求系数和自由项，具体计算如下：

$$\delta_{11} = \sum \int \frac{\overline{M}_1^2}{EI} ds = \frac{1}{EI}\left(\frac{1}{2} \times 1 \times l \times \frac{2}{3} \times 1\right) \times 2 = \frac{2l}{3EI}$$

$$\delta_{12} = \delta_{21} = \sum \int \frac{\overline{M}_1 \, \overline{M}_2}{EI} ds = \frac{1}{EI}\left(\frac{1}{2} \times 1 \times l \times \frac{1}{3} \times 1\right) = \frac{l}{6EI}$$

$$\delta_{13} = \delta_{31} = \sum \int \frac{\overline{M}_1 \, \overline{M}_3}{EI} ds = 0$$

$$\delta_{22} = \sum \int \frac{\overline{M}_2^2}{EI} ds = \frac{1}{EI}\left(\frac{1}{2} \times 1 \times l \times \frac{2}{3} \times 1\right) \times 2 = \frac{2l}{3EI}$$

$$\delta_{23} = \delta_{32} = \sum \int \frac{\overline{M}_2 \, \overline{M}_3}{EI} ds = \frac{1}{EI}\left(\frac{1}{2} \times 1 \times l \times \frac{1}{3} \times 1\right) = \frac{l}{6EI}$$

$$\delta_{33} = \sum \int \frac{\overline{M}_3^2}{EI} ds = \frac{1}{EI}\left(\frac{1}{2} \times 1 \times l \times \frac{2}{3} \times 1\right) \times 2 = \frac{2l}{3EI}$$

$$\Delta_{1P} = \sum \int \frac{\overline{M}_1 M_P}{EI} ds = \frac{1}{EI}\left(\frac{2}{3} \times l \times \frac{ql^2}{8} \times \frac{1}{2} \times 1\right) \times 2 = \frac{ql^3}{24EI}$$

$$\Delta_{2P} = \sum \int \frac{\overline{M}_2 M_P}{EI} ds = 0$$

$$\Delta_{3P} = \sum \int \frac{\overline{M}_3 M_P}{EI} ds = 0$$

（4）解力法方程，求出基本未知量。将第（3）步算出的系数和自由项代入第（2）步，写出力法方程为：

$$\begin{cases} \dfrac{2l}{3EI} X_1 + \dfrac{l}{6EI} X_2 + \dfrac{ql^3}{24EI} = 0 \\[2mm] \dfrac{l}{6EI} X_1 + \dfrac{2l}{3EI} X_2 + \dfrac{l}{6EI} X_3 = 0 \\[2mm] \dfrac{l}{6EI} X_2 + \dfrac{2l}{3EI} X_3 = 0 \end{cases}$$

解方程组，得到：

$$\begin{cases} X_1 = -\dfrac{15ql^2}{244} \\[3mm] X_2 = \dfrac{ql^2}{56} \\[3mm] X_3 = -\dfrac{ql^2}{244} \end{cases}$$

（5）作弯矩图和剪力图❶。

① 作弯矩图。多余未知力求出后，可按叠加原理确定控制截面的弯矩值，再进一步作出弯矩图，如图4-19（a）所示。由：

$$M = \overline{M}_1 X_1 + \overline{M}_2 X_2 + \overline{M}_3 X_3 + M_P$$

知：

$$M_{AB} = 0$$

$$M_{BA} = M_{BC} = \overline{M}_1 X_1 = 1 \times \left(-\frac{15ql^2}{244} \right) = -\frac{15ql^2}{244} \text{（上侧受拉）}$$

$$M_{CB} = M_{CD} = \overline{M}_2 X_2 = 1 \times \frac{ql^2}{56} = \frac{ql^2}{56} \text{（下侧受拉）}$$

$$M_{DC} = M_{DE} = \overline{M}_3 X_3 = 1 \times \left(-\frac{ql^2}{244} \right) = -\frac{ql^2}{244} \text{（上侧受拉）}$$

$$M_{ED} = 0$$

❶ 从最后的计算结果可以看出，在荷载作用下，超静定梁的内力与杆件的抗弯刚度 EI 的绝对值无关。

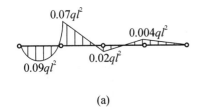
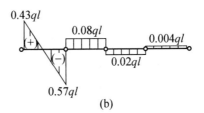

图 4-19 例 4-1 弯矩图

（a）M 图；（b）F_Q 图

② 作剪力图。可取每一跨杆件作为隔离体，由于已知杆端弯矩，因此，可利用静力平衡条件求出杆端剪力，然后作出每一跨的剪力图，拼在一起即得原结构的剪力图，如图4-19（b）所示。具体计算过程略。

【例4-2】 用力法计算如图4-20（a）所示的刚架，并作 M 图。已知各杆 EI 相同且为常数。

解：（1）选取基本体系。由几何组成分析的知识易知，这是一个两次超静定结构，可将 B、D 处的链杆支座去掉，用相应的约束力代替，得到的基本体系如图4-20（b）所示。

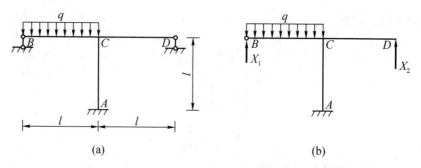

图 4 – 20　超静定刚架

(a) 刚架；(b) 基本体系

（2）写出力法方程。力法方程为：

$$\begin{cases} \delta_{11}X_1 + \delta_{12}X_2 + \Delta_{1P} = 0 \\ \delta_{21}X_1 + \delta_{22}X_2 + \Delta_{2P} = 0 \end{cases}$$

（3）计算系数及自由项。

① 画出基本结构在 $X_1 = 1$ 和 $X_2 = 1$ 单独作用下的弯矩图 $\overline{M}_1$、$\overline{M}_2$，在给定外荷载单独作用下的弯矩图 M_P，如图 4 – 21 所示。

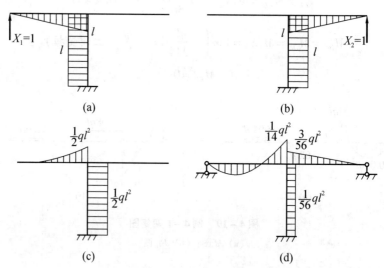

图 4 – 21　计算系数及自由项

(a) $\overline{M}_1$ 图；(b) $\overline{M}_2$ 图；(c) M_P 图；(d) M 图

② 利用静定结构位移计算公式，求得系数和自由项分别为：

$$\delta_{11} = \sum \int \frac{\overline{M}_1^2}{EI} ds = \frac{1}{EI}\left(\frac{l}{2} \times l \times l \times \frac{2}{3} \times l + l \times l \times l \right) = \frac{4l^3}{3EI}$$

$$\delta_{12} = \sum \int \frac{\overline{M}_1 \overline{M}_2}{EI} ds = -\frac{1}{EI}(l \times l \times l) = -\frac{l^3}{EI}$$

$$\delta_{22} = \delta_{11}$$

$$\Delta_{1P} = \sum \int \frac{\overline{M}_1 M_P}{EI} ds = \frac{1}{EI}\left(-\frac{1}{3}\times l\times \frac{ql^2}{2}\times \frac{3}{4}\times l - \frac{ql^2}{2}\times l\times l\right) = \frac{5ql^4}{8EI}$$

$$\Delta_{2P} = \sum \int \frac{\overline{M}_2 M_P}{EI} ds = \frac{1}{EI}\left(\frac{ql^2}{2}\times l\times l\right) = \frac{ql^4}{2EI}$$

（4）解力法方程，求出基本未知量。将 δ_{11}、δ_{12}、δ_{22}、Δ_{1P}、Δ_{2P} 代入力法方程，得到：

$$\begin{cases} \dfrac{4l^3}{EI}X_1 - \dfrac{l^3}{EI}X_2 - \dfrac{5ql^4}{EI} = 0 \\[3mm] -\dfrac{l^3}{EI}X_1 + \dfrac{4l^3}{3EI}X_2 + \dfrac{ql^4}{2EI} = 0 \end{cases}$$

解方程组，得到：

$$X_1 = \frac{7ql}{3}$$

$$X_2 = -\frac{3ql}{56}$$

（5）作弯矩图。在求出多余未知力后，可按叠加原理确定控制截面的弯矩值。由：

$$M = \overline{M}_1 X_1 = \overline{M}_2 X_2 + M_P$$

可得：

$$M_{BC} = 0$$

$$M_{CB} = \overline{M}_1 X_1 + M_P = l\times \frac{3}{7}ql - \frac{1}{2}ql^2 = -\frac{1}{14}ql^2（上侧受拉）$$

$$M_{BC} = 0$$

$$M_{CD} = \overline{M}_2 X_2 = l\times\left(-\frac{3}{56}ql\right) = -\frac{3}{56}ql^2（上侧受拉）$$

$$M_{DC} = 0$$

$$M_{CA} = M_{AC} = \overline{M}_1 X_1 + \overline{M}_2 X_2 + M_P$$
$$= l\times\left(-\frac{3}{7}l\right) + l\times\left(-\frac{3}{56}ql\right) + \frac{1}{2}ql^2 = \frac{1}{56}ql^2（右侧受拉）$$

最后作出弯矩图，如图 4 - 21（d）所示。

4.3.2 超静定排架的计算

所谓排架，是由横梁（屋架或屋面梁）和柱组成的，且横梁和柱之间为铰接，柱与基础之间为刚结。当主要对排架柱进行内力计算时，通常要将横梁简化为轴向刚度无限大的链杆。因此，其系数和自由项可直接采用梁和刚架的计算式进行计算。

排架主要由单层厂房简化而来，且以阶梯形变截面柱为多见，如

图4-22所示。

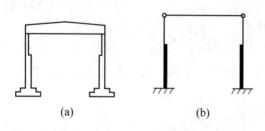

(a)   (b)

图4-22 单层单跨厂房剖面示意图及计算简图

(a) 单层单跨厂房剖面示意图；(b) 计算简图

【例4-3】 作如图4-23(a) 所示排架的弯矩图，已知 $I_1 : I_2 = 1 : 4$。

解：（1）选取基本体系。由几何组成分析的知识易知，这是一个一次超静定结构，将链杆 BC 的轴向联系切断，用相应的约束力代替，得到的基本体系如图4-23（b）所示。

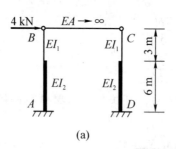 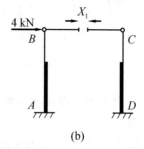

(a)   (b)

图4-23 排架

(a) 原结构；(b) 基本体系

（2）写出力法方程。力法方程为：

$$\delta_{11} X_1 + \Delta_{1P} = 0$$

（3）计算系数及自由项。

① 画出基本结构在 $X_1 = 1$ 单独作用下的弯矩图 $\overline{M}_1$，在给定外荷载单独作用下的弯矩图 M_P，如图4-24所示。

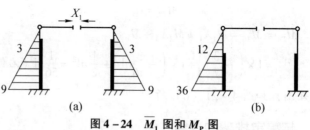

(a)   (b)

图4-24 $\overline{M}_1$ 图和 M_P 图

(a) $\overline{M}_1$ 图；(b) M_P 图

② 求系数和自由项。系数和自由项分别为：

$$\delta_{11} = \frac{2}{EI_1}\left(\frac{1}{2} \times 3 \times 3 \times \frac{2}{3} \times 3\right) + \frac{2}{EI_2} \times \frac{6}{6} \times (2 \times 3 \times 3 + 2 \times 9 \times 9 + 3 \times 9 + 9 \times 3)$$

$$= \frac{18}{EI_1} + \frac{468}{EI_2}$$

$$\Delta_{1P} = \frac{1}{EI_1}\left(\frac{1}{2}\times3\times3\times\frac{2}{3}\times12\right) + \frac{2}{EI_2}\times\frac{6}{6}\times(2\times36\times9 + 2\times3\times12 + 3\times36$$

$$+\ 9\times12) = \frac{36}{EI_1} + \frac{936}{EI_2}$$

（4）解力法方程，求出基本未知量。将 δ_{11}、Δ_{1P} 代入第（2）步，写出的力法方程为：

$$\left(\frac{18}{EI_1} + \frac{468}{EI_2}\right)X_1 + \frac{36}{EI_1} + \frac{936}{EI_2} = 0$$

解方程，得到：

$$X_1 = -2\ （kN）$$

（5）作弯矩图❶。在求出多余未知力后，可用叠加原理 $M = \overline{M}_1 X_1 + M_P$ 确定控制截面的弯矩值，再进一步作出如图 4 - 25 所示弯矩图，单位为 kN·m。

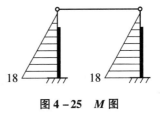

图 4 - 25　*M* 图

❶ 从最后的计算结果可以看出，在荷载作用下，超静定梁或刚架的内力虽然与杆件的抗弯刚度 *EI* 的绝对值无关，但与杆件的抗弯刚度 *EI* 的相对值有关。

4.4　荷载作用下超静定桁架和超静定组合结构的计算

4.4.1　超静定桁架的计算

由于桁架中杆件内力只有轴力，因此，力法方程中计算系数和自由项的公式可以写为

$$\begin{cases} \delta_{ii} = \sum\dfrac{\overline{F}_{Ni}^2 l}{EA} \\[3mm] \delta_{ij} = \sum\dfrac{\overline{F}_{Ni}\overline{F}_{Nj} l}{EA} \\[3mm] \Delta_{iP} = \sum\dfrac{\overline{F}_{Ni}\overline{F}_{NP} l}{EA} \end{cases} \qquad (4-15)$$

桁架中所有杆件的最后轴力都可依据叠加原理求出，具体公式为

$$F_N = \overline{F}_{N1}x_1 + \overline{F}_{N2}x_2 + \cdots + \overline{F}_{Nn}x_n + F_{NP}$$

【例 4 - 4】　求如图 4 - 26（a）所示桁架各杆的轴力。已知各杆 *EA* 相同且为常数。

解：（1）选取基本体系。由几何组成分析易知，这是一个两次超静定结构，将 *A* 点处的水平链杆支座去掉，再将链杆 *BC* 的轴向联系切断，用相应的约束力代替，得到的基本体系如图 4 - 26（b）所示❷。

（2）写出力法方程。力法方程为：

❷ 在基本体系中，是否可以将切断链杆 *BC* 改为去掉链杆 *BC*？相应的力法方程一样吗？

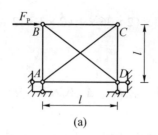
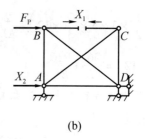

(a)　　　　　　　　　　　　(b)

图 4 - 26　例 4 - 4 桁架

(a) 原结构；(b) 基本体系

$$\begin{cases} \delta_{11}X_1 + \delta_{12}X_2 + \Delta_{1P} = 0 \\ \delta_{21}X_1 + \delta_{22}X_2 + \Delta_{2P} = 0 \end{cases}$$

(3) 计算系数及自由项。计算系数及自由项的结果如表 4 - 1 所示。

表 4 - 1　例 4 - 4 计算系数及自由项

杆　件	AB	BC	CD	DA	AC	BD	
$\overline{F}_{N1}$	1	1	1	1	$-\sqrt{2}$	$-\sqrt{2}$	
$\overline{F}_{N2}$	0	0	0	-1	0	0	
$\overline{F}_{NP}$	F_P	0	0	0	0	$-\sqrt{2}F_P$	
杆长	l	l	l	l	$\sqrt{2}l$	$\sqrt{2}l$	
$\overline{F}_{N1}^2 l/EA$	l/EA	l/EA	l/EA	l/EA	$2\sqrt{2}l/EA$	$2\sqrt{2}l/EA$	$\delta_{11} = \dfrac{4(1+\sqrt{2})l}{EA}$
$\overline{F}_{N2}^2 l/EA$	0	0	0	l/EA	0	0	$\delta_{22} = \dfrac{l}{EA}$
$\overline{F}_{N1}\overline{F}_{N2}l/EA$	0	0	0	$-l/EA$	0	0	$\delta_{12} = -\dfrac{l}{EA}$
$\overline{F}_{N1}\overline{F}_{NP}l/EA$	$F_P l/EA$	0	0	0	0	$2\sqrt{2}F_P l/EA$	$\Delta_{1P} = \dfrac{(1+2\sqrt{2})F_P l}{EA}$
$\overline{F}_{N2}\overline{F}_{NP}l/EA$	0	0	0	0	0	0	$\Delta_{2P} = 0$

● 从最后的计算结果可以看出，在荷载作用下，超静定桁架的内力与杆件的抗拉（压）刚度 *EA* 的绝对值无关。

(4) 解力法方程，求出基本未知量如下：

$$\begin{cases} \dfrac{4(1+\sqrt{2})l}{EA}X_1 - \dfrac{l}{EA}X_2 + \dfrac{(1+2\sqrt{2})F_P l}{EA} = 0 \\ -\dfrac{l}{EA}X_1 + \dfrac{l}{EA}X_2 = 0 \\ X_1 = X_2 = -0.442F_P \end{cases}$$

(5) 求出各杆轴力●。各杆轴力如表 4 - 2 所示。

表4-2 例4-4各杆轴力

杆 件	AB	BC	CD	DA	AC	BD
轴力 F_N	$0.558F_P$	$-0.442F_P$	$-0.442F_P$	0	$0.625F_P$	$-0.789F_P$

4.4.2 超静定组合结构的计算

组合结构是由梁式杆（也称为受弯杆）和链杆（也称为二力杆）组成的结构。其中，受弯杆既可以承受弯矩，也可以承受剪力、轴力；链杆则只能承受轴力。但是，在位移计算中，受弯杆通常忽略剪力和轴力的影响，只考虑弯矩的影响。因此，在组合结构的计算中，只要将梁式杆（受弯杆）和链杆（二力杆）进行区分，在力法方程的系数和自由项的计算中分别采用下述公式即可。

对于受弯杆，采用以下公式：

$$\begin{cases} \delta_{ii} = \sum \int \dfrac{\overline{M}_i^2}{EI} \mathrm{d}s \\[2mm] \delta_{ij} = \sum \int \dfrac{\overline{M}_i \overline{M}_j}{EI} \mathrm{d}s \\[2mm] \Delta_{iP} = \sum \int \dfrac{\overline{M}_i M_P}{EI} \mathrm{d}s \end{cases}$$

对于二力杆，则采用式（4-15），即：

$$\begin{cases} \delta_{ii} = \sum \dfrac{\overline{F}_{Ni}^2 l}{EA} \\[2mm] \delta_{ij} = \sum \dfrac{\overline{F}_{Ni} \overline{F}_{Nj} l}{EA} \\[2mm] \Delta_{iP} = \sum \dfrac{\overline{F}_{Ni} \overline{F}_{NP} l}{EA} \end{cases}$$

【例4-5】 作如图4-27（a）所示组合结构中受弯杆的弯矩图，并求二力杆的轴力。

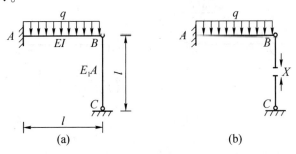

图4-27 例4-5组合结构及基本体系

（a）原结构；（b）基本体系

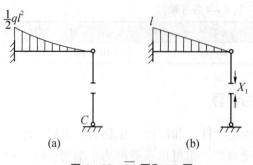

图 4 - 28 $\overline{M}_1$图和 M_P图

(a) $\overline{M}_1$图；(b) M_P图

解：（1）这是一个一次超静定结构，故应选取如图4 - 27(b)所示的基本体系。

（2）写出力法方程。力法方程为：

$$\delta_{11} X_1 + \Delta_{1P} = 0$$

（3）计算系数及自由项。画出 $\overline{M}_1$图和 M_P图，如图4 - 28所示，并易知：

$$\overline{F}_{N1} = 1,\quad \overline{F}_{NP} = 0$$

系数和自由项分别为：

$$\delta_{11} = \sum \frac{\overline{F}_{Ni}^2 l}{EA} + \sum \int \frac{\overline{M}_i^2}{EI}\,ds = \frac{l}{E_1 A} + \frac{1}{EI}\left(\frac{l}{2} \times l \times \frac{2}{3} \times l\right) = \frac{l}{E_1 A} + \frac{l^3}{3EI}$$

$$\Delta_{1P} = \sum \frac{\overline{F}_{Ni} \overline{F}_{NP} l}{EA} + \sum \frac{\overline{M}_i M_P}{EI}ds = 0 + \frac{1}{EI}\left(\frac{1}{3} \times l \times \frac{ql^2}{2} \times \frac{3}{4} \times l\right) = \frac{ql^4}{8EI}$$

（4）解力法方程，求出基本未知量。将 δ_{11}、Δ_{1P}代入第（2）步，写出的力法方程为：

$$\left(\frac{l}{E_1 A} + \frac{l^3}{3EI}\right) X_1 + \frac{ql^4}{8EI} = 0$$

解方程，得到：

$$X_1 = \frac{-\dfrac{ql^4}{8EI}}{\dfrac{l}{E_1 A} + \dfrac{l^3}{3EI}}$$

❶ 从最后的计算结果可以看出，在荷载作用下，超静定组合结构的内力与各杆刚度（EI、EA）的绝对值无关，但与各杆刚度（EI、EA）的相对值有关。

（5）作弯矩图、轴力图❶。多余未知力求出后，可按叠加原理确定控制截面的弯矩值，再进一步作出弯矩图，如图4 - 29（a）所示。由：

$$M = \overline{M}_1 X_1 + M_P$$

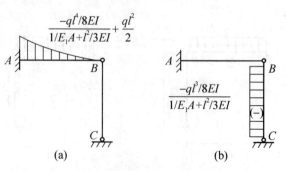

图 4 - 29　例 4 - 5 弯矩图和轴力图

(a) M图；(b) F_N图

知：

$$M_{BA} = 0$$

$$M_{AB} = \overline{M}_1 X_1 + M_P = l \times \frac{-\dfrac{ql^4}{8EI}}{\dfrac{l}{E_1 A} + \dfrac{l^3}{3EI}} + \frac{ql^2}{2} = \frac{-\dfrac{ql^4}{8EI}}{\dfrac{1}{E_1 A} + \dfrac{l^2}{3EI}} + \frac{ql^2}{2}（上侧受拉）$$

轴力图也易作出，如图 4 - 29（b）所示。

（6）讨论。由上述结果可以看出，有如下结果：

当二力杆 BC 的抗压刚度 $E_1 A \to 0$ 时，二力杆 BC 的支撑作用将失去。此时，该组合结构相当于悬臂梁，即：

$$M_{AB} = \frac{ql^2}{2}（上侧受拉）$$

当二力杆 BC 的抗压刚度 $E_1 A \to \infty$ 时，二力杆 BC 成为刚性支撑。此时，该组合结构相当于一端固定一端为刚性链杆的单跨梁，即：

$$M_{AB} = \frac{ql^2}{8}（上侧受拉）$$

4.5　对称结构的计算

在实际工程中，有很多结构具有对称性。在这些对称结构的内力求解中，只要充分利用结构的对称性，通常都会使计算工作得到一定的简化。

4.5.1　结构和荷载的对称性

1. 对称结构

所谓对称结构，是指满足以下两方面条件的结构：

（1）结构的几何形状、尺寸和支撑情况关于某轴对称。

（2）杆件的截面尺寸和材料性质也关于此轴对称（由此可知，杆件的截面刚度 EI、EA、GA 值关于此轴对称）。

因此，对称结构绕对称轴对折后，对称轴两边的结构图形将会完全重合。

常见的对称结构的形式有以下几种：

（1）具有一根对称轴的结构，如图 4 - 30 所示的结构。

（2）具有两根对称轴的结构，如图 4 - 31（a）所示的结构。

（3）具有对称中心的结构，其对称轴有无数根，如图 4 - 31（b）所示的结构。

2. 荷载的对称性

（1）对称荷载。对称荷载是指荷载绕对称轴对折后，对称轴两边的荷

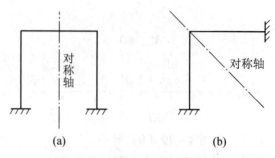

图 4 – 30　具有一根对称轴的结构

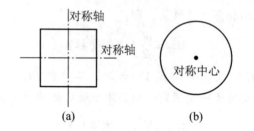

图 4 – 31　具有两根对称轴和具有对称中心的结构

（a）具有两根对称轴的结构；（b）具有对称中心的结构

载图形能完全重合（作用点重合、数值相等、方向相同）的荷载。

（2）反对称荷载。反对称荷载是指荷载绕对称轴对折后，对称轴两边的荷载作用点重合、数值相等、方向相反的荷载。

作用在对称结构上的任意荷载［如图 4 – 32（a）所示］都可以分解为两组：一组是对称荷载，如图 4 – 32（b）所示；另一组是反对称荷载，如图 4 – 32（c）所示。

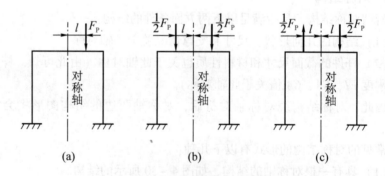

图 4 – 32　荷载的对称性

（a）任意荷载；（b）对称荷载；（c）反对称荷载

4.5.2　取对称的基本结构计算

由于力法求解超静定结构的计算工作量较大，且主要集中在系数和自由项的计算上。因此，当给定的结构是对称结构时，应充分利用结构的特点，以便减小计算工作量。

对于对称结构，当选取对称的基本结构时，通常都可以使计算得到一定的简化。

例如，对于如图4-32（a）所示的三次超静定结构，若从对称轴处将横梁切开，则可以得到如图4-33（a）所示的对称的基本结构，相应的基本体系如图4-33（b）所示。这时，多余约束力为梁切口两侧3对相互作用的力：一对弯矩 X_1、一对轴力 X_2、一对剪力 X_3。当 X_1 绕对称轴对折后，对称轴两边的 X_1 的作用点重合在一起且数值相等、方向相同，因此，X_1 是对称约束力。同理可知，X_2 也是对称约束力，X_3 是反对称约束力。

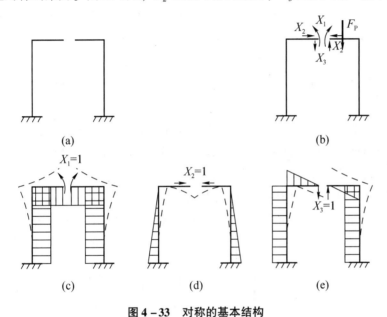

图4-33　对称的基本结构

（a）基本结构；（b）基本体系；（c）$\overline{M}_1$图；（d）$\overline{M}_2$图；（e）$\overline{M}_3$图

由于原结构与基本体系切口对应截面两侧，既不可能存在相对转角，也不会有水平相对线位移或竖直相对线位移，因此，与如图4-33（b）所示的基本体系相对应的力法方程可以与为：

$$\begin{cases} \delta_{11}X_1 + \delta_{12}X_2 + \delta_{13}X_3 + \Delta_{1P} = 0 \\ \delta_{21}X_1 + \delta_{22}X_2 + \delta_{23}X_3 + \Delta_{2P} = 0 \\ \delta_{31}X_1 + \delta_{32}X_2 + \delta_{33}X_3 + \Delta_{3P} = 0 \end{cases} \quad (4-16)$$

为了求出力法方程（4-16）中的系数，需作出各单位多余约束力分别作用时的弯矩图。为了更深入地了解对称性的知识，也需将变形图一并作出，分别如图4-33（c）～图4-33（e）所示。从图中可以看出，由对

称未知力 X_1、X_2 分别作用所产生的弯矩图及变形图是对称的, 由反对称约束力 X_3 单独作用所产生的弯矩图和变形图是反对称的。因此, 有:

$$\delta_{13} = \delta_{31} = \sum \int \frac{\overline{M}_1 \overline{M}_3}{EI} \mathrm{d}s = 0$$

$$\delta_{23} = \delta_{32} = \sum \int \frac{\overline{M}_2 \overline{M}_3}{EI} \mathrm{d}s = 0$$

因而力法方程可以简化为:

$$\begin{cases} \delta_{11}X_1 + \delta_{12}X_2 + \Delta_{1P} = 0 \\ \delta_{21}X_1 + \delta_{22}X_2 + \Delta_{2P} = 0 \\ \delta_{33}X_3 + \Delta_{3P} = 0 \end{cases} \qquad (4-17)$$

可以看出, 力法方程已分解为独立的两组: 一组只包含对称力, 如式 (4-17) 的前两式; 另一组只包含反对称力, 如式 (4-17) 的第三式。显然, 计算工作量得到了减少。

通过上面的分析, 可以得到如下结论: 用力法计算对称的超静定结构时, 如果选取对称的基本结构, 并且多余约束力也已分为对称的和反对称的两组, 则力法方程必然分解为两组独立的方程: 一组只包含对称未知力; 另一组则只包含反对称未知力。因此, 原来的高阶方程组就简化为两个低阶方程组, 从而使计算得到了简化。

下面将原结构上作用的外荷载按以下 3 种情况进行分析:

(1) 如果给定的外荷载是对称荷载, 则对称的基本结构在外荷载单独

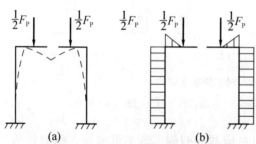

作用下所产生的弯矩图及变形图是对称的, 如图 4-34 所示。由于 $\overline{M}_3$ 图是反对称的, 因此, 有:

图 4-34 对称外荷载作用下的变形图和弯矩图

(a) 变形图; (b) M_P 图

$$\Delta_{3P} = \sum \int \frac{\overline{M}_3 M_P}{EI} \mathrm{d}s = 0$$

将其代入力法方程式 (4-17) 的第三式, 可得反对称约束力 $X_3 = 0$。至于对称约束力 X_1、X_2, 可根据式 (4-17) 的前两式算出。

由此可知, 对称结构在对称荷载的作用下, 对称轴截面上的反对称约束力必等于 0, 只需计算对称约束力。

(2) 如果给定的外荷载是反对称荷载, 则对称的基本结构在外荷载的单独作用下所产生的弯矩图及变形图是反对称的, 如图 4-35 所示。由于 $\overline{M}_1$ 图、$\overline{M}_2$ 图是对称的, 因此, 有:

$$\Delta_{1P} = \sum \int \frac{\overline{M}_1 M_P}{EI} \mathrm{d}s = 0$$

$$\Delta_{2P} = \sum \int \frac{\overline{M}_2 M_P}{EI} \mathrm{d}s = 0$$

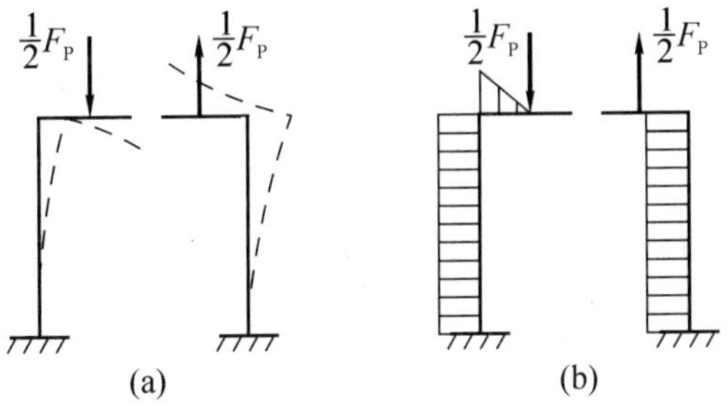

图 4 – 35 反对称外荷载作用下的变形图和弯矩图

（a）变形图；（b）M_P 图

将其代入力法方程式（4 – 17）的前两式，可得对称未知力 $X_1 = X_2 = 0$。至于反对称未知力 X_3，可根据式（4 – 17）的第三式算出。

由此可知，对称结构在反对称荷载作用下，对称轴截面上的对称约束力必等于 0，只需计算反对称约束力。

（3）如果给定的外荷载为非对称荷载，通常把荷载分解为两组：一组为对称荷载；另一组为反对称荷载，如图 4 – 32（a）所示。按两组荷载分别计算，最后将计算结果叠加即可。

但应注意的是，当荷载分解之后计算工作量并不能得到明显的减少时，可按原非对称荷载直接计算。

综上所述，对称结构在对称荷载作用下，变形是对称的，支座反力和内力也是对称的，最终求得的弯矩图和轴力图为对称图形，剪力图为反对称图形。

对称结构在反对称荷载作用下，变形是反对称的，支座反力和内力也是反对称的，最终求得的弯矩图和轴力图为反对称图形，剪力图为对称图形。

4.5.3 取半边结构计算

1. 奇数跨对称结构——以单跨对称刚架为例

（1）对称荷载作用下的半边刚架选取。如图 4 – 36（a）所示的单跨对称刚架，在对称荷载作用下，变形是对称的。因此，在刚架对称轴上的截面 C 处，不可能产生水平位移，也不可能产生转角，但可以产生竖直位移。在对称荷载作用下，内力是对称的，对称轴截面 C 上只有对称内力

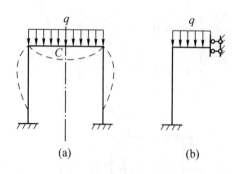

图 4 – 36 单跨对称荷载作用下的半边刚架选取
(a) 原结构；(b) 半边刚架

（弯矩 X_1 和轴力 X_2），反对称内力（剪力 X_3）等于0。因此，从对称轴位置切开取半边结构计算时，对称轴截面 C 处的支座应取为滑动支座。计算简图如图 4 – 36 (b) 所示，原结构由三次超静定结构简化为两次超静定结构。

（2）反对称荷载作用下的半边刚架选取。如图 4 – 37 (a) 所示的单跨对称刚架，在反对称荷载作用下，变形是反对称的。因此，在刚架对称轴上的截面 C 处，不可能产生竖直位移，但可以产生水平位移和转角。在反对称荷载作用下，变形是反对称的，对称轴截面 C 上只有反对称内力（剪力 X_3），对称内力（弯矩 X_1 和轴力 X_2）等于0。因此，从对称轴位置切开取

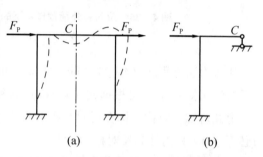

图 4 – 37 反对称荷载作用下的半边刚架的选取
(a) 原结构；(b) 半边刚架

半边结构计算时，对称轴截面 C 处的支座应取为竖直链杆支座。计算简图如图 4 – 37 (b)所示，原结构由三次超静定结构简化为一次超静定结构。

2. 偶数跨对称结构——以两跨对称刚架为例

（1）对称荷载作用下的半边刚架选取。在对称荷载作用下，对称结构的对称轴截面上不可能产生水平位移，也不可能产生转角，但可以产生竖直位移。而对于如图 4 – 38 (a) 所示的两跨对称刚架，对称轴上与基础直接相连的立柱 CD 限制了 C 点的竖直位移，当忽略柱 CD 的轴向变形（对受弯杆通常都忽略其轴向变形）时，C 点的竖直位移等于0。另外，由对称结构在对称荷载作用下内力是对称的性质可知，在立柱 CD 上没有弯矩和剪力，只有轴力。根据上述变形和受力分析，当忽略立柱 CD 的轴向变形，沿对称轴切开取半边结构计算时，C 端应取为固定支座。计算简图如图 4 – 38 (b) 所示，原结构由六次超静定结构简化为三次超静定结构。

注意：立柱 CD 上的轴力可由刚结点 C 的平衡条件确定，显然，应等于对称轴两侧截面上的剪力之和。

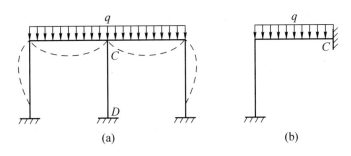

图4-38 两跨对称荷载作用下的半边刚架的选取

(a) 原结构；(b) 半边刚架

(2) 反对称荷载作用下的半边刚架选取。如图4-39 (a) 所示，在反对称荷载作用下，对称结构对称轴截面上不可能产生竖直位移，但可以产生水平位移和转角，因而立柱 CD 将会产生弯曲变形。另外，由对称结构反对称荷载作用下内力是反对称的性质可知，立柱 CD 上有弯矩和剪力，但无轴力。如果将立柱 CD 沿对称轴切开，即将立柱 CD 分成两根位于对称轴两侧而抗弯刚度各为原立柱一半的分柱，则一个偶数跨（两跨）对称刚架的问题，就变为奇数跨（三跨）称刚架的问题了，如图4-39 (c) 所示，即在两根分柱之间增加一跨（但跨度为0）。根据奇数跨对称刚架的知识，选取的半边结构如图4-39 (d) 所示。由于通常都忽略受弯杆的轴向变形，因此，半边结构通常按图4-39 (b) 选取。原结构由六次超静定结构简化为三次超静定结构（但应注意分柱的抗弯刚度为原立柱的一半）。

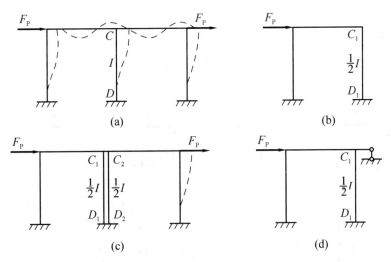

图4-39 反对称荷载作用下的半边刚架的选取

注意：立柱 CD 的内力为两根分柱内力之和，由于两根分柱的弯矩、剪力完全相同，因此，立柱 CD 最终的实际弯矩、剪力分别等于分柱弯矩、剪力的2倍。又由于两根分柱的轴力虽然绝对值相等，但符号相反，因此，立柱 CD 最终实际的轴力等于0。

另外，半边结构取出之后，可以用任何适宜的方法对其进行计算。当得出半边结构的内力图后，就可以根据内力图图形的对称关系画出另一侧半边结构的内力图，从而得到原结构的内力图了。

【例4-6】 作如图4-40（a）所示结构的弯矩图。已知各杆 EI 相同且为常数。

解： 如图4-40（a）所示的结构为对称结构，荷载可以分为对称荷载和反对称荷载，分别如图4-40（b）和图4-40（c）所示。

由于受弯杆通常不考虑轴向变形的影响，所以在对称荷载作用下，只有横梁承受压力 $F_P/2$，其他杆件无内力，即在对称荷载作用下，该结构处于无弯矩状态。因此，原结构的弯矩图与反对称荷载作用下的弯矩图完全相同。

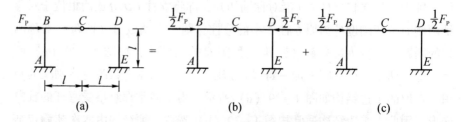

（a） （b） （c）

图4-40 例4-6 结构的荷载弯矩图

（a）原结构；（b）作用对称荷载；（c）作用反对称荷载

方法一： 取对称的基本结构。

（1）选取对称的基本结构。在反对称荷载作用下，选取如图4-41（a）所示的基本体系。

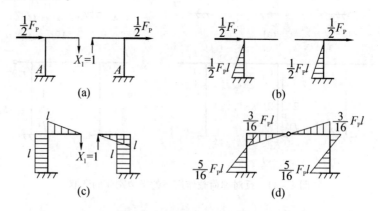

（a） （b）

（c） （d）

图4-41 方法一的基本体系和相关弯矩图

（a）基本体系；（b）M_P 图；（c）$\overline{M}_1$ 图；（d）M 图

（2）写出力法方程。力法方程为：

$$\delta_{11} X_1 + \Delta_{1P} = 0$$

（3）计算系数及自由项。画出 $\overline{M}_1$ 和 M_P 图，如图 4 - 41 所示。系数和自由项分别为：

$$\delta_{11} = \sum \int \frac{\overline{M}_1^2}{EI} ds = \frac{2}{EI} \left(\frac{l}{2} \times l \times \frac{2}{3} \times l + l \times l \times l \right) = \frac{8l^3}{3EI}$$

$$\Delta_{1P} = \sum \int \frac{\overline{M}_1 M_P}{EI} ds = \frac{2}{EI} \left(\frac{1}{2} \times \frac{F_P l}{2} \times l \times l \right) = \frac{F_P l^3}{2EI}$$

（4）解力法方程，求出基本未知量。将 δ_{11}、Δ_{1P} 代入力法方程，得到：

$$\frac{8l^3}{3EI} X_1 + \frac{F_P l^3}{2EI} = 0$$

解方程，得到：

$$X_1 = \frac{\Delta_{1P}}{\delta_{11}} = -\frac{F_P l^3}{2EI} \cdot \frac{3EI}{8l^3} = -\frac{3F_P}{16}$$

（5）作弯矩图，如图 4 - 41（d）所示。

方法二：取半边结构计算。

（1）计算简图。在反对称荷载作用下，该单跨刚架的半边结构如图 4 - 42（a）所示。

（2）选取基本体系。与半边结构对应的基本体系如图 4 - 42（b）所示。

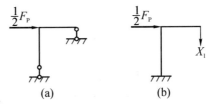

图 4 - 42 半边结构及基本体系

（a）半边结构；（b）基本体系

（3）写出力法方程。力法方程为：

$$\delta_{11} X_1 + \Delta_{1P} = 0$$

（4）计算系数及自由项。画出 $\overline{M}_1$ 图和 M_P 图，如图 4 - 43 所示。系数和自由项分别为：

$$\delta_{11} = \sum \int \frac{\overline{M}_1^2}{EI} ds = \frac{2}{EI} \left(\frac{l}{2} \times l \times \frac{2}{3} \times l + l \times l \times l \right) = \frac{8l^3}{3EI}$$

$$\Delta_{1P} = \sum \int \frac{\overline{M}_1 M_P}{EI} ds = \frac{2}{EI} \left(\frac{1}{2} \times \frac{F_P l}{2} \times l \times l \right) = \frac{F_P l^3}{2EI}$$

（5）解力法方程，求出基本未知量。将 δ_{11}、Δ_{1P} 代入第（3）步写出的力法方程，得到：

$$\frac{8l^3}{3EI} X_1 + \frac{F_P l^3}{2EI} = 0$$

解方程，得到：

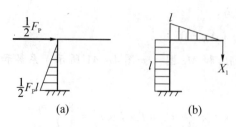

$$X_1 = \frac{\Delta_{1P}}{\delta_{11}} = -\frac{F_P l^3}{2EI} \cdot \frac{3EI}{8l^3} = -\frac{3F_P}{16}$$

（6）作弯矩图。作出计算简图的 M 图，按照对称结构在反对称荷载作用下的性质，可由 M 图反对称作出另一半 M 图，合在一起即可得到最后的 M 图，如图4-41（d）所示。

图4-43 半边结构的 M_P 图和 $\overline{M}_1$ 图

（a） M_P 图；（b） $\overline{M}_1$ 图

【**例4-7**】 作如图4-44（a）所示刚架的弯矩图。已知各杆 EI 相同且为常数。

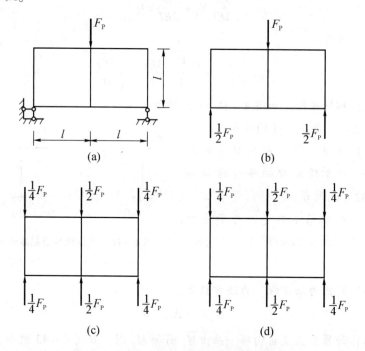

图4-44 例4-7刚架的弯矩图

（a）原结构；（b）用支座反力代替支座；

（c）荷载关于水平轴反对称纵轴对称；（d）无弯矩状态

解： 以整体为隔离体，利用静力平衡条件可求出3个支座反力，其中，水平支座反力等于0，两个竖直支座反力都等于 $F_P/2$，加到结构上后如图4-44（b）所示。该对称结构具有两个对称轴，将荷载进行变换，分为两种情况：如图4-44（d）所示，荷载关于两个对称轴均对称。由于受弯杆通常不考虑轴向变形的影响，所以在该组荷载作用下，只有3根纵向杆件承受压力，两边的纵向杆件承受的压力为 $F_P/4$，中间纵向杆件承受的压力为 $F_P/2$，其他杆件无内力，即在该组荷载作用下，结构处于无弯矩状态。

因此，原结构的弯矩图与如图 4-44（c）所示结构的弯矩图完全相同。此时，荷载关于结构的纵向对称轴对称，关于结构的横向对称轴反对称。

（1）选取对称的基本结构❶。根据对称性知识，可选取如图 4-45（a）所示的基本体系（基本结构是对称的）。

❶ 将支座用相应的支座反力代替，有时更便于利用结构的对称性。

此题是否可取半边结构计算？如果可以，该如何选取？

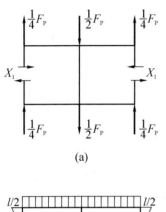

(a)

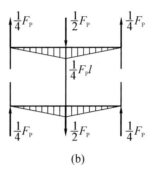

(b)

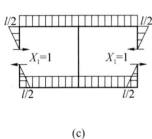

(c)

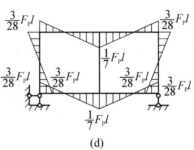

(d)

图 4-45 基本体系及各弯矩图

（a）基本体系；（b）M_P 图；（c）$\overline{M}_1$ 图；（d）M 图

（2）写出力法方程。力法方程为：

$$\delta_{11}X_1 + \Delta_{1P} = 0$$

（3）计算系数及自由项。画出 $\overline{M}_1$ 和 M_P 图，如图 4-45 所示。系数和自由项分别为：

$$\delta_{11} = \sum \int \frac{\overline{M}_1^2}{EI}\mathrm{d}s = \frac{4}{EI}\left(\frac{1}{2} \times \frac{l}{2} \times \frac{l}{2} \times \frac{2}{3} \times \frac{l}{2} + \frac{l}{2} \times l \times \frac{l}{2}\right) = \frac{7l^3}{6EI}$$

$$\Delta_{1P} = \sum \int \frac{\overline{M}_1 M_P}{EI}\mathrm{d}s = -\frac{4}{EI}\left(\frac{1}{2} \times l \times \frac{F_P l}{4} \times \frac{l}{2}\right) = -\frac{F_P l^3}{4EI}$$

（4）解力法方程，求出基本未知量。将 δ_{11}、Δ_{1P} 代入第（2）步写出的力法方程，得到：

$$\frac{7l^3}{6EI}X_1 - \frac{F_P l^3}{4EI} = 0$$

解方程，得到：

$$X_1 = \frac{\Delta_{1P}}{\delta_{11}} = \frac{F_P l^3}{4EI} \cdot \frac{6EI}{7l^3} = \frac{3F_P}{14}$$

（5）作弯矩图，如图 4 - 45（d）所示。

【**例 4 - 8**】 利用对称性求解例 4 - 2。

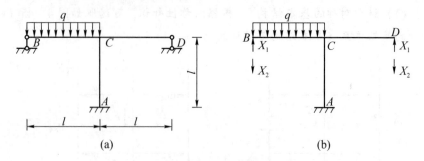

图 4 - 46 例 4 - 2 刚架及基本体系

（a）原结构；（b）基本体系

解：（1）选取基本体系。本题采用对称结构的另外一种求解办法——成对约束力进行求解。

将位于对称位置的 B、D 两处的竖直链杆支座反力分解为一组对称约束力和一组反对称约束力，得到如图 4 - 46（b）所示的基本体系。

（2）写出力法方程。力法方程为：

$$\begin{cases} \delta_{11}X_1 + \delta_{12}X_2 + \Delta_{1P} = 0 \\ \delta_{21}X_1 + \delta_{22}X_2 + \Delta_{2P} = 0 \end{cases}$$

（3）计算系数和自由项。画出 $\overline{M}_1$、$\overline{M}_2$ 和 M_P 图，如图 4 - 47 所示。系数和自由项分别为：

$$\delta_{11} = \sum \int \frac{\overline{M}_1^2}{EI} ds = \frac{2}{EI}\left(\frac{l}{2} \times l \times \frac{2}{3} \times l\right) = \frac{2l^3}{3EI}$$

$$\delta_{22} = \sum \int \frac{\overline{M}_2^2}{EI} ds = \frac{1}{EI}\left(\frac{l}{2} \times l \times \frac{2}{3} \times l \times 2 + 2l \times l \times 2l\right) = \frac{14l^3}{3EI}$$

$$\delta_{12} = \delta_{21} = 0$$

$$\Delta_{1P} = \sum \int \frac{\overline{M}_1 M_P}{EI} ds = -\frac{1}{EI}\left(\frac{l}{3} \times l \times \frac{ql}{2} \times \frac{3}{4} \times l\right) = -\frac{ql^4}{8EI}$$

$$\Delta_{2P} = \sum \int \frac{\overline{M}_2 M_P}{EI} ds = \frac{1}{EI}\left(\frac{l}{3} \times \frac{ql}{2} \times \frac{3}{4}l + \frac{ql^2}{2} \times l \times 2l\right) = \frac{9ql^4}{8EI}$$

（4）解力法方程，求出基本未知量。将 δ_{11}、δ_{12}、δ_{22}、Δ_{1P}、Δ_{2P} 代入力法方程，得到：

$$\begin{cases} \dfrac{2l^3}{3EI}x_1 + 0 - \dfrac{ql^4}{8EI} = 0 \\ 0 + \dfrac{14l^3}{3EI}x_2 + \dfrac{9ql^4}{8EI} = 0 \end{cases}$$

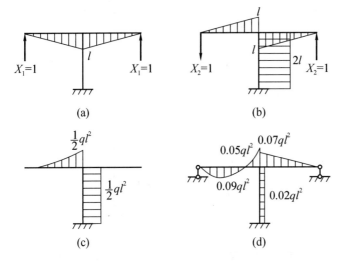

图 4 – 47 例 4 – 8 的各种弯矩图

(a) $\overline{M}_1$ 图; (b) $\overline{M}_2$ 图; (c) M_P 图; (d) M 图

解方程组, 得到:

$$x_1 = \frac{3ql}{16}$$

$$x_2 = -\frac{27ql}{112}$$

(5) 作弯矩图, 如图 4 – 47 (d) 所示。

4.6 超静定拱的计算

拱结构是工程中常用的一种结构。例如, 桥梁方面近年来广泛采用的双曲拱桥、建筑方面常用的带拉杆的拱式屋架、水利工程和地下建筑中的隧洞衬砌等都属于拱结构。

超静定拱通常是指两铰拱和无铰拱, 且多数采用对称的两铰拱和无铰拱, 闭合环形结构也可以看作无铰拱的一种特殊情形。

4.6.1 两铰拱的计算

两铰拱[注]是一次超静定结构, 如图 4 – 48 (a) 所示。撤去支座 B 处的水平支杆, 并用相应的约束反力代替, 可得如图 4 – 48 (b) 所示的基本体系。基本结构为简支曲梁, 基本约束力为支座 B 处的水平反力 X_1。

根据基本体系在多余约束力 X_1 方向的位移与原结构一致的条件, 可以写出力法方程为:

[注] 学习中, 请注意将两铰拱与两铰刚架、三铰拱对照起来学习。

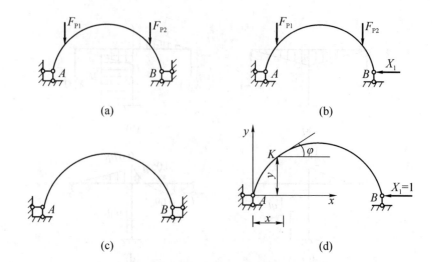

图4-48 两铰拱的结构、基本体系、基本结构

(a) 原结构;(b) 基本体系;(c) 基本结构;(d) $X_1=1$ 单独作用

$$\delta_{11}X_1 + \Delta_{1P} = 0$$

由于拱轴线是曲线,因此,计算 δ_{11} 和 Δ_{1P} 时不能用图乘法,只能用积分法。

因为基本结构是简支曲梁,如图4-48(c)所示,所以在计算 Δ_{1P} 时,一般只考虑弯曲变形;在计算 δ_{11} 时,一般需同时考虑弯曲变形和轴向变形,忽略剪切变形的影响。因此,有:

$$\begin{cases} \delta_{11} = \sum \int \dfrac{\overline{M}_1^2}{EI}ds + \int \dfrac{\overline{F}_{N1}^2}{EA}ds \\ \Delta_{1P} = \sum \int \dfrac{\overline{M}_1 M_P}{EI}ds \end{cases} \tag{4-18}$$

将坐标原点设在 A 点,x 轴向右为正,y 轴向上为正,设任意截面 K 的横坐标为 x,纵坐标为 y,令 φ 表示任一截面 K 处拱轴线的切线与 x 轴之间所成的锐角,如图4-48(d)所示。左半拱的 φ 为正,右半拱的 φ 为负。弯矩 M 以使拱的内缘受拉为正,轴力 F_N 则以拉为正。

如图4-48(d)所示,基本结构在 $X_1=1$ 单独作用下,任意截面 K 的弯矩和轴力分别为:

$$\begin{cases} \overline{M}_1 = -y \\ \overline{F}_{N1} = -\cos\varphi \end{cases} \tag{4-19}$$

将式(4-19)代入式(4-18),得到:

$$\begin{cases} \delta_{11} = \int \dfrac{y^2}{EI}ds + \int \dfrac{\cos^2\varphi}{EA}ds \\ \Delta_{1P} = -\int \dfrac{yM_P}{EI}ds \end{cases} \tag{4-20}$$

将式（4-20）代入力法方程，即可求出多余约束力 X_1，即两铰拱的水平推力 F_H 为：

$$X_1 = F_H = -\frac{\Delta_{1P}}{\delta_{11}} = \frac{\int \dfrac{yM_P}{EI}ds}{\int \dfrac{y^2}{EI}ds + \int \dfrac{\cos^2\varphi}{EA}ds} \qquad (4-21)$$

对于只承受竖直荷载的简支曲梁，其任意截面的弯矩 M_P 与同跨度同荷载的水平简支梁相应截面的弯矩 M^0 完全相等，即：

$$M_P = M^0$$

相应的多余约束力 X_1，即两铰拱的水平推力 F_H 为：

$$X_1 = F_H = -\frac{\Delta_{1P}}{\delta_{11}} = \frac{\int \dfrac{yM^0}{EI}ds}{\int \dfrac{y^2}{EI}ds + \int \dfrac{\cos^2\varphi}{EA}ds} \qquad (4-22)$$

多余约束力 X_1 求出后，内力的计算方法和三铰拱完全相同。在竖直荷载作用下，拱上任意截面的弯矩、剪力和轴力计算公式为：

$$\begin{cases} M = M^0 - F_H y \\ F_Q = F_Q^0 \cos\varphi - F_H \sin\varphi \\ F_N = F_N^0 \sin\varphi - F_H \cos\varphi \end{cases} \qquad (4-23)$$

式中：M^0——相应简支梁同截面的弯矩；

F_Q^0——相应简支梁同截面的剪力。

至于两铰拱的内力图，由于是曲线图，故除应先确定控制截面的内力值以外，还需要在每两个控制截面之间求出一定数量的截面的内力值，然后才能连成光滑曲线，得到实际的内力图。

从以上分析结果可以看出，两铰拱与三铰拱的受力特性基本相同，计算公式的形式完全一样，只是水平反力 F_H 的计算方法不同。在三铰拱中，水平推力 F_H 是由平衡条件求出来的；在两铰拱中，水平推力 F_H 是通过变形条件求出来的。

两铰拱还经常以另外一种形式——带拉杆的两铰拱。例如，在屋盖结构中采用的两铰拱，通常带拉杆。设置拉杆的目的，一方面，可以使下部的砖墙（或柱子）免受水平推力；另一方面，又和普通两铰拱一样，使拱肋承受水平推力，从而减小拱肋的弯矩。

带拉杆的两铰拱的计算简图如图 4-49（a）所示。以拉杆作为多余约束，切断拉杆的轴向联系，加上相应的多余约束力 X_1，得到的基本体系如图 4-49（b）所示。

根据拉杆切口两侧水平相对位移为 0 的变形条件，写出力法方程为：

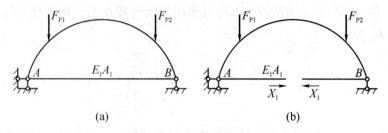

图4-49　带拉杆的两铰拱

(a) 原结构；(b) 基本体系

$$\delta_{11}X_1 + \Delta_{1P} = 0$$

式中：自由项的Δ_{1P}计算与无拉杆两铰拱完全相同。但是，系数δ_{11}的计算应增加一项，即需考虑拉杆轴向变形的影响有：

$$\delta_{11} = \int \frac{\overline{M}_1^2}{EI}ds + \int \frac{\overline{F}_{N1}^2}{EA}ds + \int_0^l \frac{\overline{F}_{N1}^2}{E_1A_1}ds \qquad (4-24)$$

式中：E_1、A_1、l——拉杆的弹性模量、截面面积和长度。

式（4-24）前两项是对于拱肋的积分，最后一项是对于拉杆的积分。

由于基本结构在单位力$X_1 = 1$的单独作用下，拉杆的轴力$\overline{F}_{N1} = 1$，因此有：

$$\int_0^l \frac{\overline{F}_{N1}^2}{E_1A_1}ds = \frac{l}{E_1A_1} \qquad (4-25)$$

将式（4-25）代入式（4-24），有：

$$\delta_{11} = \int \frac{\overline{M}_1^2}{EI}ds + \int \frac{\overline{F}_{N1}^2}{EA}ds + \frac{l}{E_1A_1}$$

则多余约束力X_1的计算公式为：

$$X_1 = \frac{\displaystyle\int \frac{yM_P}{EI}ds}{\displaystyle\int \frac{y^2}{EI}ds + \int \frac{\cos^2\varphi}{EA}ds + \frac{l}{E_1A_1}} \qquad (4-26)$$

在竖直荷载作用下，由于$M_P = M^0$，所以多余约束力X_1的计算公式为：

$$X_1 = \frac{\displaystyle\int \frac{yM^0}{EI}ds}{\displaystyle\int \frac{y^2}{EI}ds + \int \frac{\cos^2\varphi}{EA}ds + \frac{l}{E_1A_1}} \qquad (4-27)$$

求出多余未知力X_1后，即可按式（4-23）计算拱的内力了。

由式（4-27）可以看出，假如拉杆的刚度很大（$E_1A_1 \to \infty$），则$l/E_1A_1 \to 0$，此时带拉杆的两铰拱的多余约束力X_1的计算式（4-27）与无拉杆时的计算式（4-21）趋于一致。假如拉杆的刚度很小（$E_1A_1 \to 0$），

则 $l/E_1A_1 \to \infty$，因而 $X_1 \to 0$，此时带拉杆的两铰拱将变为曲梁，拱肋的受力状态将会恶化。

因此，在设计带拉杆的两铰拱时，为了减小拱肋的弯矩，并改善拱的受力状态，拉杆应具有足够的刚度。

【例 4 - 9】 求如图 4 - 50 所示的两铰拱在均布荷载作用下的水平推力。已知拱截面 EI 为常数，拱轴线方程为：

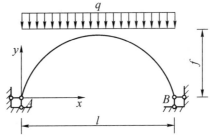

$$y = \frac{4f}{l^2} x(l - x)$$

解： 为便于计算，采用如下假定：

图 4 - 50

（1）忽略拱身内轴力对变形的影响，只考虑弯曲变形。

（2）近似取 $ds = dx$，$\cos\varphi = 1$，因此，系数和自由项的计算公式可简化为：

$$\delta_{11} = \frac{1}{EI}\int_0^l y^2 \mathrm{d}x$$

$$\Delta_{1P} = -\frac{1}{EI}\int_0^l y M^0 \mathrm{d}x$$

先计算 δ_{11}，结果为：

$$\delta_{11} = \frac{1}{EI}\int_0^l \left[\frac{4f}{l^2}x(l-x)\right] \mathrm{d}x = \frac{16f^2}{EIl^4}\int_0^l (l^2x^2 - 2lx^3 + x^4)\mathrm{d}x = \frac{8f^2l}{15EI}$$

计算 Δ_{1P} 时，先写出简支梁的弯矩表达式 M^0（弯矩图略）：

$$M^0 = \frac{1}{2}qlx - \frac{1}{2}qx^2, 0 \leqslant x \leqslant l$$

因此，可得：

$$\Delta_{1P} = -\frac{1}{EI}\int_0^l \frac{4f}{l^2} x(l-x)\left(\frac{1}{2}qlx - \frac{1}{2}qx^2\right)\mathrm{d}x = -\frac{qfl^3}{15EI}$$

由力法方程求得：

$$X_1 = F_H = -\frac{\Delta_{1P}}{\delta_{11}} = \frac{ql^2}{8f}$$

4.6.2 对称无铰拱的计算

如图 4 - 51（a）所示为一对称无铰拱，选取如图 4 - 51（b）所示的基本体系，由于多余约束力——拱顶切口两侧截面上的一对弯矩 X_1 和一对轴力 X_2 是对称力，一对剪力 X_3 是反对称力，故由对称性的知识可知，力法方程为：

$$\begin{cases} \delta_{11}X_1 + \delta_{12}X_2 + \Delta_{1P} = 0 \\ \delta_{21}X_1 + \delta_{22}X_2 + \Delta_{2P} = 0 \\ \delta_{33}X_3 + \Delta_{3P} = 0 \end{cases}$$

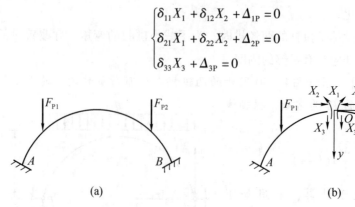

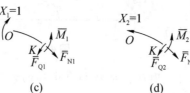

图 4-51　对称无铰拱

为了求出力法方程中的系数和自由项，首先应写出基本结构分别在单位力 $X_1 = 1$、$X_2 = 1$ 和 $X_3 = 1$ 作用下的内力表达式。

为了写出内力表达式，应先确定坐标系。设坐标原点在拱顶点，x 轴以向右为正，y 轴以向下为正，任意截面拱轴线的切线与 x 轴正向所成的锐角为 φ，φ 在右半拱为正值。弯矩 M 以使拱的内缘受拉为正，轴力 F_N 则以拉为正，剪力 F_Q 以使其作用面产生顺时针转动为正。

拱轴上任意截面 K（x，y）分别在单位力 $X_1 = 1$、$X_2 = 1$ 和 $X_3 = 1$ 作用下［如图 4-51（c）～图 4-51（e）所示］的内力表达为：

$$\begin{cases} \overline{M}_1 = 1 \\ \overline{F}_{N1} = 0, \\ \overline{F}_{Q1} = 0 \end{cases} \begin{cases} \overline{M}_2 = -y \\ \overline{F}_{N2} = \cos\varphi \\ \overline{F}_{Q2} = -\sin\varphi \end{cases}, \begin{cases} \overline{M}_3 = x \\ \overline{F}_{N3} = \sin\varphi \\ \overline{F}_{Q3} = \cos\varphi \end{cases}$$

由于基本结构为两个相互独立的悬臂曲梁，因此，计算系数和自由项时，通常只考虑弯矩一项的影响，但当对称无铰拱为扁平拱（一般指 $f < l/5$ 的拱），计算主系数 δ_{22} 时，除考虑弯矩的影响以外，还需考虑轴力的影响。各系数和自由项的具体计算公式如下：

$$\delta_{11} = \int \frac{\overline{M}_1^2}{EI} \mathrm{d}s = \int \frac{1}{EI} \mathrm{d}s$$

$$\delta_{12} = \int \frac{\overline{M}_1 \overline{M}_2}{EI} \mathrm{d}s = -\int \frac{y}{EI} \mathrm{d}s$$

$$\delta_{22} = \int \frac{\overline{M}_2^2}{EI}\mathrm{d}s + \int \frac{\overline{F}_{N2}^2}{EI}\mathrm{d}s = \int \frac{y^2}{EI}\mathrm{d}s + \int \frac{\cos^2\varphi}{EI}\mathrm{d}s$$

$$\delta_{33} = \int \frac{\overline{M}_3^2}{EI}\mathrm{d}s = \int \frac{x^2}{EI}\mathrm{d}s$$

$$\Delta_{1P} = \sum \int \frac{\overline{M}_1 M_P}{EI}\mathrm{d}s = \int \frac{M_P}{EI}\mathrm{d}s$$

$$\Delta_{2P} = \sum \int \frac{\overline{M}_2 M_P}{EI}\mathrm{d}s = -\int \frac{y M_P}{EI}\mathrm{d}s$$

$$\Delta_{3P} = \sum \int \frac{\overline{M}_3 M_P}{EI}\mathrm{d}s = \int \frac{x M_P}{EI}\mathrm{d}s$$

系数和自由项确定后，代入力法方程即可求出多余约束力，再利用叠加原理即可确定对称无铰拱任意截面的内力了。

计算对称无铰拱的弹性中心法及例题可参阅有关书籍。

4.7　温度改变和支座移动时超静定结构的内力计算

由于超静定结构中存在多余约束，所以它与静定结构不同，即使没有荷载作用，温度变化、支座移动、材料收缩等所有能使结构产生变形的因素，也都会在超静定结构中产生内力。

超静定结构在温度变化、支座移动等非荷载因素作用下产生的内力称为自内力。下面分别介绍温度改变和支座移动两种非荷载因素作用下内力的计算方法。

4.7.1　温度改变时的内力计算

温度改变时，用力法求解超静定结构内力的计算方法和步骤与荷载作用时基本相同，区别仅在于自由项的计算。温度改变时，力法方程中的自由项应按静定结构（因为基本结构一般都取为静定结构）在温度改变时的位移计算公式来计算。

在温度改变时，典型的力法方程一般为：

$$\begin{cases}\delta_{11}X_1 + \delta_{12}X_2 + \cdots + \delta_{1n}X_n + \Delta_{1t} = 0 \\ \delta_{21}X_1 + \delta_{22}X_2 + \cdots + \delta_{2n}X_n + \Delta_{2t} = 0 \\ \qquad\qquad\qquad \cdots \\ \delta_{n1}X_1 + \delta_{n2}X_2 + \cdots + \delta_{nn}X_n + \Delta_{nt} = 0\end{cases}$$

式中：自由项 Δ_{it}——温度变化引起的沿 X_i 方向的位移。

$$\Delta_{it} = \sum \int \alpha t_0 \overline{F}_{Ni}\mathrm{d}s + \sum \int \frac{\alpha \Delta t}{h}\overline{M}_i\mathrm{d}s \qquad (4-28)$$

另外，由于基本结构是静定结构，温度改变并不在静定结构中产生内力。因此，当多余约束力由力法方程求出后，原超静定结构的内力应按下式计算：

$$\begin{cases} M = \overline{M}_1 X_1 + \overline{M}_2 X_2 + \cdots + \overline{M}_n X_n \\ F_Q = \overline{F}_{Q1} X_1 + \overline{F}_{Q2} X_2 + \cdots + \overline{F}_{Qn} X_n \\ F_N = \overline{F}_{N1} X_1 + \overline{F}_{N2} X_2 + \cdots + \overline{F}_{Nn} X_n \end{cases} \quad (4-29)$$

由式（4-29）可以看出，内力只与多余约束力有关。下面通过例题具体说明。

【例 4-10】 计算如图 4-52（a）所示的超静定刚架由于温度变化引起的内力，并作出内力图。已知各杆 EI 相同且为常数，温度膨胀系数为 a，矩形截面高度为 h。

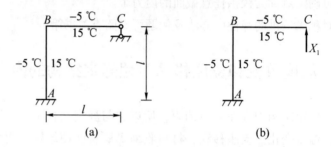

图 4-52 例 4-10 超静定刚架

(a) 原结构；(b) 基本体系

解：（1）温度变化分析。已知 $t_1 = -5$ ℃，$t_2 = 15$ ℃，杆件截面为矩形，因此，杆件的轴线温度为：

$$t_0 = \frac{1}{2}(t_1 + t_2) = \frac{1}{2}(-5 + 15) = 5(℃)$$

杆件的内、外缘温差为：

$$\Delta t = t_2 - t_1 = 15 + 5 = 20(℃)$$

（2）基本体系。此刚架为一次超静定结构，撤去点 C 处的链杆支座，用多余约束力 X_1 代替，得到的基本体系如图 4-52（b）所示。

（3）力法方程。变形条件如下：在温度变化和多余约束力 X_1 的共同作用下，基本结构 C 点的竖直位移与原结构 C 点的竖直位移相同，原结构在 C 点的竖直位移为 0。因此，力法方程为：

$$\delta_{11} X_1 + \Delta_{1t} = 0$$

❶ 由于温度作用引起的静定结构位移计算必须考虑轴力的影响，因此，应画出 $\overline{F}_{N1}$ 图。

（4）计算系数和自由项。绘制如图 4-53 所示的 $\overline{M}_1$ 图和 $\overline{F}_{N1}$ 图❶。

系数 δ_{11} 的求法与荷载作用时相同，为：

$$\delta_{11} = \int \frac{\overline{M}_1^2}{EI} ds = \frac{1}{EI}\left(\frac{l}{2} \times l \times \frac{2}{3} \times l + l \times l \times l\right) = \frac{4l^3}{3EI}$$

自由项要利用静定结构温度作用下的位移计算公式进行求解，为：

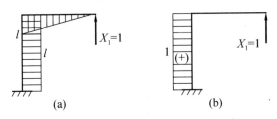

图 4-53 例 4-10 超静定刚架的弯矩图

（a）$\overline{M}_1$ 图；（b）$\overline{F}_{N1}$ 图

$$\Delta_{1t} = \sum \int \alpha t_0 \overline{F}_{N1} \mathrm{d}s + \int \frac{\alpha \Delta t}{h} \overline{M}_1 \mathrm{d}s$$

$$= \alpha \times 5 \times 1 \times l + \frac{20\alpha}{h}\left(\frac{l}{2} \times l + l \times l\right)$$

$$= 5\alpha l\left(1 + \frac{6l}{h}\right)$$

（5）解力法方程，求多余未知力。将 δ_{11}、Δ_{1t} 代入第（3）步，写出力法方程为：

$$\frac{4l^3}{3EI}X_1 + 5\alpha l\left(1 + \frac{6l}{h}\right) = 0$$

解方程，得到：

$$X_1 = \frac{\Delta_{1t}}{\delta_{11}} = -\frac{15\alpha EI}{4l^2}\left(1 + \frac{6l}{h}\right)$$

（6）作内力图。M 图和 F_N 图如图 4-54 所示。

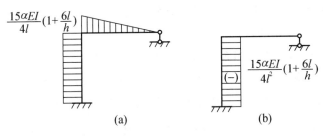

图 4-54 内力图

（a）M 图；（b）F_N 图

计算结果表明，温度变化引起的内力与杆件的 EI 的绝对值成正比，这与荷载作用下的情况是不同的。当杆件有温度差 Δt 时，弯矩图的纵坐标出现在低温一侧，使高温面产生压应力，低温面产生拉应力。因此，在混凝土结构中，要特别注意由于降温可能出现的裂缝。

4.7.2 支座移动时的内力计算

在支座移动时，用力法求解超静定结构内力的计算方法和步骤与荷载作用或温度改变时基本相同。但其中自由项的计算应按静定结构（因为基本结构一般都取为静定结构）在支座移动时的位移计算公式来求解，即：

$$\Delta_{iC} = -\sum \overline{F}_{RK} c_K$$

式中：各个符号的含义及正负规定同前。

另外，在建立力法方程时，应注意多余未知力方向原结构有无给定的支座位移。

下面通过例题来具体说明支座移动时用力法求解超静定结构内力的计算特点。

【例4－11】 求解如图4－55（a）所示的超静定刚架由于支座移动引起的内力。已知各杆 EI 为常数。

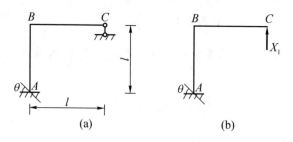

图4－55 例4－11 超静定刚架

（a）原结构；（b）基本体系

解：方法一：

（1）基本体系。撤去点 C 处的链杆支座，代以多余约束力 X_1，得到如图4－55（b）所示的基本体系。

（2）力法方程。变形条件如下：在多余约束力 X_1 和支座 A 转角位移共同作用下，基本结构中 C 点的竖直位移应与原结构 C 点的竖直位移相同，原结构 C 点的竖直位移等于0。因此，力法方程为：

$$\delta_{11}X_1 + \Delta_{1C} = 0$$

式中：Δ_{1C}——自由项，即当支座 A 产生转角 θ 时，基本结构中产生的沿 X_1 方向的位移●。

❶ 支座移动引起的静定结构的位移计算，需要研究与给定位移相应的支座反力，特别应注意正负问题。

（3）计算系数和自由项。绘制 $\overline{M}_1$ 图如图4－56（a）所示。系数和自由项分别为：

$$\delta_{11} = \int \frac{\overline{M}_1^2}{EI}ds = \frac{1}{EI}\left(\frac{l}{2} \times l \times \frac{2}{3} \times l + l \times l \times l\right) = \frac{4l^3}{3EI}$$

$$\Delta_{1C} = -\sum \overline{F}_{RK} c_K = -(l \cdot \theta) = -l\theta$$

（4）解方程，求多余未各力。将 δ_{11}、Δ_{1C}代入第（2）步写出的力法方程，得到：

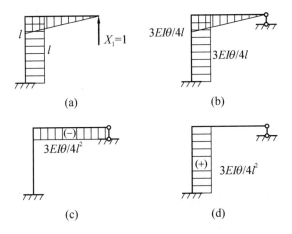

图 4 - 56　超静定刚架

（a）$\overline{M}_1$ 图；（b）M 图；（c）F_Q 图；（d）F_N 图

$$\frac{4l^3}{3EI} X_1 - l\theta = 0$$

解方程，得到：

$$X_1 = -\frac{\Delta_{1C}}{\delta_{11}} = l\theta \times \frac{3EI}{4l^3} = \frac{3EI\theta}{4l^2}$$

（5）作弯矩图、剪力图、轴力图。M 图、F_Q 图、F_N 图分别如图 4 -56(b) ~ 图 4 -56 (d) 所示。

　　方法二：（1）基本体系。撤去固定支座 A 限制转动的约束，即取简支刚架作为基本结构，以支座 A 的反力偶为多余约束力 X_1，得到的基本体系如图 4 -57 （a） 所示。

（2）力法方程。变形条件如下：基本结构在多余约束力 X_1 作用下 A 截面的转角应与原结构支座 A 的转角相同。原结构支座

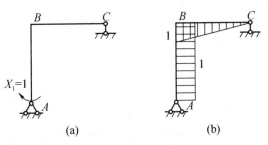

图 4 -57　撤去固定支座 A 后的基本体系

（a）基本体系；（b）$\overline{M}_1$ 图

A 的转角为 θ，且与所设 X_1 方向相同，因此，力法方程为：

$$\delta_{11} X_1 = \theta$$

　　（3）计算系数和自由项。绘制 $\overline{M}_1$ 图，如图 4 -57 （b） 所示。计算系数为：

$$\delta_{11} = \int \frac{\overline{M}_1^2}{EI}\mathrm{d}s = \frac{1}{EI}\left(\frac{1}{2} \times \frac{2}{3} \times l + 1 \times l \times 1\right) = \frac{4l}{3EI}$$

（4）解方程，求多余约束力。将 δ_{11} 代入第（2）步，写出力法方程，得到：

$$\frac{4l}{3EI}X_1 = \theta$$

解方程，得到：

$$X_1 = \frac{3EI\theta}{4l}$$

（5）作弯矩图、剪力图、轴力图（同上）。

4.8 超静定结构的位移计算

由前可知，只要多余约束力满足力法方程，基本体系的受力和变形状态就与原结构完全相同。因此，原超静定结构任意截面的位移与基本体系相应截面的位移完全相等。这样，原超静定结构的位移计算问题就转化为基本体系的位移计算问题了。

另外，由于与原超静定结构对应的基本体系可以有很多，但原超静定结构的内力和位移是唯一确定的，并与任意基本体系都有一一对应关系。因此，在用单位荷载法计算超静定结构的位移时，可将单位荷载加在与原超静定结构对应的任意基本结构上。

为了更好地掌握超静定结构的位移计算，现将超静定结构在荷载、温度改变、支座移动等因素作用下的位移计算公式写出。

1. 荷载作用下的位移计算公式

荷载作用下的位移计算公式为：

$$\Delta = \sum \int \frac{\overline{M}M}{EI}ds + \sum \int \frac{\overline{F}_N F_N}{EA}ds + \sum \int \kappa \frac{\overline{F}_Q F_Q}{GA}ds \qquad (4-30)$$

式中：M、F_N、F_Q——荷载作用下超静定结构的内力；

其他各个符号的含义及正负规定同前。

2. 温度改变时的位移计算公式

温度改变时的位移计算公式为：

$$\Delta = \sum \int \frac{\overline{M}M}{EI}ds + \sum \int \frac{\overline{F}_N F_N}{EA}ds + \sum \int \kappa \frac{\overline{F}_Q F_Q}{GA}ds$$

$$+ \sum \int \alpha t_0 \overline{F}_N ds + \int \frac{\alpha \Delta t}{h} \overline{M}ds \qquad (4-31)$$

式中：前三项为自内力引起的位移，后两项为温度改变在基本结构上引起的位移；

各个符号的含义及正负规定同前。

3. 支座移动时的位移计算公式

支座移动时的位移计算公式为：

$$\Delta = \sum \int \frac{\overline{M}M}{EI}ds + \sum \int \frac{\overline{F}_N F_N}{EA}ds + \sum \int \kappa \frac{\overline{F}_Q F_Q}{GA}ds - \sum \overline{F}_{RK} c_K$$

$$(4-32)$$

式中：前三项为自内力引起的位移，后一项为支座移动在基本结构上引起的位移；

各个符号的含义及正负规定同前。

4. 在荷载、温度改变、支座移动共同作用下的位移计算公式

超静定结构在荷载、温度改变、支座移动共同作用下的位移计算公式为：

$$\Delta = \sum \int \frac{\overline{M}M}{EI}ds + \sum \int \frac{\overline{F}_N F_N}{EA}ds + \sum \int \kappa \frac{\overline{F}_Q F_Q}{GA}ds + \sum \int \alpha t_0 \overline{F}_N ds$$

$$+ \int \frac{\alpha \Delta t}{h} \overline{M}ds - \sum \overline{F}_{RK} c_K \qquad (4-33)$$

式中：M、F_N、F_Q——超静定结构在全部外因共同作用下的内力；

$\overline{M}$、$\overline{F}_N$、$\overline{F}_Q$、$\overline{F}_{RK}$——基本结构在单位荷载作用所引起的内力和支座反力。

【例 4-12】 求在例 4-6 中超静定刚架 D 点的水平位移。

解： 如图 4-58 （a） 所示的结构是两次超静定刚架，其内力和位移都是由外荷载作用引起的。在例 4-6 中已求出了它的最后弯矩图，如图 4-58 （b）所示。为了求 D 点的水平位移 Δ_{DH}，可取与原结构对应的任意基本结构。

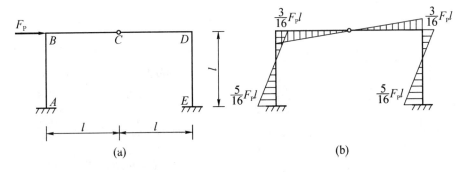

图 4-58　超静定刚架

（a）原结构；（b）M 图

取如图 4-59 （a） 所示的基本结构，在基本结构的 D 点施加水平单位力 $F_P = 1$，并求出相应的 $\overline{M}$ 图，如图 4-59 （b） 所示。由位移计算公式，得到：

$$\Delta_{DH} = \frac{1}{EI} \times \frac{l}{6} \times \left(2 \times l \times \frac{5F_P l}{16} - l \times \frac{3F_P l}{16}\right) = \frac{7F_P l^3}{96EI}(\rightarrow)$$

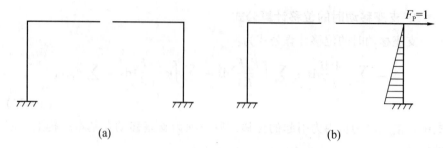

(a)　　　　　　　　　　　　(b)

图 4 − 59　超静定刚架的基本结构和$\overline{M}$图

（a）基本结构；（b）$\overline{M}$图

【例 4 − 13】　求在例 4 − 11 中超静定刚架 B 点的水平位移。

解：如图 4 − 60（a）所示的结构为一次超静定刚架，其内力和位移都是由固定支座 A 处的转角位移引起的。在例 4 − 11 中已求出了它的最后弯矩图，如图 4 − 60（b）所示。为了求 B 点的水平位移 Δ_{BH}，可取与原结构对应的任意基本结构。

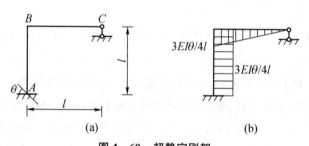

(a)　　　　　　　　　　　　(b)

图 4 − 60　超静定刚架

（a）原结构；（b）M 图

方法一：取如图 4 − 61（a）所示的基本结构，在基本结构的 B 点施加水平单位力 $F_P = 1$，并画出相应的 $\overline{M}$ 图，如图 4 − 61（b）所示。由位移计算公式，得到：

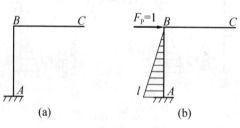

(a)　　　　　　(b)

图 4 − 61　方法一的基本结构和$\overline{M}$图

（a）基本结构；（b）$\overline{M}$图

$$\Delta_{BH} = -\frac{1}{EI}\left(\frac{1}{2} \times l \times l \times \frac{3EI\theta}{4l}\right) - (-l \times \theta) = \frac{5l\theta}{8}(\rightarrow)$$

方法二：取如图 4 − 62（a）所示的基本结构，在基本结构的 B 点施加水平单位力 $F_P = 1$，并画出相应的 $\overline{M}$ 图，如图 4 − 62（b）所示。由位移计算公式，得到

$$\Delta_{BH} = -\frac{1}{EI}\left(\frac{1}{2} \times l \times l \times \frac{3EI\theta}{4l} + \frac{1}{2} \times l \times l \times \frac{2}{3} \times \frac{3EI\theta}{4l}\right) = \frac{5l\theta}{8}(\rightarrow)$$

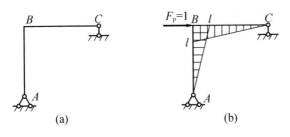

图4-62 方法二的基本结构和$\overline{M}$图

（a）基本结构；（b）$\overline{M}$图

4.9 超静定结构计算的校核

由于超静定结构的计算过程较长，计算工作量较大，因而比较容易出现错误。所以，为了保证计算结果的正确性，必须进行校核。校核工作是工程设计中非常重要的一步。

本节主要介绍最终内力图的校核方法。正确的内力图必须同时满足静力平衡条件和变形条件，因此，校核工作也应从平衡条件和变形条件两方面进行。

下面以如图4-63（a）所示的结构及其内力图［如图4-63（b）~图4-63（d）］为例，介绍最终内力图的校核方法。已知各杆 EI 相同，且为常数。

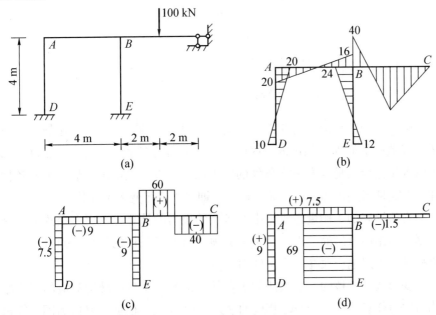

图4-63 超静定结构计算的校核

（a）原结构；（b）M图（单位：kN·m）；（c）F_Q图（单位：kN）；（d）F_N图（单位：kN）

4.9.1 平衡条件的校核

从结构中任意截取一部分，都应该满足静力平衡条件。通常，用于进行校核的部分是刚结点、某根杆件或结构的某一部分。

截取刚结点 B，如图 4-64（a）所示，由静力平衡条件，有：

$$\sum F_x = 9 - 7.5 - 1.5 = 0$$

$$\sum F_y = 69 - 60 - 9 = 0$$

$$\sum M_B = 16 + 24 - 40 = 0$$

所以刚结点 B 满足静力平衡条件。

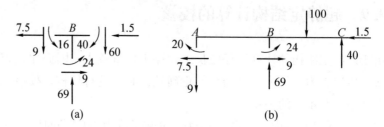

图 4-64　截取刚结点 B 和杆件 ABC（隔离体）进行核算

取杆件 ABC 为隔离体（包括 A、B 两个刚结点），如图 4-64（b）所示，由静力平衡条件，有：

$$\sum F_x = 9 - 7.5 - 1.5 = 0$$

$$\sum F_y = 69 + 40 - 9 - 100 = 0$$

$$\sum M_A = 40 \times 8 - 100 \times 6 + 69 \times 4 + 24 - 20 = 0$$

所以杆件 ABC 也满足静力平衡条件。

4.9.2 变形条件的校核

由于超静定结构最后的内力图是在求得多余约束力之后，按静力平衡条件（或叠加原理）绘出的，因此，不管求出的多余约束力是否正确，都可以画出完全满足静力平衡条件的内力图。所以，仅仅满足静力平衡条件并不能保证最终内力图一定是正确的，即必须进行变形条件的校核。

力法计算的工作量主要集中在多余约束力的计算上，而多余约束力是依据变形条件求出的。因此，不但必须进行变形条件的校核，而且力法计算校核的重点也应放在变形条件的校核上。

变形条件校核的一般做法如下：任意选取一个与原结构对应的基本结构，同时任意选取一个与之相应的多余约束力 X_i，根据最终内力图，算出沿 X_i 方向的位移 Δ_i，看它是否与原结构中相应的位移（已知的位移值）相等，即检查是否满足下式：

$$\Delta_i = 已知的位移值$$

Δ_i 的求解需利用4.8节所讲的超静定结构的位移计算公式，因此，上式可改写为：

$$已知位移值 = \sum \int \frac{\overline{M}M}{EI}ds + \sum \int \frac{\overline{F}_N F_N}{EA}ds + \sum \int \kappa \frac{\overline{F}_Q F_Q}{GA}ds$$
$$+ \sum \int \alpha t_0 \overline{F}_N ds + \int \frac{\alpha \Delta t}{h} \overline{M}ds - \sum \overline{F}_{RK} c_K$$

如果原结构上只作用有荷载，且已知的位移值为0，则上式变为：

$$\sum \int \frac{\overline{M}M}{EI}ds + \sum \int \frac{\overline{F}_N F_N}{EA}ds + \sum \int \kappa \frac{\overline{F}_Q F_Q}{GA}ds = 0$$

对于受弯杆，通常只考虑弯曲变形的影响，因此，荷载作用下的梁和刚架的变形条件的校核公式可进一步简化为：

$$\sum \int \frac{\overline{M}M}{EI}ds = 0$$

对于一个只承受荷载作用的无铰封闭框格结构，可以利用无铰封闭框格上任意截面相对转角等于0的条件进行校核。

例如，为了校核如图4-63（a）所示结构的 M 图 [如图4-63（b）所示] 是否正确，可以选取如图4-65（a）所示的基本结构，校核截面 F 两侧的相对转角是否等于0。为此，需在截面 F 两侧施加一对单位力矩 $F_P = 1$，则其弯矩图如图4-65（b）所示。

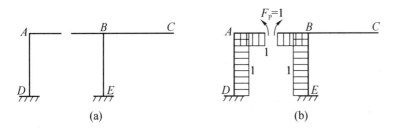

图4-65 变形条件的校核

（a）基本结构；（b）$\overline{M}$图

可以看出，无铰封闭框格所有截面的弯矩值均等于1，因此，变形条件校核公式可改写为：

$$\oint \frac{M}{EI}ds = 0$$

由此可以得出结论：对于一个只承受荷载作用的无铰封闭框格结构，沿封闭无铰框格的 M/EI 图形的总面积应等于0。

现在利用上式来检查图4-63（b）中的 M 图是否正确。沿 $DABE$ 无铰封闭框格进行积分，计算结果如下：

$$\oint \frac{M}{EI} ds = \frac{1}{EI} \Big[-\frac{1}{2}(10 + 16 + 12) \times 4 + \frac{1}{2}(20 + 20 + 24) \times 4 \Big] = \frac{52}{EI} \neq 0$$

可见，这个 M 图不能满足变形条件，所以如图 4－63（b）所示的弯矩图有错误。

另外，这里需要注意的是，若取如图 4－66（a）所示的基本结构，以 C 点的水平位移 Δ_{CH} 作为变形条件来校核图 4－63（b）中的 M 图是否正确，则需在 C 点施加一水平单位力 $F_p = 1$，作出 $\overline{M}_1$ 图，如图 4－66（b）所示。由荷载作用下的位移计算公式，得到：

$$\Delta_{CH} = \frac{1}{EI} \times \frac{4}{6} \times (2 \times 4 \times 10 - 4 \times 20) = 0$$

由此可以得出结论：图 4－63（b）中的 M 图满足变形条件。

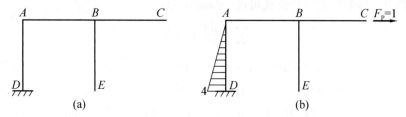

图 4－66　以 C 点的水平位移 Δ_{CH} 作为变形条件来校核图

（a）基本结构；（b）$\overline{M}_1$ 图

为什么会得出这种错误的结论呢？请读者仔细思考。

小　结

1. 力法解题的三个关键

（1）确定基本未知量。力法的基本未知量是多余未知力，即与去掉的多余约束相应的约束力（多余约束力）。

（2）选取基本结构。基本结构必须是几何不变体系，几何可变体系——不管是常变体系还是瞬变体系，都不能作为基本结构使用。

通常选用的都是几何不变且无多余约束的体系（静定结构）作为基本结构，但这也不是必须的，也可以选用几何不变但有多余约束的体系（超静定结构）作为基本结构。

同一超静定结构可以选择多种基本结构，应尽量选择计算简单的基本结构。

（3）建立力法方程。建立力法方程的依据是，基本体系（注意基本体系与基本结构的区别）沿多余约束力方向的位移与原结构一致。

力法方程的左端是基本结构在其上各种外因作用下沿某一多余约束力方向的位移，右端是原结构在与其相应的位置沿同一方向的位移。

应充分理解力法方程所代表的变形条件的意义，以及方程中各个系数和自由项的意义。

2. 力法方程中系数和自由项的计算

力法方程中的系数和自由项都是基本结构（静定结构）的位移，因此，计算方法及注意事项与前面学过的静定结构的位移计算相同。

3. 超静定结构的内力计算和内力图的绘制

多余约束力求出后，可以根据静力平衡条件或叠加原理，求出各杆控制截面的内力，进而绘制内力图。

4. 超静定结构的位移计算

超静定结构的位移计算在超静定结构的内力确定之后与静定结构的位移计算完全相同，也应使用单位荷载法，并且单位力可以加在与原结构相应的任意基本结构上。

5. 超静定结构计算的校核

校核要从平衡和变形两方面进行，对力法来说，重点是进行变形条件的校核。

变形条件的校核通常利用原结构中的已知位移进行。

6. 简化计算的途径和方法

简化计算的途径是使力法方程尽可能多的系数和自由项等于 0。

简化计算的方法如下：

（1）选择合适的基本结构，以使尽可能多的系数和自由项等于 0。该方法适用于一切形式的结构，但需要经验的积累。

（2）对称性的利用，该方法是重点掌握的方法。

只要结构是对称的，我们就可以通过选取对称的基本结构，或取半边结构（当原结构的外部作用具备对称或反对称的特点时）来使计算得到简化。

思考题

1. 什么是超静定结构？超静定结构的次数如何确定？

2. 力法求解超静定结构的基本思路是什么？力法的 3 个基本概念是什么？

3. 基本体系和原结构有何异同？基本体系和基本结构有何异同？

4. 力法方程的物理意义是什么？

5. 如思考题图 4-1（a）所示是一次超静定刚架，试选用如思考题图 4-1（b）和思考题图 4-1（c）所示两种不同的基本结构，画出相应的基本体系，写出相应的力法方程，并说明各个力法方程的物理意义是什么。

6. 试述力法方程中系数和自由项的物理意义，并说明主系数是否能等于 0。

7. 在荷载作用下，超静定梁和刚架的内力与各杆件的抗弯刚度（EI）的绝对值有关吗？与各杆件的抗弯刚度（EI）的相对值有关吗？

8. 当计算荷载作用下超静定组合结构的内力时，必须采用各杆件刚度（EI、EA）的绝

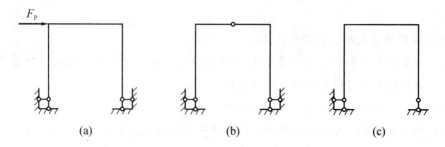

思考题图 4 - 1　一次超静定刚架及其基本结构

（a）一次超静定刚架；（b）基本结构 1；（b）基本结构 2

对值吗？

9. 对称结构应满足的条件是什么？如思考题图 4 - 2（a）和思考题图 4 - 2（b）所示的结构是对称结构吗？为什么？

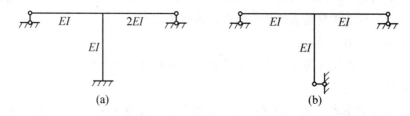

思考题图 4 - 2

（a）结构 1；（b）结构 2

10. 试述利用对称性简化计算有哪几种作法。

11. 试述有拉杆的两铰拱中拉杆的作用。

12. 结构上没有荷载作用就没有内力吗？

13. 结构单独承受支座移动作用时，力法方程的可能形式有几种？试举例说明。

14. 为什么在求解超静定结构的位移时，单位荷载可以加在原结构的任意基本结构上？

15. 求解超静定结构的位移时，可以使用各杆件刚度（EI、EA）的相对值吗？

16. 为什么用力法求解时得出的超静定结构结果，校核重点应放在变形条件的校核上？

习　题

1. 试确定如题图 4 - 1 所示结构的超静定次数，并画出相应的基本结构。

2. 试用力法计算如题图 4 - 2 所示的结构，并作弯矩图及剪力图。已知 EI 为常数。

3. 试用力法计算如题图 4 - 3 所示的结构，并作弯矩图。已知各杆 EI 相同且为常数。

4. 试用力法计算如题图 4 - 4 所示的刚架，并作内力图。已知各杆 EI 相同且为常数。

5. 试用力法计算如题图 4 - 5 所示的刚架，并作弯矩图。已知 E 为常数。

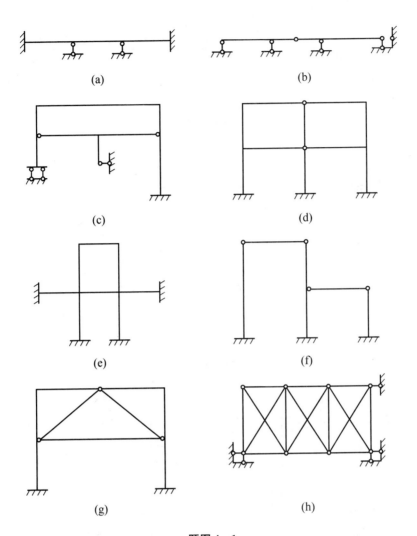

题图 4 - 1

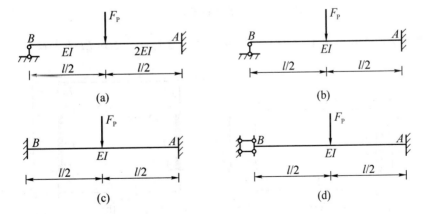

题图 4 - 2

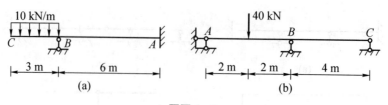

题图 4 – 3

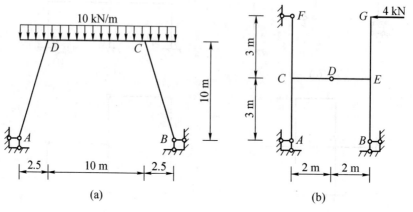

题图 4 – 4

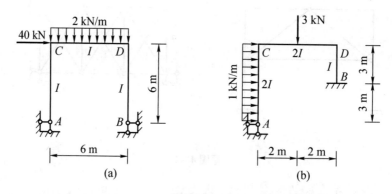

题图 4 – 5

6. 试用力法计算如题图 4 – 6 所示的排架，并作弯矩图。已知 *EI* 为常数。

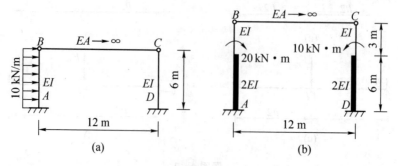

题图 4 – 6

7. 试用力法计算如题图 4-7 所示桁架的轴力。已知各杆 EA 相同且为常数。

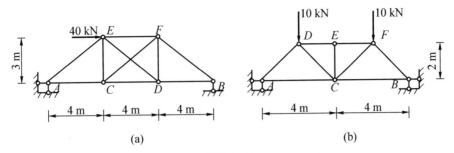

(a)　　　　　　　　　(b)

题图 4-7

8. 试用力法计算如题图 4-8 所示组合结构中二力杆的轴力，并绘出梁式杆的弯矩图。已知梁式杆的 $EI = 1 \times 10^4$ kN·m^2，二力杆的 $EA = 1.2 \times 10^6$ kN。

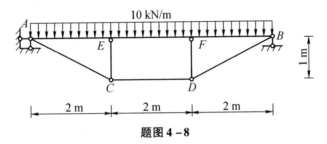

题图 4-8

9. 试利用对称性计算如题图 4-9 所示的刚架，并绘制弯矩图。已知 EI 为常数。

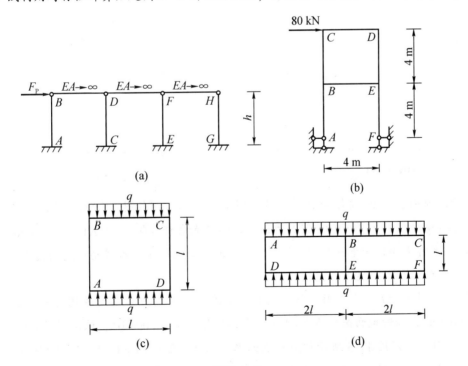

(a)　　　　　　　　　(b)

(c)　　　　　　　　　(d)

题图 4-9

10. 试推导带拉杆抛物线两铰拱（如题图 4 - 10 所示）在均布荷载作用下拉杆内力的表达式。已知拱截面 EI 为常数，拱轴线方程为：

$$y = \frac{4f}{l^2} x(l - x)$$

计算位移时，拱身只考虑弯矩的作用，并假设 $\mathrm{d}s = \mathrm{d}x$。

11. 试计算如题图 4 - 11 所示无铰拱的拱顶截面弯矩，已知 EI 为常数。

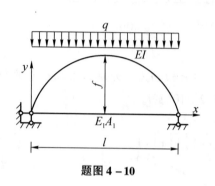

题图 4 - 10

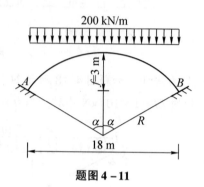

题图 4 - 11

12. 如题图 4 - 12 所示的刚架受温度作用，并已知 $EI = 1 \times 10^4 \ \mathrm{kN \cdot m^2}$，矩形截面高度为 $h = 1 \ \mathrm{m}$，线膨胀系数 $\alpha = 0.000\ 01$，试绘制弯矩图。

13. 如题图 4 - 13 所示的刚架受温度作用，试绘制弯矩图。已知 $EI = 1.25 \times 10^6 \ \mathrm{kN \cdot m^2}$，矩形截面高度为 $h = 1 \ \mathrm{m}$，线膨胀系数 $\alpha = 0.000\ 01$。

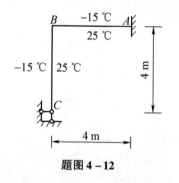

题图 4 - 12

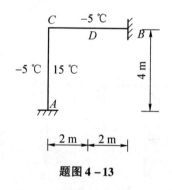

题图 4 - 13

14. 试绘制由于支座移动引起的刚架（如题图 4 - 14 所示）弯矩图。已知 $EI = 1 \times 10^4 \ \mathrm{kN \cdot m^2}$。

15. 试求如题图 4 - 15 所示的桁架由于支座移动引起的各杆内力。已知 $EA = 1.2 \times 10^6 \ \mathrm{kN}$。

16. 试用力法计算如题图 4 - 16 所示的超静定单跨梁由于支座移动引起的内力，并作弯矩图和剪力图。已知 EI 为常数。

17. 如题图 4 - 17 所示的刚架承受荷载、温度改变和支座移动的共同作用，已知 $EI = 1 \times 10^4 \ \mathrm{kN \cdot m^2}$，矩形截面高度为 $h = 1 \ \mathrm{m}$，线膨胀系数 $\alpha = 0.000\ 01$，试绘制弯矩图。

18. 试计算如题图 4 - 5 所示刚架 C 点的水平位移。已知 $EI = 1.25 \times 10^6 \ \mathrm{kN \cdot m^2}$。

19. 试计算如题图 4 - 13 所示刚架 C 点的水平位移。

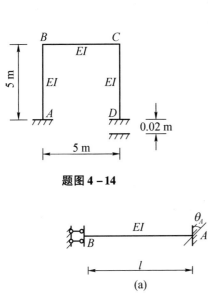

题图 4-14

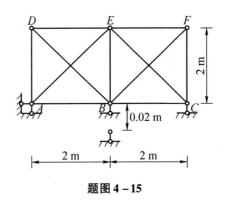

题图 4-15

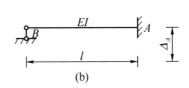

题图 4-16

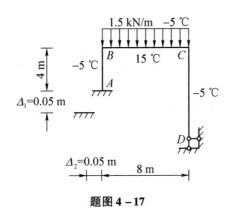

题图 4-17

第 5 章

位 移 法

学习指导

学习要求：理解位移法的基本未知量、基本体系、基本方程。理解位移法典型方程及其系数和自由项的物理意义。熟练掌握使用位移法计算结构内力。掌握对称结构的简化计算方法。

本章重点：位移法方程的建立。荷载作用下刚架的计算。

5.1 位移法的基本概念

通过第 4 章的学习，我们已经掌握了用力法求解超静定结构的思路和方法，并且知道了超静定结构在给定外因作用下，其内力和变形都是唯一确定的。同时，我们还注意到，随着超静定次数的增加，用力法求解的工作量会急剧增加。因此，随着高次超静定刚架在工程中的广泛应用，人们研究出结构计算的另一种方法——位移法。

与力法不同，位移法是以结构的结点位移（角位移和线位移）作为基本未知量，先想办法求出基本未知量（角位移和线位移），然后利用基本未知量确定结构内力的方法。

为了减少计算工作量，在位移法中将引入如下假设：

（1）对于受弯杆，忽略轴向变形和剪切变形的影响，只考虑弯曲变形的影响。因此，杆件变形前后的直线长度不变。

（2）结点转角 θ 和各杆弦转角 φ（$\varphi = \Delta / l$）都是微小的。因此，弯曲变形后的曲线长度与弦长度可以认为相等。

也就是说，在受弯杆件发生弯曲变形后，杆件两端结点之间的距离仍保持不变，或者说，杆长保持不变。

下面以如图 5-1（a）所示的结构为例，说明位移法的基本思路。

在给定荷载作用下，如图 5-1（a）所示刚架的杆件 AB、AC、AD 将发生变形。对于受弯杆件，由上述假定可知，结点 A 不能产生线位移，既无水平线位移，也无竖直线位移，只发生角位移 θ_A。由于原结构只有杆件 AD 作用有外荷载，可以看出，杆件 AB、AC 的内力和变形完全是由结点 A

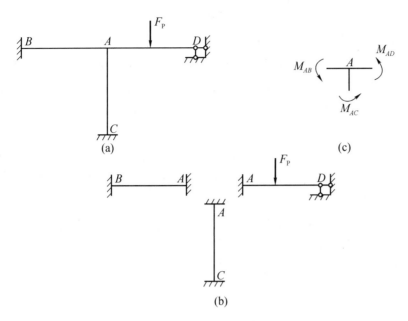

图 5 - 1　位移法的基本思路

（a）原结构；（b）引入约束后的相当形式；（c）弯矩平衡

的角位移 θ_A 引起的，杆件 AD 的内力和变形则是由外荷载和结点 A 的角位移 θ_A 共同引起的。因此，在杆件 AB、AC、AD 的公共结点 A 上的角位移 θ_A 处于一个非常关键的位置。如果能设法求出角位移 θ_A，则杆件 AB、AC、AD 的内力和变形就很容易求出了。综上所述，当用位移法计算时，我们应以结点角位移 θ_A 作为基本未知量。下面我们将研究如何确定它。

计算基本未知量 θ_A 的步骤可分为两步：

第一步，增加约束，将结点 A 的角位移 θ_A 锁住。此时，结点 A 既不能移动，也不能转动，如图 5 - 1（b）所示，即原结构实际上已变为 3 根单跨梁。其中，杆件 AB、AC 都相当于两端固定梁，其上均无外荷载作用，故都无内力，杆件 AD 相当于一端固定、另一端铰支的梁，其跨中作用有集中力，内力可根据力法的知识求得。

第二步，让增加的约束连同被其锁住的结点 A 发生与原结构结点 A 相同的转角，即让结点 A 产生角位移 θ_A，3 根超静定单跨梁在给定支座移动时引起的内力可由力法求出。

将第一步和第二步求得的杆端内力叠加，即得原结构的实际杆端内力。但是，到目前为止，我们并不知道结点 A 的实际转角，因此，每给一个 θ_A，就可得到一组杆端内力值。然而，我们知道，原结构在给定荷载作用下的内力是唯一确定的，并且在刚结点 A 处〔如图 5 - 1（c）所示〕必须满足如下平衡条件：

$$\sum M_A = 0$$

由此，我们得到一个补充方程，这个方程中只含有一个未知量 θ_A，解此方程即可求得 θ_A，继而可以确定杆端内力。但是，我们必须借助力法的知识，将一端固定（引入限制转动约束的刚结点处）、另一端支座形式不同的单跨梁在各种荷载和给定支座移动时的杆端内力事先求出，以便之后可以直接引用。

综上所述，可将位移法解题的基本思路归纳如下：

（1）确定位移法计算的基本未知量——结点位移（线位移或角位移）。

（2）引入约束将原结构拆成单跨梁。

（3）写出各单跨梁分别作用外荷载或结点位移时的杆端内力。

（4）写出位移法方程——平衡方程。

（5）解方程求得基本未知量。

（6）确定各杆内力。

5.2　等截面直杆的转角位移方程

由 5.1 节的讨论可知，用位移法分析杆件结构时，首先需要知道单跨超静定梁在各种荷载和给定支座移动时的杆端内力，以便直接引用。我们将这种表示杆端内力和杆端位移之间关系的表达式称为转角位移方程❶。

❶ 转角位移方程是位移法解题的基础，应熟练掌握。

位移法中的正负号规定如图 5-2 所示。具体如下：

（1）杆端角位移（或支座转角位移）θ_A 和 θ_B，以顺时针方向转角为正。

（2）杆件两端相对线位移 Δ（或弦转角 $\varphi = \Delta / l$），以使杆件产生顺时针方向转动时为正。

（3）杆端弯矩 M_{AB}、M_{BA}，以顺时针方向为正。

（4）杆端剪力 F_{QAB}、F_{QBA}，以使作用截面产生顺时针方向转动时为正。

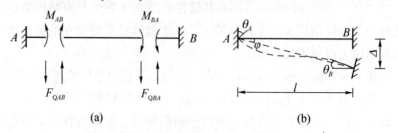

图 5-2　位移法中的正负号规定

（a）内力正向；（b）位移正向

另外，需要注意的是，我们在这里只研究等截面直杆。因此，各种荷载和给定支座移动时的杆端内力表达式将根据下面3种单跨梁进行推导：

（1）两端固定的梁。

（2）一端固定、另一端铰支的梁。

（3）一端固定、另一端为滑动支座的梁。

5.2.1 由杆端位移求杆端弯矩

1. 两端固定的梁

如图5-3所示为两端固定的梁。当 A 端和 B 端分别发生转角位移 θ_A 和 θ_B，且 B 端相对于 A 端发生了正的相对线位移 Δ 时，由力法知识，可以求得：

$$\begin{cases} M_{AB} = 4i\theta_A + 2i\theta_B - 6i\dfrac{\Delta}{l} \\ M_{BA} = 2i\theta_A + 4i\theta_B - 6i\dfrac{\Delta}{l} \end{cases} \qquad (5-1)$$

式中：$i = EI/l$，称为杆件的线性刚度。

式（5-1）就是两端固定的梁由杆端位移求杆端弯矩的一般公式，也称为转角位移方程。另外，一端固定另一端为滑动支座、一端固定另一端为铰支座的单跨梁的杆端弯矩表达式可按力法直接求得，也可由此式导出。

当求出杆端弯矩以后，可由平衡条件，求出杆端剪力如下：

$$F_{QAB} = F_{QBA} = -\frac{1}{l}(M_{AB} + M_{BA}) \qquad (5-2)$$

将杆端弯矩表达式代入式（5-2），可得：

$$F_{QAB} = F_{QBA} = -\frac{6i}{l}\theta_A - \frac{6i}{l}\theta_B + \frac{12i}{l^2}\Delta \qquad (5-3)$$

2. 一端固定、另一端铰支的梁

如图5-4所示为一端固定、另一端铰支的梁。当 A 端发生转角位移 θ_A，且 B 端相对于 A 端发生了正的相对线位移 Δ 时，由力法知识，可以求得：

$$\begin{cases} M_{AB} = 3i\theta_A - 3i\dfrac{\Delta}{l} \\ M_{BA} = 0 \end{cases} \qquad (5-4)$$

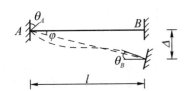

图5-3 两端固定的梁

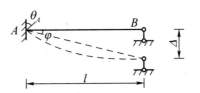

图5-4 一端固定、另一端铰支的梁

将杆端弯矩表达式代入式（5-3），可得：

$$F_{QAB} = F_{QBA} = -\frac{3i}{l}\theta_A + \frac{3i}{l^2}\Delta \qquad (5-5)$$

3. 一端固定、另一端为滑动支座的梁

如图 5-5 所示为一端固定、另一端为滑动支座的梁。当 A 端发生转角位移 θ_A 时，由力法知识，可以求得：

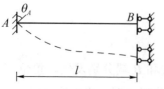

图 5-5 一端固定、另一端为
滑动支座的梁

$$\begin{cases} M_{AB} = i\theta_A \\ M_{BA} = -i\theta_A \end{cases} \qquad (5-6)$$

且有：

$$F_{QAB} = F_{QBA} = 0$$

当杆端内力只由一个杆端位移（其余位移为 0）引起，且杆端位移是单位值（等于 1）时，所得的杆端内力称为等截面直杆的刚度系数。由于刚度系数只与杆件的材料性质、截面尺寸及几何形状有关，因此，也称为形常数。

由于杆端转角、相对线位移引起的杆端弯矩和杆端剪力十分重要，所以需要记住。为了便于记忆，特将这些内容用表格形式表示如下，如表 5-1 所示。

表 5-1 等截面直杆的形常数

编　号		简　图	弯　矩		剪　力	
			M_{AB}	M_{BA}	F_{QAB}	F_{QBA}
两端固定	1		$4i$	$2i$	$-\dfrac{6i}{l}$	$-\dfrac{6i}{l}$
	2		$-\dfrac{6i}{l}$	$-\dfrac{6i}{l}$	$\dfrac{12i}{l^2}$	$\dfrac{12i}{l^2}$
一端固定、另一端铰支	3		$3i$	0	$-\dfrac{3i}{l}$	$-\dfrac{3i}{l}$
	4		$-\dfrac{3i}{l}$	0	$\dfrac{3i}{l^2}$	$\dfrac{3i}{l^2}$

续表

编　号		简　图	弯矩 M_{AB}	弯矩 M_{BA}	剪力 F_{QAB}	剪力 F_{QBA}
一端固定、另一端为滑动支座	5	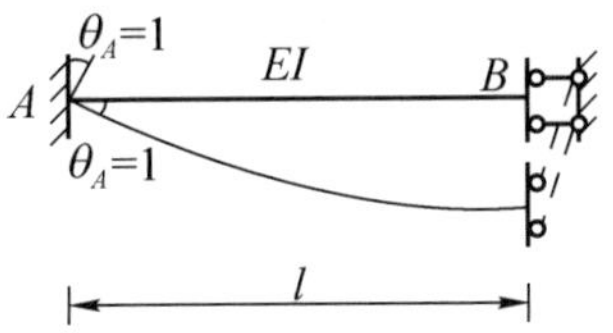	i	$-i$	0	0

5.2.2 由荷载求杆端弯矩

当杆端内力仅由荷载作用引起时，所得的杆端力通常称为固端力（包括固端弯矩和固端剪力）。因为固端力与杆件所受荷载的形式有关，所以又称为载常数。单跨超静定梁在各种荷载作用下的载常数（固端弯矩和固端剪力）可用力法求得。

常用的载常数如表 5－2 所示。其中，固端弯矩用 M_{AB}^{F}、M_{BA}^{F}表示，固端剪力用 F_{QAB}^{F}、F_{QBA}^{F}表示。

表 5－2　等截面直杆的载常数

编号		简　图	固端弯矩	固端剪力
两端固定	1	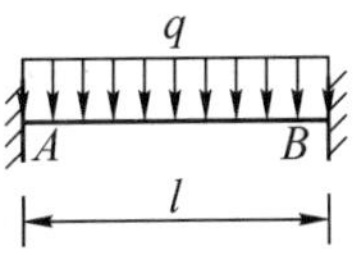	$M_{AB}^{F}=-\frac{ql^2}{12}$ $M_{BA}^{F}=\frac{ql^2}{12}$	$F_{QAB}^{F}=\frac{ql}{2}$ $F_{QBA}^{F}=-\frac{ql}{2}$
	2	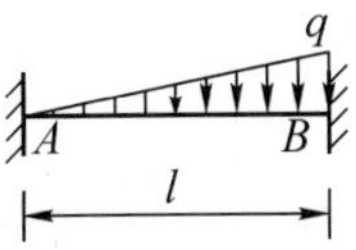	$M_{AB}^{F}=-\frac{ql^2}{30}$ $M_{BA}^{F}=\frac{ql^2}{20}$	$F_{QAB}^{F}=\frac{3ql}{20}$ $F_{QBA}^{F}=-\frac{7ql}{20}$
	3	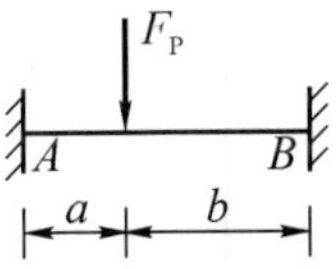	$M_{AB}^{F}=-\frac{F_{P}ab^2}{l^2}$ $M_{BA}^{F}=\frac{F_{P}a^2b}{l^2}$	$F_{QAB}^{F}=\frac{F_{P}b^2}{l^2}\left(1+\frac{2a}{l}\right)$ $F_{QBA}^{F}=-\frac{F_{P}a^2}{l^2}\left(1+\frac{2b}{l}\right)$
	4	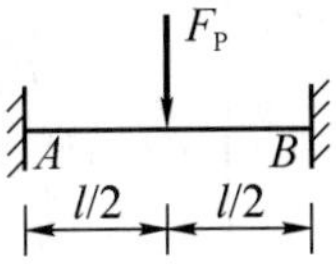	$M_{AB}^{F}=-\frac{F_{P}l}{8}$ $M_{BA}^{F}=\frac{F_{P}l}{8}$	$F_{QAB}^{F}=\frac{F_{P}}{2}$ $F_{QBA}^{F}=-\frac{F_{P}}{2}$

编号	简 图	固端弯矩	固端剪力
5		$M_{AB}^{F} = -\dfrac{ql^2}{8}$	$F_{QAB}^{F} = \dfrac{5}{8}ql$ $F_{QBA}^{F} = -\dfrac{3}{8}ql$
6		$M_{AB}^{F} = -\dfrac{ql^2}{15}$	$F_{QAB}^{F} = \dfrac{2}{5}ql$ $F_{QBA}^{F} = -\dfrac{1}{10}ql$
7		$M_{AB}^{F} = -\dfrac{7ql^2}{120}$	$F_{QAB}^{F} = \dfrac{9}{40}ql$ $F_{QBA}^{F} = -\dfrac{11}{40}ql$
8		$M_{AB}^{F} = -\dfrac{F_P b(l^2 - b^2)}{2l^2}$	$F_{QAB}^{F} = \dfrac{F_P b(3l^2 - b^2)}{2l^3}$ $F_{QBA}^{F} = -\dfrac{F_P a^2(3l - a)}{2l^3}$
9		$M_{AB}^{F} = -\dfrac{3F_P l}{16}$	$F_{QAB}^{F} = \dfrac{11}{16}F_P$ $F_{QBA}^{F} = -\dfrac{5}{16}F_P$
10		$M_{AB}^{F} = -\dfrac{ql^2}{3}$ $M_{BA}^{F} = -\dfrac{ql^2}{6}$	$F_{QAB}^{F} = ql$ $F_{QBA}^{F} = 0$
11		$M_{AB}^{F} = -\dfrac{ql^2}{8}$ $M_{BA}^{F} = -\dfrac{ql^2}{24}$	$F_{QAB}^{F} = \dfrac{ql}{2}$ $F_{QBA}^{F} = 0$
12		$M_{AB}^{F} = -\dfrac{5ql^2}{24}$ $M_{BA}^{F} = -\dfrac{ql^2}{8}$	$F_{QAB}^{F} = \dfrac{ql}{2}$ $F_{QBA}^{F} = 0$
13		$M_{AB}^{F} = -\dfrac{F_P a(2l - a)}{2l}$ $M_{BA}^{F} = -\dfrac{F_P a^2}{2l}$	$F_{QAB}^{F} = F_P$ $F_{QBA}^{F} = 0$

一端固定、另一端铰支（编号5～9）

一端固定、另一端为滑动支座（编号10～13）

续表

编号		简　图	固端弯矩	固端剪力
一端固定、另一端为滑动支座	14	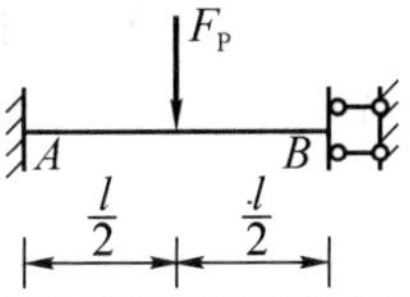 A F_P B $\frac{l}{2}$ $\frac{l}{2}$	$M_{AB}^F = -\dfrac{3F_P l}{8}$ $M_{BA}^F = -\dfrac{F_P l}{8}$	$F_{QAB}^F = F_P$ $F_{QBA}^F = 0$
	15	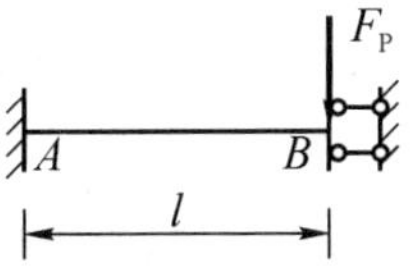 A F_P B l	$M_{AB}^F = M_{BA}^F = -\dfrac{F_P l}{2}$	$F_{QAB}^F = F_P$ $F_{QB}^L = F_P$ $F_{QB}^R = 0$

5.3　位移法的基本未知量、基本体系及典型方程[1]

[1] 将位移法与力法对照起来学习，将有助于两部分知识的理解、消化与吸收。

与力法相同，当用位移法求解杆件结构内力时，首先需要确定基本未知量和基本体系。

与力法不同，位移法的基本未知量是结点角位移和结点线位移。位移法的基本体系是将基本未知量完全锁住后得到的单跨杆件的综合体。下面将分别讨论如何确定基本未知量和选取基本体系。

5.3.1　位移法的基本未知量

位移法的基本未知量包括独立的结点角位移和独立的结点线位移，下面分别介绍它们的确定方法。

1. 独立的结点角位移数目的确定

由于与刚结点相连的所有杆件之间的相对夹角在变形前后保持不变，因此，汇交于同一刚结点处的各杆杆端转角将完全相同，即每个刚结点只有一个角位移作为位移法的基本未知量，不会随汇交于刚结点的杆件数目的多少而变化。

（1）铰结点（包括铰支座处的铰结点）处的角位移。由于已知铰结点（包括铰支座处的铰结点）处的弯矩等于0，所以其不独立，因此，不能选作基本未知量。

（2）固定支座处的角位移。固定支座处的角位移等于0，故也不可作为位移法的基本未知量。

因此，作为基本未知量的角位移数目应等于刚结点的数目。但这里应注意的是，组合结点（或称为不完全铰、半铰）也应计算在内。

2. 独立的结点线位移数目的确定

独立的结点线位移的数目一般由下述方法确定：

（1）将结构中所有的刚结点（包括组合结点）都改为铰结点，将结构中所有的固定支座都改为固定铰支座。

（2）做该铰接体系的几何组成分析。使铰接体系成为几何不变体系所需增加的链杆数等于原结构作为位移法基本未知量的独立的结点线位移的数目。

例如，如图5-6（a）所示的结构，由于结点 B 是组合结点，且结构中没有其他的刚结点和组合结点，所以在本结构中，作为位移法基本未知量的结点角位移只有一个——结点 B 的角位移。再将原结构中所有刚结点（包括组合结点）变为铰结点，所有固定支座变为固定铰支座，即可得到铰化后的体系，如图5-6（b）所示。

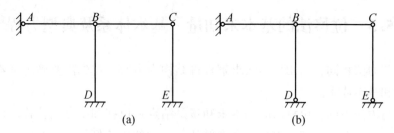

图5-6　位移法的基本未知量1

（a）原结构；（b）铰化体系

经几何组成分析可知，此铰化体系为几何不变体系，因此，本结构中没有作为位移法基本未知量的结点线位移。

综上所述，如图5-6（a）所示的结构，用位移法计算时，基本未知量只有一个——结点 B 的角位移。

例如，如图5-7（a）所示的结构，由于结点 H 是组合结点，且结构中没有其他的刚结点和组合结点，所以在本结构中，作为位移法基本未知量的结点角位移只有一个——结点 H 的角位移。再将原结构中所有刚结点（包括组合结点）变为铰结点，所有固定支座变为固定铰支座，得到铰化后的体系如5-7（b）所示。

经几何组成分析可知，此铰化体系为几何可变体系，需增加两根链杆，才能使其成为几何不变体系，如在 B 点、G 点各增加一根水平链杆约束，即可变为几何不变体系。因此，在本结构中，作为位移法基本未知量的结点线位移有两个。

综上所述，如图5-7（a）所示的结构，用位移法计算时，基本未知量共有3个：一个结点 H 的角位移和两个结点线位移。

例如，在如图5-8（a）所示的结构中，虽然结点 G 是组合结点，但由于 GK 部分的弯矩和剪力可以由静力平衡条件确定，因此，可将 GK 部分

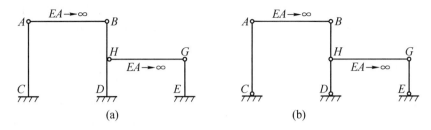

图 5 - 7　位移法的基本未知量 2

（a）原结构；（b）铰化体系

的弯矩和剪力先用静力平衡条件求出，并将其从原结构中拿掉，即将其用如图 5 - 8（b）所示的结构代替。这样，G 点的角位移就不需要作为位移法的基本未知量了。对如图 5 - 8（b）所示的结构来说，由于结点 H 是组合结点，结点 A 和结点 B 是刚结点，所以在本结构中，作为位移法基本未知量的结点角位移共有 3 个——结点 A、B、H 的角位移。再将原结构中所有刚结点（包括组合结点）变为铰结点，所有固定支座变为固定铰支座，得到铰化后的体系如图 5 - 8（c）所示。

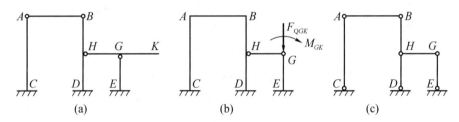

图 5 - 8　位移法的基本未知量 3

（a）原结构；（b）替代结构；（c）铰化体系

经几何组成分析可知，此铰化体系为几何可变体系，需增加两根链杆，才能使其成为几何不变体系，如在 B 点、G 点各增加一根水平链杆约束，即可变为几何不变体系。因此，在本结构中，作为位移法基本未知量的结点线位移有两个。

综上所述，如图 5 - 8（a）所示的结构，用位移法计算时，基本未知量共有 5 个，其中，有 3 个结点（结点 A、B、H）角位移和两个结点线位移。

例如，如图 5 - 9（a）所示的结构，虽然有 4 个刚结点 A、B、C、D，但由于横梁的抗弯刚度无穷大，且受弯杆不考虑轴向变形，因此，4 个刚结点的角位移都等于 0，所以 4 个刚结点的角位移都不能作为位移法的基本未知量。再将原结构中所有刚结点变为铰结点，所有固定支座变为固定铰支座，得到铰化后的体系如图 5 - 9（b）所示。

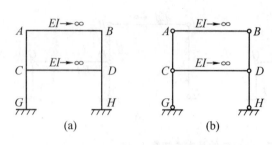

图 5-9 位移法的基本未知量 4

（a）原结构；（b）铰化体系

经几何组成分析可知，此铰化体系为几何可变体系，需增加两根链杆，才能使其变为几何不变体系，如在 B 点、D 点各增加一根水平链杆，即可变为几何不变体系。因此，在本结构中，作为位移法基本未知量的结点线位移有两个。

综上所述，如图 5-9（a）所示的结构，用位移法计算时，基本未知量共有两个，即两个结点线位移。

为便于与力法基本未知量 X 相对照，位移法基本未知量不管是角位移还是线位移，都统一用 Δ 表示。

5.3.2 位移法的基本体系

由位移法求解结构内力的基本思路可知，位移法是通过引入约束，将原结构拆成单跨结构进行计算的。但需要注意的是，位移法引入的约束是与基本未知量相对应的，即在有结点转角的位置，需引入约束限制其转动，在可以产生结点线位移的方向，引入约束限制其移动。在前面学习过的约束中，并没有单独限制转动的约束，为此，我们需要定义一个新的约束——刚臂。刚臂是只限制转动不限制移动的约束，用"▽"表示。

如图 5-10（a）所示的刚架，只有一个刚结点 A，所以只有一个结点角位移 Δ_1（θ_A），经铰化分析，没有结点线位移。因此，只需在结点 A 引入一个限制其转动的约束——刚臂，即可将原结构变成单跨杆件的组合体。该组合体称为原结构的基本体系，如图 5-10（b）所示。将基本体系上原结构的作用去掉后得到的结构称为原结构的基本结构，如图 5-10（c）所示。

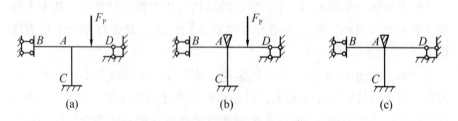

图 5-10 刚臂

（a）原结构；（b）基本体系；（c）基本结构

如图 5 – 11（a）所示的刚架，经分析，有两个基本未知量：结点 B 的角位移 Δ_1（θ_B）和结点 B（或结点 A）的水平线位移 Δ_2（由于不考虑受弯杆的轴向变形，因此，两点的水平线位移相等），所以需在结点 B 加上一个限制其转动的约束刚臂，在结点 B（或结点 A）加上一个限制 B、A 点沿水平方向移动的水平链杆（该链杆通常称为附加链杆），才能将原结构变成单跨杆件的组合体，从而得到原结构的基本体系，如图 5 – 11（b）所示，对应的基本结构如图 5 – 11（c）所示。

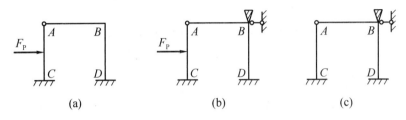

(a)　　　　　　　　(b)　　　　　　　　(c)

图 5 – 11　位移法的基本体系

（a）原结构；（b）基本体系；（c）基本结构

综上所述，位移法的基本体系是在原结构上直接引入与基本未知量相应的约束（刚臂或附加链杆）后得到的结构。位移法的基本结构是将基本体系上原结构的作用去掉后得到的结构。其中，人为增加的约束统称为附加约束。

5.3.3　位移法的典型方程

本小节我们将研究如何建立位移法的基本方程。与力法相似，首先要将位移法的基本体系与原结构从受力和变形两方面进行比较。从受力方面来看，基本体系与原结构完全相同；从变形方面来看，在基本体系中，由于人为地增加了约束，阻止了与基本未知量相应的结点角位移和结点线位移的发生，为了保证基本体系在变形方面与原结构一致，就应人为地让附加约束连同其约束的结点与原结构同位置发生相同的位移。只有完成了上面的比较，基本体系与原结构从受力和变形两方面才完全相同。下面研究如何据此建立位移法的基本方程。

1. 位移法方程的建立

首先以如图 5 – 12（a）所示只有一个基本未知量——结点 B 的角位移 Δ_1 的简单刚架为例，说明位移法方程的建立方法。

该刚架的基本未知量是结点 B 的角位移 Δ_1，在结点 B 加上限制转动的约束——刚臂，得到基本体系如图 5 – 12（b）所示。

由上面的分析可知，该基本体系与原结构等价的条件是，人为地让附

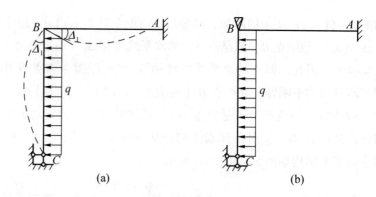

图 5 – 12　只有一个基本未知量的简单刚架

（a）原结构；（b）基本体系

加刚臂连同被其约束的刚结点 B 与原结构同位置发生相同的转角 Δ_1，如图 5 – 13（a）所示。由于被其约束的刚结点 B 已经取得了实际应有的转角，所以，此时附加刚臂的约束作用已经丧失，因而此时附加刚臂的约束反力矩应等于 0，即：

$$F_1 = 0 \tag{5-7}$$

这就是建立位移法方程的条件。

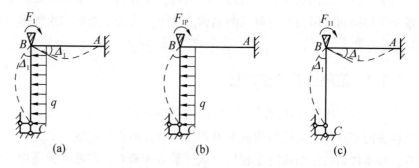

图 5 – 13　位移法方程的建立

需要注意的是，位移法中附加约束上的反力（或反力矩）统一用 F_i 表示，其中，下标 i 表示是第 i 个附加约束的反力（或反力矩）。

由于此时基本体系的作用中，既有外荷载，又有支座移动（附加刚臂的转动），所以此时附加刚臂的约束反力矩是由外荷载和支座移动（附加刚臂的转动）共同作用产生的。因此，接下来要做的是将外荷载和支座移动（附加刚臂的转动）分别作用在基本结构上，并求出它们单独作用时附加刚臂上的反力矩。

（1）外荷载单独作用。附加刚臂上的反力矩用 F_{1P} 表示，如图 5 – 13（b）所示。

（2）支座移动（附加刚臂发生转角位移 Δ_1）单独作用。附加刚臂上

的反力矩用 F_{11} 表示，如图 5 – 13（c）所示。

根据叠加原理，有：

$$F_1 = F_{11} + F_{1P} \tag{5 – 8}$$

设基本结构在 $\Delta_1 = 1$ 单独作用时，附加刚臂上的反力矩为 k_{11}，则：

$$F_{11} = k_{11}\Delta_1 \tag{5 – 9}$$

因此，有：

$$F_1 = k_{11}\Delta_1 + F_{1P} \tag{5 – 10}$$

再考虑式（5 – 7），有：

$$k_{11}\Delta_1 + F_{1P} = 0 \tag{5 – 11}$$

式（5 – 11）就是求解基本未知量 Δ_1 的位移法方程，它实质上是结点 B 的力矩平衡方程。

综上所述，对于基本未知量只有一个结点角位移的结构，可以写出一个结点约束力矩等于 0 的平衡方程——位移法基本方程。一个平衡方程正好可以解出一个基本未知量。

2. 位移法的典型方程

对于具有多个基本未知量的结构，建立位移法方程的基本思路与建立单个基本未知量方程的思路基本相同，建立位移法方程的条件仍然是附加约束上的反力（或反力矩）等于 0。

（1）两个基本未知量的位移法方程。下面以如图 5 – 14（a）所示的刚架为例加以说明。

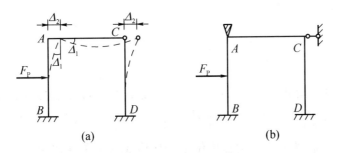

图 5 – 14　两个基本未知量的位移法方程

（a）原结构；（b）基本体系

该刚架的基本未知量是结点 A 的角位移 Δ_1 和结点 C 的水平位移 Δ_2。在结点 A 加上限制转动的约束——刚臂（约束 1），在结点 C 加上限制水平线位移的约束——链杆（约束 2），得到的基本体系如图 5 – 14（b）所示。

下面按照单个基本未知量建立位移法方程的基本思路来建立两个基本未知量的位移法方程。

当基本体系中的附加刚臂发生转角 Δ_1，同时附加链杆产生水平线位移

Δ_2 时，基本体系中各结点和杆件就都取得了与原结构中各结点和杆件完全相同的变形值，所以此时附加约束都失去了作用。此时，附加刚臂中的反力矩和附加链杆中的反力都应该等于 0。这就是位移法方程建立的条件，即：

$$\begin{cases} F_1 = 0 \\ F_2 = 0 \end{cases} \qquad (5-12)$$

与单个基本未知量相仿，根据图 5-15 可得：

$$\begin{cases} F_{1P} + F_{11} + F_{12} = 0 \\ F_{2P} + F_{21} + F_{22} = 0 \end{cases} \qquad (5-13)$$

式中：F_{1P}、F_{2P}——基本结构在荷载单独作用下，附加约束 1 和附加约束 2 分别产生的约束力矩和约束力，如图 5-15（a）所示；

$\quad\quad F_{11}$、F_{21}——基本结构在结点位移 Δ_1 单独作用（$\Delta_2 = 0$）下，附加约束 1 和附加约束 2 分别产生的约束力矩和约束力，如图 5-15（b）所示；

$\quad\quad F_{12}$、F_{22}——基本结构在结点位移 Δ_2 单独作用（$\Delta_1 = 0$）下，附加约束 1 和附加约束 2 分别产生的约束力矩和约束力，如图 5-15（c）所示。

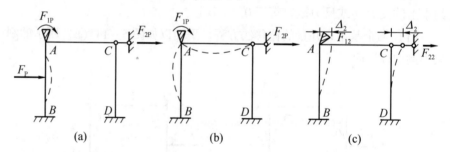

图 5-15　单独作用时附加约束 1 和附加约束 2 分别产生的约束力矩和约束力

（a）荷载单独作用；（b）结点位移 Δ_1 单独作用；（c）结点位移 Δ_2 单独作用

设 k_{11}、k_{21} 为基本结构在单位结点位移 $\Delta_1 = 1$ 单独作用（$\Delta_2 = 0$）下，附加约束 1 和附加约束 2 分别产生的约束力矩和约束力，k_{12}、k_{22} 为基本结构在单位结点位移 $\Delta_2 = 1$ 单独作用（$\Delta_1 = 0$）下，附加约束 1 和附加约束 2 分别产生的约束力矩和约束力，则式（5-13）可改写为：

$$\begin{cases} k_{11}\Delta_1 + k_{12}\Delta_2 + F_{1P} = 0 \\ k_{21}\Delta_1 + k_{22}\Delta_2 + F_{2P} = 0 \end{cases} \qquad (5-14)$$

式（5-14）即为具有两个基本未知量的位移法方程，据此可以求出基本未知量 Δ_1 和 Δ_2。

与力法相仿，k_{ij} 称为系数，F_{iP} 称为自由项。下面就系数和自由项的求解方法做简要说明。

① 基本结构在荷载单独作用时，查表 5 – 2 可求出各单跨杆件的固端弯矩和固端剪力，然后由刚结点 A 的力矩平衡条件，可求得附加刚臂的约束力矩 F_{1P}，附加链杆中的约束反力 F_{2P} 则需要从结构中取一部分作为隔离体，利用平衡条件中的投影式求解。

② 基本结构在 $\Delta_1 = 1$ 单独作用时，查形常数表 5 – 1，可求出各单跨杆件的杆端弯矩和杆端剪力，然后由刚结点 A 的力矩平衡条件，可求得附加刚臂的约束力矩 k_{11}，附加链杆中的约束反力 k_{21} 则需要从结构中取一部分作为隔离体，利用平衡条件中的投影式求解。

③ 基本结构在 $\Delta_2 = 1$ 单独作用时，查形常数表 5 – 1，可求出各单跨杆件的杆端弯矩和杆端剪力，然后由刚结点 A 的力矩平衡条件，可求得附加刚臂的约束力矩 k_{12}，附加链杆中的约束反力 k_{22} 则需要从结构中取一部分作为隔离体，利用平衡条件中的投影式求解。

（2）n 个基本未知量的位移法方程。通过两个基本未知量的位移法方程的建立，很容易写出具有 n 个基本未知量的结构用位移法计算时的典型方程。具体形式为：

$$\begin{cases} k_{11}\Delta_1 + k_{12}\Delta_2 + \cdots + k_{1n}\Delta_n + F_{1P} = 0 \\ k_{21}\Delta_1 + k_{22}\Delta_2 + \cdots + k_{2n}\Delta_n + F_{2P} = 0 \\ \qquad\qquad \cdots\cdots \\ k_{n1}\Delta_1 + k_{n2}\Delta_2 + \cdots + k_{nn}\Delta_n + F_{nP} = 0 \end{cases} \qquad (5-15)$$

式中：k_{ij}——基本结构在单位结点位移 $\Delta_j = 1$ 单独作用下，附加约束 i 中产生的约束力，$i = 1, 2, \cdots, n$；$j = 1, 2, \cdots, n$；

$\quad\quad F_{iP}$——基本结构在荷载单独作用下，附加约束 i 中产生的约束力，$i = 1, 2, \cdots, n$。

系数 k_{ij}（$i = j$）称为主系数，其值恒大于 0；系数 k_{ij}（$i \neq j$）称为副系数，其值可大于 0，可小于 0，也可等于 0；F_{iP} 称为自由项，其值可大于 0，可小于 0，也可等于 0。由反力互等定理，可知：

$$k_{ij} = k_{ji} \qquad (5-16)$$

系数 k_{ij} 也称为结构的刚度系数，可由杆件的形常数求得；自由项 F_{iP} 则可由杆件的载常数求得。

式（5 – 15）中第一个方程表示第一个附加约束上的约束力等于 0，第二个方程表示第二个附加约束上的约束力等于 0，依此类推。由前面的学习我们知道，基本未知量和附加约束一一对应，附加约束和位移法方程一一对应，每个方程都是一个平衡方程，即由附加约束上的约束力等于 0 为平衡条件列出的平衡方程。具有 n 个基本未知量的结构，基本体系中就有

n 个附加约束，即有 n 个平衡方程。显然，位移法中的这 n 个基本未知量可由这 n 个平衡平衡方程求出。

在建立位移法方程时，基本未知量中结点角位移通常假设为顺时针方向（结点角位移规定的正向），结点线位移也应尽量按线位移规定的正向去假设，附加约束上的约束力则假设与结点位移方向相同。当计算结果为正时，说明实际结点位移的方向与所设方向一致；当计算结果为负时，说明实际结点位移的方向与所设方向相反。

结点位移求出后，可利用叠加原理求出各杆杆端弯矩和杆端剪力分别为：

$$M = \overline{M}_1 \Delta_1 + \overline{M}_2 \Delta_2 + \cdots + \overline{M}_n \Delta_n + M_P \qquad (5-17)$$

$$F_Q = \overline{F}_{Q1} \Delta_1 + \overline{F}_{Q2} \Delta_2 + \cdots + \overline{F}_{Qn} \Delta_n + F_{QP} \qquad (5-18)$$

弯矩求出后，也可利用静力平衡条件求出杆端剪力和轴力，再进一步可作出内力图。

5.4　用位移法计算连续梁和无侧移刚架的弯矩

下面通过例题来说明用位移法计算连续梁和无侧移刚架的弯矩的具体过程。

【例 5 - 1】　用位移法计算如图 5 - 16（a）所示的连续梁，并绘制弯矩图。已知各杆 EI 为常数。

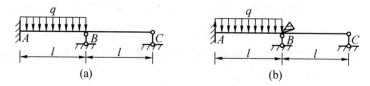

图 5 - 16　例 5 - 1 连续梁

(a) 连续梁；(b) 基本体系

解：（1）基本未知量。此连续梁只有一个刚结点 B，故基本未知量只有结点 B 的角位移 Δ_1。

（2）基本体系如图 5 - 16（b）所示。

（3）位移法方程为：

$$k_{11} \Delta_1 + F_{1P} = 0$$

（4）计算系数和自由项。

① 画出 $\overline{M}_1$ 和 M_P 图。已知各杆线刚度相同，且 $i = EI/l$，根据形常数表 5 - 1 易得 $\overline{M}_1$ 图，如图 5 - 17（a）所示。根据载常数表 5 - 2 易得 M_P

图，如图 5 - 17（b）所示。

② 由 $\overline{M}_1$ 图求 k_{11}。由刚结点 B 的力矩平衡条件可得［如图 5 - 17（c）所示］：

$$\sum M_B = 0, k_{11} = 4i + 3i = 7i$$

③ 由 M_P 图求 F_{1P}。由刚结点 B 的力矩平衡条件可得［如图 5 - 17（d）所示］：

$$\sum M_B = 0, F_{1P} = \frac{ql^2}{12}$$

（5）求基本未知量。将 k_{11} 和 F_{1P} 代入位移法方程，得到：

$$7i\Delta_1 + \frac{ql^2}{12} = 0$$

解得：

$$\Delta_1 = -\frac{ql^2}{84i}$$

（6）根据叠加原理求杆端弯矩，并作 M 图，如图 5 - 17（e）所示。

$$M = \overline{M}_1 \Delta_1 + M_P$$

$$M_{AB} = 2i\left(-\frac{ql^2}{84i}\right) - \frac{ql^2}{12} = -\frac{3ql^2}{28}$$

$$M_{BA} = 4i\left(-\frac{ql^2}{84i}\right) + \frac{ql^2}{12} = \frac{ql^2}{28}$$

$$M_{BC} = 3i\left(-\frac{ql^2}{84i}\right) = -\frac{ql^2}{28}$$

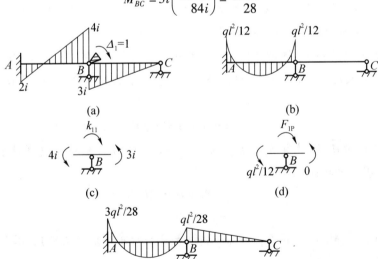

图 5 - 17　例 5 - 1 连续梁的弯矩图

（a）$\overline{M}_1$ 图；（b）M_P 图；（c）由 $\overline{M}_1$ 图求 k_{11}；（d）由 M_P 图求 F_{1P}；（e）M 图

【例 5-2】 用位移法计算如图 5-18 (a) 所示的刚架，并绘制弯矩图。

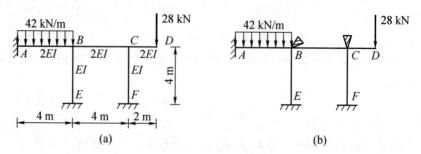

图 5-18 例 5-2 刚架

(a) 刚架；(b) 基本体系

解：(1) 基本未知量的确定。用位移法计算如图 5-18 (a) 所示的结构有两个未知量：一个是结点 B 的角位移 θ_B，记为 Δ_1；另一个是结点 C 的角位移 θ_C，记为 Δ_2。

(2) 位移法计算的基本体系。在结点 B、C 施加"刚臂"，限制转角，记为约束"1""2"，可得到如图 5-18 (b) 所示的基本体系。

(3) 位移法方程为：

$$\begin{cases} k_{11}\Delta_1 + k_{12}\Delta_2 + F_{1P} = 0 \\ k_{21}\Delta_1 + k_{22}\Delta_2 + F_{2P} = 0 \end{cases}$$

(4) 计算系数和自由项。

① 画出由各约束分别发生位移引起的 $\overline{M}$ 图和外荷载单独作用时引起的 M_P 图，分别如图 5-19 (a)~图 5-19 (c) 所示。

② 由 $\overline{M}$ 图和 M_P 图计算位移法方程中的系数和自由项（令 $i = EI/4$）。

(a) 由 $\overline{M}_1$ 图计算 k_{11}。取结点 B 为研究对象（图略），由 $\sum M_B = 0$，得到：

$$k_{11} = 8i + 4i + 8i = 20i$$

(b) 由 $\overline{M}_2$ 图计算 k_{22}、k_{21}、k_{12}。取结点 C 为研究对象（图略），由 $\sum M_C = 0$，得到：

$$k_{22} = 8i + 4i = 12i$$

$$k_{21} = k_{12} = 4i$$

(c) 由 M_P 图计算 F_{1P}、F_{2P}。取结点 B 为研究对象（图略），求 F_{1P}。由 $\sum M_B = 0$，得到：

$$F_{1P} = 56(\text{kN} \cdot \text{m})$$

取结点 C 为研究对象，求 F_{2P}。由 $\sum M_C = 0$，得到：

$$F_{2P} = -56(\text{kN} \cdot \text{m})$$

（5）解方程组，求 Δ_1、Δ_2。

$$\begin{cases} 20i\Delta_1 + 4i\Delta_2 + 56 = 0 \\ 4i\Delta_1 + 12i\Delta_2 - 56 = 0 \end{cases}$$

解方程组，得到：

$$\Delta_1 = -\frac{4}{i}, \Delta_2 = \frac{6}{i}$$

（6）由叠加原理作弯矩图，如图 5 – 19（d）所示。

$$M = \overline{M}_1\Delta_1 + \overline{M}_2\Delta_2 + M_P$$

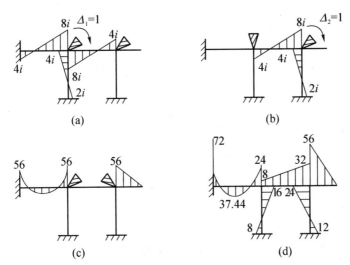

图 5 – 19　例 5 – 2 刚架的弯矩图

（a）$\overline{M}_1$ 图；（b）$\overline{M}_2$ 图；（c）M_P 图；（d）M 图

5.5　用位移法计算有侧移刚架和排架的弯矩

从 5.4 节的讨论可知，对于只有转角位移基本未知量的结构，相应的位移法方程是结点的平衡方程，而对于具有线位移基本未知量的结构，相应的位移法方程是沿着线位移方向的截面投影平衡方程。下面通过例题说明如何应用位移法计算有侧移的结构。

【例 5 – 3】 用位移法计算如图 5 – 20（a）所示的刚架，并绘制弯矩图。已知各杆 EI 为常数。

解：（1）基本未知量的确定。如图 5 – 20（a）所示的结构，由于 CF 部分弯矩，剪力可由静力平衡条件直接求出，故可简化为如图 5 – 20（b）所示的结构进行计算。

用位移法计算如图 5 – 20（b）所示的结构有两个未知量：一个是结点

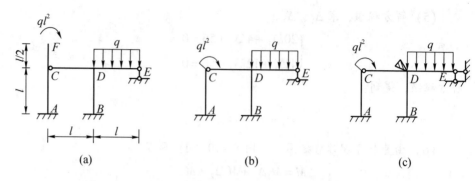

图 5 - 20 例 5 - 3 刚架

(a) 原结构; (b) 替代结构; (c) 基本体系

D 的角位移 θ_D, 记为 Δ_1; 另一个是结点 E 的水平线位移 Δ_{EH}, 记为 Δ_2。

（2）位移法计算的基本体系。在结点 D 施加"刚臂", 限制转角, 记为约束"1"; 在结点 E 施加水平链杆, 限制水平线位移, 记为约束"2"。于是得到如图 5 - 20 （c）所示的基本体系❶。

❶ 请将组合结点 C 作为基本未知量重做此题, 并将两种方法进行比较。

（3）位移法方程为:

$$\begin{cases} k_{11}\Delta_1 + k_{12}\Delta_2 + F_{1P} = 0 \\ k_{21}\Delta_1 + k_{22}\Delta_2 + F_{2P} = 0 \end{cases}$$

（4）计算系数和自由项。

① 画由各约束分别发生位移引起的 $\overline{M}$ 图和外荷载单独作用时引起的 M_P 图, 如图 5 - 21 所示。

② 由 $\overline{M}$ 图和 M_P 图计算位移法方程中的系数和自由项。

（a）由 $\overline{M}_1$ 图计算 k_{11}、k_{21}, 如图 5 - 21 （a）~ 图 5 - 21 （c）所示（令 $i = EI/l$）。取结点 D 为研究对象, 求 k_{11}。由 $\sum M_D = 0$, 得到:

$$k_{11} = 3i + 4i + 3i = 10i$$

取 CDE 部分为研究对象, 求 k_{21}。由 $\sum X = 0$, 得到:

$$k_{21} = -\frac{6i}{l}$$

（b）由 $\overline{M}_2$ 图计算 k_{12}、k_{22}, 如图 5 - 21 （d）~ 图 5 - 21 （f）所示。取结点 D 为研究对象, 求 k_{12}。由 $\sum M_D = 0$, 得到:

$$k_{12} = k_{21} = -\frac{6i}{l}$$

取 CDE 部分为研究对象, 求 k_{22}。由 $\sum X = 0$, 得到:

$$k_{22} = \frac{3i}{l^2} + \frac{12i}{l^2} = \frac{15i}{l^2}$$

（c）由 M_P 图计算 F_{1P}、F_{2P}, 如图 5 - 21 （g）~ 图 5 - 21 （i）所示。取

结点 D 为研究对象，求 F_{1P}。由 $\sum M_D = 0$，得到：

$$F_{1P} = -\frac{ql^2}{8}$$

取 CDE 部分为研究对象，求 F_{2P}。由 $\sum X = 0$，得到：

$$F_{2P} = -\frac{3ql}{2}$$

（5）解方程组，求 Δ_1、Δ_2。

$$\begin{cases} 10i\Delta_1 - \dfrac{6i}{l}\Delta_2 - \dfrac{ql^2}{8} = 0 \\[2mm] -\dfrac{6i}{l}\Delta_1 + \dfrac{15i}{l^2}\Delta_2 - \dfrac{3ql}{2} = 0 \end{cases}$$

解方程组，得到：

$$\Delta_1 = \frac{29ql^2}{304i}, \Delta_2 = \frac{21ql^3}{152i}$$

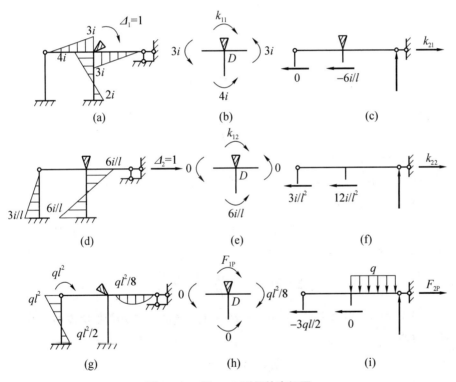

图 5 – 21　例 5 – 3 刚架的弯矩图

（a）$\overline{M}_1$ 图；（b）由 $\overline{M}_1$ 图求 k_{11}；（c）由 $\overline{M}_1$ 图求 k_{12}；（d）$\overline{M}_2$ 图；（e）由 $\overline{M}_2$ 图求 k_{12}；

（f）由 $\overline{M}_2$ 图求 k_{22}；（g）M_P 图；（h）由 M_P 图求 F_{1P}；（i）由 M_P 图求 F_{2P}

（6）由叠加原理作弯矩图，如图 5 – 22 所示。

$$M = \overline{M}_1\Delta_1 + \overline{M}_2\Delta_2 + M_P$$

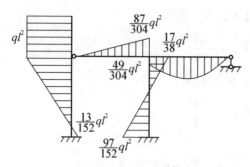

图5-22　例5-3刚架弯矩图

【例5-4】　用位移法计算如图5-23（a）所示的铰接排架，并绘制弯矩图。

解：（1）基本未知量。此铰接排架只有一个基本未知量，即铰结点 C 的水平线位移，记为 Δ_1。

（2）基本体系如图5-23（b）所示。

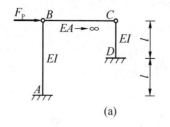
（a）

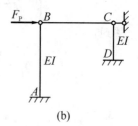
（b）

图5-23　例5-4铰接排架
（a）原结构；（b）基本体系

（3）位移法方程为：

$$k_{11}\Delta_1 + F_{1P} = 0$$

（4）计算系数和自由项。

① 画出 $\overline{M}_1$ 图和 M_P 图，分别如图5-24（a）和图5-24（c）所示。

② 计算系数和自由项。

（a）由 $\overline{M}_1$ 图求 k_{11}，设线刚度为 $i = EI/l$。如图5-24（b）所示，由 BC 部分力的平衡条件，可得：

$$\sum x = 0, k_{11} = \frac{3i}{8l^2} + \frac{12i}{l^2} = \frac{27i}{8l^2}$$

（b）由 M_P 图求 F_{1P}。如图5-24（d）所示，由 BC 部分力的平衡条件，可得：

$$\sum x = 0, F_{1P} = -F_P$$

（5）求基本未知量。将 k_{11} 和 F_{1P} 代入位移法方程，得到：

$$\frac{27i}{8l^2}\Delta_1 - F_P = 0$$

解得：

$$\Delta_1 = \frac{8F_P l^2}{27i}$$

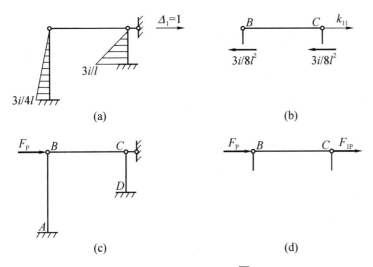

(a)　　　　　　　　　　　　　　(b)

(c)　　　　　　　　　　　　　　(d)

图 5 - 24　例 5 - 4 铰结排架的弯矩 $\overline{M}_1$ 图和 M_P 图

（a）$\overline{M}_1$ 图；（b）$\overline{M}_1$ 图截取的 BC 部分；（c）M_P 图；（d）M_P 图截取的 BC 部分

（6）根据叠加原理求杆端弯矩，并作 M 图，如图 5 - 25 所示。

$$M = \overline{M}_1 \Delta_1 + M_P$$

根据以上位移法解题的过程，可将用位
移法计算超静定结构的步骤归纳如下：

（1）确定基本未知量。确定结构的结点
角位移和独立结点线位移。

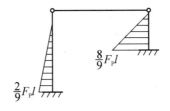

（2）确定基本体系。在原结构上有基本
未知量处，施加相应控制转动的约束或支杆

**图 5 - 25　例 5 - 4 铰接排架
弯矩图**

等附加约束，从而得到基本体系。

（3）建立位移法方程。根据基本体系在荷载和结点位移共同作用下在
附加约束处的约束力应为 0 的条件，建立位移法方程。

（4）计算位移法方程的系数和自由项。作基本结构在单位结点位移 $\Delta_i = 1$
单独作用下（其他结点位移 $\Delta_j = 0$）的 $\overline{M}_i$ 图，由平衡条件计算方程的系数。作
基本结构在荷载单独作用下的 M_P 图，由平衡条件计算方程的自由项。

（5）解方程，求基本未知量。

（6）作内力图。利用叠加公式

$$M = \overline{M}_1 \Delta_1 + \overline{M}_2 \Delta_2 + \cdots + M_P$$

计算结构各杆的杆端弯矩，作 M 图。利用平衡条件，计算杆端剪力和轴
力，作剪力图和轴力图。

（7）校核。由于变形连续条件在选取基本未知量时已得到满足，因
此，重点应校核平衡条件。

5.6 用位移法计算对称结构

在位移法计算中，当基本未知量较多时，计算工作量仍然较大。因此，当给定的结构是对称结构时，仍应考虑充分利用结构的对称性进行简化计算。

用位移法计算对称结构时，应取半边结构进行计算，以减少基本未知量的个数。半边结构的取法同第 4 章。

【例 5 – 5】 用位移法计算如图 5 – 26（a）所示的刚架，并绘制弯矩图。已知各杆 EI 为常数。

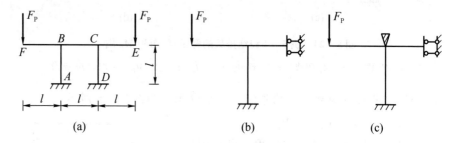

图 5 – 26 例 5 – 5 刚架

（a）原结构；（b）半边结构；（c）基本体系

解：（1）利用对称性，取半边结构进行计算，如图 5 – 26（b）所示。

（2）基本未知量。此连续梁只有一个刚结点 B，故基本未知量只有结点 B 的角位移 Δ_1。

（3）基本体系如图 5 – 26（c）所示。

（4）位移法方程为：

$$k_{11}\Delta_1 + F_{1P} = 0$$

（5）计算系数和自由项。

① 画出 $\overline{M}_1$ 和 M_P 图，分别如图 5 – 27（a）和图 5 – 27（c）所示。

② 由 $\overline{M}_1$ 图求 k_{11}。取线刚度为 $i = EI/l$，如图 5 – 27（b）所示，由刚结点 B 的力矩平衡条件 $\sum M_B = 0$，可得：

$$k_{11} = 4i + 2i = 6i$$

③ 由 M_P 图求 F_{1P}。如图 5 – 27（d）所示，由刚结点 B 的力矩平衡条件 $\sum M_B = 0$，可得：

$$F_{1P} = F_P l$$

（6）求基本未知量。将 k_{11} 和 F_{1P} 代入位移法方程，得到：

$$6i\Delta_1 + F_P l = 0$$

解得：

$$\Delta_1 = -\frac{F_P l}{6i}$$

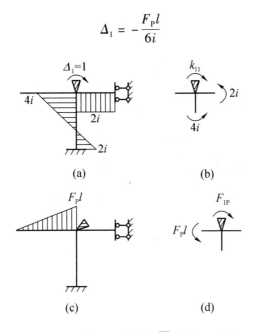

(a)　　　　　　　(b)

(c)　　　　　　　(d)

图5-27 例5-5刚架的 $\overline{M}_1$ 图和 M_P 图

(a) $\overline{M}_1$ 图；(b) $\overline{M}_1$ 图中结点力矩平衡；(c) M_P 图；

(d) M_P 图中结点力矩平衡

（7）根据叠加原理求杆端弯矩，并作 M 图，如图5-28所示。

$$M = \overline{M}_1 \Delta_1 + M_P$$

【例5-6】 用位移法计算如图5-29

(a) 所示的刚架，并绘制弯矩图。

解：方法一：（1）该结构为奇数跨的对称刚架，所承受的荷载可分解为对称［如图5-29(b)所示］和反对称［如图5-29（c）所示］两部分。由于该对称结构在如

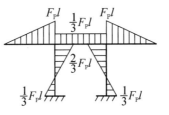

图5-28 例5-5刚架弯矩图

图5-29（b）所示的对称荷载作用下，处于无弯矩状态，所以只需计算承

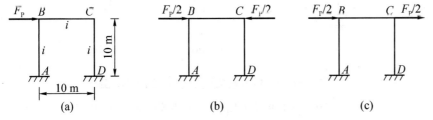

(a)　　　　　　　(b)　　　　　　　(c)

图5-29 例5-6刚架

(a) 原结构；(b) 对称部分；(c) 反对称部分

受反对称荷载部分。利用对称性，取半边结构进行计算，如图 5-30（a）所示。

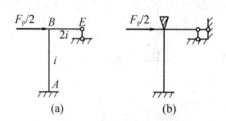

（2）基本未知量。刚结点 B 的角位移 θ_B（记为 Δ_1）和结点 E 的水平线位移（记为 Δ_2）。

（3）基本体系，如图 5-30（b）所示。

图 5-30　例 5-6 刚架的半边结构

（a）半边结构；（b）基本体系

（4）位移法方程为：

$$\begin{cases} k_{11}\Delta_1 + k_{12}\Delta_2 + F_{1P} = 0 \\ k_{21}\Delta_1 + k_{22}\Delta_2 + F_{2P} = 0 \end{cases}$$

（5）计算位移法方程中的系数和自由项。

① 画由各约束分别发生位移引起的 $\overline{M}$ 图和外荷载单独作用时引起的 M_P 图，如图 5-31 所示。

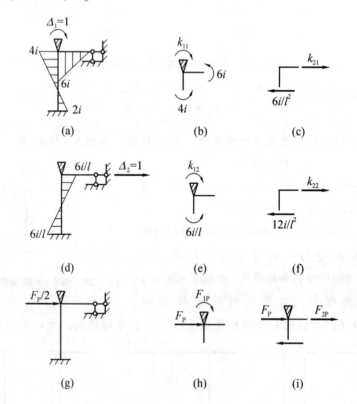

图 5-31　例 5-6 刚架 $\overline{M}_1$ 图、$\overline{M}_2$ 图和 M_P 图

（a）$\overline{M}_1$ 图；（b）由 $\overline{M}_1$ 图求 k_{11}；（c）由 $\overline{M}_1$ 图求 k_{12}；（d）$\overline{M}_2$ 图；

（e）由 $\overline{M}_2$ 图求 k_{12}；（f）由 $\overline{M}_2$ 图求 k_{22}；（g）M_P 图；

（h）由 M_P 图求 F_{1P}；（i）由 M_P 图求 F_{2P}

② 由 $\overline{M}$ 图和 M_P 图，计算位移法方程中的系数和自由项。

（a）由 $\overline{M}_1$ 图计算 k_{11}。令 $i = EI/10$，取结点 B 为研究对象，求 k_{11}。由 $\sum M_B = 0$，得到：

$$k_{11} = 6i + 4i = 10i$$

（b）由 $\overline{M}_2$ 图计算 k_{22}、k_{12}。取 BE 部分为研究对象，求 k_{22}。由 $\sum X = 0$，得到：

$$k_{22} = \frac{12i}{l^2}$$

取结点 B 为研究对象，求 k_{12}。由 $\sum M_B = 0$，得到：

$$k_{21} = k_{12} = -\frac{6i}{l}$$

（c）由 M_P 图计算 F_{1P}、F_{2P}。取结点 B 为研究对象，求 F_{1P}。由 $\sum M_B = 0$，得到：

$$F_{1P} = 0$$

取 BE 部分为研究对象，求 F_{2P}。由 $\sum X = 0$，得到：

$$F_{2P} = -\frac{F_P}{2}$$

（6）解方程组，求 Δ_1、Δ_2。

$$\begin{cases} 10i\Delta_1 - \dfrac{6i}{l}\Delta_2 + 0 = 0 \\ -\dfrac{6i}{l}\Delta_1 + \dfrac{12i}{l^2}\Delta_2 - \dfrac{F_P}{2} = 0 \end{cases}$$

解方程组，得到：

$$\Delta_1 = \frac{F_P l}{28i}$$

$$\Delta_2 = \frac{5F_P l^2}{84i}$$

（7）由叠加原理作弯矩图，如图 5 – 32 所示。

$$M = \overline{M}_1\Delta_1 + \overline{M}_2\Delta_2 + M_P$$

方法二：（1）利用对称性，取半边结构进行计算。

（2）基本未知量。只选结点 B 的角位移 Δ_1 作为基本未知量。

（3）基本体系如图 5 – 33（a）所示。

（4）位移法方程❶为：

$$k_{11}\Delta_1 + F_{1P} = 0$$

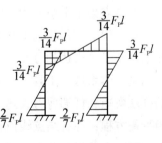

图 5 – 32 例 5 – 6 弯矩图

❶ 请比较方法一与方法二的异同，找出方法二解题的关键。

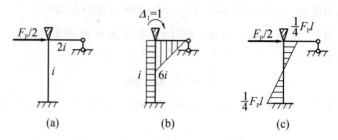

图 5 – 33   半边结构的基本体系和对应弯矩图

（a）基本体系；（b）$\overline{M}_1$ 图；（c）M_P 图

（5）计算系数和自由项。

① 画出 $\overline{M}_1$ 和 M_P 图，分别如图 5 – 33（b）和图 5 – 33（c）所示。

② 由 $\overline{M}_1$ 图求 k_{11}。取线刚度为 $i = EI/l$，由刚结点 B 的力矩平衡条件 $\sum M_B = 0$，可得：

$$k_{11} = 6i + i = 7i$$

③ 由 M_P 图求 F_{1P}。由刚结点 B 的力矩平衡条件 $\sum M_B = 0$，可得：

$$F_{1P} = -\frac{F_\mathrm{P}l}{4}$$

（6）求基本未知量。将 k_{11} 和 F_{1P} 代入位移法方程，得到：

$$7i\,\Delta_1 - \frac{F_\mathrm{P}l}{4} = 0$$

解得：

$$\Delta_1 = \frac{F_\mathrm{P}l}{28i}$$

（7）根据叠加原理求杆端弯矩，并作 M 图，如图 5 – 32 所示。

$$M = \overline{M}_1\Delta_1 + M_\mathrm{P}$$

5.7   用直接平衡法建立位移法方程

位移法方程的实质是静力平衡方程：对于每个结点角位移，都有一个相应的结点力矩平衡方程；对于每个结点线位移，都有一个相应的截面投影平衡方程。位移法利用基本体系（或典型方程）方法计算，借助于基本体系这一工具来达到分步、分项写出平衡方程的目的。其实，我们也可以不用基本体系这一工具，而由前面学过的转角位移方程，直接写出各杆件的杆端弯矩和杆端剪力表达式，并在有结点角位移的位置，建立结点的力矩平衡方程；在有结点线位移的位置，通过取隔离体，建立截面的投影平衡方程。由此得到的方程就是位移法的基本方程。该方法是直接应用结点及截面平衡条件计算的，故简称为直接平衡法。下面通过例题来说明用直接平衡法求解结构内力的一般步骤。

【例5-7】　用位移法计算如图5-34（a）所示的刚架，并绘制弯矩图。已知各杆 EI 为常数。

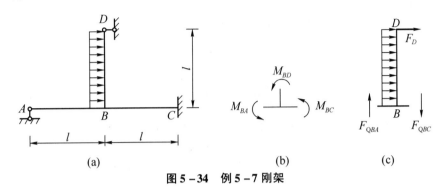

图5-34　例5-7刚架

（a）原结构；（b）结点 B 弯矩平衡；（c）截取 BD 部分

解：（1）基本未知量。结点 B 的角位移 θ_B 和竖向线位移 Δ_{BV}。

（2）设线刚度为 $i=EI/l$，则转角位移方程为：

$$M_{BA}=3i\theta_B-\frac{3i}{l}\Delta_{BV}$$

$$M_{BC}=4i\theta_B+\frac{6i}{l}\Delta_{BV}$$

$$M_{CB}=2i\theta_B+\frac{6i}{l}\Delta_{BV}$$

$$M_{BD}=3i\theta_B-\frac{ql^2}{8}$$

（3）由刚结点 B 的力矩平衡条件求 θ_B，如图5-34（b）所示。

$$\sum M_B=0$$

$$M_{BD}+M_{BA}+M_{BC}=3i\theta_B-\frac{ql^2}{8}+3i\theta_B-\frac{3i}{l}\Delta_{BV}+4i\theta_B+\frac{6i}{l}\Delta_{BV}$$

$$=10i\theta_B+\frac{3i}{l}\Delta_{BV}-\frac{ql^2}{8}=0 \qquad (5-19)$$

取 DB 部分隔离体，根据隔离体力的平衡条件，计算 Δ_{BV}。

$$\sum Y=0,\ F_{QBA}-F_{QBC}=0$$

其中：

$$F_{QBA}=-\frac{1}{l}(M_{BA}+M_{AB})=-\frac{3i}{l}\theta_B+\frac{3i}{l^2}\Delta_{BV}$$

$$F_{QBC}=-\frac{1}{l}(M_{BC}+M_{CB})$$

$$= -\frac{1}{l}\left(4i\theta_B + \frac{6i}{l}\Delta_{BV} + 2i\theta_B + \frac{6i}{l}\Delta_{BV}\right)$$

$$= -\frac{6i}{l}\theta_B - \frac{12i}{l^2}\Delta_{BV}$$

代入上式，得到：

$$-\frac{3i}{l}\theta_B + \frac{3i}{l^2}\Delta_{BV} + \frac{6i}{l}\theta_B + \frac{12i}{l^2}\Delta_{BV} = 0$$

即：

$$\frac{3i}{l}\theta_B + \frac{15i}{l^2}\Delta_{BV} = 0 \qquad (5-20)$$

（4）解由方程（5-19）与方程（5-20）组成的方程组，得到：

$$\theta_B = \frac{5ql^2}{376i}$$

$$\Delta_{BV} = -\frac{ql^3}{376i}$$

（5）将 θ_B 和 Δ_{BV} 代入转角位移方程，得到：

$$M_{BA} = 3i \times \frac{5ql^2}{376i} - \frac{3i}{l} \times \left(-\frac{ql^3}{376i}\right) = 0.05ql^2$$

❶ 位移法最后结果的校核，通常只需进行平衡条件的校核，请从位移法的解题思路中找出其原因。

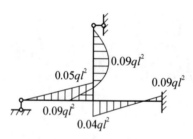

图 5-35　例 5-7 刚架弯矩图

$$M_{BC} = 4i \times \frac{5ql^2}{376i} + \frac{6i}{l} \times \left(-\frac{ql^3}{376i}\right) = 0.04ql^2$$

$$M_{CB} = 2i \times \frac{5ql^2}{376i} + \frac{6i}{l} \times \left(-\frac{ql^3}{376i}\right) = 0.01ql^2$$

$$M_{BD} = 3i \times \frac{5ql^2}{376i} - \frac{ql^2}{8} = -0.09ql^2$$

（6）绘制弯矩图❶，如图 5-35 所示。

小　结

1. 位移法中与力法相对应的解题的 3 个关键点

（1）确定基本未知量。与力法不同，位移法的基本未知量是结点位移，即刚结点的角位移和独立的结点线位移。

（2）基本结构。与力法不同，位移法的基本结构是通过引入约束，将给定的结构变成一组单跨结构的组合体实现的，但并不需要在所有的结点都引入约束，只需要在与基本未知量相对应的位移上引入约束限制相应的位移即可。

（3）建立位移法方程。建立位移法方程的方法有两种：

① 与位移法的基本结构相对应的是典型方程，其建立依据是附加约束上的反力或反力

矩等于 0。

② 直接利用刚结点（与角位移相应）或截面（与独立的结点线位移相应）平衡条件写出位移法方程。

2. 位移法方程中系数和自由项的计算

位移法方程中的系数是由基本结构中各附加约束分别发生单位位移，然后借助静力平衡条件求出的其附加约束上的反力或反力矩。

位移法方程中的自由项是由基本结构在外荷载单独作用下，借助静力平衡条件求出的其附加约束上的反力或反力矩。

3. 位移法的适用范围

位移法以结点位移为基本未知量，与结构是静定的还是超静定的无关，因此，不管是静定结构还是超静定结构，都可以用位移法计算。而力法只能用于超静定结构的计算。

4. 符号规定

注意位移法中位移与内力的符号规定。特别是杆端弯矩，要注意其符号规定与弯矩图中弯矩应画在受拉侧的规定的对应。

5. 对称结构的计算

位移法中对称结构的计算主要是取半边结构进行计算，要清楚半边结构的取法，并注意各杆件的线刚度是否有变化。

6. 位移法是学习常用的渐近法（力矩分配法、无剪力分配法等）和适用于计算机计算的矩阵位移法的基础，因此，要深入理解位移法典型方程及其系数和自由项的物理意义。

思考题

1. 试述位移法的基本思路。
2. 位移法基本未知量中的结点角位移的数目是如何确定的？
3. 位移法基本未知量中的独立结点线位移的数目是如何确定的？
4. 如何选取位移法的基本体系和基本结构？
5. 试述位移法方程的物理意义。
6. 试述位移法方程中系数和自由项的物理意义。
7. 位移法能用于计算静定结构吗？
8. 为什么铰支座处的角位移不选作基本未知量？
9. 为什么滑动支座处的线位移不选作基本未知量？
10. 试从基本未知量、基本体系、基本方程 3 方面将力法和位移法进行比较，并说明异同。

习　题

1. 试确定如题图 5-1 所示的结构用位移法计算时的基本未知量数目。

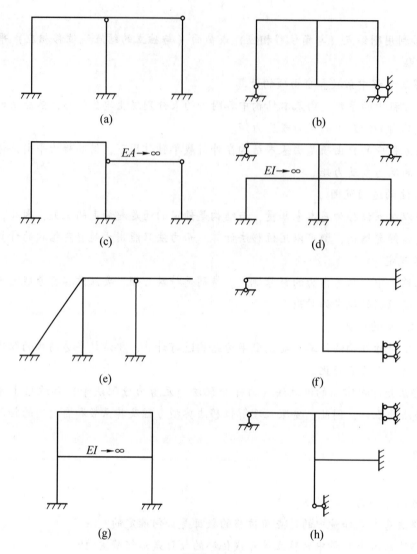

(a)

(b)

(c)

(d)

(e)

(f)

(g)

(h)

题图 5 - 1

2. 试用位移法计算如题图 5 - 2 所示的连续梁,并绘出弯矩图和剪力图。已知各杆 EI 相同且为常数。

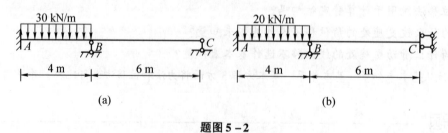

题图 5 - 2

3. 试用位移法计算如题图 5 - 3 所示的刚架,并绘出内力图。已知各杆 EI 相同且为常数。

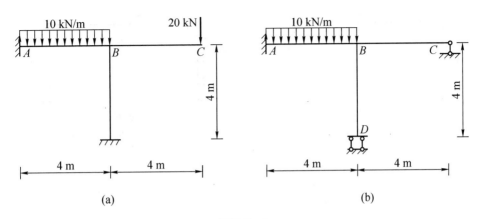

题图 5 - 3

4. 试用位移法计算如题图 5 - 4 所示的刚架，并绘出弯矩图。各杆 EI 相同且为常数。

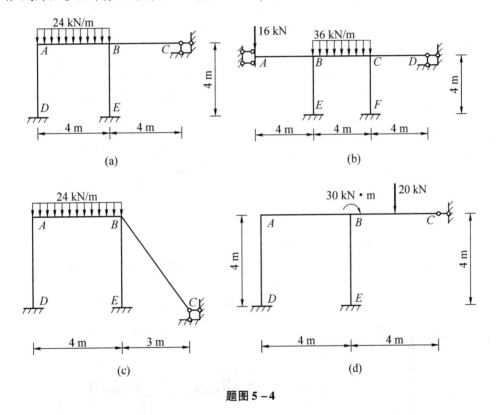

题图 5 - 4

5. 试用位移法计算如题图 5 - 5 所示的刚架，并绘出内力图。已知各杆 EI 相同且为常数 (注明者除外)。

6. 试用位移法计算如题图 5 - 6 所示的刚架，并绘出弯矩图。已知各杆 EI 相同且为常数 (注明者除外)。

7. 试用位移法计算如题图 5 - 7 所示的刚架 (利用对称性)，并绘出内力图。

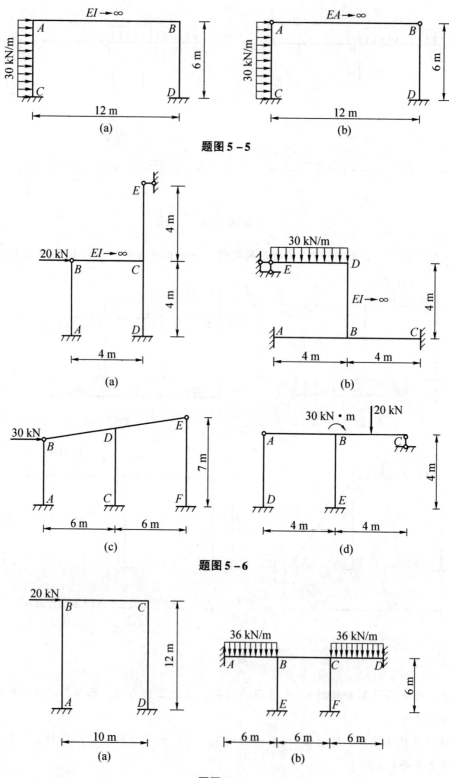

题图 5 - 5

题图 5 - 6

题图 5 - 7

8. 试用位移法计算如题图 5 - 8 所示的刚架（利用对称性），并绘出弯矩图。

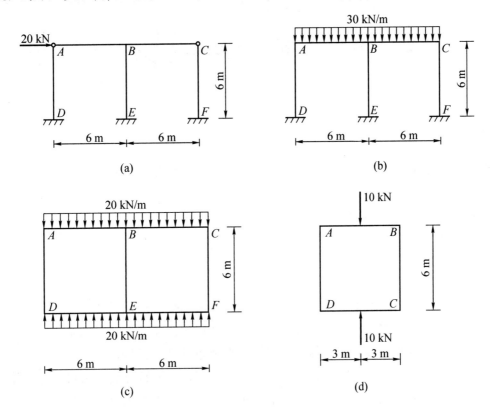

(a)

(b)

(c)

(d)

题图 5 - 8

第 6 章

力矩分配法

学习指导

学习要求：理解转动刚度、分配系数、传递力矩三个基本概念。掌握用力矩分配法计算连续梁和无侧移刚架的内力。

本章重点：力矩分配法计算连续梁。

6.1 概 述

在第 4 章和第 5 章中介绍的力法和位移法都需要建立方程并求解方程。当未知量较多时，计算工作量较大，并且在求得基本未知量后，还要进一步利用叠加原理或静力平衡条件确定杆端内力。本章将介绍以位移法为基础的渐近解法——力矩分配法。这种方法因为可以避免求解联立方程，计算步骤既简单又规范，且直接求得的是杆端弯矩，精度也可以满足工程要求，因此，在电算方法普及之前，是工程设计中常用的一种方法。

力矩分配法以位移法为基础，其在计算过程中采取了逐步调整修正的方式，使最终结果收敛于真实状态。力矩分配法结果的精确度可由力矩分配的次数来调整。在使用力矩分配法时，首先要求出杆端弯矩，而不是结点位移。虽然力矩分配法计算简单、直接，但它只适用于计算连续梁和无结点线位移刚架。

6.2 力矩分配法的概念

由于力矩分配法的理论基础是位移法，因此，其正负号规定与位移法相同。下面介绍力矩分配法中的几个名词及其基本思路。

6.2.1 转动刚度

转动刚度表示杆端对于转动的抵抗能力。它的大小等于使杆端产生单位转角所需要施加的力矩，用 S 表示。具体表示方法如下：例如，AB 杆 A

端的转动刚度用 S_{AB} 表示。其中，两个下标表示具体杆件：第一个下标表示转动端，或称为施力端，也称为近端；第二个下标表示另一端，也称为远端。

如图 6-1（a）所示的简支梁 AB，已知 EI 为常数，欲使 A 端产生单位转角，所需施加的力矩，即转动刚度 S_{AB}，很容易由静定结构位移计算的知识求得，即：

$$S_{AB} = 3i$$

式中：i——杆件的线刚度，$i = EI/l$。

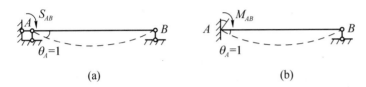

图 6-1　转动刚度

（a）简支梁；（b）超静定梁

如果把 A 端的铰支座改成固定支座，则简支梁就变为如图 6-1（b）所示的单跨超静定梁。由位移法的知识易知，当 A 端固定支座发生顺时针单位支座转角位移时，在 A 端产生的杆端弯矩为 $M_{AB} = 3i$。与上面求得的转动刚度 S_{AB} 完全相等。因此，转动刚度可由形常数表得到（见表 5-1）。

由表 5-1 可以看出，转动刚度 S_{AB} 的数值与杆件的线刚度 i 及远端支撑有关。当远端支撑情况不同时，S_{AB} 的数值也不同。

6.2.2　分配系数和传递系数

下面以如图 6-2（a）所示的无结点线位移刚架为例，介绍力矩分配法中的另外两个名词——分配系数和传递系数。

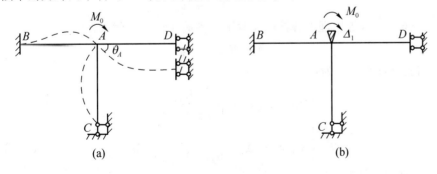

图 6-2　刚架

（a）刚架；（b）基本体系

在如图 6-2（a）所示的刚架中，仅在刚结点 A 作用下有外力偶 M_0，要求作出其弯矩图。

用位移法的求解过程如下：

（1）基本未知量——刚结点 A 的角位移 Δ_1。

（2）基本体系如图 6-2（b）所示。

（3）位移法方程为：

$$k_{11}\Delta_1 + F_{1P} = 0 \tag{6-1}$$

（4）计算系数和自由项。作 $\overline{M}_1$ 图和 M_P 图。利用如图 6-3（a）所示的 M_P 图及结点 A 的弯矩平衡条件，可得：

$$F_{1P} + M_0 = 0$$

$$F_{1P} = -M_0 \tag{6-2}$$

利用如图 6-3（b）所示的 $\overline{M}_1$ 图及结点 A 的弯矩平衡条件，可得：

$$k_{11} = 4i_{AB} + 3i_{AC} + i_{AD} \tag{6-3}$$

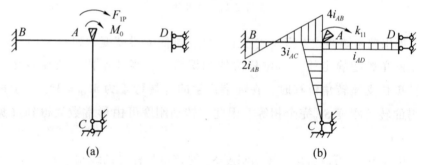

图 6-3 弯矩图

（a）M_P 图；（b）$\overline{M}_1$ 图

（5）解方程求基本未知量。将 k_{11} 和 F_{1P} 的值代入位移法方程（6-1），解得：

$$\Delta_1 = -\frac{F_{1P}}{k_{11}} = \frac{M_0}{4i_{AB} + 3i_{AC} + i_{AD}} \tag{6-4}$$

（6）由叠加原理求各杆杆端弯矩。将式（6-4）代入下式：

$$M = \overline{M}_1\Delta_1 + M_P$$

可得各杆杆端弯矩为：

$$\begin{cases} M_{AB} = 4i_{AB}\Delta_1 = \dfrac{4i_{AB}}{4i_{AB} + 3i_{AC} + i_{AD}}M_0 \\[3mm] M_{AC} = 3i_{AC}\Delta_1 = \dfrac{3i_{AC}}{4i_{AB} + 3i_{AC} + i_{AD}}M_0 \\[3mm] M_{AD} = i_{AD}\Delta_1 = \dfrac{i_{AD}}{4i_{AB} + 3i_{AC} + i_{AD}}M_0 \end{cases} \tag{6-5}$$

$$\begin{cases} M_{BA} = 2i_{AB}\Delta_1 = \dfrac{2i_{AB}}{4i_{AB} + 3i_{AC} + i_{AD}} M_0 \\[3mm] M_{DA} = -i_{DA}\Delta_1 = \dfrac{-i_{DA}}{4i_{AB} + 3i_{AC} + i_{AD}} M_0 \end{cases} \quad (6-6)$$

该刚架的最终 M 图等于 $\overline{M}_1$ 图放大 Δ_1 倍。

从计算结果可以看出，作用在结点上的外力偶并没有被平均分配，而是按照一定比例分配给各杆近端的。

由转动刚度的概念，可将最后杆端弯矩表达式改写为：

$$\begin{cases} M_{AB} = \dfrac{S_{AB}}{\sum_A S} M_0 \\[3mm] M_{AC} = \dfrac{S_{AC}}{\sum_A S} M_0 \\[3mm] M_{AD} = \dfrac{S_{AD}}{\sum_A S} M_0 \end{cases} \quad (6-7)$$

式中：$\sum_A S$——与结点 A 相连的各杆 A 端转动刚度之和。

由式（6-4）可以看出，与结点 A 相连的各杆 A 端的弯矩与各杆 A 端的转动刚度成正比。

式（6-4）还可以用式（6-5）表示为：

$$M_{Aj} = \mu_{Aj} M \quad (6-8)$$

式中：

$$\mu_{Aj} = \frac{S_{Aj}}{\sum_A S} \quad (6-9)$$

μ_{Aj} 称为杆 Aj 在 A 端的分配系数，作用在结点 A 上的外力偶就是按照这样一个比例在结点 A 上各杆近端（A 端）分配的，因而各杆近端的弯矩也被称为分配弯矩。分配系数 μ_{Aj} 在数值上等于杆 Aj 的转动刚度与交于 A 结点的各杆在 A 端的转动刚度之和的比值。

由式（6-7）易知，在同一结点上，各杆的分配系数之间必然满足下述关系：

$$\sum_A \mu = 1 \quad (6-10)$$

如在上例中，有：

$$\sum_A \mu = \mu_{AB} + \mu_{AC} + \mu_{AD} = \frac{S_{AB} + S_{AC} + S_{AD}}{\sum_A S} = 1$$

在如图 6-2（a）所示的刚架中，结点外力偶加于 A 点，使结点 A 发生转动，不但使各杆在近端（A 端）产生弯矩，同时也使各杆远端产生弯矩，我们将远端弯矩与近端弯矩的比值称为由近端向远端的传递系数，并

用 C_{Aj} 表示。因此，有：

$$C_{Aj} = \frac{M_{jA}}{M_{Aj}} \qquad (6-11)$$

式（6-4）可改写为：

$$M_{jA} = C_{Aj}M_{Aj} \qquad (6-12)$$

式中：M_{jA}——远端弯矩，也叫传递弯矩。

由式（6-4）和式（6-5），可得：

$$C_{AB} = \frac{M_{BA}}{M_{AB}} = \frac{1}{2}, \ C_{AC} = \frac{M_{CA}}{M_{AC}} = 0, \ C_{AD} = \frac{M_{DA}}{M_{AD}} = -1$$

上述结果容易由位移法刚度方程得到验证。当结点 A 发生转角 θ_A 时，由位移法刚度方程，有：

$$M_{AB} = 4i\theta_A, \ M_{BA} = 2i\theta_A$$
$$M_{AC} = 3i\theta_A, \ M_{CA} = 0$$
$$M_{AD} = i\theta_A, \ M_{DA} = -i_{\theta A}$$

由此可知，在等截面直杆中，传递系数 C 将随远端的支撑情况而变化，具体数值如下：

$$\begin{cases} C = \dfrac{1}{2}（远端固定） \\ C = 0（远程铰支） \\ C = -1（远端滑动） \end{cases} \qquad (6-13)$$

6.2.3 结点力偶作用下力矩分配法的基本思路[注]

> [注] 结点力偶作用下的力矩分配是力矩分配法的基础，也是容易出现错误的地方，应引起注意。

有了转动刚度、分配系数、传递系数这 3 个新的概念之后，现在将如图 6-2（a）所示的问题用新的概念重述如下：

当结点 A 上作用有外力偶 M_0 时，与结点 A 相连的各杆的近端将得到按各杆的分配系数乘以 M_0 所计算出的分配弯矩（近端弯矩）；与结点 A 相连的各杆的远端将得到由传递系数乘以分配弯矩所计算出的传递弯矩（远端弯矩）。进一步即可绘出弯矩图。

用新的概念解决上述结点力偶荷载作用下的计算问题，实际上就是力矩的分配和传递的概念，因此，这种方法称为力矩分配法。

【例 6-1】 用力矩分配法计算如图 6-4（a）所示的结构，并绘制弯矩图。

解：（1）计算转动刚度和分配系数。各杆的转动刚度分别为：

$$S_{AB} = i_{AB} = i, \ S_{AC} = 4i_{AC} = 4i$$
$$S_{AD} = 3i_{AD} = 3i, \ S_{AE} = 0$$

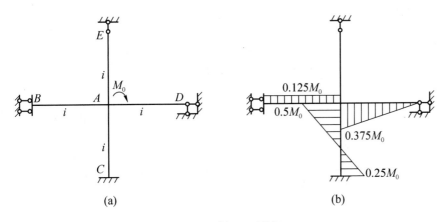

图 6 – 4 例 6 – 1 刚架

（a）刚架；（b）弯矩图

各杆的分配系数分别为：

$$\mu_{AB} = \frac{S_{AB}}{\sum_A S} = \frac{i}{i + 4i + 3i} = 0.125$$

$$\mu_{AC} = \frac{S_{AC}}{\sum_A S} = \frac{4i}{i + 4i + 3i} = 0.5$$

$$\mu_{AD} = \frac{S_{AD}}{\sum_A S} = \frac{3i}{i + 4i + 3i} = 0.375$$

（2）计算各杆杆端弯矩。在结点力偶的作用下，各杆近端杆端弯矩等于分配弯矩，即：

$$M_{AB} = \mu_{AB} M_0 = 0.125 M_0, \quad M_{AC} = \mu_{AC} M_0 = 0.5 M_0$$

$$M_{AD} = \mu_{AD} M_0 = 0.375 M_0, \quad M_{AE} = \mu_{AE} M_0 = 0$$

由于各杆远端弯矩等于传递弯矩，因此，有：

$$M_{BA} = C_{BA} M_{AB} = -1 \times 0.125 M_0 = -0.125 M_0$$

$$M_{CA} = C_{CA} M_{AC} = \frac{1}{2} \times 0.5 M_0 = 0.25 M_0$$

$$M_{DA} = C_{DA} M_{AD} = 0 \times 0.375 M_0 = 0$$

$$M_{EA} = 0$$

（3）绘制弯矩图，如图 6 – 4（b）所示。

6.3 单结点的力矩分配

在 6.2 节中所讲的利用力矩分配、传递求解结点力偶作用下各杆杆端弯矩的计算方法，也可以用于基本未知量只有一个结点角位移、承受一般荷载的连续梁和刚架。下面以如图 6 – 5（a）所示的连续梁为例来加以说明。

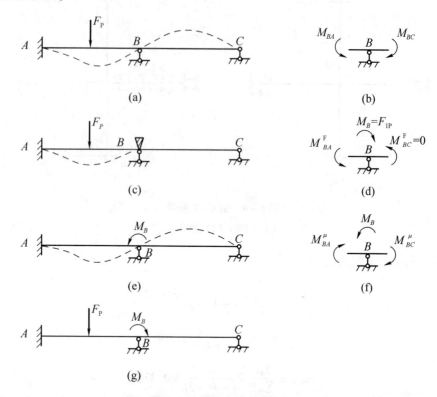

图 6-5　单结点的力矩分配

（1）在作为位移法基本未知量的结点角位移（θ_B）处，加上限制其转动的约束——刚臂，即在结点 B 上加入刚臂，阻止结点 B 的转动，这也就得到了位移法的基本体系，如图 6-5（c）所示。此时，连续梁 ABC 实际上已分成两根在结点 B 为固定端的各自独立的单跨梁 AB 和 BC。很容易求得与刚结点 B 相连的各杆的转动刚度，进而求得分配系数。之后，查位移法固端弯矩表，即可求得固端弯矩。

此时，在 AB 段上作用有外荷载 F_P，查表可求得杆 AB 在 B 端的固端弯矩 M_{BA}^F；BC 段无荷载作用，杆 BC 在 B 端的固端弯矩 $M_{BC}^F = 0$。由结点 B 的力矩平衡条件 $\sum M_B = 0$ ［如图 6-5（d）所示］，可求结点 B 的约束力矩为：

$$F_{1P} = M_{BA}^F + M_{BC}^F = M_{BA}^F$$

在力矩分配法中，约束力矩（也称不平衡力矩）通常用 M_B 表示，因此，有：

$$M_B = F_{1P}$$

约束力矩在数值上等于结点上各杆固端弯矩之和，并规定顺时针转向为正。

（2）连续梁的实际状态是在结点 B 处没有限制转动的约束，也不存在约束力矩［如图 6-5（a）所示］。为了避免建立并求解方程，而利用力矩分配法（力矩的分配和传递）得到真实的解答，我们将位移法的基本体系进行一些变换，将其中的刚臂换成约束力矩 M_B，如图 6-5（g）所示，在约束力矩和外荷载共同作用下求得的各杆端的杆端弯矩与上面求出的固端弯矩完全相等。此体系与原结构的区别仅是在结点 B 处多了一个约束力矩 M_B，因此，只需将一个与结点 B 处的约束力矩 M_B 大小相等、方向相反的力偶（平衡力矩）单独加在连续梁上［如图 6-5（e）所示］，并求出与其相应的各杆端的杆端弯矩（分配弯矩或传递弯矩），与固端弯矩加在一起，便可得到最终的真实解答，即在图 6-5（f）与图 6-5（d）中的杆端弯矩之和等于在图 6-5（b）中的杆端弯矩。

而连续梁在结点力偶单独作用下可用力矩分配法求解，因此，可以不用建立方程、解方程，而直接利用力矩分配法（力矩的分配和传递）得到实际真实的解答。

现在结合例 6-1，将一般荷载作用下单结点力矩分配法的计算步骤简述如下：

第一步，在刚结点 B 上加入刚臂，将连续梁变为两根在刚结点 B 为固定端的各自独立的单跨梁 AB 和 BC，求出转动刚度、分配系数及杆端的固端弯矩，由刚结点 B 各杆固端弯矩之和求出约束力矩 M_B。

第二步，将连续梁上的所有荷载及加入的刚臂全部去掉，只在结点 B 处加入一个与约束力矩 M_B 大小相等、方向相反的力偶（平衡力矩），然后求出各杆在 B 端的分配弯矩和远端的传递弯矩。

将以上两步求出的各杆对应的杆端弯矩（固端弯矩、分配弯矩或传递弯矩）加在一起，就能得到各杆最终实际的杆端弯矩。下面通过例题说明力矩分配法的具体计算步骤。

【例 6-2】 用力矩分配法计算如图 6-6（a）所示的连续梁，并绘制弯矩图。

解：（1）计算转动刚度、分配系数和固端弯矩。

$$S_{AB} = 4i_{AB} = 4 \times \frac{EI}{4} = EI, \quad S_{BC} = 3i_{BC} = 3 \times \frac{2EI}{6} = EI$$

$$\mu_{BA} = \frac{S_{BA}}{\sum_B S} = \frac{EI}{EI + EI} = 0.5, \quad \mu_{BC} = \frac{S_{BC}}{\sum_B S} = \frac{EI}{EI + EI} = 0.5$$

$$M_{BA}^F = \frac{F_P l}{8} = \frac{80 \times 4}{8} = 40 (\text{kN} \cdot \text{m})$$

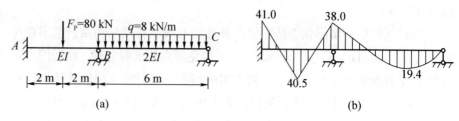

图 6-6 例 6-1 连续梁

（a）连续梁；（b）弯矩图

$$M_{AB}^{F} = -\frac{F_P l}{8} = -\frac{80 \times 4}{8} = -40(\text{kN} \cdot \text{m})$$

$$M_{BC}^{F} = -\frac{q l^2}{8} = -\frac{8 \times 6^2}{8} = -36(\text{kN} \cdot \text{m}), \quad M_{CB}^{F} = 0$$

（2）计算各杆的杆端弯矩，如表 6-1 所示。

表 6-1 例 6-2 各杆的杆端弯矩　　　　单位：kN·m

结　点	A	B		C
杆　端	AB	BA	BC	CB
分　配　系　数		0.5	0.5	
固　端　弯　矩	-40	40	-36	0
分　配　弯　矩		-2	-2	
传　递　弯　矩	-1			0
最后杆端弯矩	-41	38	-38	0

（3）绘制弯矩图，如图 6-6（b）所示。

【例 6-3】 用力矩分配法计算如图 6-7（a）所示的刚架，并绘制弯矩图。

解：（1）计算转动刚度、分配系数和固端弯矩。

$$S_{BA} = 4i_{BA} = 4 \times \frac{EI}{2} = 2EI, \quad S_{BD} = 4i_{BD} = 4 \times \frac{EI}{2} = 2EI$$

$$S_{BC} = i_{BC} = 2 \times \frac{EI}{2} = EI, \quad \mu_{BA} = \frac{S_{BA}}{\sum_B S} = \frac{2EI}{2EI + 2EI + EI} = 0.4$$

$$\mu_{BD} = \frac{S_{BD}}{\sum_B S} = \frac{2EI}{2EI + 2EI + EI} = 0.4, \quad \mu_{BC} = \frac{EI}{2EI + 2EI + EI} = 0.2$$

$$M_{BA}^{F} = \frac{q l^2}{12} = \frac{30 \times 2^2}{12} = 10(\text{kN} \cdot \text{m})$$

$$M_{AB}^{F} = -\frac{q l^2}{12} = -\frac{30 \times 2^2}{12} = -10(\text{kN} \cdot \text{m})$$

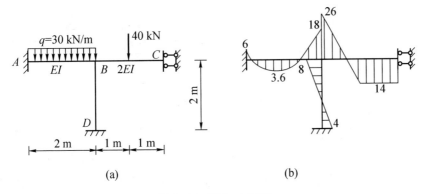

图6-7 例6-3刚架

(a) 刚架;(b) 弯矩图 (kN·m)

$$M_{BD}^F = M_{DB}^F = 0, \quad M_{BC}^F = -\frac{3F_P l}{8} = -\frac{3 \times 40 \times 2}{12} = -30(\text{kN} \cdot \text{m})$$

$$M_{CB}^F = -\frac{F_P l}{8} = -\frac{40 \times 2}{8} = -10(\text{kN} \cdot \text{m})$$

(2) 计算各杆的杆端弯矩,如表6-2所示。

表6-2 例6-3各杆的杆端弯矩 单位:kN·m

结 点	A	B			C	D
杆 端	AB	BA	BD	BC	CB	DB
分配系数		0.4	0.4	0.2		
固端弯矩	-10	10	0	-30	-10	0
分配弯矩		<u>8</u>	<u>8</u>	<u>4</u>		
传递弯矩	4				-4	4
最后杆端弯矩	<u>-6</u>	<u>18</u>	<u>8</u>	<u>-26</u>	<u>-14</u>	<u>4</u>

(3) 绘制弯矩图,如图6-7 (b) 所示。

6.4 多结点的力矩分配

在6.3节中介绍了单结点的力矩分配。对于多结点(具有多个结点角位移)的连续梁和无侧移刚架,只要逐次对每个结点应用单结点的基本运算,就可以求出最后的杆端弯矩了。

下面用如图6-8 (a) 所示的一个三跨连续梁来说明多结点力矩分配的基本过程。

第一步,在结点 B、C 上加入刚臂,如图6-8 (b) 所示,阻止结点

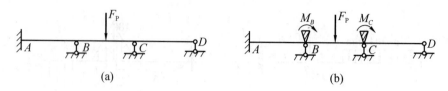

图 6 - 8　三跨连续梁

转动，这时连续梁就变成三根在结点 B、C 为固定端的各自独立的单跨梁 AB、BC 和 CD 了。求出转动刚度 S_{AB}、S_{BC}、S_{CB}、S_{CD}，分配系数 μ_{BA}、μ_{BC}、μ_{CB}、μ_{CD} 及固端弯矩 M_{BC}^{F} 和 M_{CB}^{F}（其他固端弯矩等于 0），结点 B、C 上的约束力矩（不平衡力矩）M_B 和 M_C。

第二步，将连续梁上的外荷载及结点 B 上的刚臂去掉，保留在结点 C 上的刚臂，如图 6 - 9（a）所示。然后在结点 B 上加一个与约束力矩 M_B 大小相等、方向相反的力偶（平衡力矩）。将该力偶在结点 B 进行分配、传递，与结点 B 相连的各杆的近端得到第一次的分配弯矩 $M_{BA}^{\mu_1}$、$M_{BC}^{\mu_1}$，在结点 B 上各杆的远端得到第一次的传递弯矩 $M_{AB}^{C_1}$、$M_{CB}^{C_1}$。此时，结点 B 已平衡，但在结点 C 上的约束力矩（不平衡力矩）变为 $M_C + M_{CB}^{C_1}$。

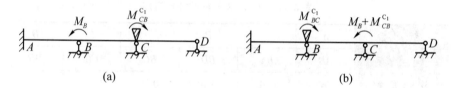

图 6 - 9　加入刚臂后的三跨连续梁

第三步，将结点 B 再加上刚臂，去掉在结点 C 上的刚臂，如图 6 - 9（b）所示。同时，在结点 C 加上一个与约束力矩 $M_C + M_{CB}^{C_1}$ 大小相等、方向相反的力偶（平衡力矩）。将该力偶在结点 C 进行分配、传递，在结点 C 上各杆的近端得到第一次的分配弯矩 $M_{CB}^{\mu_1}$、$M_{CD}^{\mu_1}$，在结点 C 上各杆的远端得到第一次的传递弯矩 $M_{BC}^{C_1}$、$M_{DC}^{C_1}$。此时，结点 B 的刚臂上又有了新的约束力矩（不平衡力矩）$M_{BC}^{C_1}$。

再次重复第二步和第三步，即轮流去掉在结点 B 上的约束（保留结点 C 上的约束）和在结点 C 上的约束（保留结点 B 上的约束），由于分配系数小于 1，远端固定的传递系数为 0.5，因此，不平衡力矩会越来越小，连续梁的内力和变形就会越来越接近真实的结果。这里，每一次只放松一个结点[1]，故每一步都是单结点的力矩分配和传递的运算。最后，将各杆的固端弯矩及后续各步求得的分配弯矩、传递弯矩加在一起，即得所求结构各杆最后实际的杆端弯矩。

❶ 请读者思考：是否不管有多少个结点力矩分配，每次都只能放松一个结点？为什么？

下面通过例题来具体说明多结点力矩分配法的计算步骤。

【例6-4】 用力矩分配法计算如图6-10（a）所示的连续梁，并绘制弯矩图。已知各杆 EI 相同且为常数。

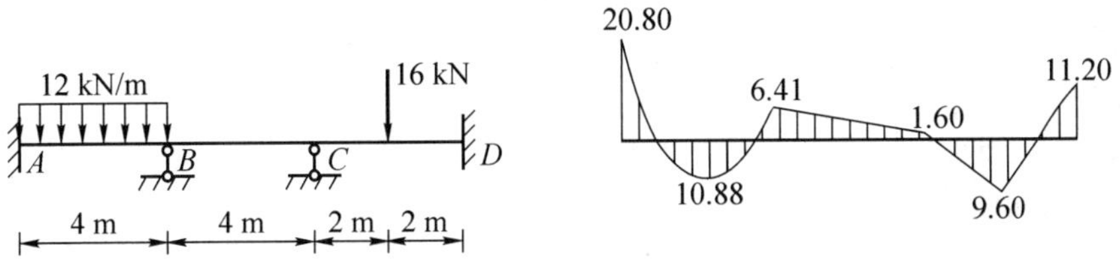

(a)　　(b)

图6-10　例6-4连续梁

（a）连续梁；（b）弯矩图

解：（1）计算转动刚度、分配系数和固端弯矩。

$$S_{BA}=4i_{BA}=4\times\frac{EI}{4}=EI,\quad S_{BC}=4i_{BC}=4\times\frac{EI}{4}=EI$$

$$S_{CB}=4i_{BC}=4\times\frac{EI}{4}=EI,\quad S_{CD}=4i_{CD}=4\times\frac{EI}{4}=EI$$

$$\mu_{BA}=\frac{S_{BA}}{\sum_B S}=\frac{EI}{EI+EI}=0.5,\quad \mu_{BC}=\frac{S_{BC}}{\sum_B S}=\frac{EI}{EI+EI}=0.5$$

$$\mu_{CB}=\frac{S_{CB}}{\sum_B S}=\frac{EI}{EI+EI}=0.5,\quad \mu_{CD}=\frac{S_{CD}}{\sum_R S}=\frac{EI}{EI+EI}=0.5$$

$$M_{AB}^{\mathrm{F}}=-\frac{ql^2}{12}=-\frac{12\times4^2}{12}=-16(\mathrm{kN\cdot m})$$

$$M_{BA}^{\mathrm{F}}=\frac{ql^2}{12}=\frac{30\times2^2}{12}=16(\mathrm{kN\cdot m})$$

$$M_{BC}^{\mathrm{F}}=M_{CB}^{\mathrm{F}}=0,\quad M_{CD}^{\mathrm{F}}=-\frac{F_{\mathrm{P}}l}{8}=-\frac{16\times4}{8}=-8(\mathrm{kN\cdot m})$$

$$M_{DC}^{\mathrm{F}}=\frac{F_{\mathrm{P}}l}{8}=\frac{16\times4}{8}=8(\mathrm{kN\cdot m})$$

（2）计算各杆的杆端弯矩，如表6-3所示。

表6-3　例6-4各杆的杆端弯矩　　单位：kN·m

结　点	A	B		C		D
杆　端	AB	BA	BC	CB	CD	DC
分配系数		0.5	0.5	0.5	0.5	
固端弯矩	-16	16	0	0	-8	8

续表

B 点一次分配 传递	-4	-8	-8	-4	
C 点一次分配 传递			3	6	6
					3
B 点二次分配 传递	-0.75	-1.5	-1.5	-0.75	
C 点二次分配 传递			0.188	0.375	0.375
					0.188
B 点三次分配 传递	-0.05	-0.094	-0.094	-0.05	
C 点三次分配 传递				0.025	0.025
					0.012
最后杆端弯矩	-20.8	6.41	-6.41	1.6	-1.6	11.2

（3）绘制弯矩图，如图 6 - 10（b）所示。

❶ 请读者按两个结点的力矩分配重做此题，并对两种计算方法进行比较。

【例 6 - 5】 用力矩分配法计算如图 6 - 11（a）所示的连续梁，并绘制弯矩图、剪力图。已知各杆 EI 相同且为常数❶。

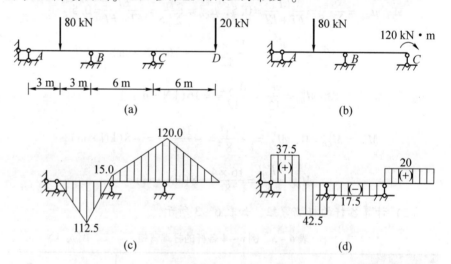

图 6 - 11 例 6 - 5 连续梁

（a）原结构；（b）与原结构 ABC 部分相当的结构；（c）弯矩图；（d）剪力图

解：（1）如图 6 - 11（a）所示的连续梁 CD 部分的弯矩图，可用静力平衡条件直接求得，所以该连续梁的计算可转换为如图 6 - 11（b）所示的结构来计算。

（2）计算转动刚度、分配系数和固端弯矩。

$$S_{BA} = 3i_{BA} = 3 \times \frac{EI}{6} = \frac{EI}{2}, \quad S_{BC} = 3i_{BC} = 3 \times \frac{EI}{6} = \frac{EI}{2}$$

$$\mu_{BA} = \frac{S_{BA}}{S_{BA} + S_{BC}} = 0.5, \quad \mu_{BC} = \frac{S_{BC}}{S_{BA} + S_{BC}} = 0.5$$

$$M_{AB}^{F} = 0, \quad M_{BA}^{F} = \frac{3F_{P}l}{16} = \frac{3 \times 80 \times 6}{12} = 90\,(\mathrm{kN \cdot m})$$

$$M_{BC}^{F} = \frac{120}{2} = 60\,(\mathrm{kN \cdot m}), \quad M_{CB}^{F} = 120\,(\mathrm{kN \cdot m}) ❶$$

❶ M_{CB}^{F} 可由平衡条件直接求得，M_{BC}^{F} 由 M_{CB}^{F} 乘以传递系数 $C = 0.5$ 得到。

（3）计算各杆的杆端弯矩，如表 6 – 4 所示。

表 6 – 4　例 6 – 5 各杆的杆端弯矩　　　单位：kN · m

结　　点	A	B		C
杆　　端	AB	BA	BC	CB
分 配 系 数		0.5	0.5	
固 端 弯 矩	0	90	60	120
分 配 弯 矩 传 递 弯 矩	0	<u>−75</u>	<u>−75</u>	0
最后杆端弯矩	<u>0</u>	<u>15</u>	<u>−15</u>	<u>120</u>

（4）绘制弯矩图、剪力图，分别如图 6 – 11 （c）和图 6 – 11 （d）所示。

【例 6 – 6】 用力矩分配法计算如图 6 – 12 （a）所示的刚架，并绘制弯矩图。

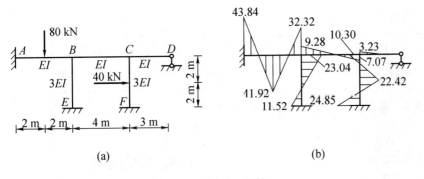

图 6 – 12　例 6 – 6 刚架

（a）刚架；（b）弯矩图

解：（1）计算转动刚度、分配系数和固端弯矩。

$$S_{BA} = 4i_{BA} = 4 \times \frac{EI}{4} = EI, \quad S_{BC} = 4i_{BC} = 4 \times \frac{EI}{4} = EI$$

$$S_{BE} = 4i_{BE} = 4 \times \frac{3EI}{4} = 3EI, \quad S_{CB} = 4i_{CB} = 4 \times \frac{EI}{4} = EI$$

$$S_{CF} = 4i_{CF} = 4 \times \frac{3EI}{4} = 3EI, \quad S_{CD} = 3i_{CD} = 3 \times \frac{EI}{3} = EI$$

$$\mu_{BA} = \frac{S_{BA}}{\sum_B S} = \frac{EI}{EI + EI + 3EI} = 0.2, \quad \mu_{BC} = \frac{S_{BC}}{\sum_B S} = 0.2$$

$$\mu_{BE} = 0.6, \quad \mu_{CB} = 0.2, \quad \mu_{CF} = 0.6, \quad \mu_{CD} = 0.2$$

$$M_{AB}^{F} = -\frac{F_P l}{8} = -\frac{80 \times 4}{8} = -40(\text{kN} \cdot \text{m})$$

$$M_{BA}^{F} = \frac{F_P l}{8} = \frac{80 \times 4}{8} = 40(\text{kN} \cdot \text{m})$$

$$M_{CF}^{F} = \frac{F_P l}{8} = \frac{40 \times 4}{8} = 20(\text{kN} \cdot \text{m})$$

$$M_{FC}^{F} = -\frac{F_P l}{8} = -\frac{40 \times 4}{8} = -20(\text{kN} \cdot \text{m})$$

（2）计算各杆的杆端弯矩，如表 6 - 5 所示。

表 6 - 5　例 6 - 6 各杆的杆端弯矩　　　　单位：kN · m

结　点	A	B			C			F	E	D
杆　端	AB	BA	BE	BC	CB	CD	CF	FC	EB	DC
分 配 系 数		0.2	0.6	0.2	0.2	0.2	0.6			
固端弯矩	-40	40	0	0	0	0	20	-20	0	0
B 点一次分配传递	-4	-8	-24	-8	-4				-12	
C 点一次分配传递				-1.60	-3.20	-3.20	-9.60	-4.80		0
B 点二次分配传递	0.16	0.32	0.96	0.32	0.16				0.48	
C 点二次分配传递					-0.032	-0.032	-0.096	-0.05		0
最后杆端弯矩	-43.84	32.32	-23.04	-9.28	-7.07	-3.23	10.30	-24.85	-11.52	0

（3）绘制弯矩图，如图6-12（b）所示。

【例6-7】 用力矩分配法计算如图6-13（a）所示的对称刚架，并绘制弯矩图、剪力图。已知各杆 EI 相同且为常数。

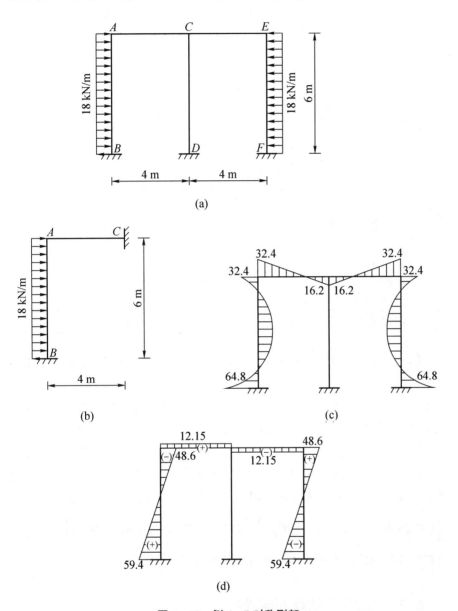

图6-13 例6-7对称刚架

（a）对称刚架；（b）计算简图；（c）弯矩图（单位：kN·m）；

（d）F_Q 图（单位：kN）

解：（1）利用对称性取半边结构计算，如图6-13（b）所示。

（2）计算转动刚度、分配系数和固端弯矩。

$$S_{BA} = 4 \times \frac{EI}{6} = \frac{2}{3}EI, \ S_{AC} = 4 \times \frac{EI}{4} = EI$$

$$\mu_{AB} = \frac{\frac{2}{3}EI}{\frac{2}{3}EI + EI} = 0.4, \ \mu_{AC} = \frac{EI}{\frac{2}{3}EI + EI} = 0.6$$

$$M_{AB}^{\mathrm{F}} = \frac{ql^2}{12} = \frac{18 \times 6^2}{8} = 54 (\mathrm{kN \cdot m})$$

$$M_{BA}^{\mathrm{F}} = -\frac{ql^2}{12} = -\frac{18 \times 6^2}{8} = -54 (\mathrm{kN \cdot m})$$

（3）计算各杆的杆端弯矩，如表6-6所示。

表6-6　例6-7各杆的杆端弯矩　　　　　单位：kN·m

结　点	B	A		C
杆　端	BA	AB	AC	CA
分配系数		0.4	0.6	
固端弯矩	-54	54	0	0
分配弯矩		-21.6	-32.4	
传递弯矩	-10.8			-16.2
最后杆端弯矩	-64.8	32.4	-32.4	-16.2

（4）绘制弯矩图、剪力图，分别如图6-13（c）和图6-13（d）所示。

注意：关于力矩分配法的计算结果是否正确，仍然需要校核，校核同样需要从平衡条件和变形条件两方面进行。关于平衡条件的校核，可主要考察刚结点处的杆端弯矩是否平衡；而变形条件的校核，可考察汇交于同一刚结点上各杆端角位移是否相等。可以证明，如汇交于同一刚结点 A 的两杆件 AB、AC 的杆端弯矩和线刚度满足下述关系式：

$$\left[(M_{AB} - M_{AB}^{\mathrm{F}}) - \frac{1}{2}(M_{BA} - M_{BA}^{\mathrm{F}}) \right] : \left[(M_{AC} - M_{AC}^{\mathrm{F}}) - \frac{1}{2}(M_{CA} - M_{CA}^{\mathrm{F}}) \right] = i_{AB} : i_{AC}$$

❶ 上述关系式可由转角位移方程推得。

则杆件 AB、AC 在 A 端的转角相同。推导过程略❶。

6.5 超静定结构的特性

将超静定结构与静定结构对比，超静定结构具有如下特性：

（1）超静定结构是具有多余约束的几何不变体系。因此，当多余约束被破坏后，它仍为几何不变体系，所以还具有一定的承载能力；静定结构则不同，在静定结构中任意约束被破坏都将导致整个结构被破坏，从而使结构丧失承载能力。

（2）超静定结构单靠静力平衡条件不能完全确定其全部的内力和反力，要想求出其全部的内力和反力，还要利用变形条件（或称为位移条件）；而静定结构的内力和反力只用静力平衡条件就可以完全确定。

（3）由于超静定结构具有多余约束，因此，温度改变、支座移动、制造误差等非荷载因素在超静定结构中也会引起内力；而非荷载因素在静定结构中不会引起内力。

（4）由于超静定结构内力的确定需要用到变形条件（或称为位移条件），而位移是与结构的材料性质和杆件截面尺寸有关的，所以超静定结构的内力不但与外在因素有关，而且与结构的材料性质及杆件的截面尺寸有关；而静定结构的内力与结构的材料性质和杆件截面尺寸无关。

（5）超静定结构在荷载作用下，其内力分布与各杆刚度的比值有关，与各杆刚度的绝对值无关。因此，在计算内力时，可以采用相对刚度。

（6）超静定结构在温度改变、支座移动、制造误差等非荷载因素的作用下，其内力一般是与各杆刚度的绝对值成正比的，杆件刚度增大，内力也随之增大。

（7）由如图 6 – 14 所示的例子可以看出，局部荷载在超静定结构中的影响范围一般比静定结构大。由两弯矩图比较可见，超静定结构中的弯矩分布范围较静定结构广，弯矩分布较静定结构均匀，弯矩峰值较静定结构小。

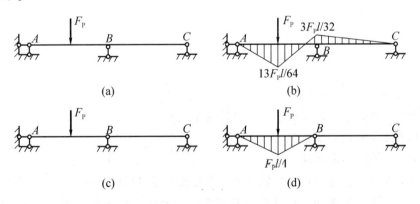

图 6 – 14　局部荷载在超静定结构中的影响范围一般比静定结构大

（a）连续梁；（b）连续梁的 M 图；（c）静定多跨梁；（d）静定多跨梁的 M 图

（8）由如图 6 – 15 所示的例子可以看出，超静定梁的挠度的最大值小于对应简支梁的挠度的最大值。这说明多余约束的存在提高了结构的刚度。

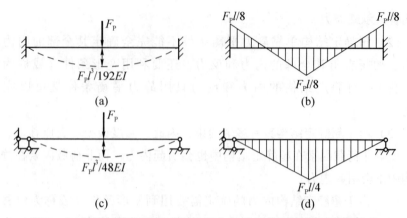

图 6-15 超静定梁的挠度的最大值小于对应简支梁的挠度的最大值

(a) 超静定梁；(b) 超静定梁的 M 图；(c) 简支梁；(d) 简支梁的 M 图

小 结

（1）力矩分配法是以位移法为理论基础的渐近解法。

（2）力矩分配法只适用于计算连续梁和无结点线位移刚架。

（3）在力矩分配法的计算过程中，无论结构有多少个结点，都是在重复一个基本运算——单结点的力矩分配。

（4）单结点力矩分配主要有以下 3 个环节：

① 固定刚结点，根据荷载求出各杆的固端弯矩和结点的约束力矩。

② 放松刚结点，根据分配系数求出分配弯矩。

③ 根据传递系数求出传递弯矩。

思考题

1. 力矩分配法中的不平衡力矩如何确定？

2. 什么叫转动刚度？什么叫分配系数？什么叫传递系数？

3. 为什么每个结点上各杆的分配系数之和等于1？

4. 试述力矩分配法的基本运算步骤。

5. 在多结点的力矩分配中，是否每次只能放松一个结点？可以同时放松多个结点吗？

6. 在用力矩分配法计算连续梁和无结点线位移刚架时，为什么结点的不平衡力矩会趋近于0？也就是说，为什么计算过程是收敛的？

习 题

1. 试用力矩分配法计算如题图 6-1 所示的结构，并绘出弯矩图和剪力图。已知各杆 *EI*

相同且为常数。

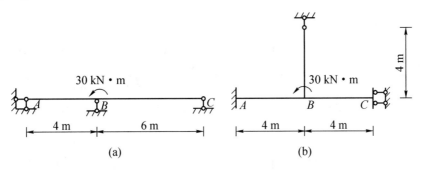

题图 6 − 1

2. 试用力矩分配法计算如题图 6 − 2 所示的连续梁，绘出弯矩图和剪力图，并求出支座 B 的反力。已知各杆 EI 相同且为常数（注明者除外）。

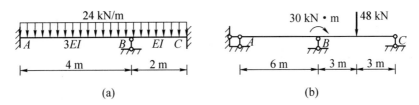

题图 6 − 2

3. 试用力矩分配法计算如题图 6 − 3 所示的结构，并绘出弯矩图。已知各杆 EI 相同且为常数（注明者除外）。

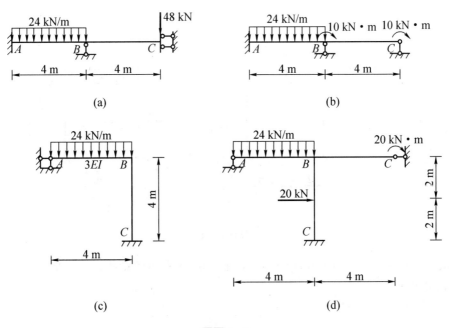

题图 6 − 3

4. 试用力矩分配法计算如题图 6-4 所示的结构，并绘出弯矩图。已知各杆 EI 相同且为常数（注明者除外）。

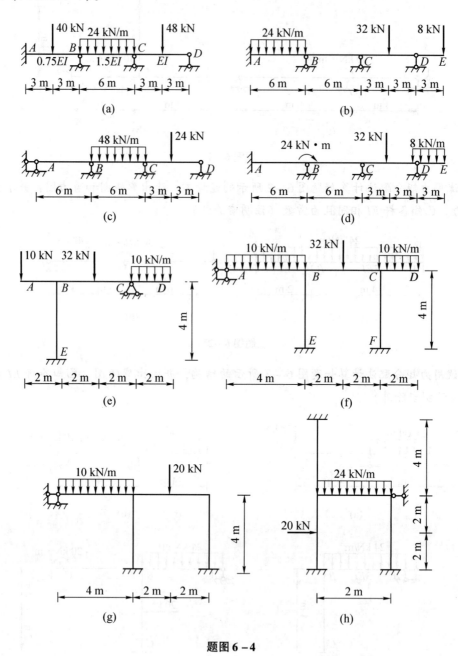

题图 6-4

5. 试利用对称性，按力矩分配法计算如题图 6-5 所示的结构，并绘出弯矩图。已知各杆 EI 相同且为常数。

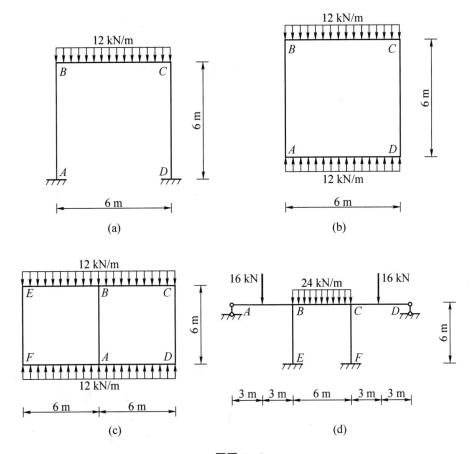

题图 6 – 5

第 7 章

影　响　线

学习指导

学习要求：掌握用静力法作影响线的方法，会用机动法作影响线。了解影响线和内力图的区别。掌握利用影响线确定荷载最不利位置的方法。知道包络图和绝对最大弯矩的概念。

本章重点：1. 用静力法作影响线。

2. 利用影响线确定荷载的最不利位置。

7.1　移动荷载和影响线的概念

前面各章我们讨论的都是在固定荷载作用下结构的计算。在这种荷载作用下，结构的支座反力、内力及位移都是不变的。但是，在实际工程中，有些结构还要承受移动荷载，如吊车在吊车梁上行驶、汽车和火车在桥梁上行驶等，都属于移动荷载。

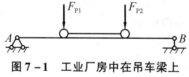

图 7 – 1　工业厂房中在吊车梁上
行驶的吊车

如图 7 – 1 所示为工业厂房中在吊车梁上行驶的吊车，其中，F_{P1} 与 F_{P2} 代表轮压。

在移动荷载作用下，结构的支座反力和内力都会随荷载作用点的移动而变化，设计时，往往需要计算移动荷载作用下结构的最大支座反力和最大内力。也就是说，需要研究反力和内力的变化范围和变化规律，确定荷载最不利的位置——使结构某一支座反力和某一截面的某个内力达到最大值时的荷载位置，为设计提供依据。

移动荷载的作用类型很多，逐个进行分析讨论是很烦琐的。由叠加原理可知，各种移动荷载的作用都可以看作单位移动荷载 $F_P = 1$ 的叠加，因此，只需要对单位移动荷载 $F_P = 1$ 的情况进行分析，再由叠加原理，就可以解决各种移动荷载作用对结构的影响。

通常，我们把表示在单位移动荷载 $F_P = 1$ 作用下结构上某一量值[1]变化规律的图形称为该量值的影响线。

❶ 今后，将某一支座反力或某一截面的内力统称为量值。

注意：内力（剪力、弯矩、轴力等）影响线与内力图的区别。内力影响线是单位荷载 $F_P = 1$ 在结构上移动时，结构上固定截面内力随荷载位置的变化图形；内力图是固定荷载作用在结构上时，内力沿各截面的变化图形。

7.2 静力法作静定单跨梁的影响线

作结构影响线的方法有两种：静力法和机动法。本节将介绍作影响线最基本的方法——静力法。

静力法是先将单位荷载 $F_P = 1$ 放在结构的任意位置，以变量 x 表示荷载的作用位置，由静力平衡条件求出所研究的某量值与荷载作用位置之间的关系方程（影响线方程[1]），由此作出该量值的影响线的方法。

7.2.1 支座反力影响线

如图 7 – 2（a）所示为一简支梁，我们现在来讨论，当单位荷载 $F_P = 1$ 在梁上移动时，支座反力 F_{RA} 和 F_{RB} 的变化规律，即 F_{RA}、F_{RB} 的影响线。

以点 A 为坐标原点，当单位荷载移动到梁上距 A 端为 x 的任意位置时，由平衡方程，可以求出：

$$F_{RA} = \frac{l - x}{l}, \ 0 \leqslant x \leqslant l$$

$$F_{RB} = \frac{x}{l}, \ 0 \leqslant x \leqslant l$$

这就是 F_{RA} 和 F_{RB} 的影响线方程，由此可以绘出 F_{RA} 和 F_{RB} 的影响线，分别如图 7 – 2（b）[2]和图 7 – 2（c）所示。

支座反力影响线的纵坐标无量纲。

7.2.2 剪力影响线

现在作指定截面 C 的剪力 F_{QC} 的影响线。当单位荷载 $F_P = 1$ 在点 C 向左或右移动时，剪力 F_{QC} 的影响线方程是不同的，应分段考虑。

当 $F_P = 1$ 在 AC 段移动时，取截面 C 的右侧为隔离体，由 $\sum F_y = 0$，得到：

$$F_{QC} = -F_{RB}$$

可以看出，在 AC 段内，F_{QC} 的影响线与 F_{RB} 的影响线相同，但正负号相反。因此，把 F_{RB} 的影响线画在基线下面，取其中的 AC 段即可，点 C 的

[1] 学习影响线时：要时刻记住，这里的自变量是单位移动荷载的作用位置，而不是内力截面的位置，内力截面的位置是固定不变的。要搞清楚内力影响线与内力图的区别。

[2] 图形上任意纵坐标表示单位力作用在该截面上时支座 A 的约束反力 F_{RA} 的值，即每一个纵坐标都表示同一个固定量值 F_{RA} 的值。

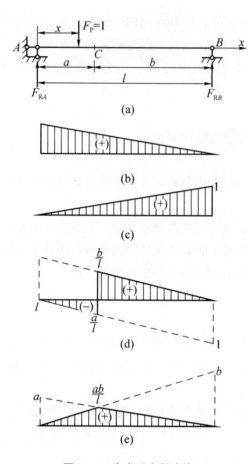

图 7-2　支座反力影响线

（a）简支梁；（b）F_{RA} 的影响线；（c）F_{RB} 的影响线；
（d）F_{QC} 的影响线；（e）M_C 的影响线

❶ 图形上任意纵坐标表示单位力作用在该截面上时，C 截面的剪力 F_{QC} 的值，即每一个纵坐标都表示同一个固定量值 F_{QC} 的值。

❷ 图形上任意纵坐标表示单位力作用在该截面上时，C 截面的弯矩 M_C 的值，即每一个纵坐标都表示同一个固定量值 M_C 的值。

纵坐标可按比例关系求得为 $-a/l$，如图 7-2（d）所示。

当 $F_P=1$ 在 CB 段移动时，取截面 C 的左侧为隔离体，由 $\sum F_y=0$，得到：

$$F_{QC}=F_{RA}$$

可以看出，在 CB 段内，R_{QC} 的影响线与 F_{RA} 的影响线相同。因此，可以先作出 F_{RA} 的影响线，取其中的 CB 段。点 C 的纵坐标可按比例关系求得，为 b/l。

由图 7-2（d）❶可以看出，F_{QC} 的影响线由两条平行线组成，在点 C 有一突变，其突变值等于 1。

剪力影响线的纵坐标无量纲。

7.2.3　弯矩影响线

现在作指定截面 C 的弯矩 M_C 的影响线，如图 7-2（e）所示。同样，该影响线也要分为 AC 和 CB 两段考虑。

当 $F_P=1$ 在 AC 段移动时，取 C 的右侧为隔离体，得到：

$$M_C=F_{RB}\cdot b$$

因此，可以取 F_{RB} 影响线的 AC 段再乘以 b，即可得到 M_C 在 AC 段的影响线。点 C 的纵坐标为 ab/l。

当 $F_P=1$ 在 CB 段移动时，取 C 的左侧为隔离体，得到：

$$M_C=F_{RA}\cdot a$$

同上，可以取 F_{RA} 的影响线的 CB 段再乘以 a，即可得到 M_C 在 CB 段的影响线。点 C 的纵坐标仍为 ab/l。

由图 7-2（e）❷可以看出，M_C 的影响线由两段直线组成，形成一个三角形。当 $F_P=1$ 移动到点 C 时，弯矩 M_C 取得极大值。

弯矩影响线的竖坐标量纲为 L，单位为 m。

【例 7 – 1】　作如图 7 – 3（a）所示伸臂梁的 F_{RA}、F_{RB}、F_{QC}、M_C、F_{QD} 的影响线。

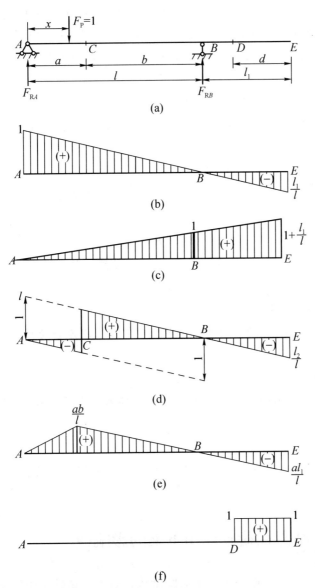

图 7 – 3　伸臂梁

（a）伸臂梁；（b）F_{RA} 的影响线；（c）F_{RB} 的影响线；

（d）F_{QC} 的影响线；（e）M_C 的影响线；（f）F_{QD} 的影响线

解：（1）作 F_{RA}、F_{RB} 的影响线。取点 A 为坐标原点，横坐标 x 以向右为正。当荷载 $F_P = 1$ 移动到梁上任一点 x 时，由平衡方程，可得：

$$F_{RA} = \frac{l-x}{l}, \quad 0 \leqslant x \leqslant l + l_1$$

$$F_{RB} = \frac{x}{l}, \ 0 \leqslant x \leqslant l + l_1$$

F_{RA}、F_{RB} 的影响线分别如图 7-3（b）和图 7-3（c）所示，支座反力在 AB 段内的影响线与简支梁相同，只是将其向伸臂端部分延长即可。

（2）作剪力 F_{QC} 的影响线。当 $F_P = 1$ 在点 C 以左移动（$F_P = 1$ 在 AC 段）时，得到：

$$F_{QC} = -F_{RB}$$

当 $F_P = 1$ 在点 C 以右移动（$F_P = 1$ 在 CE 段）时，得到：

$$F_{QC} = F_{RA}$$

F_{QC} 的影响线如图 7-3（d）所示。

（3）作弯矩 M_C 的影响线。当 $F_P = 1$ 在点 C 以左移动（$F_P = 1$ 在 AC 段）时，得到：

$$M_C = F_{RB} \cdot b$$

当 $F_P = 1$ 在点 C 以右移动（$F_P = 1$ 在 CE 段）时，得到：

$$M_C = F_{RA} \cdot a$$

M_C 的影响线如图 7-3（e）所示。

（4）作剪力 F_{QD} 的影响线。当 $F_P = 1$ 在 D 点以左移动时，取 D 的右边为隔离体，得到：

$$F_{QD} = 0$$

当 $F_P = 1$ 在 D 点以右移动时，仍取 D 的右边为隔离体，得到：

$$F_{QD} = 1$$

F_{QD} 的影响线如图 7-3（f）所示。

可以看出，$F_P = 1$ 在 AD 段移动时，对 F_{QD} 无影响，只有在 DE 段移动时，才对 F_{QD} 有影响。

7.3　结点在荷载作用下梁的影响线

如图 7-4（a）所示为一个实际结构示意图。该结构由纵梁、横梁和主梁组成。纵梁是两端支撑在横梁上的简支梁，横梁则由主梁支撑。荷载直接作用于纵梁上，无论纵梁承受何种荷载，主梁只在结点 A、C、E、F、B 处（支撑横梁处）受力，主梁承受的这种荷载称为结点荷载。

下面讨论主梁的影响线。支座反力 F_{RA}、F_{RB} 的影响线以及主梁上结点处的内力影响线与主梁受直接荷载时的作图方法完全相同，如图 7-4（b）所示为主梁结点 C 处的弯矩影响线。

下面讨论相邻两结点之间内力影响线的做法。

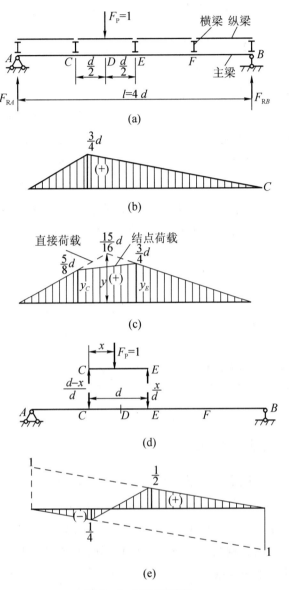

图 7 - 4　弯矩影响线

（a）实际结构示意图；（b）M_C 的影响线；（c）M_D 的影响线；

（d）纵梁 CE 和主梁的受力；（e）F'_{QCE} 的影响线

7.3.1　弯矩影响线

如图 7 - 4（c）所示，M_D 的影响线做法如下：

（1）当单位荷载在点 C 以左的纵梁上移动时，有：

$$M_D = F_{RB} \cdot \frac{5}{2}d（截面 C 以右的外力对点 D 的矩），\quad y_C = \frac{5}{8}d$$

（2）当单位荷载在点 E 以右的纵梁上移动时，有：

$$M_D = F_{RA} \cdot \frac{3}{2}d \text{（截面 } E \text{ 以左的外力对点 } D \text{ 的矩）}, \quad y_E = \frac{3}{4}d$$

式中：$5d/2$——点 D 到点 B 的距离；

$\qquad 3d/2$——点 D 到点 A 的距离。

由此可以看出，单位荷载 $F_P = 1$ 在点 C 以左和点 E 以右的纵梁上移动时，结点荷载与直接荷载 M_D 的影响线完全相同，所以在结点荷载作用下，M_D 的影响线在点 C 处的纵坐标 y_C 和在点 E 处的纵坐标 y_E 与在直接荷载作用下相应的纵坐标完全相等。

（3）当单位荷载在 C、E 两点之间的纵梁上移动时，设其到点 C 的距离以 x 表示，则纵梁 CE 和主梁的受力如图 7 – 4 (d) 所示。

当 $F_P = 1$ 距点 C 为 x 时，主梁点 C 的荷载为 $(d-x)/d$，点 E 的荷载为 x/d，故：

$$y = y_C \frac{d-x}{d} + y_E \frac{x}{d}$$

当 $F_P = 1$ 加在点 C（$x = 0$）时，$M_D = y_C$。

当 $F_P = 1$ 加在点 E（$x = d$）时，$M_D = y_E$。

由此可知，在结点荷载的作用下，M_D 的影响线在 CE 段为一条直线。

7.3.2　F_{QD} 的影响线

在结点荷载作用下，主梁在 C、E 两点之间没有外力，因此，CE 段各截面的剪力都相等，其影响线如图 7 – 4 (e) 所示（与 M_D 的做法相同）。

总之，在结点荷载作用下，主梁上某量值的影响线的做法如下：先作直接荷载作用下的影响线，用直线连接相邻两个结点的纵坐标，即可得到结点荷载作用下的影响线。

7.4　静力法作桁架的影响线

桁架通常会承受结点荷载。如图 7 – 5 (a) 所示为一平行弦桁架，可以看出，荷载传递方式与同跨度结点荷载作用下的梁相同，如图 7 – 5 (b) 所示，所以桁架中任意杆的轴力的影响线在相邻结点之间也为一条直线。

静力法作桁架的影响线是以桁架内力的计算方法——结点法和截面法为基础的。桁架的支座反力影响线与简支梁相同，这里不再讨论，下面讨论桁架的轴力影响线。

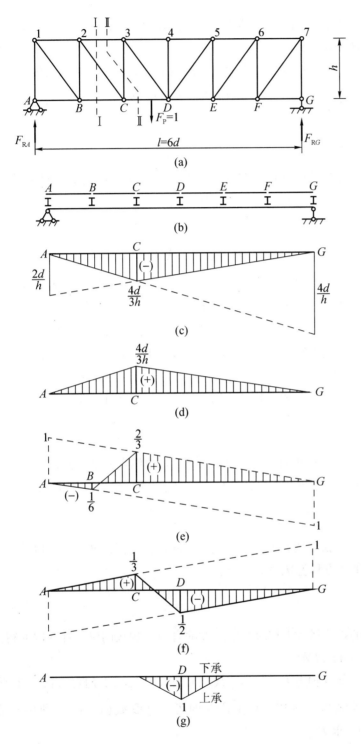

图7-5　静力法作桁架的影响线

(a) 平行弦桁架；(b) 荷载传递方式；(c) F_{N23} 的影响线；(d) F_{NCD} 的影响线；

(e) F_{y2C} 的影响线；(f) F_{N3C} 的影响线；(g) F_{N4D} 的影响线

（1）上弦杆轴力 F_{N23} 的影响线。作截面 I – I，以点 C 为矩心，列平衡方程 $\sum M_C = 0$，求 F_{N23}。

当单位荷载在点 C 以左时，取截面 I – I 以右部分为隔离体，得到：

$$F_{RG}4d + F_{N23}h = 0$$

即：

$$F_{N23} = -\frac{4d}{h}F_{RG} \tag{7-1}$$

当单位荷载在点 C 以右时，取截面 I – I 以左部分为隔离体，得到：

$$F_{RA}2d + F_{N23}h = 0$$

即：

$$F_{N23} = -\frac{2d}{h}F_{RA} \tag{7-2}$$

如图 7 – 5（c）所示，由式（7 – 1）可知，应将 f_{RG} 影响线的纵坐标乘以 $4d/h$，并画在基线下面（取 AB 段）。由式（7 – 2）可知，应将 F_{RA} 影响线的纵坐标乘以 $2d/h$，并画在基线下面（取 CG 段）。将结点 B、C 之间用直线连接，该连线正好与 AB 段影响线的延长线重合，得到一个三角形，即为 F_{N23} 的影响线。

式（7 – 1）和式（7 – 2）可以用一个式子表示，即：

$$F_{N23} = -\frac{M_C^0}{h} \tag{7-3}$$

式中：M_C^0——相应的简支梁图 7 – 5（b）中结点 C 的弯矩。

由上面的推导过程得知，F_{N23} 的影响线为三角形，其顶点的纵坐标为：

$$-\frac{ab}{lh} = -\frac{2d \cdot 4d}{6dh} = -\frac{4d}{3h}$$

（2）下弦杆轴力 F_{NCD} 的影响线。同理，作截面 II – II，以结点 3 为矩心，由平衡方程 $\sum M_3 = 0$，得到：

$$F_{NCD} = \frac{M_C^0}{h} \tag{7-4}$$

即 F_{NCD} 的影响线可由相应梁结点 C 的弯矩影响线的纵坐标除以 h 得到，如图 7 – 5（d）所示。

（3）斜杆轴力 F_{N2C} 的影响线。可先求出 F_{N2C} 的竖直分力 F_{y2C} 的影响线，然后将其纵坐标乘以 $\sqrt{h^2 + d^2}/h$ 即可。仍取截面 I – I，利用投影方程 $\sum F_y = 0$，求 F_{y2C}。

单位荷载在点 B 以左时，取截面 I – I 以右部分为隔离体，得到：

$$F_{y2C} = -F_{RG} \tag{7-5}$$

单位荷载在点 C 以右时，取截面 I – I 以左部分为隔离体，得到：

$$F_{y2C} = F_{RA} \tag{7-6}$$

单位荷载在 B、C 之间时，影响线为一条直线，即 F_{y2C} 的影响线如图 7-5（e）所示。

将式（7-5）和式（7-6）合并为一式，有：

$$F_{y2C} = F_{QBC}^0$$

式中：F_{QBC}^0——相应简支梁在结点 B、C 之间的剪力。

（4）竖杆轴力 F_{N3C} 的影响线。同理，F_{N3C} 的影响线方程可利用截面 Ⅱ-Ⅱ，由平衡方程 $\sum F_y = 0$ 求出。

$$F_{N3C} = -F_{QCD}^0$$

式中：$-F_{QCD}^0$——相应简支梁在结点 C、D 之间的剪力。

故可绘出 F_{N3C} 的影响线如图 7-5（f）所示。

（5）竖杆轴力 F_{N4D} 的影响线。当单位荷载沿下弦移动时，由结点 4 的平衡条件，可知：

$$F_{N4D} = 0$$

此时，F_{N4D} 的影响线与基线重合。

若单位荷载沿上弦移动，则当荷载位于结点 4 时，$F_{N4D} = -1$；当荷载位于其他结点时，$F_{N4D} = 0$。由于结点之间的影响线为直线，因此，F_{N4D} 的影响线如图 7-5（g）所示，为一个三角形。

由此可知，作桁架影响线时，要注意区别桁架为下弦承载还是上弦承载[1]。

7.5 机动法作静定梁的影响线

本节将讨论绘制影响线的另一种方法——机动法。机动法作静定结构的影响线是以刚体的虚功原理为基础的，故不需要计算就能简便、快捷地绘出影响线的轮廓。这种方法在工程中运用比较方便。

下面以一伸臂梁的支座反力影响线为例，运用刚体的虚功原理说明机动法作影响线的原理和步骤。

如图 7-6（a）所示，要求某量值 Z（F_{RB}）的影响线时，首先应将与 Z 相应的约束去掉，用相应的未知力 Z 代替，如图 7-6（b）所示。这时，原静定结构变为具有一个自由度的几何可变体系。然后，沿 Z 的方向给一个微小的虚位移 δ_Z，体系绕点 A 做微小转动，得到该体系的刚体位移图。最后，以 δ_P 表示单位荷载 $F_P = 1$ 时相应的位移（其正负号是这样规定的：当与 $F_P = 1$ 方向一致时，为正），设 $F_P = 1$ 向下为正，故 δ_P 也以向下为正。根据刚体虚功原理，体系的外力虚功总和等于 0，即：

[1] 在上面讨论的例子中，桁架改为上弦承载时，F_{N23}、F_{NCD}、F_{y2C} 的影响线与下弦承载相同，但 F_{N3C} 需要修改，读者可自己证明。

$$Z\delta_z + F_P\delta_P = 0$$

由于 $F_P = 1$，故：

$$Z = -\frac{\delta_P}{\delta_z} \qquad\qquad (7-7)$$

式中：位移 δ_P 随荷载位置 x 而变化，而位移 δ_z 与 x 无关，为常数。

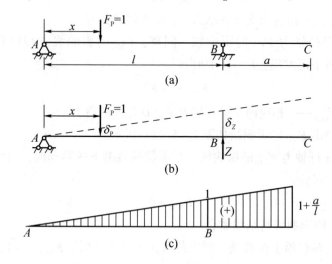

图 7 – 6　机动法作静定梁的影响线

于是式 (7 – 7) 可以写为：

$$Z(x) = -\frac{\delta_P(x)}{\delta_z} \qquad\qquad (7-8)$$

式中：函数 $Z(x)$ 表示 Z 随单位荷载 $F_P = 1$ 作用位置 x 的变化规律，即 Z 的影响线；函数 $\delta_P(x)$ 表示单位荷载 $F_P = 1$ 作用位置的竖直虚位移随 x 的变化规律，如图 7 – 6（b）所示。

因此，Z 的影响线的形状可由 $\delta_P(x)$ 图确定。

如果要确定 Z 的影响线纵坐标的值，可以令 $\delta_z = 1$，这时，有：

$$Z(x) = -\delta_P(x) \qquad\qquad (7-9)$$

即 $\delta_P(x)$ 的图形和数值与 Z 的影响线的形状和数值完全相同，如图 7 – 6（c）所示。

正负号说明如下：因为 δ_P 以向下为正，即图形在基线下方时 δ_P 为正，所以，这时的 Z 为负值；图形在基线上方时，δ_P 为负值，而 Z 为正值。所以，Z 和 δ_P 总是相差一个负号。

总之，机动法作静定结构影响线的步骤如下：

（1）撤去与 Z 相应的约束，以未知力 Z 来代替。

（2）使体系沿 Z 的正方向发生位移，并使 Z 点的位移为单位位移，由此得到的虚位移图即为量值 Z 的影响线。

（3）若图形在基线上方，则影响线的纵坐标取正号；反之，则取负号。

【例7-2】 试用机动法作如图7-7（a）所示的伸臂梁截面 D 的弯矩影响线和剪力影响线。

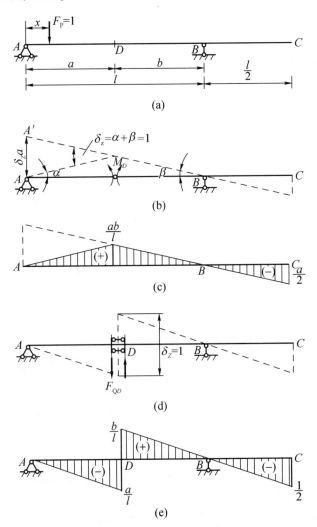

（a）

（b）

（c）

（d）

（e）

图7-7 例7-2伸臂梁

（a）伸臂梁；（b）M_D 虚位移；（c）M_D 的影响线；（d）F_{QD} 虚位移；

（e）F_{QD} 的影响线

解：（1）求弯矩 M_D 的影响线。撤去与 M_D 相应的约束，即在截面 D 处加一个铰，用一对等值、反向使梁下侧受拉的力偶 M_D 来代替，使铰 D 的左、右两个截面沿 M_D 的正方向产生一单位的相对转角，故有：

$$\delta_z = \alpha + \beta = 1$$

如图7-7（b）所示。由于 δ_z 是微小的转角，故可以近似认为：

$$AA' = \delta_z \cdot a \approx a$$

由几何关系可以得到 M_D 影响线的纵坐标。M_D 的影响线如图 7-7（c）所示。

（2）求剪力 F_{QD} 的影响线。撤去与 F_{QD} 相应的约束，即在截面 D 处加一定向滑动支座，用一对等值、反向的正剪力 F_{QD} 来代替，使 D 的左、右两截面发生单位的相对竖直向位移 $\delta_z = 1$，如图 7-7（d）所示。由于切口 D 处只能发生竖直位移，不能发生相对水平位移和相对转角位移，切口两边在梁发生位移后必须保持平行，故由几何关系可以得到 F_{QD} 影响线的纵坐标。F_{QD} 的影响线如图 7-7（e）所示。

❶ 静定多跨梁的影响线用机动法作比较方便。

【例 7-3】 试用机动法作如图 7-8（a）所示静定多跨梁的 F_{RB}、F_{QB}^{L}、M_D、F_{QC}^{R}、M_C 的影响线❶。

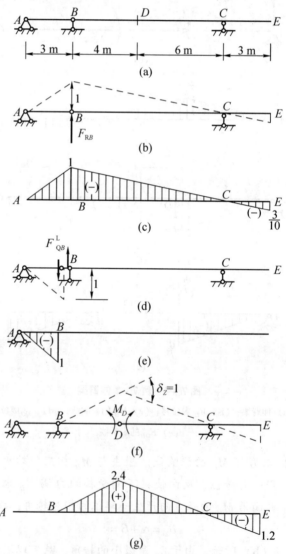

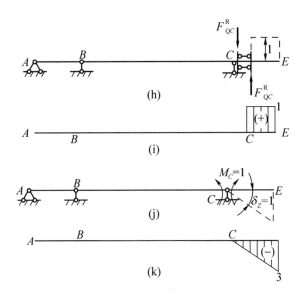

图 7−8　例 7−3 静定多跨梁

（a）静定多跨梁；（b）F_{RB} 虚位移；（c）F_{RB} 的影响线；（d）F_{QB}^L 虚位移；

（e）F_{QB}^L 的影响线；（f）M_D 虚位移；（g）M_D 的影响线；（h）F_{QC}^R 虚位移；

（i）F_{QC}^R 的影响线；（j）M_C 虚位移；（k）M_C 的影响线

解：（1）求 F_{RB} 的影响线。如图 7−8（b）所示，撤去与 F_{RB} 相应的约束，使 B 处沿 F_{RB} 正方向产生一单位位移，从而得到相应的虚位移图，由此可以得到 F_{RB} 的影响线，如图 7−8（c）所示。

（2）求 F_{QB}^L 的影响线。如图 7−8（d）所示，撤去与 F_{QB}^L 相应的约束，由于 B 为一铰，允许转动，只需将 B 的左侧改为一水平链杆，便能解除 F_{QB}^L 相应的约束，沿 F_{QB}^L 的正方向给一单位位移，即可得到相应的虚位移图。B 以右部分仍为不变体系，故不能移动。由此可以得到 F_{QB}^L 的影响线，如图 7−8（e）所示。

同理，可得图 7−8（f）、图 7−8（h）、图 7−8（j）分别为 M_D、F_{QC}^R、M_C 的虚位移图●，图 7−8（g）、图 7−8（i）、图 7−8（k）分别为其对应的影响线。

● 注意图 7−8（h）、图 7−8（j）去掉与 F_{QC}^R，M_C 相应的约束时，要保留支座 C。

7.6　影响线的应用

7.6.1　求在固定荷载作用下的量值

影响线是单位荷载的影响，根据叠加原理，可以利用影响线求解在固定荷载作用下的影响量值。

1. 集中荷载

如图7-9（a）所示为一个简支梁上作用一组集中荷载F_{P1}、F_{P2}、F_{P3}，求截面C的剪力。

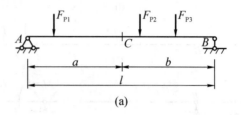

(a)

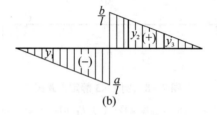

(b)

图7-9 集中荷载作用下的量值

（a）简支梁上作用一组集中荷载F_{P1}、F_{P2}、F_{P3}；（b）F_{QC}的影响线

首先作F_{QC}的影响线，与荷载作用点对应的纵坐标为y_1、y_2、y_3。根据叠加原理可知，这组荷载共同作用下产生的F_{QC}值为：

$$F_{QC} = F_{P1}y_1 + F_{P2}y_2 + F_{P3}y_3$$

一般来说，若有一组位置固定的集中荷载F_{P1}，F_{P2}，…，F_{Pn}同时作用于结构上，结构某量值Z的影响线在各荷载作用点的纵坐标为y_1，y_2…，y_n，则该量值为：

$$Z = F_{P1}y_1 + F_{P2}y_2 + \cdots + F_{Pn}y_n = \sum_{i=1}^{n} F_{Pi}y_i \qquad (7-10)$$

应用式（7-10）时，应注意纵坐标的正负号。

2. 分布荷载

设有一段分布荷载作用于简支梁上，荷载集度为$q(x)$，如图7-10（a）所示，求剪力F_{QC}。

F_{QC}的影响线如图7-10（b）所示。取$\mathrm{d}x$微段，则$q(x)\mathrm{d}x$可以看作集中荷载，由它产生的F_{QC}为：

$$\mathrm{d}F_{QC} = y \cdot q(x)\mathrm{d}x$$

整个分布荷载引起的F_{QC}的值为：

$$F_{QC} = \int_A^B q(x)y\mathrm{d}x$$

对于一般情况，在分布荷载作用下，结构中某量值 Z 为：

$$Z = \int_{x_1}^{x_2} q(x) y \mathrm{d}x$$

$$(7-11)$$

若 $q(x)$ 为常数，则为均布荷载。式（7-11）可以写为：

$$Z = q \int_{x_1}^{x_2} y \mathrm{d}x = qA$$

式中：A——受荷载段影响线图形的面积❶。

上面的公式在使用时，应注意面积的正负号。

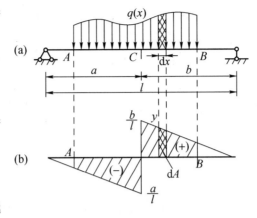

图 7-10　分布荷载作用下的量值

（a）荷载集度为 $q(x)$ 的分布荷载作用下的简支梁；

（b）F_{QC} 的影响线

❶ 均布荷载引起的量值等于荷载集度乘以荷载作用段影响线的面积。

【例 7-4】 如图 7-11（a）所示为一受荷载作用的伸臂梁，求 M_C 的值。

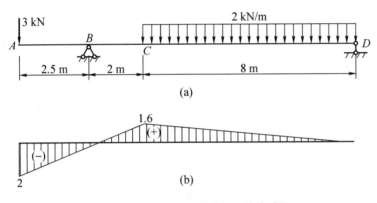

图 7-11　例 7-4 受荷载作用的伸臂梁

（a）受荷载作用的伸臂梁；（b）M_C 的影响线

解： 首先作 M_C 的影响线，如图 7-11（b）所示，由式（7-4）和式（7-5）可知：

$$M_C = \sum F_{\mathrm{P}i} y_i + qA = -3 \times 2 + 2 \times \frac{1}{2} \times 1.6 \times 8 = 6.8 (\mathrm{kN \cdot m})$$

7.6.2　求荷载的最不利位置

荷载移动到某位置时，使某量值 Z 达到最大值，则此荷载的位置称为荷载的最不利位置，这也是影响线的最大用途。

一般来说，判断荷载最不利位置的原则如下：应当将数量大、排列紧密的荷载放在影响线纵坐标较大的位置。

（1）如果移动荷载为单个集中荷载，则最不利位置是将集中荷载作用在影响线纵坐标最大的位置。

（2）如果移动荷载是任意布置的均布荷载，则最不利位置的分布如下：将均布荷载布满对应影响线正号区域，可产生最大的正量值；将均布荷载布满对应影响线负号区域，可产生最大的负量值，如图 7 - 12 所示。

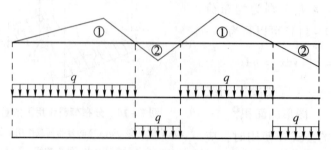

图 7 - 12　移动荷载是任意布置的均布荷载时的最不利位置

（3）如果荷载为间距和排列不变的集中荷载，则当荷载处于最不利位置时，必定有一个集中荷载作用在影响线的纵坐标最大位置。

确定某量值 Z 的最不利位置的方法如下：首先确定使 Z 达到极值的荷载的位置，即荷载的临界位置，再从 Z 的极值中找出最大值，该荷载位置即为荷载的最不利位置。

如图 7 - 13（a）所示为一个组间距、排列及数值保持不变的集中荷载，如图 7 - 13（c）所示为某一量值的影响线，各直线的倾角分别为 α_1，$\alpha_2, \cdots, \alpha_n$，其中，线段"上倾"夹角取正；反之，取负。$F_{R1}$，$F_{R2}$，$\cdots$，$F_{Rn}$ 分别为位于影响线同一线段上的荷载的合力。

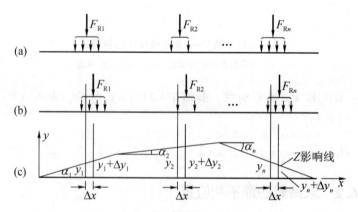

图 7 - 13　确定某量值 Z 的最不利位置

由叠加原理，可知：

$$Z = F_{P1}y_1 + F_{P2}y_2 + \cdots + F_{Pn}y_n = \sum_{i=1}^{n} F_{Pi}y_i$$

式中：y_1，y_2，$\cdots$，y_n——各段荷载合力对应的影响线纵坐标。

设荷载向右移动 Δx，如图 7 – 13（b）所示，则：

$$\Delta y_i = \Delta x \cdot \tan\alpha_i$$

$$\Delta Z = \Delta x \left(\sum_{i=1}^{n} F_{Ri} \tan\alpha_i \right)$$

当然，也可使荷载向左移动 Δx。如果所有荷载无论向右移动还是向左移动，都有 $\Delta Z \leqslant 0$，那么说明荷载所处的原来位置（未移动时的位置）就是使结构某量值取得极值的位置，即荷载的临界位置。

由上式可知，Z 的变化率为：

$$\frac{\Delta Z}{\Delta x} = \sum_{i=1}^{n} F_{Ri} \tan\alpha_i$$

当 $\Delta x > 0$ 时（向右移动），若 $\Delta Z \leqslant 0$，则：

$$\frac{\Delta Z}{\Delta x} = \sum_{i=1}^{n} F_{Ri} \tan\alpha_i \leqslant 0 \qquad (7-12)$$

当 $\Delta x < 0$ 时（向左移动），若 $\Delta Z \leqslant 0$，则：

$$\frac{\Delta Z}{\Delta x} = \sum_{i=1}^{n} F_{Ri} \tan\alpha_i \geqslant 0 \qquad (7-13)$$

由此可以看出，若 Z 为极值，则荷载左、右移动时，$\sum\limits_{i=1}^{n} F_{Ri} \tan\alpha_i$ 必须变号。

下面研究在什么情况下 $\sum\limits_{i=1}^{n} F_{Ri} \tan\alpha_i$ 才变号。由于 $\tan\alpha_i$ 为影响线中各直线段的斜率，它的正负不随荷载位置的变化而变化。只有改变各段上的合力 F_{Ri} 数值，即只有荷载中某一个荷载位于影响线的某一顶点时，荷载左、右移动才有可能使 F_{Ri} 的数值改变，即才有可能使 $\sum\limits_{i=1}^{n} F_{Ri} \tan\alpha_i$ 变号。需要注意的是，不是这些荷载中的每个集中荷载通过影响线顶点时都会使 $\sum\limits_{i=1}^{n} F_{Ri} \tan\alpha_i$ 变号，我们对其中通过影响线的顶点会使 $\sum\limits_{i=1}^{n} F_{Ri} \tan\alpha_i$ 变号的集中荷载称为临界荷载。临界载荷通常需通过试算，由式（7–12）和式（7–13）来判别。

对于影响线为三角形的情况，如图 7 – 14 所示，设 F_{Pcr} 为临界荷载，将其置于影响线顶点，则由式（7–12）和式（7–13）可知，当荷载向右移动时，有：

$$F_R^L \tan\alpha_1 - (F_{Pcr} + F_R^R) \tan\alpha_2 \leqslant 0$$

当荷载向左移动时，有：

$$(F_R^L + F_{Pcr}) \tan\alpha_1 - F_R^R \tan\alpha_2 \geqslant 0$$

式中：$\tan\alpha_1 = c/a$，$\tan\alpha_1 = c/b$。

代入上式，得到：

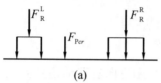

$$\begin{cases} \dfrac{F_R^L}{a} \leqslant \dfrac{F_{Pcr} + F_R^R}{b} \\[2mm] \dfrac{F_R^L + F_{Pcr}}{a} \geqslant \dfrac{F_R^R}{b} \end{cases} \quad (7-14)$$

满足式（7-14）表明 F_{Pcr} 为临界荷载。

(a)

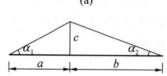

(b)

图 7-14 影响线为三角形的情况

【例 7-5】 如图 7-15（a）所示为一个简支吊车梁，跨度为 12 m。两台吊车传来的最大轮压为 152 kN，$F_{P1} = F_{P2} = F_{P3} = F_{P4} = 152$ kN，轮矩 4.40 m，两台吊车并行的最小间距为 1.26 m。求截面 K 弯矩最大时的荷载最不利位置及 M_K 的最大值。

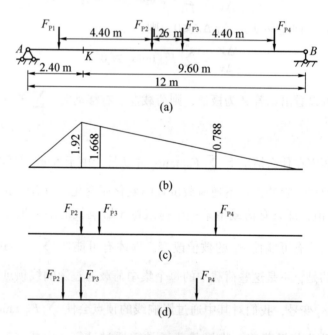

图 7-15 简支吊车梁

（a）简支吊车梁；（b）M_K 的影响线；（c）将 F_{P2} 放在 K 点为 M_K 的荷载的最不利位置；

（d）将 F_{P3} 放在 K 点为 M_K 的荷载的最不利位置

解：（1）首先作 M_K 的影响线，如图 7-15（b）所示。

（2）F_{P2}、F_{P3} 都有可能是临界荷载。假设 F_{P2} 为临界荷载，将其放在影响线的顶点进行验算。当整个荷载稍向左移动时，有：

$$\frac{152}{2.40} \geqslant \frac{152 + 152}{9.60}$$

当整个荷载稍向右移动时，有：

$$\frac{0}{2.40} \leqslant \frac{152 + 152 + 152}{9.60}$$

假设 F_{P3} 为临界荷载，将其放在影响线的顶点进行验算。当整个荷载稍向左移动时，有：

$$\frac{152 + 152}{2.40} \geqslant \frac{152}{9.60}$$

当整个荷载稍向右移动时，有：

$$\frac{152}{2.40} \geqslant \frac{152 + 152}{9.60}$$

由此可知，F_{P2} 是临界荷载，F_{P3} 不是临界荷载。

（3）将 F_{P2} 放在 K 点为 M_K 的荷载的最不利位置，如图 7 − 15（c）所示，相应的最大弯矩为：

$$M_K = 152 \times (1.920 + 1.668 + 0.788) = 665.15(\text{kN} \cdot \text{m})$$

*7.7　超静定结构的影响线

在结构中，为了分析超静定结构由于移动荷载产生的内力，如同静定结构一样，通常要借助影响线，但是超静定结构的内力影响线的绘制要比静定结构复杂。

超静定结构影响线的做法有两种：一种是静力法，即利用力法、位移法和力矩分配法直接求出影响线方程，由影响线方程绘制出超静定结构的影响线；另一种是机动法，即利用超静定结构影响线与位移图之间的关系，绘制出超静定结构的影响线。

在工程设计中，往往只需知道影响线的形状即可，而不需要知道影响线的纵坐标。例如，设计连续梁时，需要知道如何布置均布活荷载，使某截面内力最大，这时只需给出影响线的形状即可解决问题，即可用机动法绘制影响线的形状，十分方便。

本节只介绍机动法作超静定结构影响线的方法[1]。

机动法作超静定结构的影响线，在方法上与静定结构相同。但需要指出的是，机动法作静定结构的影响线时，由于位移图是几何可变体系的位移图，所以是折线图形；而对于超静定结构来说，用机动法作影响线时，位移图是几何不变体系的位移图，因而是曲线图形。

具体做法如下：若求某量值的影响线，首先撤去与该量值相应的约束，然后使体系沿该量值的正方向发生与其相应的单位位移，由此形成的图形即为该量值的影响线。基线以上为正号，基线以下为负号。

[1] 机动法作超静定结构的影响线的原理可以由力法加以证明。

如图 7 - 16（a）所示为一连续梁的几个影响线图形的形状，其中，如图 7 - 16（b）所示为撤掉与 F_{RB} 相应约束以后沿 F_{RB} 正方向发生的位移图，如图 7 - 16（c）所示为 F_{RB} 的影响线；如图 7 - 16（d）所示为撤掉与 M_C 相应的约束以后沿 M_C 正方向发生的位移图，如图 7 - 16（e）所示为 M_C 的影响线；如图 7 - 16（f）所示为撤掉与 M_K 相应的约束以后沿 M_K 正方向发生的位移图，如图 7 - 16（g）所示为 M_K 的影响线；如图 7 - 16（h）所示为撤掉与 F_{QK} 相应的约束以后沿 F_{QK} 正方向发生的位移图，如图 7 - 16（i）所示为 F_{QK} 的影响线。

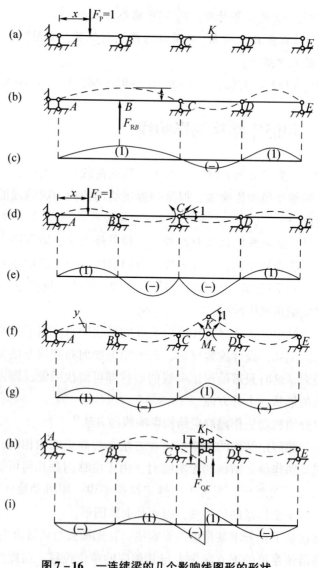

图 7 - 16　一连续梁的几个影响线图形的形状

*7.8　包络图和绝对最大弯矩

在结构设计中，只确定了某个指定截面的内力最大值是不够的，还需求出结构各截面的内力最大值（最大正值和最大负值）。通常，称连接结构上所有截面的最大内力值的图形为内力的包络图❶。

如图 7 - 17（a）所示为一个吊车梁，跨度为 12 m，承受如图 7 - 17（b）所示两台桥式吊车荷载作用，绘制其弯矩包络图。

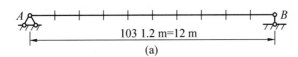

(a)

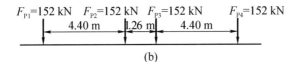

(b)

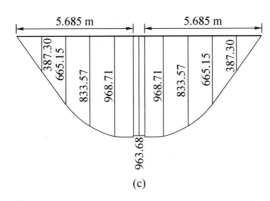

(c)

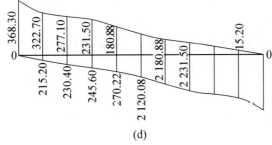

(d)

图 7 - 17　吊车梁

（a）吊车梁；（b）受力图；（c）弯矩包络图；（d）剪力包络图

一般将梁分成若干等份（通常分为十等份），求出各等分点处截面的最大弯矩值，连成的图形即为弯矩包络图，如图 7 - 17（c）所示。

通常，将各截面最大弯矩中的最大值称为绝对最大弯矩，跨中截面的

❶ 包络图是结构设计中的重要工具，在吊车梁、楼盖的连续梁和桥梁的设计中应用很广泛。

最大弯矩并非是绝对最大弯矩。

同理，可绘出的剪力包络图如图 7-17（d）所示。由于每一截面的剪力都可能发生最大正值和最大负值，故剪力包络图有两条曲线。

小 结

本章主要讨论了静定结构影响线的做法。

学习本章时，首先要分清楚影响线和内力图的区别。影响线是指单位集中荷载移动时结构中某一量值随荷载位置变化的图形；而内力图是指固定荷载作用时内力沿各截面变化的图形。

作影响线的方法有两种：静力法和机动法。

（1）静力法是作静定结构影响线的基本方法，应当熟练掌握。

（2）机动法是作静定结构影响线的另一种方法，它应用虚功原理，将影响线的静力计算问题转化为画位移图的几何问题。这种方法不需要计算就能简便、快捷地绘出影响线的轮廓，在工程中运用比较方便。

（3）利用影响线，可以计算固定荷载作用下的量值，确定荷载的最不利位置。

（4）连接结构上所有截面的最大内力值的图形称为内力的包络图。包络图表示各截面内力变化的极值，在设计中十分重要，是结构设计中的重要工具。

思考题

1. 影响线的含义是什么？
2. 内力影响线和内力图有什么区别？
3. 如何作结点荷载作用下梁的影响线？
4. 用静力法作桁架影响线的特点是什么？为什么要区分上弦承载和下弦承载？
5. 如何用机动法作梁的影响线？
6. 什么是荷载的临界位置和最不利位置？如何确定荷载的临界位置和最不利位置？
7. 内力包络图和绝对最大弯矩的定义是什么？

习 题

1. 试作如题图 7-1（a）所示简支梁截面 C 的弯矩和剪力影响线，以及如题图 7-1（b）所示的该简支梁于点 C 作用荷载 F_P 时所引起的弯矩图和剪力图，并说明所得内力影响线与相应内力图的区别。

2. 试用静力法作如题图 7-2 所示单跨梁的 F_{RA}、M_C、F_{QC}、M_D、F_{QD}、M_A、F_{QA}^L 和 F_{QA}^R 的影响线，并用机动法校核。

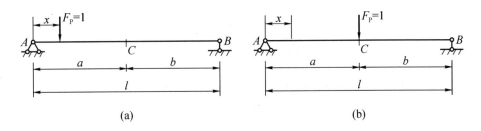

题图7-1

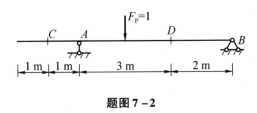

题图7-2

3. 试用静力法写出影响线的方程，作如题图7-3所示斜梁的 F_{yA}、F_{yB}、F_H、M_C、F_{QC} 和 F_{NC} 的影响线。

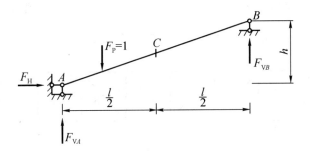

题图7-3

4. 试用静力法或机动法作如题图7-4所示多跨静定梁的 F_{RD}、M_C、F_{QA}^L、F_{QA}^R、M_H、 F_{QH} 的影响线。

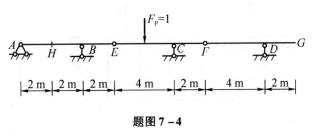

题图7-4

5. 试用静力法作如题图7-5所示多跨静定梁 F_{RB}、F_{yA}、M_A、M_I、F_{QI} 的影响线，并用机动法校核。

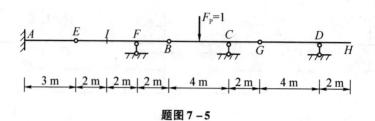

题图 7 – 5

6. 试作如题图 7 – 6 所示主梁的 M_C、F_{QC} 的影响线。

7. 试作如题图 7 – 7 所示刚架 M_A、M_F、F_{QF}、F_{NA} 的影响线，设单位荷载在 BE 范围内移动。

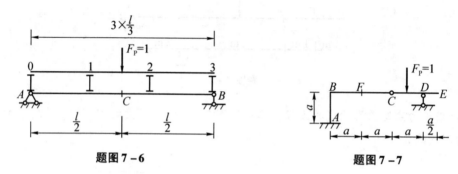

题图 7 – 6   题图 7 – 7

8. 试作如题图 7 – 8 所示桁架中指定杆的内力影响线。

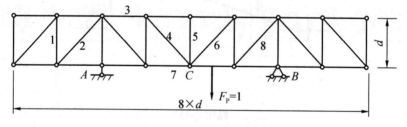

题图 7 – 8

9. 试作如题图 7 – 9 所示桁架中指定杆的内力影响线。

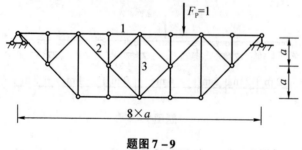

题图 7 – 9

10. 试利用影响线计算如题图 7 – 10 所示的梁在所给荷载作用下 M_E、F_{QE}、M_B、F_{QB}^L 的值。

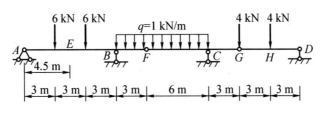

题图 7 – 10

11. 设如题图 7 – 11 所示的荷载行驶于梁上,试求 F_{RB} 和 M_D 的最大值。

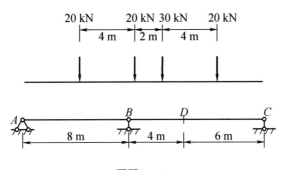

题图 7 – 11

12. 简支梁 AB 承受如题图 7 – 12 所示的移动荷载,试求:

(1) 跨中点 C 的最大弯矩值;

(2) 截面 A 的最大剪力值;

(3) 梁内的绝对最大弯矩值及其截面所在位置。

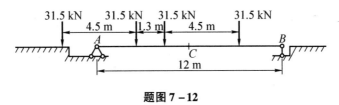

题图 7 – 12

13. 试求如题图 7 – 13 所示的简支梁在移动荷载作用下的绝对最大弯矩及其截面所在位置。

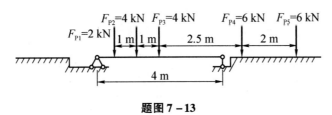

题图 7 – 13

*14. 试作如题图 7 – 14 所示两端固定梁 AB 的杆端弯矩的影响线,并求当荷载作用在何处时,达到极大值?

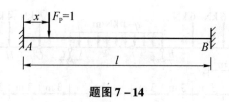

题图 7 - 14

*15. 试作如题图 7 - 15 所示的两跨等跨等截面连续梁 F_{RB}、M_D、F_{QD} 的影响线。

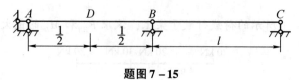

题图 7 - 15

第8章

结构的稳定计算

学习指导

学习要求：理解失稳的基本概念。掌握失稳分析的静力法及其特征方程；掌握压杆失稳分析的能量法。了解圆环和圆拱结构的稳定计算。

本章重点：用静力法和能量法分析单、多自由度和无限自由度体系的稳定问题。

8.1 稳定问题概述

在结构设计中，除要保证满足结构中各个构件的强度条件和刚度条件以外，往往还要进行结构稳定性的验算，以保证结构中各个构件的稳定性条件，即满足结构设计的稳定性准则。

8.1.1 平衡状态的三种不同情况

在结构稳定计算中，需要对结构的平衡状态做更深层次的考察。从稳定性的角度来考察，平衡状态实际上有 3 种不同的情况：稳定平衡状态、不稳定平衡状态和中性平衡状态。

（1）稳定平衡状态。设结构原来处于某个平衡状态，由于受到轻微干扰而稍微偏离原来的位置。当干扰消失后，如果结构能够回到原来的平衡位置，则原来的平衡状态称为稳定平衡状态。

（2）不稳定平衡状态。当干扰消失后，如果结构继续偏离，不能回到原来的位置，则原来的平衡状态称为不稳定平衡状态。

（3）中性平衡状态。结构由稳定平衡到不稳定平衡的中间过渡状态称为中性平衡状态。

结构稳定性设计的目的正是为了设法保证结构为稳定平衡状态。

中心受压直杆在直线形态下的平衡，由稳定平衡状态转化为不稳定平衡状态时所受轴向压力的界限值称为临界压力，或简称为临界力。中心受压直杆在临界力的作用下，其直线形态的平衡开始丧失稳定性，简称为失稳。在萨瓦多利与赫勒的《建筑结构》一书中，下面一段话精辟地解释了失稳现象的发生过程："一根细长柱子，当在端部荷载作用下受压时，它要缩短。与此同时，荷载位置降低。一切荷载要降低它的位置的趋势是一个基本的自然规律。每当在不同路线之间存在一个选择的对象时，一个物理现象将按照最容易的路线发生，这是另一个基本的自然规律。面临弯出去还是缩短的选择，对于柱子来说，在荷载相当小的时候，缩短比较容易；当荷载相当大时，弯出去比较容易。换句话说，当荷载达到它的临界值时，用弯曲的办法来降低荷载位置比用缩短的办法更为容易些。"

8.1.2　强度问题与稳定问题

强度问题与稳定问题是有区别的。

（1）强度问题。强度问题是指结构在稳定平衡状态下的最大应力不超过材料的允许应力，其重点是在内力的计算上。对大多数结构来说，通常其应力都处于弹性范围内，而且变形很小。因此，按线性变形体系计算，即认为荷载与变形之间呈线性关系，并在按结构未变形前的几何形状和位置来进行计算时，叠加原理是适用的。通常，称这种计算为线性分析或一阶分析。对于应力虽处于弹性范围，但变形较大的结构（如悬索），因变形对计算的影响不能忽略，故应按结构变形后的几何形状和位置进行计算。此时，荷载与变形之间已为非线性关系，叠加原理不再适用，这种计算称为几何非线性分析或二阶分析❶。

❶ 结构稳定计算与结构强度计算的最大不同是，稳定计算要在结构变形后的几何形状和位置上进行，其方法已属于几何非线性范畴，叠加原理已不再适用。

（2）稳定问题。稳定问题与强度问题不同，它的着眼点不是放在计算最大应力上，而是放在研究荷载与结构内部抵抗力之间的平衡上，看这种平衡是否处于稳定状态，即要找出变形开始急剧增长的临界点，并找出与临界状态相应的最小荷载（临界荷载）。由于它的计算要在结构变形后的几何形状和位置上进行，所以其方法也属于几何非线性范畴，叠加原理不再适用，故其计算也属于二阶分析。

压杆出现失稳时，其强度或者刚度可能已经失效，也可能尚未失效，故在设计机械零件或者结构构件时，应根据具体的荷载情况及结构外形和尺寸，综合考虑强度、刚度和压杆稳定问题，以保证机械零件或结构构件能够正常工作。

人类对压杆稳定问题的认识已经经历了很长的时间了。历史上，早期工程结构中的柱体多是由砖石材料砌筑而成的。后来，随着钢材的大量使用，压杆变得相对细长，其强度问题逐渐被稳定问题所取代。在人们还没有充分认识和解决这一问题之前，发生了不少工程事故。例如，1891 年，瑞士一座长为 42 m 的桥，由于列车通过导致结构失稳而坍塌，12 节车厢中的 7 节落入河中，死亡 200 余人。1907 年，北美魁北克大桥在施工过程中，由于悬臂结构的下弦杆失稳而坍塌，70多名施工人员遇难，15 000多吨的金属结构顷刻之间成了废铁。

综上所述，稳定计算在工程力学中是一个重要的专题，本章将讨论基本的分析方法。

8.2　稳定问题分析的基本方法

确定临界荷载的基本方法有两种：一种是根据临界状态的静力特征而提出的方法，称为静力法；另一种是根据临界状态的能量特征而提出的方法，称为能量法。

结构稳定计算同样需要选取一个合理的计算简图。稳定计算要在结构变形后的几何形状和位置上进行，为此，需要提出稳定计算的自由度的概念。一个体系的稳定计算自由度是指在该体系产生弹性变形时，确定其变形状态所需的独立几何参数的数目。

8.2.1　静力法

下面结合如图8-1（a）所示的单自由度体系说明静力法的解法。在图8-1（a）中，AB 为刚性压杆，底端 A 为弹性支撑，其转动刚度系数为 k。

显然，杆 AB 处于竖直位置时的平衡形式是其原始平衡形式，如图8-1（a）所示。现在寻找杆件处于倾斜位置时新的平衡形式，如图8-1（b）所示。在小变形状态下，其平衡方程为：

$$F_{\mathrm{P}}l\theta - M_A = 0 \qquad (8-1)$$

由于弹性支座的反力矩 $M_A = k\theta$，所以：

$$(F_{\mathrm{P}}l - k)\theta = 0 \qquad (8-2)$$

应当指出的是，在稳定分析中，平衡方程是针对变形后新位置

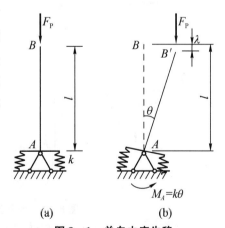

图8-1　单自由度失稳

（a）原始平衡形式；（b）平衡的新形式

的结构写出的（不是针对变形前的原始位置）。也就是说，要考虑结构变形对几何尺寸的影响。由于假设位移是微量的，因而要将结构中的各个力分为主要力和次要力两类。例如，在图8-1（b）中，纵向力 F_{P} 是主要力（有限量），而弹性支座反力矩 $M_A = k\theta$ 则是次要力（微量）。在

建立平衡方程时，方程中各项应是同级微量，因此，对主要力 F_P 的项要考虑结构变形对几何尺寸的微量变化，在式（8-1）中的第一项为主要力 F_P 乘以微量位移 $l\theta$；而对次要力的项不考虑几何尺寸的微量变化（见例8-1）。

式（8-2）是以位移 θ 为未知量的齐次方程。齐次方程有两类解：零解和非零解。零解（$\theta=0$）对应于原始平衡形式，即平衡路径 l；而非零解（$\theta\neq0$）是新的平衡形式。为了得到非零解，齐次方程（8-2）中 θ 的系数应为0，即：

$$F_P l - k = 0 \text{ 或 } F_P = \frac{k}{l} \tag{8-3}$$

式（8-3）称为特征方程。由特征方程得知，第二平衡路径Ⅱ为水平直线。由两条路径的交点得到分支点，分支点相应的荷载即为临界荷载，因此，有：

$$F_{Pcr} = \frac{k}{l}$$

【例8-1】 如图8-2（a）所示为一个具有两个变形自由度的体系，其中，AB、BC、CD 各杆为刚性杆，铰结点 B 和 C 处为弹性支撑，其刚度系数都为 k，试求其临界荷载 F_{Pcr}。

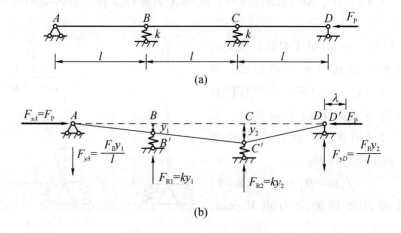

图8-2 两个自由度的体系

（a）原始平衡形式；（b）平衡的新形式

解：设体系由原始平衡状态［如图8-2（a）所示的水平位置］转到任意变形的新状态［如图8-2（b）所示］时，点 B 和点 C 的竖直位移分别为 y_1 和 y_2，相应的支座反力分别为：

$$F_{R1} = ky_1, F_{R2} = ky_2$$

同时，点 A 和点 D 的支座反力为：

$$F_{xA} = F_P(\rightarrow), F_{yA} = \frac{F_P y_1}{l}(\downarrow), \quad F_{yD} = \frac{F_P y_2}{l}(\downarrow)$$

需要注意的是，本问题中纵向力 F_P 是主要力，横向力 F_y、F_R 为次要力，因而在这里及下面写平衡方程时，主要力的项均考虑了结构变形的微量变化 y，而次要力的项没有考虑几何尺寸的微量变化（跨度仍用 l）。

变形状态的平衡条件为：

$$\begin{cases} \sum M_{C'} = 0(C'\text{左}), \quad ky_1 l - \left(\dfrac{F_P y_1}{l}\right)2l + F_P y_2 = 0 \\ \sum M_{B'} = 0(B'\text{左}), \quad ky_2 l - \left(\dfrac{F_P y_2}{l}\right)2l + F_P y_1 = 0 \end{cases}$$

即：

$$\begin{cases} (kl - 2F_P)y_1 + F_P y_2 = 0 \\ F_P y_1 + (kl - 2F_P)y_2 = 0 \end{cases} \tag{8-4}$$

这是关于 y_1 和 y_2 的齐次方程。

如果系数行列式不等于 0，即：

$$\begin{vmatrix} kl - 2F_P & F_P \\ F_P & kl - 2F_P \end{vmatrix} \neq 0 \tag{8-5}$$

则零解（y_1 和 y_2 全为 0）是齐次方程（8-4）的唯一解。也就是说，原始平衡形式是体系唯一的平衡形式。

如果系数行列式等于 0，即：

$$\begin{vmatrix} kl - 2F_P & F_P \\ F_P & kl - 2F_P \end{vmatrix} = 0$$

则除零解以外，齐次方程（8-4）还有非零解。也就是说，除原始平衡形式以外，体系还有新的平衡形式。这就是体系处于临界状态的静力特征。式（8-5）就是稳定问题的特征方程。展开式（8-5），得到：

$$(kl - 2F_P)^2 - F_P^2 = 0$$

由此解得两个特征值为：

$$F_P = \begin{cases} \dfrac{kl}{3} \\ kl \end{cases}$$

其中，最小的特征值称为临界荷载，即：

$$F_{Pcr} = \frac{kl}{3}$$

将特征值代回式（8-4），可求得 y_1 和 y_2 的比值。这时，位移 y_1、y_2 组成的向量称为特征向量。如将 $F_P = kl/3$ 代回式（8-4），则得 $y_1 = -y_2$，相应的变形曲线如图 8 - 3（a）所示；如将 $F_P = kl$ 代回式（8 - 4），则得 $y_1 = y_2$，相应的变形曲线如图 8 - 3（b）所示。

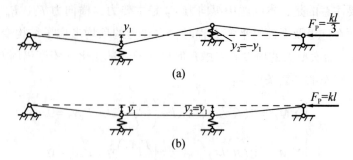

图 8 - 3　例 8 - 1 的失稳形态

（a）第一失稳形态；（b）第二失稳形态

8.2.2　能量法

用能量法求临界荷载时，要使用以能量形式表示的平衡条件寻求结构在新的形式下能维持平衡的荷载，其中最小者即为临界荷载[●]。

用能量形式表示的平衡条件就是势能驻值原理，它可以表述如下：对于弹性结构，在满足支撑条件及位移连续条件的一切虚位移中，能同时满足平衡条件的位移（因而就是真实的位移）可以使结构的势能 $\varPi$ 为驻值。也就是说，结构势能的一阶变分等于 0，即：

$$\delta\varPi = 0$$

这里，结构的势能 $\varPi$ 等于结构的应变能 U 与外力势能 U_P 之和，即：

$$\varPi = U + U_P$$

下面仍以如图 8 - 1 所示的单自由度体系为例说明。体系的势能 $\varPi$ 为弹簧应变能 U 与荷载 P 的势能 U_P 之和。其中，弹簧应变能为：

$$U = \frac{1}{2}k\theta^2$$

荷载势能为：

$$U_P = -F_P\lambda$$

式中：λ——点 B 的竖直位移，如图 8 - 1（b）所示。

因此，有：

$$\lambda = l(1 - \cos\theta) = l\frac{\theta^2}{2}$$

于是，可得：

$$U_P = \frac{F_P l}{2}\theta^2$$

故体系的势能为：

$$\varPi = U + U_\mathrm{P} = \frac{1}{2}(k - F_\mathrm{P}l)\theta^2 \qquad (8-6)$$

应用势能驻值条件 $\mathrm{d}\varPi/\mathrm{d}\theta = 0$，得：

$$(k - F_\mathrm{P}l)\theta = 0 \qquad (8-7)$$

式（8-7）与静力法中的式（8-2）是等价的。由此可见，能量法与静力法都可导出同样的方程。换句话说，势能驻值条件等价于用位移表示的平衡方程。

能量法余下的计算步骤与静力法完全相同，即根据位移 θ 有非零解的条件导出特征方程为：

$$k - F_\mathrm{P}l = 0 \qquad (8-8)$$

从而求出临界荷载为：

$$F_{\mathrm{P}cr} = \frac{k}{l}$$

归结起来，在分支点失稳问题中，临界状态的能量特征如下：势能为驻值，且位移有非零解。能量法就是根据上述能量特征求临界荷载的。

下面对势能 $\varPi$ 做进一步的讨论。由式（8-6）可以看出，势能 $\varPi$ 是位移 θ 的二次式，其关系曲线是抛物线。

如果 $F_\mathrm{P} < k/l$，则关系曲线如图 8-4（a）所示。当位移 θ 为任意非零值时，势能 $\varPi$ 恒为正值，即势能是正定的。当体系处于原始平衡状态（$\theta = 0$）时，势能为极小值，因而原始平衡状态是稳定平衡状态。

如果 $F_\mathrm{P} = k/l$，则关系曲线如图 8-4（b）所示。当位移 θ 为任意值时，势能恒为 0，体系处于中性平衡状态，即临界状态。这时的荷载称为临界荷载，即 $F_{\mathrm{P}cr} = k/l$。

如果 $F_\mathrm{P} > k/l$，则关系曲线如图 8-4（c）所示。当位移 θ 为任意非零值时，势能 $\varPi$ 恒为负值，即势能是负定的。当体系处于原始平衡状态时，势能为极大值，因而原始平衡状态是不稳定平衡状态。

这个结果与静力法所得的结果相同。

因此，临界状态的能量特征还可表述如下：在荷载达到临界值的前后，势能 $\varPi$ 由正定过渡到非正定。对于单自由度体系，则由正定过渡到负定。

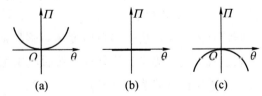

图 8-4 势能 $\varPi$ 与位移 θ 的关系曲线

（a）$F_\mathrm{P} < k/l$；（b）$F_\mathrm{P} = k/l$；（c）$F_\mathrm{P} > k/l$

【**例 8-2**】 用能量法重做例 8-1，即如图 8-2 所示两个变形自由度的体系。

解：首先讨论临界荷载的能量特征。在图 8-2（b）中，D 点的水平位移为：

$$\lambda = l(1 - \cos\theta) = \frac{1}{2l}\big[y_1^2 + (y_2 - y_1)^2 + y_2^2\big] = \frac{1}{l}(y_1^2 - y_1 y_2 + y_2^2)$$

弹性支座的应变能为：

$$U = \frac{k}{2}(y_1^2 + y_2^2)$$

荷载势能为：

$$U_P = -F_P\lambda = -\frac{F_P}{l}(y_1^2 - y_1 y_2 + y_2^2)$$

体系的势能为：

$$\Pi = U + U_P = \frac{k}{2}(y_1^2 + y_2^2) - \frac{F_P}{l}(y_1^2 - y_1 y_2 + y_2^2)$$

$$= \frac{1}{2l}\big[(kl - 2F_P)y_1^2 + 2F_P y_1 y_2 + (kl - 2F_P)y_2^2\big]$$

应用势能驻值条件：

$$\frac{\partial\Pi}{\partial y_1} = 0, \frac{\partial\Pi}{\partial y_2} = 0$$

得到：

$$\begin{cases} (kl - 2F_P)y_1 + F_P y_2 = 0 \\ F_P y_1 + (kl - 2F_P)y_2 = 0 \end{cases} \tag{8-9}$$

式（8-9）就是例 8-1 用静力法导出的式（8-4）。也就是说，势能驻值条件等价于用位移表示的平衡方程。

能量法以后的计算步骤与静力法完全相同。势能驻值条件（8-9）的解包括全零解和非零解。求非零解时，先建立特征方程，然后求解，得出两个特征荷载值 F_{P1} 和 F_{P2}，其中，最小的特征值即为临界荷载 F_{Pcr}，过程和结果见例 8-1 的后半部分。

归结起来，能量法求多自由度体系临界荷载 F_{Pcr} 的步骤如下：先写出势能表达式，建立势能驻值条件，然后应用位移有非零解的条件，得出特征方程，求出荷载的特征值 F_{Pi}（$i = 1, 2, \cdots, n$）。最后，在其中选取 F_{Pi} 最小值，即得到临界荷载 F_{Pcr}。

8.3 弹性压杆的稳定——静力法

前面讨论了有限自由度体系的稳定问题，现在讨论无限自由度体系的稳定问题，压杆稳定为其典型的代表。

静力法的解题思路依旧如下：先对变形状态建立平衡方程，然后根据平衡形式的二重性建立特征方程，最后由特征方程求出临界荷载。

在无限自由度体系中，平衡方程是微分方程，而不是代数方程，这是它与有限自由度体系的不同之处。

8.3.1　等截面压杆

如图 8 - 5 所示为一个等截面压杆，下端固定，上端有水平支杆，现采用静力法求其临界荷载。

在临界状态下，体系出现新的平衡形式，如图 8 - 5 中虚线所示。柱顶有未知水平反力 F_R，弹性曲线的微分方程为：

$$EI \frac{\mathrm{d}^2 y}{\mathrm{d}x^2} = -(F_P y + F_R x)$$

或改写为：

$$y'' + \alpha^2 y = -\frac{F_R}{EI}x$$

其中：

$$\alpha^2 = \frac{F_P}{EI}$$

上式的解为：

$$y = A \cos\alpha x + B \sin\alpha x - \frac{F_R}{F_P}x$$

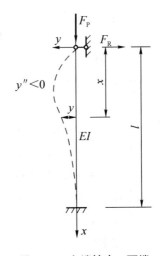

图 8 - 5　上端铰支、下端固定的压杆

常数 A、B 和未知力 F_R 可由边界条件确定。

当 $x = 0$ 时，$y = 0$，由此求得 $A = 0$。

当 $x = l$ 时，$y = 0$ 和 $y' = 0$，由此得到：

$$\begin{cases} B \sin\alpha l - \dfrac{F_R}{F_P}l = 0 \\[2mm] B\alpha \cos\alpha l - \dfrac{F_R}{F_P} = 0 \end{cases} \qquad (8-10)$$

因为 $y(x)$ 不恒等于 0，所以 A、B 和 F_R 不全为 0。由此可知，式 (8 - 10) 中系数行列式应等于 0，即：

$$D = \begin{vmatrix} \sin\alpha l & -l \\ \alpha \cos\alpha l & -1 \end{vmatrix} = 0$$

将上式展开，得到如下的超越方程式：

$$\tan\alpha l = \alpha l \qquad (8-11)$$

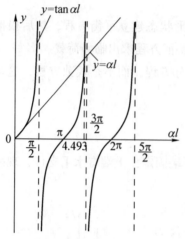

图8-6 图解法

式（8-11）可用试算法并配合图解法求解。图8-6绘出了 $y = \alpha l$ 和 $y = \tan\alpha l$ 两组线，它们的交点为方程（8-11）的解，即有无穷多个。因为弹性压杆有无限个变形自由度，因而有无穷多个特征荷载值，其中最小的一个即为临界荷载。由图8-6可知，最小正根 αl 在 $3\pi/2 \approx 4.7$ 的左侧附近，其准确数值可由试算法求得。为此，需先将式（8-11）表示为如下形式：

$$D = \alpha l - \tan\alpha l = 0$$

当 $\alpha l = 4.5$ 时，$\tan\alpha l = 4.367$，$D = -0.137$。

当 $\alpha l = 4.4$ 时，$\tan\alpha l = 3.096$，$D = 1.304$。

当 $\alpha l = 4.49$ 时，$\tan\alpha l = 4.422$，$D = 0.068$。

当 $\alpha l = 4.491$ 时，$\tan\alpha l = 4.443$，$D = 0.048$。

当 $\alpha l = 4.492$ 时，$\tan\alpha l = 4.464$，$D = 0.028$。

当 $\alpha l = 4.493$ 时，$\tan\alpha l = 4.485$，$D = 0.008$。

当 $\alpha l = 4.494$ 时，$\tan\alpha l = 4.506$，$D = -0.012$。

由此求得 $(\alpha l)_{\min} = 4.493$，故：

$$F_{Pcr} = (4.493)^2 \frac{EI}{l^2} = 20.19\frac{EI}{l^2}$$

【例8-3】 试求如图8-7（a）所示排架的临界荷载和柱 AB 的计算长度。

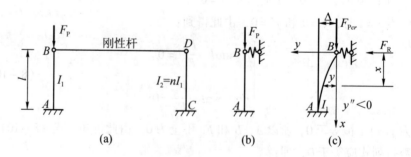

图8-7 排架的临界荷载

（a）排架；（b）计算简图；（c）变形状态

解： 如图8-7（b）所示为此排架的计算简图。这里，柱 AB 在 B 点具有弹性支座，它反映了柱 CD 所起的支撑作用，弹性支座的刚度系数

$k = 3EI_2/l^3$。

在临界状态下，杆 AB 的变形如图 8 - 7（c）所示。这时，在柱顶处有未知的水平力 F_R，弹性曲线的微分方程为：

$$EI_1 \frac{\mathrm{d}^2 y}{\mathrm{d}x^2} = -(F_P y - F_R x)$$

可改写为：

$$y'' + \alpha^2 y = \frac{F_R}{EI_1} x$$

其中：

$$\alpha^2 = \frac{F_P}{EI_1}$$

上式的解为：

$$y = A \cos\alpha x + B \sin\alpha x + \frac{F_R}{F_P} x$$

常数 A、B 和未知力 F_R 可由边界条件确定。

当 $x = 0$ 时，$y = 0$，由此求得 $A = 0$。

当 $x = l$ 时，$y = \Delta$ 和 $y' = 0$。由此，有：

$$B \sin\alpha l + \frac{F_R}{F_P} l = \Delta$$

$$B\alpha \cos\alpha l + \frac{F_R}{F_P} = 0$$

由于 $F_R = k\Delta$，所以上式变为：

$$B \sin\alpha l + \frac{F_R}{F_P} l - \frac{F_R}{k} = 0$$

$$B\alpha \cos\alpha l + \frac{F_R}{F_P} = 0$$

因为 $y(x)$ 不恒等于 0，故 A、B、F_R 不全为 0。由此可知，上式的系数行列式应为 0，即：

$$D = \begin{vmatrix} \sin\alpha l & \dfrac{l}{F_P} - \dfrac{1}{k} \\ \alpha \cos\alpha l & \dfrac{1}{F_P} \end{vmatrix} = 0$$

展开上式，并利用 $F_P = \alpha^2 EI_1$ 化简后，得到如下的超越方程：

$$\tan\alpha l = \alpha l - \frac{(\alpha l)^3 EI_1}{kl^3} \tag{8 - 12}$$

为了求解超越方程（8 - 12），需要事先给定 k 值（给出 I_1/I_2 的比值)。下面讨论 3 种情形的解。

(1) 若 $I_2 = 0$，则 $k = 0$。这时，方程 (8 - 12) 变为：

$$\alpha l - \tan\alpha l = \infty$$

当 EL_1 为有限值时，$\alpha l \neq \infty$，所以有：

$$\tan\alpha l = -\infty$$

这个方程的最小值为：

$$\alpha l = \frac{\pi}{2}$$

因此，有：

$$F_{Pcr} = \frac{\pi^2 EI_1}{(2l)^2}$$

这正是悬臂柱的情况，计算长度 $l_0 = 2l$。

(2) 若 $I_2 = \infty$，则 $k = \infty$。这时，方程 (8 - 12) 变为：

$$\tan\alpha l = \alpha l$$

这个方程的最小根为：

$$\alpha l = 4.493$$

因此，有：

$$F_{Pcr} = \frac{20.19 EI_1}{l^2} = \frac{\pi^2 EI_1}{(0.7l)^2}$$

这相当于上端铰支、下端固定的情况，计算长度 $l_0 = 0.7l$。

(3) 一般情况是，当 k 在 $0 \sim \infty$ 变化时，αl 在 $\pi/2 \sim 4.493$ 变化。当 $I_2 = I_1$ 时，$k = 3EI_1/l^3$。这时，方程 (8 - 12) 变为：

$$\tan\alpha l = \alpha l - \frac{(\alpha l)^3}{3}$$

用试算法求解，先将上式表示为如下形式：

$$D = \frac{(\alpha l)^3}{3} + \tan\alpha l - \alpha l = 0$$

当 $\alpha l = 2.4$ 时，$\tan\alpha l = -0.916$，$D = 1.192$。

当 $\alpha l = 2.0$ 时，$\tan\alpha l = -2.185$，$D = -1.518$。

当 $\alpha l = 2.2$ 时，$\tan\alpha l = -1.374$，$D = -0.025$。

当 $\alpha l = 2.21$ 时，$\tan\alpha l = -1.345$，$D = 0.043$。

由此求得 $\alpha l = 2.21$，因此，有：

$$F_{Pcr} = 2.21^2 \frac{EI_1}{l^2} = \frac{4.88 EI_1}{l^2} = \frac{\pi^2 EI_1}{(1.42l)^2}$$

所以，当 $I_2 = I_1$ 时，计算长度为 $l_0 = 1.42l$。

8.3.2　变截面压杆

在工程中常见的变截面压杆有两类：一类是阶形压杆；另一类是截面尺寸沿杆长连续变化的压杆。截面尺寸沿杆长连续变化的压杆用静力法求解时得到的是变系数的平衡微分方程，求解较为复杂，所以实际计算时，多采用能量法。故这里只研究阶形压杆。

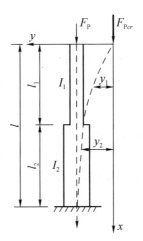

如图 8 - 8 所示为一个阶形柱，下端固定、上端自由，上部刚度为 EI_1，下部刚度为 EI_2。

若以 y_1、y_2 分别表示变形后上、下两部分的挠度，则两部分的平衡微分方程分别为：

$$EI_1 \frac{\mathrm{d}^2 y_1}{\mathrm{d}x^2} + F_P y_1 = 0, 0 \leqslant x \leqslant l_1$$

$$EI_2 \frac{\mathrm{d}^2 y_2}{\mathrm{d}x^2} + F_P y_2 = 0, l_1 \leqslant x \leqslant l$$

图 8 - 8　阶形柱

上式可改写为：

$$\begin{cases} y_1'' + \alpha_1^2 y_1 = 0, \ 0 \leqslant x \leqslant l_1 \\ y_2'' + \alpha_2^2 y_2 = 0, \ l_1 \leqslant x \leqslant l \end{cases} \qquad (8 - 13)$$

式中：

$$\alpha_1^2 = \frac{F_P}{EI_1}, \ \alpha_2^2 = \frac{F_P}{EI_2}$$

式（8 - 13）的解为：

$$y_1 = A_1 \sin\alpha_1 x + B_1 \cos\alpha_1 x$$

$$y_2 = A_2 \sin\alpha_2 x + B_2 \cos\alpha_2 x$$

积分常数 A_1、B_1 和 A_2、B_2 由上、下端的边界条件和 $x = l_1$ 处的变形连续条件确定。

当 $x = 0$ 时，$y_1 = 0$。由此得到：

$$B_1 = 0$$

当 $x = l$ 时，转角为 0，即 $\mathrm{d}y_2 / \mathrm{d}x = 0$。由此得到：

$$A_2 - B_2 \tan\alpha_2 l = 0$$

当 $x = l_1$ 时，$y_1 = y_2$ 和 $\mathrm{d}y_1 / \mathrm{d}x = \mathrm{d}y_2 / \mathrm{d}x$。由此得到：

$$A_1 \sin\alpha_1 l_1 - B_2 (\tan\alpha_2 l \cdot \sin\alpha_2 l_1 + \cos\alpha_2 l_1) = 0$$

$$A_1 \alpha_1 \cos\alpha_1 l_1 - B_2 \alpha_2 (\tan\alpha_2 l \cdot \cos\alpha_2 l_1 - \sin\alpha_2 l_1) = 0$$

由上式系数行列式等于 0，可得：

$$\begin{vmatrix} \sin\alpha_1 l_1 & -(\tan\alpha_2 l \cdot \sin\alpha_2 l_1 + \cos\alpha_2 l_1) \\ \alpha_1 \cos\alpha_1 l_1 & -\alpha_2(\tan\alpha_2 l \cdot \cos\alpha_2 l_1 - \sin\alpha_2 l_1) \end{vmatrix} = 0$$

展开后，可求得特征方程为：

$$\tan\alpha_1 l_1 \cdot \tan\alpha_2 l_2 = \frac{\alpha_1}{\alpha_2} \qquad (8-14)$$

方程（8-14）只有当给定 I_1/I_2 和 l_1/l_2 的比值时才能求解。

当 $EI_2 = 10EI_1$，$l_2 = l_1 = 0.5l$ 时，有：

$$\alpha_1 = \sqrt{F_P EI_1}，\quad \alpha_2 = \sqrt{F_P 10EI_1} = 0.316\alpha_1$$

此时，特征方程变为：

$$\tan\alpha_1 l_1 \cdot \tan(0.316\alpha_1 l_1) = 3.165$$

由此解得最小根 $\alpha_1 l_1 = 3.953$，从而可得：

$$F_{Pcr} = \frac{3.953^2 EI_1}{l_1^2} = 25.33\frac{\pi^2 EI_1}{4l^2}$$

【例8-4】 试求如图8-9（a）所示的阶形柱在柱顶承受压力 F_{P1}，变截面处还作用有压力 F_{P2} 时的特征方程和临界荷载。

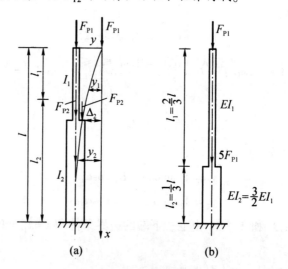

图8-9 两段阶形柱

解： 设变形后上、下两部分的挠度分别为 y_1 和 y_2，则两部分的平衡微分方程为：

$$\frac{d^2 y_1}{dx^2} = -\frac{F_{P1} y_1}{EI_1}，\ 0 \le x \le l_1$$

$$\frac{d^2 y_2}{dx^2} = -\frac{F_{P1} y_2 + F_{P2}(y_2 - \Delta_2)}{EI_2}，l_1 \le x \le l$$

上式可改写为：

$$
\begin{cases}
y_1'' + \alpha_1^2 y_1 = 0, \ 0 \leqslant x \leqslant l_1 \\
y_2'' + \alpha_2^2 y_2 = \dfrac{F_{P2}\Delta_2}{EI_2}, \ l_1 \leqslant x \leqslant l
\end{cases}
\qquad (8-15)
$$

式中:

$$
\alpha_1^2 = \frac{F_{P1}}{EI_1}, \quad \alpha_2^2 = \frac{F_{P1} + F_{P2}}{EI_2}
$$

式 (8-15) 的解为:

$$
y_1 = A_1 \sin\alpha_1 x + B_1 \cos\alpha_1 x
$$

$$
y_2 = A_2 \sin\alpha_2 x + B_2 \cos\alpha_2 x + \frac{F_{P2}\Delta_2}{\alpha_2^2 EI_2}
$$

积分常数 A_1、B_1 和 A_2、B_2 由上、下端的边界条件和 $x = l_1$ 处的变形连续条件确定。

当 $x = 0$ 时, $y_1 = 0$, 由此得 $B_1 = 0$。

当 $x = l$ 时, $\mathrm{d}y_2/\mathrm{d}x = 0$, 由此得 $A_2 - B_2 \tan\alpha_2 l = 0$。

当 $x = l_1$ 时, $y_1 = \Delta_2$, $y_1 = y_2$ 和 $\mathrm{d}y_1/\mathrm{d}x = \mathrm{d}y_2/\mathrm{d}x$, 由此得:

$$
A_1 \sin\alpha_1 l_1 = \Delta_2
$$

$$
A_1 \sin\alpha_1 l_1 - B_2 (\tan\alpha_2 l \cdot \sin\alpha_2 l_1 + \cos\alpha_2 l_1) - \frac{F_{P2}\Delta_2}{\alpha_2^2 EI_2} = 0
$$

$$
A_1 \alpha_1 \cos\alpha_1 l_1 - B_2 \alpha_2 (\tan\alpha_2 l \cdot \cos\alpha_2 l_1 - \sin\alpha_2 l_1) = 0 \qquad (8-16)
$$

将上第一式代入第二式, 得到:

$$
A_1 \frac{F_{P1}}{F_{P1} + F_{P2}} \sin\alpha_1 l_1 - B_2 (\tan\alpha_2 l \cdot \sin\alpha_2 l_1 + \cos\alpha_2 l_1) = 0 \quad (8-17)
$$

由式 (8-16) 和式 (8-17) 的系数行列式等于 0, 得到:

$$
\begin{vmatrix}
\dfrac{F_{P1}}{F_{P1} + F_{P2}} \sin\alpha_1 l_1 & -(\tan\alpha_2 l \cdot \sin\alpha_2 l_1 + \cos\alpha_2 l_1) \\
\alpha_1 \cos\alpha_1 l_1 & -\alpha_2 (\tan\alpha_2 l \cdot \cos\alpha_2 l_1 - \sin\alpha_2 l_1)
\end{vmatrix} = 0
$$

展开后, 可求得特征方程为:

$$
\tan\alpha_1 l_1 \cdot \tan\alpha_2 l_2 = \frac{\alpha_1}{\alpha_2} \cdot \frac{F_{P1} + F_{P2}}{F_{P1}} \qquad (8-18)
$$

方程 (8-18) 只有当 I_1/I_2、l_1/l_2 和 F_{P1}/F_{P2} 的比值均给定时才能求解。

如图 8-9 (b) 所示的阶形杆, 此时, 有:

$$
\alpha_1 = \sqrt{\frac{F_{P1}}{EI_1}}, \alpha_2 = \sqrt{\frac{F_{P1} + F_{P2}}{EI_2}} = \sqrt{\frac{6F_{P1}}{1.5EI_1}} = 2\alpha_1
$$

$$
\alpha_1 l_1 = \frac{2}{3}\alpha_1 l, \ \alpha_2 l_2 = 2\alpha_1 \frac{l}{3} = \frac{2}{3}\alpha_1 l
$$

特征方程 (8-18) 变为:

$$\tan^2\alpha_1 l_1 = 3$$

由此解得最小根为：

$$\alpha_1 l_1 = \frac{\pi}{3}$$

从而可得：

$$F_{Pcr} = \alpha_1^2 EI_1 = \frac{\pi^2 EI_1}{4l^2}$$

*8.4 弹性压杆的稳定——能量法

无限自由度体系的弹性压杆的临界荷载 F_{Pcr} 可根据下列能量特征求解：对于满足位移边界条件的任意可能位移状态，可求势能 Π。由势能的驻值条件 $\delta\Pi = 0$，可得包含待定参数的齐次方程组。为了求非零解，齐次方程的系数行列式应为 0，由此求出特征荷载值。临界荷载是所有特征值中的最小值。

8.4.1 按单参数体系计算

下面以如图 8-10（a）所示的压杆为例，说明对于弹性压杆来说，能量法的具体做法。

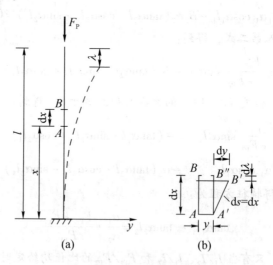

图 8-10 弹性压杆的稳定

（a）弹性压杆；（b）微段变形

设压杆有任意可能位移，则变形曲线为：

$$y = a_1\varphi(x)$$

式中：φ——满足位移边界条件的已知函数；

a_1——任意参数。

这样，原体系实际上被近似地看作只有一个自由度的体系。

先求弯曲应变能 U，得到：

$$U = \int_0^l \frac{1}{2} \frac{M^2}{EI} \mathrm{d}x = \int_0^l \frac{1}{2} EI(y'')^2 \mathrm{d}x = \frac{1}{2} \int_0^l EI[a_1 \varphi''(x)]^2 \mathrm{d}x$$

再求与 F_P 相应的位移 λ（压杆顶点的竖直位移）。为此，先取微段 AB 进行分析［如图 8-10（b）所示］。弯曲前，微段 AB 的原长为 $\mathrm{d}x$。变形后，弧线 $A'B'$ 的长度不变，即 $\mathrm{d}s = \mathrm{d}x$。由图 8-10 可知，微段两端点竖直位移的差值 $\mathrm{d}\lambda$ 为：

$$\begin{aligned} \mathrm{d}\lambda &= AB - A'B'' = \mathrm{d}x - \sqrt{\mathrm{d}s^2 - \mathrm{d}y^2} = \mathrm{d}x - \mathrm{d}x\sqrt{1-(y')^2} \\ &\approx \frac{1}{2}(y')^2 \mathrm{d}x \end{aligned} \tag{8-19}$$

因此，有：

$$\lambda = \int_0^l \mathrm{d}\lambda = \frac{1}{2}\int_0^l (y')^2 \mathrm{d}x$$

荷载势能 U_P 为：

$$U_P = -F_P \lambda = -F_P \frac{1}{2}\int_0^l [a_1 \varphi'(x)]^2 \mathrm{d}x$$

体系的势能为：

$$\Pi = U + U_P = \frac{1}{2}\int_0^l EI[a_1 \varphi''(x)]^2 \mathrm{d}x - F_P \frac{1}{2}\int_0^l [a_1 \varphi'(x)]^2 \mathrm{d}x$$

由势能的驻值条件 $\Delta \Pi = 0$，即：

$$\frac{\partial \Pi}{\partial a_1} = 0$$

可得：

$$\left[\int_0^l EI\varphi''^2(x) \mathrm{d}x - F_P \int_0^l \varphi'^2(x) \mathrm{d}x\right] a_1 = 0$$

为了求非零解，要求 a_1 的系数为 0，得到：

$$F_{Pcr} = \frac{\int_0^l EI\varphi''^2(x) \mathrm{d}x}{\int_0^l \varphi'^2(x) \mathrm{d}x} = \frac{\int_0^l EIy''^2(x) \mathrm{d}x}{\int_0^l y'^2(x) \mathrm{d}x} \tag{8-20}$$

【例 8-5】 如图 8-11（a）所示为两端简支的中心受压柱，试用能量法求其临界荷载。

解： 简支压杆的位移边界条件为：当 $x=0$ 和 $x=l$ 时，$y=0$。在满足上述边界条件的情况下，我们选取 3 种不同的变形形式进行计算。

（1）挠曲线为抛物线。

$$y = a_1 \frac{4x(l-x)}{l^2}$$

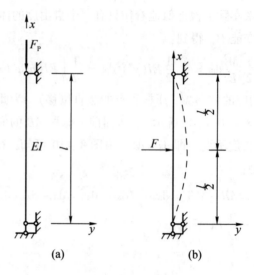

图 8 - 11 两端铰支柱

（a）中心受压柱；（b）变形曲线

则：

$$y' = \frac{4a_1}{l^2}(l - 2x)$$

$$y'' = -\frac{8a_1}{l^2}$$

于是求得：

$$U = \frac{1}{2}\int_0^l EI(y'')^2 \mathrm{d}x = 32EI\frac{a_1^2}{l^3}$$

$$U_\mathrm{P} = -F_\mathrm{P}\frac{1}{2}\int_0^l (y')^2 \mathrm{d}x = -\frac{8F_\mathrm{P}}{3}\frac{a_1^2}{l}$$

$$\Pi = \frac{32EIa_1^2}{l^3} - \frac{8F_\mathrm{P}}{3}\frac{a_1^2}{l}$$

由势能驻值条件 $\mathrm{d}\Pi/\mathrm{d}a_1 = 0$，得到：

$$\left(\frac{64EI}{l^3} - \frac{16F_\mathrm{P}}{3l}\right)a_1 = 0$$

为了求非零解，要求 a_1 的系数为 0，得到：

$$F_\mathrm{Pcr} = \frac{\dfrac{64EI}{l^3}}{\dfrac{16}{3l}} = \frac{12EI}{l^2}$$

（2）取跨中横向集中力 F 作用下的挠曲线作为变形形式［如图 8 - 11（b）所示］，则当 $x \leqslant l/2$ 时，有：

$$y'' = -\frac{M}{EI} = -\frac{1}{EI}\frac{F}{2}x$$

$$y' = -\frac{F}{EI}\left(\frac{x^2}{4} - \frac{l^2}{16}\right)$$

于是求得：

$$U = \frac{1}{2}\int_0^l EI(y'')^2 \mathrm{d}x = \frac{F^2 l^3}{96EI}$$

$$U_P = -F_P \frac{1}{2}\int_0^l (y')^2 \mathrm{d}x = -F_P \int_0^{\frac{l}{2}} (y')^2 \mathrm{d}x = -\frac{F_P F^2 l^5}{960 E^2 I^2}$$

由此，可求得：

$$F_{Pcr} = \frac{10EI}{l^2}$$

（3）假设挠曲线为正弦曲线，则有：

$$y = a_1 \sin\frac{\pi x}{l}$$

则：

$$y' = a_1 \frac{\pi}{l} \cos\frac{\pi x}{l}$$

$$y'' = -a_1 \frac{\pi^2}{l^2} \sin\frac{\pi x}{l}$$

于是求得：

$$U = \frac{1}{2}\int_0^l EI(y'')^2 \mathrm{d}x = \frac{EIa_1^2}{2}\left(\frac{\pi}{l}\right)^4 \int_0^l \sin^2\frac{\pi x}{l}\mathrm{d}x = EIa_1^2\left(\frac{\pi}{l}\right)^4 \frac{l}{4}$$

$$U_P = -\frac{F_P}{2}\int_0^l (y')^2 \mathrm{d}x = -\frac{F_P}{2}a_1^2\left(\frac{\pi}{l}\right)^2 \int_0^l \cos^2\frac{\pi x}{l}\mathrm{d}x = -F_P a_1^2\left(\frac{\pi}{l}\right)^2 \frac{l}{4}$$

由此，可求得：

$$F_{Pcr} = \frac{\pi^2 EI}{l^2}$$

　　如果我们假设挠曲线为抛物线时求得的临界荷载值与精确值相比，误差为 22%（这是因为虚设的抛物线与实际的挠曲线差别太大），则根据跨中横向集中力作用下的挠曲线而求得的临界荷载值与精确值相比，误差为 1.3%，精度比前者大为提高。如果采用均布荷载作用下的挠曲线进行计算，则精度还可以提高。

　　正弦曲线是失稳的真实变形曲线，所以由它求得的临界荷载是精确值，一般情况下，假设的挠曲线很难和实际的挠曲线相一致。

8.4.2　按多参数体系计算

　　设压杆的变形曲线为：

$$y = \sum_{i=1}^{n} a_i \varphi_i(x) \qquad (8-21)$$

式中：$\varphi_i(x)$——满足位移边界条件的已知函数；

$\quad\quad a_i$——任意参数，共 n 个。

这样，原弹性压杆被近似地看作有 n 个自由度的体系。

此时，弯曲应变能为：

$$U = \int_0^l \frac{1}{2} EI(y'')^2 dx = \frac{1}{2} \int_0^l EI \Big[\sum_{i=1}^{n} a_i \varphi''_i(x) \Big]^2 dx$$

荷载势能为：

$$U_P = - F_P \lambda = - \frac{1}{2} F_P \int_0^l (y')^2 dx = - F_P \frac{1}{2} \int_0^l \Big[\sum_{i=1}^{n} a_i \varphi'_i(x) \Big]^2 dx$$

体系的势能为：

$$\Pi = U + U_P = \frac{1}{2} \int_0^l EI \Big[\sum_{i=1}^{n} a_i \varphi''_i(x) \Big]^2 dx - F_P \frac{1}{2} \int_0^l \Big[\sum_{i=1}^{n} a_i \varphi'_i(x) \Big]^2 dx$$

由势能的驻值条件 $\delta \Pi = 0$，即：

$$\frac{\partial \Pi}{\partial a_j} = 0, \ j = 1, \ 2, \ 3, \ \cdots, \ n$$

可得：

$$\sum_{i=1}^{n} a_i \int (EI \varphi''_i \varphi''_j - F \varphi'_i \varphi'_j) dx = 0, \ i, \ j = 1, \ 2, \ 3, \ \cdots, \ n$$

令：

$$\begin{cases} K_{ij} = \int EI \varphi''_i \varphi''_j dx \\ S_{ij} = F_P \int \varphi'_i \varphi'_j dx \end{cases} \qquad (8-22)$$

则得：

$$\left(\begin{bmatrix} K_{11} & K_{12} & \cdots & K_{1n} \\ K_{21} & K_{22} & & K_{2n} \\ \vdots & & \ddots & \vdots \\ K_{n1} & K_{n2} & \cdots & K_{nn} \end{bmatrix} - \begin{bmatrix} S_{11} & S_{12} & \cdots & S_{1n} \\ S_{21} & S_{22} & & S_{2n} \\ \vdots & & \ddots & \vdots \\ S_{n1} & S_{n2} & \cdots & S_{nn} \end{bmatrix} \right) \begin{Bmatrix} a_1 \\ a_2 \\ \vdots \\ a_n \end{Bmatrix} = \begin{Bmatrix} 0 \\ 0 \\ \vdots \\ 0 \end{Bmatrix}$$

$$(8-23)$$

可简写为：

$$([K] - [S])\{a\} = \{0\} \qquad (8-24)$$

式（8-24）是对于 n 个未知参数 a_1，a_2，$\cdots$，a_n 的 n 个线性齐次方程。

根据特征值和特征向量的性质，参数 a_1，a_2，$\cdots$，a_n 不能全为 0，因此，系数行列式应为 0，即：

$$\big| [K] - [S] \big| = 0 \qquad (8-25)$$

其展开式是关于 F_P 的 n 次代数方程，可求出 n 个根，由其中的最小根可确定临界荷载。

上面介绍的解法也被称为里兹法。这里将原来的无限自由度体系近似地化为 n 次自由度体系，所得的临界荷载近似解是精确解的一个上限。对此现象可做如下解释：求近似解时，我们只能从全部的可能位移状态中考虑其中一部分。这就是说，我们使体系的自由度减少了（如将无限自由度变为有限自由度）。这种将自由度减少的做法相当于对体系施加了某种约束。这样，体系抵抗失稳的能力通常会得到提高，因而这样求得的临界荷载就是实际临界荷载的一个上限[1]。

【例 8 - 6】　如图 8 - 12（a）所示的等截面柱，下端固定、上端自由，试求在均匀竖直荷载作用下的临界荷载值 q_{cr}。

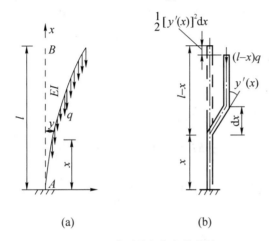

图 8 - 12　求受均匀竖向荷载的
悬臂柱的临界荷载

（a）自重作用下的悬臂柱；（b）局部变形时自重所做的功

解：压杆承受的是均匀竖直荷载，而不是柱顶集中力，故前面求 λ 的公式不能直接应用。由于微段 dx 倾斜而使微段以上部分的荷载向下移动，如图 8 - 10（b）所示，下降距离 $d\lambda$ 仍可由前式（8 - 19）算出。这部分荷载为 $q(l-x)$，所做的功为：

$$q(l-x)d\lambda = q(l-x)\frac{1}{2}(y')^2 dx$$

因此，所有外力做的功为：

$$W = \frac{1}{2}\int_0^l q(l-x)(y')^2 dx$$

（1）先按单参数体系计算。取变形曲线为以下形式：

$$y = a_1\left(1 - \cos\frac{\pi x}{2l}\right)$$

❶ 真实的曲线形状尚为未知，为进行计算，可假定一条近似于真实变形而满足边界条件的曲线。由于所假定的曲线是近似的，故所求得的临近荷载值也是近似的。假定近似的变形曲线相当于在原来体系上增加约束，因此，就提高了体系的临界荷载。所以，用能量法求得的临界荷载总是偏高的。

上式满足两端位移边界条件。应变能为：

$$U = \int_0^l \frac{1}{2}EI(y'')^2 \mathrm{d}x = a_1^2 \frac{\pi^4}{64}\frac{EI}{l^3}$$

外力做的功为：

$$W = \frac{1}{2}\int_0^l q(l-x)(y')^2 \mathrm{d}x = a_1^2 q \frac{\pi^2-4}{32}$$

故体系的总势能为：

$$\Pi = U + U_P = U - W = \left(\frac{\pi^4}{64}\frac{EI}{l^3} - \frac{\pi^2-4}{32}q\right)a_1^2$$

由 $\delta\Pi = 0$，可得：

$$q_{cr} = \frac{8.298EI}{l^3}$$

该结果与精确解 $7.837EI/l^3$ 相比，误差为 5.9%。

（2）再按两个参数体系计算。取变形曲线为以下形式：

$$y = a_1\left(1 - \cos\frac{\pi x}{2l}\right) + a_2\left(1 - \cos\frac{3\pi x}{2l}\right)$$

式中：$\varphi_i(x)$ 均满足位移边界条件。

将上式求导并积分后，可得：

$$U = \int_0^l \frac{1}{2}EI(y'')^2 \mathrm{d}x = \left(\frac{\pi^4}{64}a_1^2 + \frac{81\pi^4}{64}a_2^2\right)\frac{EI}{l^3}$$

$$U_P = -\frac{q}{2}\int_0^l (l-x)(y')^2 \mathrm{d}x = -\left(\frac{\pi^2-4}{32}a_1^2 + \frac{3}{4}a_1 a_2 + \frac{9\pi^2-4}{32}a_2^2\right)q$$

体系的总势能为：

$$\begin{aligned}
\Pi &= U + U_P \\
&= \left(\frac{\pi^4}{64}\frac{EI}{l^3} - \frac{\pi^2-4}{32}q\right)a_1^2 - \frac{3}{4}qa_1 a_2 + \\
&\quad \left(\frac{81\pi^4}{64}\frac{EI}{l^3} - \frac{9\pi^2-4}{32}q\right)a_2^2
\end{aligned}$$

由势能的驻值条件：

$$\begin{cases}
\dfrac{\partial\Pi}{\partial a_1} = \left(\dfrac{\pi^4}{32}\dfrac{EI}{l^3} - \dfrac{\pi^2-4}{16}q\right)a_1 - \dfrac{3}{4}qa_2 = 0 \\[3mm]
\dfrac{\partial\Pi}{\partial a_2} = -\dfrac{3}{4}qa_1 + \left(\dfrac{81\pi^4}{32}\dfrac{EI}{l^3} - \dfrac{9\pi^2-4}{16}q\right)a_2 = 0
\end{cases}$$

其中，a_1、a_2 不全为 0，则应有：

$$\begin{vmatrix}
\left(\dfrac{\pi^4}{32}\dfrac{EI}{l^3} - \dfrac{\pi^2-4}{16}q\right) & -\dfrac{3}{4}q \\[4mm]
-\dfrac{3}{4}q & \left(\dfrac{81\pi^4}{32}\dfrac{EI}{l^3} - \dfrac{9\pi^2-4}{16}q\right)
\end{vmatrix} = 0$$

展开整理后得：

$$1.382\,413q^2 - 106.591\,5\frac{EI}{l^3}q + 750.557\,6\left(\frac{EI}{l^3}\right)^2 = 0$$

此二次方程的最小根即为临界荷载，即：

$$q_{cr} = \frac{7.838EI}{l^3}$$

该结果与精确解 $7.837EI/l^3$ 已十分接近，误差仅 0.01%。

*8.5　圆环和圆拱受均匀静水压力时的稳定

圆拱和圆环在均匀静水压力 q 的作用下会出现稳定问题。当荷载较小时，如果忽略轴向变形的影响，则圆拱和圆环只产生轴向压力，而没有弯矩和剪力，即处于初始的无弯矩状态。当荷载 q 达到某一临界值 q_{cr} 时，圆拱和圆环会突然发生屈曲，产生偏离原轴线形式的变形，从而丧失稳定，如图 8 – 13（a）和图 8 – 13（b）所示。本节将主要讨论受均匀静水压力的圆拱和圆环的稳定问题[❶]。

❶ 受均匀静水压力的圆拱和圆环的稳定问题属于分支点失稳问题，其失稳变形分对称变形和反对称变形两种形式。

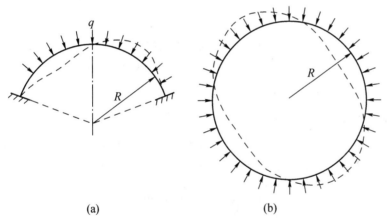

(a)　　　　　　　　　(b)

图 8 – 13　拱与环的失稳状态

（a）圆拱；（b）圆环

针对圆环和圆拱受均匀静水压力的情况，建立稳定微分方程为：

$$\frac{\mathrm{d}^6u}{\mathrm{d}\varphi^6} + \frac{\mathrm{d}^4u}{\mathrm{d}\varphi^4} + \left(1 + \frac{qR^3}{EI}\right)\left(\frac{\mathrm{d}^4u}{\mathrm{d}\varphi^4} + \frac{\mathrm{d}^2u}{\mathrm{d}\varphi^2}\right) = 0 \tag{8 – 26}$$

这是用切线方向的位移 u 表示的圆环和圆拱在均匀水压力作用下的稳定微分方程，其一般解为：

$$u = C_1 + C_2\varphi + C_3\sin\varphi + C_4\cos\varphi + C_5\sin\beta\varphi + C_6\cos\beta\varphi \tag{8 – 27}$$

式中：

$$\beta = \sqrt{1 + \frac{qR^3}{EI}} \tag{8-28}$$

截面上的弯矩为：

$$M = -\frac{EI}{R^2}\left[C_2 + C_5(1-\beta^2)\beta\cos\beta\varphi - C_6(1-\beta^2)\beta\sin\beta\varphi \right] \tag{8-29}$$

根据具体问题的边界条件，可以得到包含积分常数 $C_1, \cdots, C_6$ 的代数方程。要求 $C_1, \cdots, C_6$ 不全为 0 的解，必须有方程的系数行列式 $D=0$，从而得到圆环和圆拱问题的特征方程。解此特征方程，即可求出临界荷载 q_{cr}。

【例 8-7】 试求如图 8-14 所示的两铰圆拱受均匀静水压力作用时的临界荷载 q_{cr}。

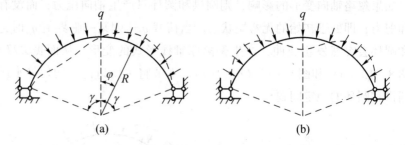

图 8-14 两铰圆拱的失稳

(a) 反对称变形；(b) 对称变形

解： 边界条件为：当 $\varphi = \pm\gamma$ 时，$u=0$，$v=0$，$M=0$。拱的临界状态的变形形式有反对称和对称两种。

(1) 讨论反对称变形形式，如图 8-14（a）所示。这时，无须利用全部的边界条件。由式（8-29），根据 M 为 φ 的奇函数，即得：

$$M = \frac{EI}{R^2}C_6(1-\beta^2)\beta\sin\beta\varphi$$

再利用下列边界条件，当 $\varphi = \gamma$ 时，$M=0$，得到：

$$\sin\beta\gamma = 0$$

由此求得 $\beta\gamma = n\pi$。再由式（8-28），得到：

$$q_{cr} = \frac{EI}{R^3}\left(\frac{n^2\pi^2}{\gamma^2} - 1\right)$$

故最小临界荷载为：

$$q_{cr} = \frac{EI}{R^3}\left(\frac{\pi^2}{\gamma^2} - 1\right) \tag{8-30}$$

(2) 讨论对称变形形式，如图 8-14（b）所示。此时，u 应为 φ 的奇函数，v 和 M 应为 φ 的偶函数，所以：

$$u = C_2\varphi + C_3 \sin\varphi + C_5 \sin\beta\varphi$$

$$v = C_2 + C_3 \cos\varphi + C_5\beta \cos\beta\varphi$$

$$M = -\frac{EI}{R^2}\left[C_2 + C_5(1-\beta^2)\beta \cos\beta\varphi\right]$$

利用开始时给出的边界条件, 得到:

$$C_2\gamma + C_3 \sin\gamma + C_5 \sin\beta\gamma = 0$$

$$C_2 + C_3 \cos\gamma + C_5\beta \cos\beta\gamma = 0$$

$$C_2 + C_5(1-\beta^2)\beta \cos\beta\gamma = 0$$

令系数行列式为 0, 有:

$$D = \begin{vmatrix} \gamma & \sin\gamma & \sin\beta\gamma \\ 1 & \cos\gamma & \beta \cos\beta\gamma \\ 1 & 0 & (1-\beta^2)\beta \cos\beta\gamma \end{vmatrix} = 0$$

展开后得到:

$$\gamma(\beta-\beta^3) + \beta^3 \tan\gamma = \tan\beta\gamma$$

由此解出 $\beta\gamma$, 即可求出按对称变形丧失稳定时的临界荷载。计算结果表明, 对称变形时的临界荷载值比反对称变形时要大得多, 所以起控制作用的是反对称变形时的临界荷载值。

对于各种不同的高跨比, 两铰圆拱的临界荷载系数如表 8-1 所示。

表 8-1   等截面圆拱受均匀静水压力作用时临界荷载系数 K_1 值 $\left(q_{cr} = K_1\dfrac{EI}{l^3}\right)$

$\dfrac{f}{l}$	无铰拱 (反对称失稳)	两铰拱 (反对称失稳)	三铰拱 (对称失稳)
0.1	58.9	28.4	22.2
0.2	90.4	39.3	33.5
0.3	93.4	40.9	34.9
0.4	80.7	32.8	30.2
0.5	64.0	24.0	24.0

【例 8-8】   试求如图 8-15 所示的圆环受均匀静水压力作用时的临界荷载 q_{cr}。

解: 如图 8-15 所示的圆环, 其横截面上的弯矩是以 2π 为周期的函数, 即:

$$M(0) = M(2\pi)$$

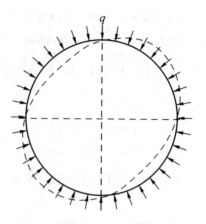

图 8 - 15　例 8 - 8 圆环的失稳

将式（8 - 29）代入上面的条件，得到：

$$C_2 + C_5(1 - \beta^2)\beta = C_2 + C_5(1 - \beta^2)\beta \cos(2\pi\beta) - C_6(1 - \beta^2)\beta \sin(2\pi\beta)$$

即：

$$C_5 = C_5 \cos(2\pi\beta) - C_6 \sin(2\pi\beta)$$

上式要求：

$$\sin(2\pi\beta) = 0, \quad \cos(2\pi\beta) = 1$$

所以，$\beta = 0$，1，2，…且为整数。

由此求得：

$$q_{cr} = (\beta^2 - 1)\frac{EI}{R^3}$$

式中：当 $\beta = 0$ 和 $\beta = 1$ 时，无意义。当 $\beta = 2$ 时，得到最小临界值如下：

$$q_{cr} = \frac{3EI}{R^3}$$

小　结

（1）按照单自由度、多自由度、无限自由度（压杆）的顺序，讨论了临界荷载的两种基本解法：静力法和能量法。临界状态的静力特征和能量特征是两种解法的基础。

（2）按照变形以后的状态建立的静力法基本方程都是关于位移的齐次方程：在单、多自由度体系中为齐次代数方程；而在无限自由度体系（压杆）中为齐次微分方程和齐次边界条件。根据齐次方程的非零解条件，可以得出特征方程，即稳定方程，由此可求出临界荷载。

（3）临界状态的能量特征如下：当荷载为临界荷载时，势能为驻值，且位移有非零解。根据这个条件，可以得出特征方程，并可由此解出临界荷载。

（4）8.5 节介绍的圆环、圆拱稳定问题，可供水利和道桥专业作为选学内容。

思考题

1. 试比较用静力法和能量法分析稳定性问题在计算原理和解题步骤上的异同点。

2. 静力法中的平衡方程与能量法中的势能驻值条件有什么关系？

3. 增加或减少杆端的约束刚度，对压杆的计算长度和临界荷载值有什么影响？

4. 试比较用静力法计算无限自由度与多自由度体系稳定问题的异同点。

5. 试比较用能量法计算无限自由度与多自由度体系稳定问题的异同点。

6. 为什么两铰拱和无铰拱在反对称失稳时的临界荷载值比对称失稳时的临界荷载值小？

习　题

1. 如题图 8 – 1 所示，刚性杆 ABC 在两端分别作用重力 F_{P1}、F_{P2}。设杆可绕点 B 在竖直平面内自由转动，试用两种方法讨论下面 3 种情况下平衡形式的稳定性：

（1）$F_{P1} < F_{P2}$；

（2）$F_{P1} > F_{P2}$；

（3）$F_{P1} = F_{P2}$。

2. 如题图 8 – 2 所示，假定弹性支座的刚度系数为 k，试用两种方法求临界荷载 q_{cr}。

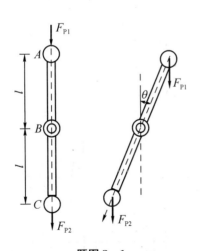

题图 8 – 1

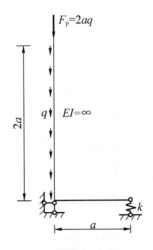

题图 8 – 2

3. 如题图 8 – 3 所示，试用两种方法求临界荷载 F_{Pcr}，设弹性支座的刚度系数为 k。

4. 如题图 8 – 4 所示，试用两种方法求临界荷载 F_{Pcr}。

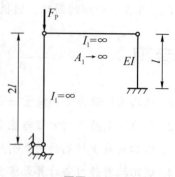

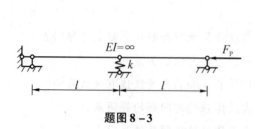

题图 8-3

题图 8-4

5. 如题图 8-5 所示,试用两种方法求临界荷载 F_{Pcr},设各杆 $EI = \infty$,弹性铰相对转动的刚度系数为 k。

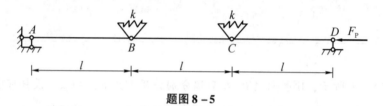

题图 8-5

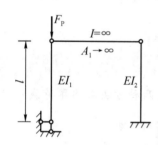

题图 8-6

6. 试用静力法求如题图 8-6 所示的结构在下面 3 种情况下的临界荷载和失稳形式:

（1） $EI_1 = \infty$， $EI_2 = $ 常数；

（2） $EI_2 = \infty$， $EI_1 = $ 常数；

（3） 在什么条件下，失稳形式既可能是（1）的形式，又可能是（2）的形式？

7. 如题图 8-7 所示,设体系按如虚线所示的变形状态丧失稳定,试写出临界状态的特征方程。

8. 试写出如题图 8-8 所示的体系丧失稳定时的特征方程。

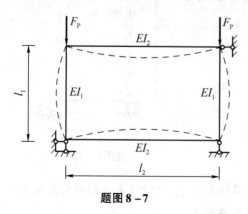

题图 8-7

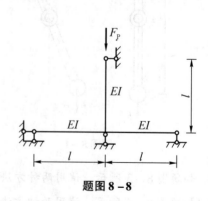

题图 8-8

9. 试分别用静力法和能量法求图题图 8 – 9 所示压杆的临界荷载 F_{Pcr}。

10. 试用能量法求解如题图 8 – 10 所示结构的临界荷载 F_{Pcr}，设变形曲线为：

$$y = a\left(1 - \cos\frac{\pi x}{2l}\right)2l$$

11. 试用能量法求如题图 8 – 11 所示变截面杆的临界荷载 F_{Pcr}。

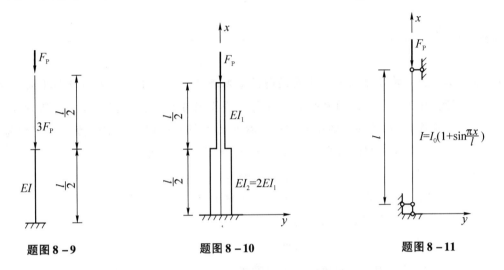

题图 8 – 9　　　　　　　题图 8 – 10　　　　　　　题图 8 – 11

第 9 章

弹性力学平面问题的基本理论

学习指导

学习要求：本章主要学习弹性力学平面问题的基本理论，包括平面应力问题与平面应变问题；弹性力学平面问题的基本方程（平衡微分方程、几何方程、物理方程、边界条件）；按位移求解平面问题；按应力求解平面问题；常体力情况下的简化；应力函数、逆解法与半逆解法的概念；斜面上的应力等。

本章重点：1. 理解平面应力问题与平面应变问题。

2. 掌握平面问题的平衡微分方程、几何方程、物理方程、边界条件。

3. 掌握按位移求解平面问题的方法。

4. 掌握按应力求解平面问题的方法。

5. 了解应力函数、逆解法与半逆解法。

9.1　弹性力学概述

9.1.1　弹性力学的内容

弹性力学，又称为弹性理论，是固体力学的一个分支。弹性力学研究的是弹性物体在外部因素（如外力、温度改变、支座位移等）作用下所发生的应力、应变[1]和位移。

❶ 有些教材中称为"形变"。

土木工程、水利水电工程的技术人员研究弹性力学，是为了深入分析各种建筑物或其构件在弹性阶段的应力和位移，校核它们是否具有足够的强度、刚度和稳定性，并寻求和改进它们的计算方法。

1. 弹性力学与材料力学、结构力学的研究对象

作为水利水电工程专业的技术基础课，弹性力学与材料力学、结构力学在研究对象上有所不同。具体如下：

❷ 偶尔会涉及简单的杆件系统，如桁架、刚架等。

（1）材料力学基本上只研究单个杆件[2]，研究杆件（作为拉压杆、连接件、轴、梁）在拉压、剪切、扭转、弯曲等作用下的应力和位移。

（2）结构力学主要是在材料力学的基础上研究杆件所组成的结构，即所谓的杆件系统，如桁架、刚架等。

（3）弹性力学主要研究非杆状的构件，如堤坝、地基等实体结构以及板和壳。同时，弹性力学还可对于杆件做进一步的、精确的分析。

2. 材料力学与弹性力学的研究方法

材料力学和弹性力学研究的都是杆状构件，然而，它们研究的方法却不完全相同。

（1）用材料力学研究杆件时，除从静力学、几何学、物理学 3 方面进行分析以外，为了简化数学推导，大都还引用一些关于构件的应变状态或应力分布的假定，因而得出的解答有时只是近似的。

（2）用弹性力学研究杆状构件时，一般都不必引用材料力学中的那些假定，因而得出的解答比较精确，并且可以用来校核材料力学中得出的近似解答❶。

现举例来说明材料力学和弹性力学的研究方法和分析结果的不同。

【例 9 - 1】 简支梁受均布荷载作用。

（1）材料力学中研究简支梁受均布荷载作用下的弯曲时，引用了平面截面的假设，得出的结果如下：横截面上的弯曲正应力沿梁高 h 按直线分布。

（2）弹性力学中研究这一问题时，无须引用平面截面的假设，得出的结果如下：如果梁高 h 并不远小于梁的跨度 l，那么横截面上的正应力并不沿梁高 h 呈直线分布，明显是按曲线变化的❷，如 10.4 节中的图 10 - 10 所示。

【例 9 - 2】 带有圆孔的构件受拉伸作用。

（1）材料力学中计算有孔的拉伸构件时，通常假定拉应力在净截面上均匀分布。

（2）弹性力学中没有净截面上应力均匀分布的假设，其计算结果表明，在净截面上的拉应力远不是均匀分布的，而是在孔的附近发生高度的应力集中，孔边的最大拉应力会比平均拉应力大出几倍❸，如 11.6 节中的图 11 - 11 所示。

尽管弹性力学主要研究的是实体结构和板壳结构，但近几十年来，不少工程技术人员和力学工作者都致力于弹性力学和结构力学的综合应用，使得这两门学科的结合越来越密切。弹性力学吸收了结构力学中的超静定结构分析法后，大大扩展了其应用范围，使得一些本来无法求解的、比较复杂的问题得到了解答。这些解答虽然在理论上具有一定的近似性，但应用在工程上是满足精度要求的。此外，对于同一结构的各个构件，甚至对于同一构件的不同部分，分别用弹性力学和结构力学或材料力学进行计算，常常可以节省很大的工作量，并得到令人满意的结果。在水利工程建筑中，

❶ 用弹性力学可以验证材料力学中"假设"的精确程度及误差的大小。

❷ 当梁高 h 和跨度 l 比较接近时，误差会更大。

❸ 在 11.6.2 小节中，此倍数可达到 4。

这种例子特别多。

9.1.2　弹性力学中的基本假设

弹性力学的几个基本假设如下：

1. 连续性假设

假设物体是连续的，即假设整个物体的体积都被组成这个物体的介质所填满，不留下任何空隙，也就是说，物体内部由连续介质组成。这样，物体内的应力、应变、位移等才可能是连续的，因而才可能用坐标的连续函数来表示。实际上，一切物体都是由微粒组成的，都不能符合上述假设。但是，由于微粒的尺寸以及相邻微粒之间的距离都比物体的尺寸小很多，所以可以不考虑微粒的尺寸以及相邻微粒之间的距离❶。根据物体连续性假设所得的结果与实验结果是相符的。

2. 完全弹性假设

假设物体是完全弹性的，即假设物体服从虎克定律——应变与引起该应变的应力成比例❷；反映这种比例关系的常数，即所谓的弹性常数，并不随应力或应变的大小和符号而变。具体地讲，当应力增大到若干倍时，应变也增大到同一倍数；当应力减小到若干分之一时，应变也减小到同一分数；当应力减小为 0 时，应变也减小到 0（没有任何剩余应变）；当应力取相反的符号时，应变也取相反的符号，而且两者仍然保持同样的比例关系。

3. 均匀性假设

假设物体是均匀的，即物体内部各点的介质相同，是由同一材料组成的。因此，物体内部各部分的物理性质是相同的，即物体的弹性常数不随位置坐标而变，可以取出该物体的任意一小部分进行分析，再把分析结果应用于整个物体。如果物体是由两种或两种以上的材料混合构成的，那么，只要每一种材料的颗粒都远远小于物体，而且在物体内均匀分布，这个物体也可以当作均匀的。对于明显的非均匀体的问题，如隧洞衬砌、基础梁板等，可以将它们作为接触问题来处理。

4. 各向同性假设

假设物体是各向同性的，即物体的弹性性质在各个方向都相同，也即物体的弹性常数不随方向而改变。钢材的构件，虽然含有各向异性的晶体，但由于晶体很微小，而且是随机排列的，所以按其材料的平均性质，可以认为它是各向同性的。显然，木材和竹材❸的构件都不能当作各向同性体对待。

❶ 这里不是从微观考虑的。

❷ 假定物体所受应力不超过材料的比例极限 σ_p。

❸ 这两种材料可以看作是正交各向异性材料。

5. 小变形假设

假设位移和应变是微小的，即假设物体受力以后，整个物体所有各点的位移都远远小于物体原来的尺寸，并且应变和转角都远小于 1。这样，在研究物体变形以后的平衡状态时，就可以不考虑物体尺寸的改变，用变形以前的尺寸来代替变形以后的尺寸，而不会引起显著的误差。在考察物体的应变及位移时，转角和应变的乘积都可以略去不计。因此，在微小变形的情况下，弹性力学中的代数方程和微分方程将是线性的[1]。

❶ 如果变形不是微小的，则相关的方程将会成为非线性的。

另外，在弹性力学中，一般假设物体内部无初应力，即认为物体处于自然状态时，在荷载或温度变化等作用之前，内部没有应力。若物体有初应力存在，则应使弹性力学求得的应力加上初应力才能得到物体的实际应力。

在上述基本假设中，假设 5（小变形假设）属于几何假设，而其他假设属于物理假设。符合假设 1 ~ 假设 4 的物体称为理想弹性体。

以上述基本假设为根据而进行分析的问题，称为理想弹性体的线性问题。本教材所讨论的问题都属于这类问题。

9.1.3　弹性力学中的几个基本概念

弹性力学中经常用到的基本概念有外力、应力、应变（形变）和位移。现加以详细说明。

1. 外力

作用于物体的外力可以分为体积力和表面力，二者也分别简称为体力和面力。

（1）体力。体力是分布在物体体积内的力，如重力[2]和惯性力。物体内各点受体力的情况一般是不相同的。为了表明该物体在某一点 P 所受体力的大小和方向，应取该物体的一小部分，使其包含点 P 且体积为 ΔV，如图 9 - 1（a）所示。

❷ 任何结构所用的材料（钢、混凝土）都受有重力作用。

设作用于 ΔV 的体力为 ΔQ，则体力的平均集度为 $\Delta Q/\Delta V$。令 ΔV 无限减小而趋于点 P，假定体力为连续分布，则 $\Delta Q/\Delta V$ 将趋于一定的极限 F，即：

$$\lim_{\Delta V \to 0} \frac{\Delta Q}{\Delta V} = F \qquad (9-1)$$

这个极限矢量 F 就是该物体在点 P 所受体力的集度。因为 ΔV 是标量，所以 F 的方向就是 ΔQ 的极限方向。矢量 F 在坐标轴 x、y、z 上的投影 X、Y、Z[3]称为该物体在点 P 的体力分量，以沿坐标轴正方向为正，沿坐标轴负方向为负。它们的量纲是 $L^{-2}MT^{-2}$（[力][长度]$^{-3}$）。

❸ 这里的 X、Y、Z 不是坐标，而是体力在三个坐标轴上的投影。

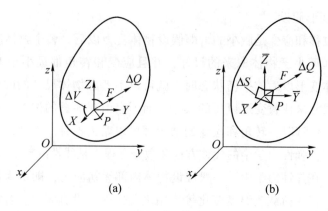

图9-1 体力

（2）面力。面力是分布在物体表面上的力，如流体压力和接触力。物体在其表面上各点受面力的情况一般也是不相同的。为了表明该物体在其表面上某一点 P 所受面力的大小和方向，应取该物体表面的一小部分，使其包含点 P 且面积为 ΔS，如图9-1（b）所示。

设作用于 ΔS 的面力为 ΔQ，则面力的平均集度为 $\Delta Q/\Delta S$。令 ΔS 无限减小而趋于点 P，假定面力为连续分布，则 $\Delta Q/\Delta S$ 将趋于一定的极限 F，即：

$$\lim_{\Delta S \to 0} \frac{\Delta Q}{\Delta S} = F \qquad (9-2)$$

这个极限矢量 F 就是该物体在点 P 所受面力的集度。因为 ΔS 是标量，所以 F 的方向就是 ΔQ 的极限方向。矢量 F 在坐标轴 x、y、z 上的投影 $\overline{X}$、$\overline{Y}$、$\overline{Z}$ 称为该物体在点 P 的面力分量，以沿坐标轴正方向为正，沿坐标轴负方向为负。它们的量纲是 $L^{-1}MT^{-2}$（[力][长度]$^{-2}$）。

2. 应力

（1）应力的定义。物体受到外力的作用，或由于温度有所改变，其内部将发生内力的变化。为了研究物体在其某一点 P 处的内力，假设用经过点 P 的一个截面 mn 将该物体分为 A 和 B 两部分。以 A 部分为研究对象，而将 B 部分撇开，如图9-2所示。撇开的部分 B 将在截面 mn 上对留下的 A 部分作用一定的内力。在这一截面上，取一包含点 P 的微小部分，它的面积为 ΔA。设作用于 ΔA 上的内力为 ΔQ，则内力的平均集度，即平均应力为 $\Delta Q/\Delta A$。令 ΔA 无限减小而趋于 P 点，假定内力为连续分布，则 $\Delta Q/\Delta A$ 将趋于一定的极限 S，即：

$$\lim_{\Delta A \to 0} \frac{\Delta Q}{\Delta A} = S \qquad (9-3)$$

这个极限矢量 S 就是物体在截面 mn 上点 P 处的应力。因为 ΔA 是标量，所以应力 S 的方向[1]就是 ΔQ 的极限方向。

对于应力，通常都不将其分解为沿坐标轴方向的分量，因为这些分量和物体的应变或材料强度没有直接的关系。与物体的应变及材料强度直接相关的，是应力在其作用截面的法向和切向的分量，即正应力和剪应力。应力及其分量的量纲是 $L^{-1}MT^{-2}$（［力］［长度］$^{-2}$）。

（2）应力的符号。正应力和剪应力分别用希腊字母 σ 和 τ 表示，如图 9 - 2 所示。在物体内的同一点 P，不同截面（不同方向）上的

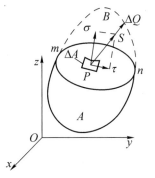

图 9 - 2　应力

应力是不同的。为了分析这一点的应力状态，即各个截面上应力的大小和方向，在这一点从物体内取出一个微小的平行六面体[2]，它的棱边平行于坐标轴，而长度为 $PA = \Delta x$、$PB = \Delta y$、$PC = \Delta z$，如图 9 - 3 所示。

将每一面上的应力都分解为一个正应力和两个剪应力，使它们分别与

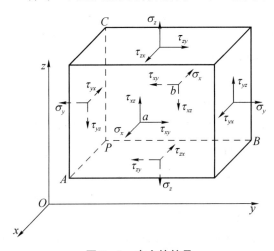

图 9 - 3　应力的符号

3 个坐标轴平行。为了表明该正应力 σ 的作用面和作用方向，需在其右下角加一个下标。例如，σ_x 表示作用在垂直于 x 轴的面上，同时沿着 x 轴的方向的正应力。剪应力 τ 需要加上两个下标，前一个下标表明作用面垂直于哪个坐标轴，后一个下标表明作用方向沿着哪个坐标轴。例如，τ_{xy} 表示作用在垂直于 x 轴的面上而沿着 y 轴方向的剪应力。

（3）应力的正负。如果某一个截面上的外法线与坐标轴的正向一致，则称这个截面为一个正面，而这个面上的应力分量就以沿坐标轴正方向为正，沿坐标轴负方向为负；相反，如果某一个截面上的外法线与坐标轴的正向相反，则这个截面就称为负面，而这个面上的应力分量就以沿坐标轴负方向为正，沿坐标轴正方向为负。如图 9 - 3 中所示的应力分量全部都是正的[3]。

（4）剪应力的互等定理。6 个剪应力之间具有一定的互等关系。下面对此加以证明。

❶ S 的方向一般并不垂直于或平行于截面 mn。

❷ 这个平行六面体实质上确定了描述点 P 的各个应力的方向。坐标轴旋转，则应力的方向也会变化。

❸ 注意：上述正负号规定，对于正应力来说，结果是和材料力学中的规定相同；对于剪应力来说，结果却和材料力学中的规定不完全相同。

如图 9 - 3 所示，以连接前后两面中心的直线 AB 为矩轴，列出力矩平衡方程，得到：

$$2\tau_{yz}\Delta z\Delta x\,\frac{\Delta y}{2} - 2\tau_{zy}\Delta y\Delta x\,\frac{\Delta z}{2} = 0 \qquad (9-4)$$

同样可以列出其余两个相似的方程。简化以后，得到：

$$\tau_{yz}=\tau_{zy},\ \tau_{zx}=\tau_{xz},\ \tau_{xy}=\tau_{yx} \qquad (9-5)$$

这就证明了剪应力的互等定理：作用在两个互相垂直的面上，并且垂直于该两面交线的剪应力是互等的❶（大小相等，正负号也相同）。

❶ 因此，剪应力记号的两个右下标是可以对调的。

在这里，我们没有考虑应力由于位置不同而产生的改变（把六面体中的应力当作均匀应力），而且也没有考虑体力的作用。以后可见，即使考虑上述两个因素，仍然可以推导出剪应力的互等定理。

如果采用材料力学中的正负号规定，则剪应力的互等定理将成为：

$$\tau_{yz}=-\tau_{zy},\ \tau_{zx}=-\tau_{xz},\ \tau_{xy}=-\tau_{yx} \qquad (9-6)$$

显然不如采用上述规定时来得简单❷。

❷ 但在利用莫尔圆（应力圆）进行应力分析时，就必须采用材料力学的规定。

在物体的任意一点，如果已知 6 个应力分量 σ_x、σ_y、σ_z、τ_{yz}、τ_{zx}、τ_{xy}，就可以求得经过该点的任意截面上的正应力和剪应力了。因此，这 6 个应力分量可以完全确定该点的应力状态。

3. 应变（形变）

应变（形变）就是形状的改变。物体的形状可以用它各部分的长度和角度来表示，因此，物体的应变（形变）可以归结为长度的改变和角度的改变。所以，应变分量就有以长度的改变来计算的线应变（正应变）和以角度的改变来计算的角应变（剪应变）。

为了分析物体在其内部某一点 P 的应变状态，在这一点沿着坐标轴 x、y、z 的正方向取三个微小的线段 PA、PB、PC，如图 9 - 3 所示。物体变形后，这三个微线段的长度以及它们之间的直角一般都将有所改变。各个微线段每单位长度的伸缩，即单位伸缩或相对伸缩，称为正应变；各相互垂直微线段之间的角度的改变，用弧度（rad）表示，称为剪应变。

正应变用希腊字母 ε 表示：ε_x 表示 x 方向的微线段 PA 的正应变，其余依此类推。与正应力的正负号规定相对应，正应变以伸长时为正，缩短时为负❸。剪应变用希腊字母 γ 表示：γ_{yz} 表示 y 与 z 两个方向的微线段（PB 与 PC）之间的直角的改变，其余依此类推。与剪应力的正负号规定相对应，剪应变以直角变小时为正，变大时为负。正应变和剪应变都是无量纲的数量。

❸ 对应于材料力学中的拉伸与压缩。

在物体的任意一点，如果已知 6 个应变 ε_x、ε_y、ε_z、γ_{yz}、γ_{zx}、γ_{xy}，就可以求得经过该点的任意微线段的正应变，也可以求得经过该点的任意两

个微线段之间的角度的改变，即剪应变。因此，这 6 个应变称为该点的应变分量，可以完全确定该点的应变状态。

4. 位移

位移就是位置的移动。物体内任意一点的位移可用它在 x、y、z 轴上的投影 u、v、w 来表示，以沿坐标轴正方向为正，沿坐标轴负方向为负。这 3 个投影称为该点的位移分量❶。位移及其分量的量纲是 L（[长度]）。

❶ 位移与变形是两个不同的概念。

一般来说，弹性体内任意一点的体力分量、面力分量、应力分量、应变分量和位移分量都是随该点的位置而变的，因而都是位置坐标的函数。

在弹性力学问题里，通常是已知物体的形状和大小（已知物体的边界）、物体的弹性常数、物体所受的体力、物体边界上的约束情况或面力，需要求解应力分量、应变分量和位移分量。

9.2　平面应力问题与平面应变问题

任何一个弹性体都是占有三维空间的物体，所承受的外力一般都是空间力系。因此，严格地说，任何一个实际的弹性力学问题都是空间问题。但是，如果所考察的弹性体具有某种特殊的形状，并且承受的是某种特殊的外力，就可以将空间问题简化为近似的平面问题了。这样处理会使分析和计算的工作量大大减少，而所得的结果仍然能满足工程上对精度的要求❷。

❷ 初算时一般比较粗糙，简化为平面问题。校核时则须根据实际情况，确定是按空间问题计算还是按平面问题计算。

平面问题一般又可分为平面应力问题和平面应变问题。

9.2.1　平面应力问题

设有一个物体，其在一个坐标方向上的尺寸远小于在其他两个坐标方向上的尺寸，如很薄的等厚度薄板，如图 9 - 4 所示，只在板边上受平行于板面并且不沿厚度变化的面力，同时，体力也平行于板面，并且不沿厚度变化。没有沿厚度方向上的分力。

假设薄板的厚度为 t，以薄板的中面为 xOy 平面，以垂直于中面的任意直线为 z 轴。因为板面上（$z = \pm t/2$）不受力，所以有：

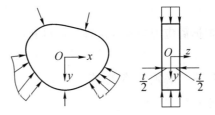

图 9 - 4　等厚度薄板

$$\sigma_z = 0, \quad \tau_{zx} = 0, \quad \tau_{zy} = 0 \tag{9-7a}$$

在板的内部也可以有上述应力，但由于板的厚度很小，这些应力一定是很小的，故可忽略不计。根据剪应力的互等定理，有：

$$\tau_{xz} = 0, \quad \tau_{yz} = 0 \tag{9-7b}$$

这样，只剩下平行于 xOy 平面的 3 个应力分量，即 σ_x、σ_y、$\tau_{xy} = \tau_{yx}$，所以这种问题称为平面应力问题。一般的，应力 σ_x、σ_y、τ_{xy} 沿板的厚度方向有少许变化，这里的 σ_x、σ_y、τ_{xy} 实际上是相应应力沿板厚度的平均值。

❶ 平面应力问题中，在垂直于板平面的方向上没有正应力，但一般有正应变。

同时，由于板很薄，相应的应变分量和位移分量都可以认为是不沿厚度变化的，即它们只是 x 和 y 的函数，不随 z 而变化。但必须注意的是，尽管 $\sigma_z = 0$，但沿 z 方向的位移一般并不为 0**❶**。

9.2.2　平面应变问题

设有一个物体，其在一个坐标方向上的尺寸远大于在其他两个坐标方向上的尺寸。例如，有一个很长的柱形体挡土墙，它的横截面如图 9-5 所

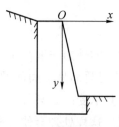

图 9-5　柱形体挡土墙的横截面

示，在柱面上受平行于横截面且不沿长度变化的面力，同时，体力也平行于横截面，而且不沿长度变化（内在因素和外来作用都不沿长度变化）。假想该柱形体为无限长，以任意横截面为 xOy 面，任意纵线为 z 轴，则所有一切应力分量、应变分量和位移分量都不沿 z 方向变化，只是 x 和 y 的函数。此外，在这一情况下，由于对称（任意横截面都可以看作对称面），所有各点都只会沿 x 和 y 方向移动，

而不会有 z 方向的位移，即：

$$u = f_1(x, y), \quad v = f_2(x, y), \quad w = 0 \tag{9-8}$$

因为所有各点的位移矢量都平行 xOy 面，所以这种问题称为平面位移问题，通常也称为平面应变问题。由对称条件可知：

$$\tau_{zx} = 0, \quad \tau_{zy} = 0$$

根据剪应力的互等定理，可以断定：

$$\tau_{xz} = 0, \quad \tau_{yz} = 0$$

但是，必须注意的是，由于 z 方向的伸缩被阻止，所以 σ_z 一般并不等于 0**❷**。

❷ 平面应变问题中，在垂直于横截面的方向上，没有正应变，但一般有正应力。

工程中常见的挡土墙和重力坝等问题是很接近于平面应变问题的。虽然由于这些结构不是无限长的，而且在靠近两端的地方，横截面也往往是变化的，并不符合无限长柱形体的条件，但实践证明，对于离开两端较远的地方，按平面应变问题进行分析计算，得出的结果是工程上可以使用的。

9.3　平衡微分方程

与材料力学一样，弹性力学也要从 3 个方面分析问题，即静力学方面、几何学方面和物理学方面。平面问题的静力学方面的分析，就是根据平衡条件来导出应力分量与体力分量之间的关系，这就是平面问题的平衡微分方程。

9.3.1　平面问题的单元体

从平面问题的图形（如图 9 - 4 所示的薄板或如图 9 - 5 所示的柱形体）中取出一个微小的正平行六面体 $PABC$，如图9 - 6 所示。它在 x 和 y 方向上的尺寸分别为 $\mathrm{d}x$ 和 $\mathrm{d}y$，为计算简便起见，将它在 z 方向上的尺寸取为一个单位长度，体力分量为 X、Y。

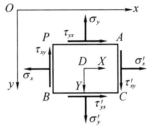

图 9 - 6　微小的正
平行六面体

❶ 用 σ 和 σ' 以示区别。

在一般情况下，应力分量是位置坐标 x 和 y 的函数，因此，作用于左右两对面或上下两对面的应力分量不完全相同，而具有微小的差量❶。例如，设作用于左面 PB 的平均正应力为 σ_x，则作用于右面 AC 的平均正应力，由于 x 坐标的改变，将变为：

$$\sigma_x' = \sigma_x + \left(\frac{\partial \sigma_x}{\partial x}\right)\mathrm{d}x$$

设 σ_x 为常量，则 $(\partial \sigma_x / \partial x) = 0$，而左右两面的平均正应力将都是 σ_x，这就是在 9.1.3 小节中所说的均匀应力的情况。同样，设左面的平均剪应力是 τ_{xy}，则右面的平均剪应力将是：

$$\tau_{xy}' = \tau_{xy} + \left(\frac{\partial \tau_{xy}}{\partial x}\right)\mathrm{d}x$$

设上面的平均正应力及平均剪应力分别为 σ_y 及 τ_{yx}，则平均正应力和平均剪应力分别为：

$$\sigma_y' = \sigma_y + \left(\frac{\partial \sigma_y}{\partial x}\right)\mathrm{d}x \text{ 和 } \tau_{yx}' = \tau_{yx} + \left(\frac{\partial \tau_{yx}}{\partial x}\right)\mathrm{d}x$$

9.3.2　平衡微分方程的推导

由于物体处于平衡状态，因此，从其中取出的微分单元体也应处于平衡状态，故应满足静力平衡条件：

$$\Sigma F_x = 0, \ \Sigma F_y = 0, \ \Sigma M_D(F) = 0$$

式中：第三式的右下标 D 表示通过单元体中心 D 且垂直于图面（平行于 z 轴）的轴❶。

首先，以 x 轴为投影轴，列出投影的平衡方程 $\sum F_x = 0$，有：

$$\left(\sigma_x + \frac{\partial \sigma_x}{\partial x}dx\right)dy \times 1 - \sigma_x dy \times 1 + \left(\tau_{yx} + \frac{\partial \tau_{yx}}{\partial y}dy\right)dx \times 1 - \tau_{yx}dx \times 1 + Xdxdy \times 1 = 0$$

在上式的推导过程中，我们按照 9.1.2 小节中的第 5 个基本假设（小变形假设），用了弹性体变形以前的尺寸，而没有用平衡状态下的、变形以后的尺寸❷。约简以后，两边除以 $dxdy$，得到：

$$\frac{\partial \sigma_x}{\partial x} + \frac{\partial \tau_{yx}}{\partial y} + X = 0$$

同样，由平衡方程 $\sum F_y = 0$ 可得一个相似的微分方程。于是得出平面问题中表明应力分量与体力分量之间的关系式，即平衡微分方程在平面问题中的简化形式：

$$\frac{\partial \sigma_x}{\partial x} + \frac{\partial \tau_{yx}}{\partial y} + X = 0, \quad \frac{\partial \sigma_y}{\partial y} + \frac{\partial \tau_{xy}}{\partial x} + Y = 0 \tag{9-9}$$

式（9-9）中的两个微分方程中包含 3 个未知函数 σ_x、σ_y、$\tau_{xy} = \tau_{yx}$。因此，决定应力分量的问题是超静定的，仅从静力平衡条件不能求解此方程，还必须考虑应变和位移才能解决问题。

以通过中心 D 并平行于 z 轴的直线为矩轴，列出力矩的平衡方程 $\sum M_D(F) = 0$，有：

$$\left(\tau_{xy} + \frac{\partial \tau_{xy}}{\partial x}dx\right)dy \times 1 \times \frac{dx}{2} + \tau_{xy}dy \times 1 \times \frac{dx}{2} -$$

$$\left(\tau_{yx} + \frac{\partial \tau_{yx}}{\partial y}dy\right)dx \times 1 \times \frac{dy}{2} - \tau_{yx}dx \times 1 \times \frac{dy}{2} = 0$$

将上式除以 $dxdy$，并合并相同的项，得到：

$$\tau_{xy} + \frac{1}{2}\frac{\partial \tau_{xy}}{\partial x}dx = \tau_{yx} + \frac{1}{2}\frac{\partial \tau_{yx}}{\partial y}dy$$

令 dx 和 dy 趋于 0，则 A、B、C 三点都趋于点 P，各个微分面上的剪应力也都趋于点 P 处的剪应力。由此得出点 P 处的关系式为：

$$\tau_{xy} = \tau_{yx} \tag{9-10}$$

式（9-10）再一次证明了剪应力的互等关系。

对于平面应变来说，在如图 9-6 所示的六面体上，一般还有作用于前后两面的正应力 σ_z，但由于它们自成平衡，完全不影响方程（9-9）和式（9-10）的建立，所以它们对于两种平面问题都同样适用，并没有任何差别。

9.4 几何方程和刚体位移

平面问题的几何方程，就是在平面问题中应变分量与位移分量之间关系的方程，现推导如下。

9.4.1 几何方程

如图 9 - 7 所示，经过弹性体内的任意一点 P，沿 x 轴和 y 轴的方向，取两个微小长度的线段 $PA = \mathrm{d}x$ 和 $PB = \mathrm{d}y$。假定弹性体受力以后，P、A、B 三点分别移动到 P'、A'、B'。现在来讨论正应变、剪应变分别与位移分量的关系。在图 9 - 7 中，有：

$$u' = u + \frac{\partial u}{\partial x}\mathrm{d}x, \quad v' = v + \frac{\partial v}{\partial y}\mathrm{d}y, \quad u'' = u + \frac{\partial u}{\partial y}\mathrm{d}y, \quad v'' = v + \frac{\partial v}{\partial x}\mathrm{d}x$$

1. 正应变与位移分量的关系

微线段沿其长度方向上的单位长度的伸长量或相对伸长量称为正应变，也称为线应变。现在来求出微线段 PA 和 PB 用位移分量来表示的正应变，即 ε_x 和 ε_y。

设点 P 在 x 方向上的位移分量是 u，则点 A 在 x 方向上的位移分量由于 x 坐标

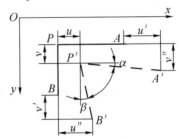

图 9 - 7 几何方程

的改变为 $u' = u + (\partial u/\partial x)\mathrm{d}x$[1]。可见，微线段 PA 的正应变为：

$$\varepsilon_x = \frac{\left(u + \dfrac{\partial u}{\partial x}\mathrm{d}x\right) - u}{\mathrm{d}x} = \frac{\partial u}{\partial x} \qquad (9-11)$$

由于位移是微小的，所以在上面的推导过程中，忽略了在 y 方向上的位移 v 所引起的微线段 PA 的伸缩（高一阶的微量）。设点 P 在 y 方向上的位移分量是 v，则点 B 在 y 方向上的位移分量由于 y 坐标的改变变为 $v' = v + (\partial v/\partial y)\ \mathrm{d}y$，由此可得微线段 PB 的正应变为：

$$\varepsilon_y = \frac{\left(v + \dfrac{\partial v}{\partial y}\mathrm{d}y\right) - v}{\mathrm{d}y} = \frac{\partial v}{\partial y} \qquad (9-12)$$

式（9 - 11）和式（9 - 12）就是正应变与位移分量的关系式。

2. 剪应变与位移分量的关系

两条相互垂直的微线段的角度（直角）的改变（减小量）称为剪应变。现在来求微线段 PA 与 PB 之间用位移分量表示的直角的改变，即剪应变 γ_{xy}。

[1] 不同点处的位移用 u、u'、u'' 以示区别，并标注于图的下方。

由图 9-7 可知，这个剪应变是由两部分组成的：一部分是由在 y 方向上的位移 v 引起的，即在 x 方向上的微线段 PA 的转角 α；另一部分是由在 x 方向上的位移 u 引起的，即在 y 方向上的微线段 PB 的转角 β[❶]。

❶ α 为水平微线段 dx 的转角；β 为铅直方向上的微线段 dy 的转角。

由于点 P 在 y 方向上的位移分量是 v，则点 A 在 y 方向上的位移分量将是 $v' = v + (\partial v / \partial x)\ dx$。因此，微线段 PA 的转角为：

$$\alpha = \frac{\left(v + \dfrac{\partial v}{\partial x}dx\right) - v}{dx} = \frac{\partial v}{\partial x}$$

同样，微线段 PB 的转角为：

$$\beta = \frac{\left(u + \dfrac{\partial u}{\partial y}dy\right) - u}{dy} = \frac{\partial u}{\partial y}$$

❷ 以直角的减小为正，增大为负。

由此可得，PA 与 PB 之间直角的改变，即剪应变[❷]γ_{xy} 为：

$$\gamma_{xy} = \alpha + \beta = \frac{\partial v}{\partial x} + \frac{\partial u}{\partial y} \tag{9-13}$$

式（9-13）就是剪应变与位移分量的关系式。

3. 几何方程

应变分量与位移分量之间的关系式即为几何方程。综合式（9-11）~式（9-13），可以得出在平面问题中表明应变分量与位移分量之间的关系式，即几何方程在平面问题中的简化形式为：

$$\varepsilon_x = \frac{\partial u}{\partial x}, \ \varepsilon_y = \frac{\partial v}{\partial y}, \ \gamma_{xy} = \frac{\partial v}{\partial x} + \frac{\partial u}{\partial y} \tag{9-14}$$

在以后的弹性力学问题求解中，我们要经常用到几何方程（9-14）。

9.4.2 刚体位移

当一个物体发生整体的刚体位移时，由于物体内部任意两点之间的距离没有发生变化，故在沿这两点之间的连线方向上就不会有正应变（线应变）。又因为在任意两条微线段之间的角度没有发生变化，因此，也不会有剪应变（角应变）。

❸ 从数学上来说，由应变分量求位移分量时，所进行的运算是积分，因而会出现不确定的积分常数，从而导致位移分量不能完全确定。

由几何方程（9-14）可知，当物体的位移分量完全确定时，应变分量即完全确定。但反过来，当应变分量完全确定时，位移分量却不能完全确定[❸]。

现在从理论力学刚体平面运动的观点来证明这一点。令应变分量等于 0，即：

$$\varepsilon_x = \varepsilon_y = \gamma_{xy} = 0 \tag{9-15}$$

由此来求出相应的位移分量。

由几何方程 (9-14)，式 (9-15) 可以写为：

$$\frac{\partial u}{\partial x}=0, \quad \frac{\partial v}{\partial y}=0, \quad \frac{\partial v}{\partial x}+\frac{\partial u}{\partial y}=0 \qquad (9-16)$$

将前面两个公式分别对 x 和 y 积分，得到：

$$u=f_1(y), \quad v=f_2(x) \qquad (9-17)$$

式中：f_1、f_2——任意函数。

将式 (9-17) 代入式 (9-16) 中的第三式，得到：

$$-\frac{\mathrm{d}f_1(y)}{\mathrm{d}y}=\frac{\mathrm{d}f_2(x)}{\mathrm{d}x}$$

在上式中，左边是 y 的函数，而右边是 x 的函数。因此，只可能两边都等于同一个常数。设该常数为 ω，于是有：

$$\frac{\mathrm{d}f_1(y)}{\mathrm{d}y}=-\omega, \quad \frac{\mathrm{d}f_2(x)}{\mathrm{d}x}=\omega$$

积分得：

$$f_1(y)=u_0-\omega y, \quad f_2(x)=v_0+\omega x \qquad (9-18)$$

式中：u_0、v_0——任意常数。

将式 (9-18) 代入式 (9-17)，得到的位移分量为：

$$u=u_0-\omega y, \quad v=v_0+\omega x \qquad (9-19)$$

式 (9-19) 所示的位移是"应变为零"时的位移，即所谓"与应变无关"的位移，因而必然是刚体位移。实际上，u_0 和 v_0 分别为物体沿 x 轴和 y 轴方向的刚体平移，而 ω 为物体绕 z 轴的刚体转动。从刚体平面运动的原理很容易看出 ω 的意义。

在 3 个常数中，如果只有 u_0 不为 0，则由式 (9-19) 可见，物体中任意一点的位移分量是 $u=u_0$，$v=0$。这就是说，物体的所有各点只沿 x 方向移动同样的距离 u_0。由此可见，u_0 代表物体沿 x 方向的刚体平移。同样可见，v_0 代表物体沿 y 方向的刚体平移。当只有 ω 不为 0 时，由式 (9-19) 可见，物体中任意一点的位移分量是 $u=-\omega y$，$v=\omega x$。据此，坐标为 (x, y) 的任意一点 P 沿着 y 方向移动 ωx，并沿着负 x 方向移动 ωy，如图 9-8 所示，而合成位移为：

$$\sqrt{u^2+v^2}=\sqrt{(-\omega y)^2+(\omega x)^2}=\omega\sqrt{x^2+y^2}=\omega r$$

式中：r——点 P 至 z 轴的距离。

令合成位移的方向与 y 轴的夹角为 α，则由图 9-8 可知：

$$\tan\alpha=\frac{\omega y}{\omega x}=\frac{y}{x}=\tan\theta$$

可见，合成位移的方向与径向线 OP 垂直，即沿着切向方向。既然物

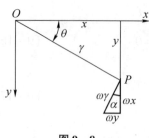

图 9 - 8

体所有各点移动的方向都是沿着切向的，而且移动的距离等于径向距离 r 乘以 ω，因此，可以用（注意：位移是微小的）ω 代表物体绕 z 轴的刚体转动。

由上述讨论可见，物体在应变为 0 时可以有任意的刚体位移，因此，当物体发生一定的应变时，由于约束条件的不同，它可能具有不同的刚体位移，因而它的位移并不是完全确定的。在平面问题中，常数 u_0、v_0、ω 的任意性反映的是位移的不确定性❶，而为了完全确定位移，就必须有 3 个适当的约束条件来确定这 3 个常数。

❶ 实际中的位移是确定的，因为每个物体都有一个确定的约束条件。

9.5　物理方程

9.5.1　虎克定律

在讨论单向拉伸或压缩时，根据实验结果，可以得到线弹性范围内应力 σ 与应变 ε 的关系为：

$$\sigma = E\varepsilon \quad 或 \quad \varepsilon = \frac{\sigma}{E} \tag{9-20}$$

式中：E——拉压弹性模量。

这就是虎克定律。此外，受拉伸或压缩的构件在轴向的变形中还会引起横向尺寸的变化❷。实验表明，横向应变 ε' 和轴向应变 ε 之间的关系可以表示为：

❷ 当物体在一个方向上产生应变时，该物体也会在和该方向垂直的其他方向上产生应变。

$$\varepsilon' = -\mu\varepsilon = -\mu\frac{\sigma}{E} \tag{9-21}$$

式中：μ——侧向收缩系数，通常称为泊松比。

在薄壁圆筒受扭转的纯剪切实验中，实验结果表明，在线弹性范围内，剪应力 τ 和剪应变 γ 之间的关系可以表示为：

$$\tau = G\gamma \quad 或 \quad \gamma = \frac{\tau}{G} \tag{9-22}$$

式中：G——剪切弹性模量。

这就是剪切虎克定律。

9.5.2　广义虎克定律

由图 9 - 3 可知，一点的应力状态可用 9 个应力分量表示。根据剪应力的互等定理，在这 9 个应力分量中，只有 6 个应力分量是独立的，即 3 个

正应力 σ_x、σ_y、σ_z 和 3 个剪应力 τ_{yz}、τ_{zx}、τ_{xy}。这种普遍情况可以看作三组单向应力和三组纯剪切的组合。对于各向同性材料，当变形很小且在线弹性范围内时，正应变（线应变）只与正应力有关，而与剪应力无关；剪应变只与剪应力有关，而与正应力无关❶。这样，我们就可以利用式（9-11）~式（9-13）求出与各个应力分量相对应的某一方向上的应变，然后进行叠加。现在以 x 方向上的应变 ε_x 的计算为例来说明这一叠加过程。

当 σ_x 单独作用时，由式（9-11）可知，在 x 方向上引起的正应变（线应变）为 σ_x/E；当 σ_y 单独作用时，由式（9-12）可知，在 x 方向上引起的正应变为 $-\mu\sigma_y/E$；当 σ_z 单独作用时，由式（9-12）可知，在 x 方向上引起的正应变为 $-\mu\sigma_z/E$。3 个剪应力分量皆与在 x 方向上的正应变无关。将上述结果相加，可得在 x 方向上的正应变为：

$$\varepsilon_x = \frac{\sigma_x}{E} - \mu\frac{\sigma_y}{E} - \mu\frac{\sigma_z}{E} = \frac{1}{E}\left[\sigma_x - \mu(\sigma_y + \sigma_z)\right] \qquad (9-23)$$

同理，可以求得在 y 和 z 方向上的正应变 ε_y 和 ε_z。至于剪应变和剪应力之间，仍然是式（9-13）所表示的关系，并且与正应力分量无关。

综合以上分析，可以得到，3 个正应变和 3 个剪应变与应力分量之间的关系为：

$$\varepsilon_x = \frac{1}{E}\left[\sigma_x - \mu(\sigma_y + \sigma_z)\right] \qquad (9-24a)$$

$$\varepsilon_y = \frac{1}{E}\left[\sigma_y - \mu(\sigma_z + \sigma_x)\right] \qquad (9-24b)$$

$$\varepsilon_z = \frac{1}{E}\left[\sigma_z - \mu(\sigma_x + \sigma_y)\right] \qquad (9-24c)$$

$$\gamma_{yz} = \frac{1}{G}\tau_{yz}, \quad \gamma_{zx} = \frac{1}{G}\tau_{zx}, \quad \gamma_{xy} = \frac{1}{G}\tau_{xy} \qquad (9-24d)$$

这就是广义虎克定律。需要注意的是，3 个弹性常数 E、G、μ 之间有如下关系：

$$G - \frac{E}{2(1+\mu)} \qquad (9-25)$$

这些弹性常数不随应力或应变大小的变化而改变，不随位置坐标的变化而改变，也不随方向而改变。这是因为，这里已经假定考虑的物体是完全弹性的、均匀的，而且是各向同性的。

9.5.3　平面应力问题中的物理方程

在平面应力问题中，$\sigma_z = 0$。在式（9-24a）和式（9-24b）中删去

❶ 因此，求应变时可以使用叠加原理。

σ_z，并将式（9-25）代入式（9-24d）中的第三式，得到：

$$\varepsilon_x = \frac{1}{E}(\sigma_x - \mu\sigma_y) \qquad (9-26a)$$

$$\varepsilon_y = \frac{1}{E}(\sigma_y - \mu\sigma_x) \qquad (9-26b)$$

$$\gamma_{xy} = \frac{2(1+\mu)}{E}\tau_{xy} \qquad (9-26c)$$

这就是平面应力问题中的物理方程。此外，式（9-24c）成为：

$$\varepsilon_z = -\frac{\mu}{E}(\sigma_x + \sigma_y) \qquad (9-27)$$

❶ 在平面应力问
题中，z 向的正
应力为 0，但正
应变一般不为 0。

式（9-27）可以用来求得在薄板厚度方向（z 向）上的应变 ε_z，进而可以求得薄板厚度的改变量❶。又由式（9-24d）中的第一式及第二式可见，因为在平面应力问题中有 $\tau_{yz} = 0$ 和 $\tau_{zx} = 0$，所以有 $\gamma_{yz} = 0$ 和 $\gamma_{zx} = 0$。

9.5.4　平面应变问题中的物理方程

在平面应变问题中，因为物体的所有点都不沿 z 方向移动，即 $\omega = 0$，所以 z 方向的线段都没有伸缩，即 $\varepsilon_z = 0$，于是由式（9-24c）得：

$$\sigma_z = \mu(x) \qquad (9-28)$$

代入式（9-24a）和式（9-24b），并注意式（9-26c）仍然适用，得到：

$$\varepsilon_x = \frac{1-\mu^2}{E}\left(\sigma_x - \frac{\mu}{1-\mu}\sigma_y\right) \qquad (9-29a)$$

$$\varepsilon_y = \frac{1-\mu^2}{E}\left(\sigma_y - \frac{\mu}{1-\mu}\sigma_y\right) \qquad (9-29b)$$

$$\gamma_{xy} = \frac{2(1+\mu)}{E}\tau_{xy} \qquad (9-29c)$$

这就是平面应变问题中的物理方程。此外，因为在平面应变问题中也有 $\tau_{yz} = 0$ 和 $\tau_{zx} = 0$，所以也有 $\gamma_{yz} = 0$ 和 $\gamma_{zx} = 0$。

可以将平面应力问题和平面应变问题中的物理方程写成统一的形式。例如，将两个物理方程统一写成平面应力问题的物理方程，即式（9-26），此时，在平面应变问题的计算中，只需将 E 换为 $E/(1-\mu^2)$，将 μ 换为

❷ 以后可以看
到，也可用同样
的代换，将平面
应力问题中的其
他方程应用到平
面应变问题中。

$\mu/(1-\mu)$，即可得到平面应变问题的物理方程（9-29）❷了。

又如，将两个物理方程统一写成平面应变问题的物理方程，即式（9-29），此时，在平面应力问题的计算中，只需将 E 换为 $E(1+2\mu)/(1+\mu)^2$，μ 换为 $\mu/(1+\mu)$，就可以得到平面应力问题的物理方程（9-24）了。

9.6 边界条件和圣维南原理

前面我们讨论了平面问题的平衡微分方程、几何方程和物理方程。把这 3 种方程组合在一起，就构成了弹性力学平面问题的基本方程。具体地讲，分别如下：

(1) 2 个平衡方程（9 - 9）。

(2) 3 个几何方程（9 - 14）。

(3) 3 个物理方程（9 - 26）或方程（9 - 29）。

这 8 个基本方程中包含 8 个未知函数[1]（坐标的未知函数）：3 个应力分量 σ_x、σ_y、$\tau_{xy} = \tau_{yx}$，3 个应变分量 ε_x、ε_y、γ_{xy}，2 个位移分量 u、v。因此，在适当的边界条件下，从基本方程求解未知函数是可能的。

按照边界条件的不同，弹性力学问题可以分为位移边界问题、应力边界问题和混合边界问题。

9.6.1 位移边界条件

在位移边界问题中，物体在全部边界上的位移分量都是已知的位移函数。也就是说，在边界上，有：

$$u_s = \bar{u}, \quad v_s = \bar{v} \qquad (9 - 30)$$

式中：u_s、v_s——边界上的位移分量；

　　　　s——边界曲线（曲面）；

　　　　$\bar{u}$、$\bar{v}$——坐标的已知函数。

这就是平面问题的位移边界条件。

9.6.2 应力边界条件

在应力边界问题中，物体在全部边界上所受的面力是已知的。也就是说，面力分量 $\bar{X}$ 和 $\bar{Y}$ 在边界上是坐标的已知函数。根据面力分量与边界上应力分量之间的关系，可以把面力已知的条件转换成应力方面的已知条件。这就是应力边界条件。

为了导出应力边界条件，取如图 9 - 9 所示的三角形进行分析。在推导平衡微分方程时，我们是从物体中取出一个正平行六面体进行分析的。但是，到了物体的边界上时，正平行六面体就成了三棱柱[2]（它的斜面 AB 与物体的边界重合）。设物体的边界面 AB 的外法线方向为 n，则

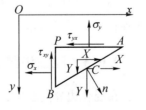

图 9 - 9 三角形

[1] 基本方程的数目恰好等于未知函数的数目。

[2] 在平面图形上，就成了如图 9 - 9 所示的三角形。

其方向余弦为：

$$\cos(\boldsymbol{n}, \boldsymbol{i}) = l, \quad \cos(\boldsymbol{n}, \boldsymbol{j}) = m \qquad (9-31)$$

式中：$\boldsymbol{i}, \boldsymbol{j}$——$x$ 轴和 y 轴方向上的单位矢量。

设边界面 AB 的长度为 $\mathrm{d}s$，则截面 PA 和 PB 的长度分别为 $l\mathrm{d}s$ 和 $m\mathrm{d}s$。为了简便推导，垂直于图面的尺寸取为 1 个单位长度。

由平衡条件 $\sum F_x = 0$ 和 $\sum F_y = 0$，得到：

$$\overline{X}\mathrm{d}s \times 1 - \sigma_x l\mathrm{d}s \times 1 - \tau_{yx}m\mathrm{d}s \times 1 + X \cdot \frac{l}{2}\mathrm{d}s \cdot m\mathrm{d}s \times 1 = 0$$

$$\overline{Y}\mathrm{d}s \times 1 - \sigma_y m\mathrm{d}s \times 1 - \tau_{yx}l\mathrm{d}s \times 1 + Y \cdot \frac{l}{2}\mathrm{d}s \cdot m\mathrm{d}s \times 1 = 0$$

将以上两式分别除以 $\mathrm{d}s$，然后略去微量，即可得出物体边界上各点的应力分量与面力分量之间的关系式：

$$l(\sigma_x)_s + m(\tau_{yx})_s = \overline{X} \qquad (9-32\mathrm{a})$$

$$m(\sigma_y)_s + l(\tau_{xy})_s = \overline{Y} \qquad (9-32\mathrm{b})$$

在式（9-32）中加上了 $(\ )_s$ 表示该应力分量是在边界 s 上的值。

式（9-32）表明应力分量的边界值与已知面力分量之间的关系，这就是平面问题的应力边界条件。

再利用平衡条件 $\sum M_C(F) = 0$ 可列出力矩的平衡方程，除以 $l\mathrm{d}s \cdot m\mathrm{d}s/2$，略去微量之后，得到：

$$\tau_{yx} = \tau_{xy} \qquad (9-33)$$

这又一次证明了剪应力的互等定理。

当边界面垂直于某一坐标轴时，应力边界条件将大为简化：在垂直于 x 轴的边界上，$l = \pm 1$，$m = 0$，应力边界条件（9-32）简化为：

$$(\sigma_x)_s = \pm \overline{X}, \quad (\tau_{xy})_s = \pm \overline{Y}$$

在垂直于 y 轴的边界上，$l = 0$，$m = \pm 1$，应力边界条件（9-32）简化为：

$$(\sigma_y)_s = \pm \overline{Y}, \quad (\tau_{yx})_s = \pm \overline{X}$$

可见，在这种特殊情况下，应力分量的边界值就等于对应的面力分量（当边界的外法线沿坐标轴正方向时，两者的正负号相同；当边界的外法线沿坐标轴负方向时，两者的正负号相反）。

必须指出的是，在垂直于 x 轴的边界上，应力边界条件中没有 $(\sigma_y)_s$；在垂直于 y 轴的边界上，应力边界条件中没有 $(\sigma_x)_s$。[❶]

9.6.3　混合边界条件

在混合边界问题中，物体的一部分边界具有已知的位移，因而具有位移边界条件，如式（9-30）所示；另一部分边界则具有已知的面力，因

❶ 这就是说，平行于边界方向的正应力，它的边界值与面力分量并不直接相关。

而具有应力边界条件，如式（9-32）所示。此外，在同一部分边界上，还可能出现混合边界条件，即两个边界条件中的一个是位移边界条件，另一个则是应力边界条件。例如，设垂直于 x 轴的某一个边界是链杆支撑边，如图 9-10（a）所示，则在 x 方向上有位移边界条件 $u_s = \bar{u} = 0$，而在 y 方

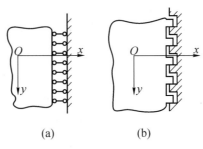

图 9-10　混合边界条件

向上有应力边界条件 $(\tau_{xy})_s = \bar{Y} = 0$。又如，设垂直于 x 轴的某一个边界是齿槽边，如图 9-10（b）所示，则在 x 方向上有应力边界条件 $(\sigma_x)_s = 0$，而在 y 方向上有位移边界条件 $v_s = \bar{v} = 0$。在垂直于 y 轴的边界，以及与坐标轴斜交的边界上，都可能有与此相似的混合边界条件。

9.6.4　圣维南原理

在求解弹性力学问题时，使应力分量、应变分量、位移分量完全满足基本方程并不困难；但是，要使边界条件也得到完全满足，这往往是很困难的[1]。

此外，在很多的工程结构计算中，都会遇到这样的情况：在物体的一小部分边界上，仅仅知道物体所受面力的合成，而这个面力的分布方式并不明确，因而无从考虑在这部分边界上的应力边界条件。

在如图 9-11 所示的长矩形杆件中，其右端所受的面力各不相同，但各力系的主矢、主矩是相同的。那么，内力 σ_x 是怎样分布的呢? 用其他计算方法[2]计算表明，图 9-11（a）～图 9-11（c）中三杆右端局部区域的应力明显不同，但离开右端较远处，应力分布是相同的，均布应力 $\sigma_x = q$[3]。

这个例子反映的是一个普遍现象，由法国力学家圣维南首先总结出来，故称为圣维南原理。

圣维南原理可以这样陈述：作用在弹性体一小部分边界上的静力等效的不同力系（主矢相同，对同一点的主矩也相同）所引起的弹性体内应力分布的差别，在该力系作用近处明显不同，远处可以忽略不计。

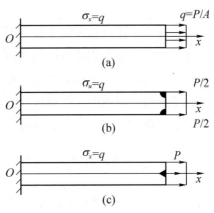

图 9-11　圣维南原理

❶ 因此，弹性力学问题在数学上被称为边值问题或边界问题。

❷ 数值方法：有限元法。

❸ 图中无色区域的应力为 q，集中力作用点处的后部区域的应力用黑色填涂，其值明显高于其余大部分区域的应力 q。

圣维南原理也可以这样陈述：如果物体在一小部分边界上的面力是一个平衡力系（主矢及主矩都等于0），那么，这个面力只会使得近处产生显著的应力，远处的应力可以忽略不计。这样的陈述和上面的陈述完全等效●。

❶ 因为静力等效的两组面力，它们的差异是一个平衡力系。

圣维南原理描述的是弹性局部荷载变化对应力分布的影响也是局部的，故又称为局部影响原理。该原理没有统一的数学表达式和严格的证明，许多学者致力于此项研究而效果甚微，但其正确性是被无数事实证明了的。在应用该原理时，应注意两点：一是力系必须"静力等效"；二是"远离"力系作用的局部区域。

9.7　按位移求解平面问题

在第4章和第5章中我们看到，计算超静定结构有3种基本方法，即位移法、力法和混合法●。在位移法中，以某些位移为基本未知量；在力法中，以某些反力或内力为基本未知量；在混合法中，同时以某些位移和某些反力或内力为基本未知量。解出基本未知量以后，再根据未知量之间的关系求其他的未知量。

❷ 位移法和力法用得较多。

与此相似，弹性力学求解问题时，也有3种基本方法，即按位移求解、按应力求解和混合求解。按位移求解时，以位移分量为基本未知函数，要想求出位移分量，需要把8个方程●综合成只含有位移分量的两个方程。按应力求解时，以应力分量为基本未知函数，要想求出应力分量，需要把8个方程综合成只含有应力分量的3个方程。在混合求解时，同时以某些位移分量和应力分量为基本未知函数，由一些只包含这些基本未知函数的微分方程和边界条件求出这些基本未知函数以后，再用适当的方程求出其他的未知函数。

❸ 如9.6节第二段中所述。

本节仅导出按位移求解平面问题时所需用的微分方程和边界条件。其步骤如下：首先根据物理方程和几何方程找出应力分量与位移分量之间的关系，然后将应力—位移关系式代入平衡方程。具体推导步骤如下：

在平面应力问题中，将物理方程（9-26）中的应力分量看作未知量，联立求解可得，用应变分量表示的应力分量为：

$$\sigma_x = \frac{E}{1-\mu^2}(\varepsilon_x + \mu\varepsilon_y), \ \sigma_y = \frac{E}{1-\mu^2}(\varepsilon_y + \mu\varepsilon_x) \tag{9-34}$$

$$\tau_{xy} = \frac{E}{2(1+\mu)}\gamma_{xy}$$

将几何方程（9-14）代入式（9-34），得到应力—位移关系方程，即所谓的弹性方程为：

$$\sigma_x = \frac{E}{1-\mu^2}\left(\frac{\partial u}{\partial x}+\mu\frac{\partial v}{\partial y}\right), \quad \sigma_y = \frac{E}{1-\mu^2}\left(\frac{\partial v}{\partial y}+\mu\frac{\partial u}{\partial x}\right) \tag{9-35}$$

$$\tau_{xy} = \frac{E}{2(1+\mu)}\left(\frac{\partial v}{\partial x}+\frac{\partial u}{\partial y}\right)$$

再将式（9-35）代入平衡微分方程（9-9），化简得：

$$\frac{E}{1-\mu^2}\left(\frac{\partial^2 u}{\partial x^2}+\frac{1-\mu}{2}\frac{\partial^2 u}{\partial y^2}+\frac{1+\mu}{2}\frac{\partial^2 v}{\partial x\partial y}\right)+X=0 \tag{9-36a}$$

$$\frac{E}{1-\mu^2}\left(\frac{\partial^2 v}{\partial y^2}+\frac{1-\mu}{2}\frac{\partial^2 v}{\partial x^2}+\frac{1+\mu}{2}\frac{\partial^2 u}{\partial x\partial y}\right)+Y=0 \tag{9-36b}$$

这是用位移表示的平衡微分方程。再将式（9-35）代入应力边界条件（9-32），化简得：

$$\frac{E}{1-\mu^2}\left[l\left(\frac{\partial u}{\partial x}+\mu\frac{\partial v}{\partial y}\right)_s+m\frac{1-\mu}{2}\left(\frac{\partial u}{\partial y}+\frac{\partial v}{\partial x}\right)_s\right]=\overline{X} \tag{9-37a}$$

$$\frac{E}{1-\mu^2}\left[m\left(\frac{\partial v}{\partial y}+\mu\frac{\partial u}{\partial x}\right)_s+l\frac{1-\mu}{2}\left(\frac{\partial v}{\partial x}+\frac{\partial u}{\partial y}\right)_s\right]=\overline{Y} \tag{9-37b}$$

这是用位移表示的应力边界条件。

综上所述，按位移求解平面应力问题时，要使位移分量满足平衡微分方程（9-36），并在边界上满足位移边界条件（9-30）或应力边界条件（9-37）。求出位移分量以后，即可用几何方程（9-14）求得应变分量，从而用式（9-34）求得应力分量。

求解平面应变问题时完全可以用以上结果，但在使用上述各式时，需将 E 换为 $E/(1-\mu^2)$，将 μ 换为 $\mu/(1-\mu)$。

在一般情况下，按位移求解平面问题，最后还需处理联立的两个二阶偏微分方程，而不能再进一步简化为处理一个单独微分方程的问题[●]，因而导致按位移求解并未能得出很多函数式解答。但是，这种方法也有明显的优点——适应性很强。对于任何平面问题，无论体力是不是常量，也无论问题是位移边界问题，还是应力边界问题或混合边界问题，从原则上来说，都可用位移法进行分析计算。现在比较流行的数值计算方法，如有限元法等，大多使用了位移法。它可以解决相当复杂的工程实际问题，并给出相应的数值解答，由此可见位移法的优越性。

❶ 这是按位移求解的缺点。

9.8　按应力求解平面问题和相容方程

9.8.1　相容方程

从 3 个几何方程中消去位移分量，可以得出 3 个应变分量之间的一个关系式，这个关系式就是用应变表示的相容方程。具体推导如下：

根据平面问题的几何方程（9-14），即：

$$\varepsilon_x = \frac{\partial u}{\partial x}, \quad \varepsilon_y = \frac{\partial v}{\partial y}, \quad \gamma_{xy} = \frac{\partial v}{\partial x} + \frac{\partial u}{\partial y}$$

将 ε_x 对 y 求二阶导数，ε_y 对 x 求二阶导数，然后相加得：

$$\frac{\partial^2 \varepsilon_x}{\partial y^2} + \frac{\partial^2 \varepsilon_y}{\partial x^2} = \frac{\partial^3 u}{\partial x \partial y^2} + \frac{\partial^3 v}{\partial x^2 \partial y} = \frac{\partial^2}{\partial x \partial y}\left(\frac{\partial u}{\partial y} + \frac{\partial v}{\partial x}\right) \qquad (9-38)$$

在式（9-38）右边括号中的表达式就等于 γ_{xy}，因此，可将式（9-38）写为：

$$\frac{\partial^2 \varepsilon_x}{\partial y^2} + \frac{\partial^2 \varepsilon_y}{\partial x^2} = \frac{\partial^2 \gamma_{xy}}{\partial x \partial y} \qquad (9-39)$$

式（9-39）称为应变协调方程或相容方程，应变分量 ε_x、ε_y、γ_{xy} 必须满足这个方程，才能保证位移分量 u 和 v 的存在[●]。按位移求解平面问题时，由于先求出了位移 u、v，再由几何方程求出应变分量，这时的相容方程（9-39）自然满足，因为相容方程（9-39）是由几何方程（9-14）导出的。但是，在按应力求解平面问题时，由于先求出的是应力，再由物理方程（9-26）求出应变。所求应变必须满足相容方程（9-26），否则应变分量之间可能互不相容。

● 基本未知量。

现举例来说明这一点。试取不能满足相容方程（9-39）的应变分量为：

$$\varepsilon_x = 0, \varepsilon_y = 0, \gamma_{xy} = Cxy \qquad (9-40)$$

其中的常数 C 不等于 0。由几何方程（9-14）中的前两式得：

$$\frac{\partial u}{\partial x} = 0, \quad \frac{\partial v}{\partial y} = 0$$

从而有：

$$u = f_1(y), \quad v = f_2(x) \qquad (9-41)$$

再将式（9-40）中的第三式代入式（9-14）中的第三式，得到：

$$\frac{\partial v}{\partial x} + \frac{\partial u}{\partial y} = Cxy \qquad (9-42)$$

显然，式（9-41）与式（9-42）不能相容，即相互矛盾，于是就不可能求得满足几何方程（9-14）的位移。

9.8.2　用应力表述的相容方程

按应力求解平面问题时，其基本微分方程的推导步骤如下：

（1）平衡微分方程（9-9）本来就只包含应力分量，无须推导变换，应予以保留。

（2）将物理方程代入相容方程，便可得到一个仅包含应力分量[1]的关系式，即用应力表述的相容方程。具体推导如下：

对于平面应力的情况，将物理方程（9-26）代入式（9-39），得到：

$$\frac{\partial^2}{\partial y^2}(\sigma_x - \mu\sigma_y) + \frac{\partial^2}{\partial x^2}(\sigma_y - \mu\sigma_x) = 2(1+\mu)\frac{\partial^2\tau_{xy}}{\partial x\partial y} \qquad (9-43)$$

利用平衡微分方程，可以简化式（9-43），使它只包含正应力，而不包含剪应力。为此，将平衡微分方程（9-9）写成

$$\frac{\partial\tau_{xy}}{\partial y} = -\frac{\partial\sigma_x}{\partial x} - X, \quad \frac{\partial\tau_{yx}}{\partial y} = -\frac{\partial\sigma_y}{\partial y} - Y$$

将前一方程对 x 求导，后一方程对 y 求导，然后相加，并注意 $\tau_{yx} = \tau_{xy}$，可得：

$$2\frac{\partial^2\tau_{xy}}{\partial x\partial y} = -\frac{\partial^2\sigma_x}{\partial x^2} - \frac{\partial^2\sigma_y}{\partial y^2} - \frac{\partial X}{\partial x} - \frac{\partial Y}{\partial y}$$

代入式（9-43），简化后，可得：

$$\left(\frac{\partial^2}{\partial x^2} + \frac{\partial^2}{\partial y^2}\right)(\sigma_x + \sigma_y) = -(1+\mu)\left(\frac{\partial X}{\partial x} + \frac{\partial Y}{\partial y}\right) \qquad (9-44)$$

这就是在平面应力情况下用应力表述的相容方程。

对于平面应变的情况，可进行同样的推导，得出一个与此相似的方程：

$$\left(\frac{\partial^2}{\partial x^2} + \frac{\partial^2}{\partial y^2}\right)(\sigma_x + \sigma_y) = -\frac{1}{1-\mu}\left(\frac{\partial X}{\partial x} + \frac{\partial Y}{\partial y}\right) \qquad (9-45)$$

但是，也可以不进行推导，只要按在 9.5 节中所述，把方程（9-44）中的 μ 换为 $\mu/(1-\mu)$，便可得到这一方程。

这样，按应力求解平面问题时，在平面应力问题中，应力分量应当满足平衡微分方程（9-9）和相容方程（9-44）；在平面应变问题中，应力分量应当满足平衡微分方程（9-9）和相容方程（9-45）。此外，应力分量在边界上还应当满足应力边界条件（9-32）。

9.8.3 求解平面问题时应注意的问题

求解平面应力问题和平面应变问题时，应注意如下几个问题：

（1）位移边界条件（9-30）一般是无法改用应力分量及其导数表示的。因此，对于位移边界问题和混合边界问题，一般都不宜按应力求解。

（2）对于应力边界问题，是否满足了平衡微分方程、相容方程和应力边界条件，就能完全确定应力分量，还要看所考察的物体所占的域是单连通域还是多连通域。

所谓单连通域，就是具有这样的几何性质的域：在这个域中所作的任何一条闭合曲线，都可以使它在域内不断收缩而趋于一点[2]；所谓多连通

[1] 如果任意选取函数 ε_x、ε_y 和 γ_{xy}，则由 3 个几何方程中的任何两个求出的位移分量都有可能与第三个几何方程不能相容。

[2] 例如，一般的实体和空心圆球所占的域就是单连通域。

域，就是不具有上述几何性质的域。例如，圆环或圆筒所占的域就是多连通域。在平面问题中，可以这样简单地说：单连通域就是只具有单个连续边界的域；多连通域则是具有多个连续边界的域，即有孔口的物体所占的域。占有单连通域或多连通域的物体相应地分别称为单连通体或多连通体。

对于平面问题，可以证明：如果满足了平衡微分方程和相容方程，也满足了应力边界条件，那么，在单连通域的情况下，应力分量就完全确定了。

（3）在多连通域的情况下，应力分量的表达式中可能还留有待定函数或待定常数。在由这些应力分量求出的位移分量表达式中，由于进行了积分运算，故可能出现多值项，这些多值项表示的是弹性体的同一点具有不同的位移，而在连续体中，这是不可能出现的。根据位移必须为单值这样的所谓位移单值条件，令求出的多值项等于 0，就可以完全确定应力分量了[1]。

❶ 具体的实例见 11.5 节。

9.9　常体力情况下的简化

9.9.1　常体力情况下的简化结果

对实际工程来说，很多问题中的体力都是常量，即体力分量 X 和 Y 在整个弹性体内是常量，不随坐标而改变。例如，重力和平行移动时的惯性力就是常量的体力。在这种情况下，相容方程（9－44）和（9－45）的右边都成为 0，而两种平面问题的相容方程都简化为相同的形式，即：

$$\left(\frac{\partial^2}{\partial x^2}+\frac{\partial^2}{\partial y^2}\right)(\sigma_x+\sigma_y)=0 \qquad (9-46)$$

由式（9－46）可以看出，在常体力的情况下，$\sigma_x+\sigma_y$ 应当满足拉普拉斯微分方程，即调和方程。也就是说，$\sigma_x+\sigma_y$ 应当是调和函数。为书写简便起见，下面用记号 ∇^2 代表（$\partial^2/\partial x^2+\partial^2/\partial y^2$），方程（9－46）可简写为：

$$\nabla^2(\sigma_x+\sigma_y)=0$$

必须指出的是，在常体力的情况下，平衡微分方程（9－9）、相容方程（9－46）和应力边界条件（9－32）中都不包含弹性常数，而且对于两种平面问题都是相同的。因此，在单连通体的应力边界问题中，如果两个弹性体具有相同的边界形状，并受到同样分布的外力，那么不管这两个弹性体的材料是否相同，也不管它们是在平面应力情况下，还是在平面应变情况下，应力分量 σ_x、σ_y、τ_{xy} 的分布都是相同的[2]。

因此，可以得出这样的结果：

❷ 但要注意，两种平面问题中的应力分量以及应变和位移却不一定是相同的。

（1）针对任意一种材料的物体而求出的应力分量 σ_x、σ_y、τ_{xy}，也适用于具有同样边界并受有同样外力的其他材料的物体；针对平面应力问题而求出的这些应力分量，也适用于边界相同、外力相同的平面应变情况下的物体。这为弹性力学解答在工程上的应用提供了极大的方便。

（2）在用实验方法量测结构或构件的上述应力分量时，可以用便于量测的材料来制造模型，以代替原来不便于量测的结构或构件材料❶；还可以用平面应力情况下的薄板模型来代替平面应变情况下长柱形的结构或构件。

❶ 这也是实验应力的常规方法。

9.9.2　将常体力改换为面力

对于单连通体的应力边界问题，还可以把常体力的作用改换为面力的作用，以便于解答问题和实验量测。现加以详细说明。

设原问题中的应力分量为 σ_x、σ_y、τ_{xy}，确定这些应力分量的微分方程为：

$$\begin{cases} \dfrac{\partial \sigma_x}{\partial x} + \dfrac{\partial \tau_{xy}}{\partial y} + X = 0 , \ \dfrac{\partial \sigma_y}{\partial y} + \dfrac{\partial \tau_{xy}}{\partial x} + Y = 0 \\ \left(\dfrac{\partial^2}{\partial x^2} + \dfrac{\partial^2}{\partial y^2} \right)(\sigma_x + \sigma_y) = 0 \end{cases} \qquad (9-47)$$

边界条件为：

$$l(\sigma_x)_s + m(\tau_{xy})_s = \overline{X}, m(\sigma_y)_s + l(\tau_{xy})_s = \overline{Y} \qquad (9-48)$$

在式（9-47）和式（9-48）中，已经用 τ_{xy} 代替了 τ_{yx}。

为了分析体力与面力之间的转化关系，现做如下代换：

$$\sigma_x = \sigma'_x - Xx, \sigma_y = \sigma'_y - Yy, \tau_{xy} = \tau'_{xy} \qquad (9-49)$$

将式（9-49）代入式（9-47），得到：

$$\begin{cases} \dfrac{\partial \sigma'_x}{\partial x} + \dfrac{\partial \tau'_{xy}}{\partial y} = 0 , \ \dfrac{\partial \sigma'_y}{\partial y} + \dfrac{\partial \tau'_{xy}}{\partial x} = 0 \\ \left(\dfrac{\partial^2}{\partial x^2} + \dfrac{\partial^2}{\partial y^2} \right)(\sigma'_x + \sigma'_y) = 0 \end{cases} \qquad (9-50)$$

将式（9-49）代入式（9-48），得到：

$$\begin{cases} l\sigma'_x + m\tau'_{xy} = \overline{X} + lXx \\ m\sigma'_y + l\tau'_{xy} = \overline{Y} + mYy \end{cases} \qquad (9-51)$$

将式（9-50）及式（9-51）分别与式（9-47）及式（9-48）对比，可见 σ'_x、σ'_y、τ'_{xy} 所应满足的微分方程及边界条件和这样的情况下相同：体力等于 0，而面力分量 $\overline{X}$ 及 $\overline{Y}$ 分别增加了 lXx 及 mYy。

由此得出求解原问题的一个办法：先不计体力，而对弹性体施以代替体力的面力分量 $\overline{X'} = lXx$ 及 $\overline{Y'} = mYy$。这样在求出应力分量 σ_x'、σ_y'、τ_{xy}' 以后，再按照式（9-49），在 σ_x' 及 σ_y' 上分别叠加 $-Xx$ 及 $-Yy$，即得原问题的应力分量。

【例9-3】 对于如图9-12（a）所示的深梁在重力作用下的应力分析，可采用上述方法，将常体力转换为面力，则无论是用数值方法[●]进行计算，还是用实验方法量测应力，步骤都会简单许多。具体分析如下：

❶ 如差分法。

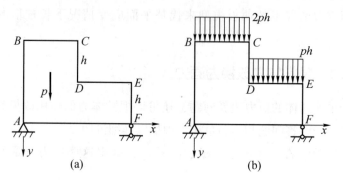

图9-12

（1）先不计体力，而施以代替体力的面力。取坐标轴如图9-12所示，则 $X=0$，而 $Y=p$，其中，p 为深梁的容重。代替体力的面力分量是 $\overline{X'} = lXx = 0$，$\overline{Y'} = mYy = p$。

在边界 AF 上，$y=0$，因而 $mpy=0$，无须施加面力。在边界 AB、CD 及 EF 上，$m=0$，因而 $mpy=0$，也无须施加面力。在边界 DE 及 BC 上，$m=-1$，而 y 分别等于 $-h$ 及 $-2h$，因此，应分别施加面力 $\overline{Y'}=ph$ 及 $\overline{Y'}=2ph$（正的面力应当沿着坐标正向，即向下），如图9-12（b）所示。

❷ 也可用量测方法。

（2）用其他计算方法[❷]求出在如图9-12（b）所示情况下的应力分量 σ_x'、σ_y'、τ_{xy}' 后，即可求得原问题中重力所起的应力分量为：
$$\sigma_x = \sigma_x' - Xx = \sigma_x', \quad \sigma_x = \sigma_y' - Yy = \sigma_y' - py, \quad \tau_{xy} = \tau_{xy}'$$
需要注意的是，所取的坐标系不同，代替体力的面力也将不同，应力分量 σ_x'、σ_y'、τ_{xy}' 也就不同。但是，最后得出的 σ_x、σ_y、τ_{xy} 总是一样的。

9.10 应力函数、逆解法与半逆解法

9.10.1 应力函数

在9.9节中已经指出，按应力求解应力边界问题时，在体力为常量的

情况下，应力分量 σ_x、σ_y、τ_{xy} 应当满足如下的平衡微分方程和相容方程：

$$\frac{\partial \sigma_x}{\partial x} + \frac{\partial \tau_{xy}}{\partial y} + X = 0, \quad \frac{\partial \sigma_y}{\partial y} + \frac{\partial \tau_{xy}}{\partial x} + Y = 0 \qquad (9-52)$$

$$\left(\frac{\partial^2}{\partial x^2} + \frac{\partial^2}{\partial y^2} \right)(\sigma_x + \sigma_y) = 0 \qquad (9-53)$$

并且在边界上满足应力边界条件（9-32）以及位移单值条件。

现在求解平衡微分方程（9-52）。这是一个一阶非齐次偏微分方程组，其解答由相应的齐次方程的通解和非齐次方程的任意一组特解叠加而成。

非齐次方程的特解● 可取为如下几种形式之一：

● 可用观察法。

$$\sigma_x = -Xx, \quad \sigma_y = -Yy, \tau_{xy} = 0 \qquad (9-54)$$

$$\sigma_x = 0, \quad \sigma_y = 0, \tau_{xy} = -Xy - Yx \qquad (9-55)$$

$$\sigma_x = -Xx - Yy, \quad \sigma_y = -Xx - Yy, \quad \tau_{xy} = 0 \qquad (9-56)$$

因为它们都能满足微分方程（9-52）。

与方程（9-52）相应的齐次方程为：

$$\frac{\partial \sigma_x}{\partial x} + \frac{\partial \tau_{xy}}{\partial y} = 0, \quad \frac{\partial \sigma_y}{\partial y} + \frac{\partial \tau_{xy}}{\partial x} = 0 \qquad (9-57)$$

为了求得其通解，可先移项得：

$$\frac{\partial \sigma_x}{\partial x} = \frac{\partial(-\tau_{xy})}{\partial y}, \quad \frac{\partial \sigma_y}{\partial y} = \frac{\partial(-\tau_{xy})}{\partial x} \qquad (9-58)$$

根据微分方程理论，一定存在二元函数 $A(x, y)$ 和 $B(x, y)$，使得：

$$\sigma_x = \frac{\partial A}{\partial y}, \quad -\tau_{xy} = \frac{\partial A}{\partial x} \qquad (9-59)$$

$$\sigma_y = \frac{\partial B}{\partial y}, \quad -\tau_{xy} = \frac{\partial B}{\partial y} \qquad (9-60)$$

考虑到式（9-59）和式（9-60）的第二式都是剪应力 $-\tau_{xy}$，所以二者必须相等，即：

$$\frac{\partial A}{\partial y} = \frac{\partial B}{\partial y}$$

因而一定存在某一个函数 $\varphi(x, y)$，使得：

$$A = \frac{\partial \varphi}{\partial y}, \quad B = \frac{\partial \varphi}{\partial x} \qquad (9-61)$$

将式（9-61）代入式（9-59）和式（9-60）即得通解为：

$$\sigma_x = \frac{\partial^2 \varphi}{\partial y^2}, \quad \sigma_y = \frac{\partial^2 \varphi}{\partial x^2}, \quad \tau_{xy} = -\frac{\partial^2 \varphi}{\partial x \partial y} \qquad (9-62)$$

将通解（9-62）与任意一组特解，如特解（9-54）叠加，即得微分方程（9-52）的全解为：

$$\sigma_x = \frac{\partial^2 \varphi}{\partial y^2} - Xx, \quad \sigma_y = \frac{\partial^2 \varphi}{\partial x^2} - Yy, \quad \tau_{xy} = -\frac{\partial^2 \varphi}{\partial x \partial y} \qquad (9-63)$$

❶ 又称为艾瑞应
力函数。

无论 φ 是什么样的函数，应力分量（9 – 63）总能满足平衡微分方程（9 – 52）。函数 φ 称为平面问题的应力函数❶。

为了使应力分量（9 – 63）同时也能满足相容方程（9 – 53），现将式（9 – 63）代入式（9 – 53），得到：

$$\left(\frac{\partial^2}{\partial x^2} + \frac{\partial^2}{\partial y^2} \right) \left(\frac{\partial^2 \varphi}{\partial y^2} - Xx + \frac{\partial^2 \varphi}{\partial x^2} - Yy \right) = 0$$

这就是应力函数 φ 必须满足的方程。

当体力 X 及 Y 为常量时，上式后一括号中的 Xx 及 Yy 并不起作用，可以删去，于是上式简化为：

$$\left(\frac{\partial^2}{\partial x^2} + \frac{\partial^2}{\partial y^2} \right) \left(\frac{\partial^2 \varphi}{\partial y^2} + \frac{\partial^2 \varphi}{\partial x^2} \right) = 0 \qquad (9-64\text{a})$$

或者展开为：

$$\left(\frac{\partial^4 \varphi}{\partial x^4} + 2 \frac{\partial^4 \varphi}{\partial x^2 \partial y^2} + \frac{\partial^4 \varphi}{\partial y^4} \right) = 0 \qquad (9-64\text{b})$$

这就是用应力函数表示的相容方程。

由此可见，应力函数应当是重调和函数。方程（9 – 64a）可以简写为 $\nabla^2 \nabla^2 \varphi = 0$，或者进一步简写为：

$$\nabla^4 \varphi = 0 \qquad (9-64\text{c})$$

如果体力可以不计，则 $X = Y = 0$，于是式（9 – 63）简化为：

$$\sigma_x = \frac{\partial^2 \varphi}{\partial y^2}, \quad \sigma_y = \frac{\partial^2 \varphi}{\partial x^2}, \quad \tau_{xy} = \frac{\partial^2 \varphi}{\partial x \partial y} \qquad (9-65)$$

❷ 要用到微分方
程的知识。

由上述结果可见，按应力求解应力边界问题时，如果体力是常量，就只需由微分方程（9 – 64）求解应力函数 φ❷，然后用式（9 – 63）或式（9 – 65）求出应力分量，但这些应力分量在边界上应当满足应力边界条件；在多连通体的情况下，有时还需考虑位移单值条件。

9.10.2 逆解法与半逆解法

平面问题的相容方程 $\nabla^4 \varphi = 0$ 的通解是无穷级数，不能写成有限项的形式，因而通解是无用的。每个具体问题的解是通解的某些项，只是特解。微分方程求特解的方法通常是尝试法。常用的尝试法有逆解法、半逆解法、因次分析法等。现分述如下：

1. 逆解法

逆解法就是先设定各种形式的、满足相容方程（9 – 64）的应力函数 φ，用式（9 – 63）或式（9 – 62）求出应力分量，然后根据应力边界条件来考察，在各种形状的弹性体上，这些应力分量对应于什么样的面力，从而得知所设定的应力函数可以解决什么问题。

2. 半逆解法

半逆解法就是针对所要求解的问题，根据弹性体的边界形状和受力情况，假设部分或全部应力分量为某种形式的函数，从而推出应力函数 φ 的可能形式，最后来考察这个应力函数是否满足相容方程，以及原来所假设的应力分量和由这个应力函数求出的其余应力分量是否满足应力边界条件和位移单值条件。如果相容方程和各方面的条件都能满足，自然也就得出正确的解答[1]；如果某一方面不能满足，就要另做假设，重新考察。

❶ 在弹性力学中，此法用得最多。

3. 因次分析法

如果由已知量、未知量的量纲（因次）分析、对比而确定出应力函数 φ 的形式，则这种方法叫作因次分析法。

9.11　斜面上的应力和主应力

9.11.1　斜面上的应力

在平面问题中，任意一点的应力状态都可用 σ_x、σ_y、$\tau_{xy} = \tau_{yx}$ 确定，即如果已经知道了任意一点 P 处的应力分量 σ_x、σ_y、$\tau_{xy} = \tau_{yx}$，就可以[2]求得经过该点的、平行于 z 轴而倾斜于 x 轴与 y 轴的任何斜截面上的应力，如图 9 - 13（a）所示。

❷ 有时需要求出斜面上的应力。

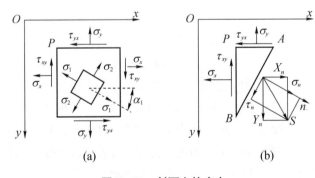

(a)　　　　　　(b)

图 9 - 13　斜面上的应力

在图 9 - 13（b）中，AB 代表任意斜面，它平行于 z 轴，而与 x 轴和 y 轴成某一角度。AB 与经过点 P 而又垂直于 x 轴和 y 轴的两个平面围成一个微小的三角板或三棱柱 PAB（在平面图形上为一个三角形 PAB）。当平面 AB 与点 P 无限接近时，在平面 AB 上的平均应力就成为经过点 P 而平行于

AB 的斜面上的应力。

设斜面 AB 的外法线方向为 n，其方向余弦为：

$$\cos(\boldsymbol{n},\boldsymbol{i}) = l, \quad \cos(\boldsymbol{n},\boldsymbol{j}) = m \qquad (9-66)$$

式中：$\boldsymbol{n}$、$\boldsymbol{j}$——x 轴和 y 轴两个方向上的单位矢量。

如图 9-13（b）所示，设斜面 AB 上应力 S 在 x 轴和 y 轴上的投影分别为 X_n 和 Y_n，则仿照在 9.6 节中的推导过程，可由三角形 PAB 的平衡条件得：

$$X_n = l\sigma_x + m\tau_{xy}, \quad Y_n = m\sigma_y + l\tau_{xy} \qquad (9-67)$$

这里已经用 τ_{xy} 代替了 τ_{yx}。

如果我们假设在斜面 AB 上的应力 S 在斜面的外法线方向和切向的投影分别为 σ_n（正应力）和 τ_n（剪应力），则由投影关系，可得：

$$\sigma_n = lX_n + mY_n \qquad (9-68)$$

将式（9-67）代入式（9-68），得到：

$$\sigma_n = l^2\sigma_x + m^2\sigma_y + 2lm\tau_{xy} \qquad (9-69)$$

斜面上的剪应力 τ_n 由投影关系可得（如图 9-13 所示）：

$$\tau_n = lY_n - mX_n \qquad (9-70)$$

将式（9-67）代入式（6-70），得到：

$$\tau_n = lm(\sigma_y - \sigma_x) + (l^2 - m^2)\tau_{xy} \qquad (9-71)$$

式（9-69）和式（9-71）表明，如果已知点 P 处的应力分量 σ_x、σ_y、τ_{xy}，就可以求得经过点 P 的任意斜面上的正应力 σ_n 和剪应力 τ_n 了。

9.11.2 主应力

如果经过点 P 的某一斜面上的剪应力等于 0，则该斜面上的正应力称为点 P 的一个主应力，而该斜面称为点 P 的一个应力主面，或称为主平面，该斜面的法线方向（主应力的方向）称为点 P 的一个应力主向。

一般来说，受力物体内任意一点皆可找到 3 个相互垂直的主平面，因而每一点都有 3 个主应力。对于平面问题，第三个方向为 z 轴方向，由于 $\tau_{zx} = \tau_{zy} = 0$，故 z 轴方向就是一个应力主向❶。对于平面应力问题，$\sigma_z = 0$；而对于平面应变问题，$\sigma_z \neq 0$。因此，我们只需在 xOy 平面内找出两个主应力即可。3 个主应力一般用 σ_1、σ_2、σ_3 来表示。

1. 主应力的大小

假设在点 P 有一个应力主面存在，由于在该面上的剪应力等于 0，所以在该面上的全应力 S 就等于在该面上的正应力，也就等于主应力 σ。于是在该面上的全应力 S 在坐标轴上的投影为：

$$X_n = l\sigma, \quad Y_n = m\sigma \qquad (9-72)$$

❶ 无论 σ_z 是否为 0，它都是一个主应力。

比较式（9 – 67）与式（9 – 72），得到：

$$l\sigma_x + m\tau_{xy} = l\sigma, \quad m\sigma_y + l\tau_{xy} = m\sigma \qquad (9 – 73)$$

由式（9 – 73）中的两式分别解出 m/l，得到：

$$\frac{m}{l} = \frac{\sigma - \sigma_x}{\tau_{xy}}, \quad \frac{m}{l} = \frac{\tau_{xy}}{\sigma - \sigma_y} \qquad (9 – 74)$$

令二者相等，即得 σ 的二次方程为：

$$\sigma^2 - (\sigma_x + \sigma_y)\sigma + (\sigma_x \sigma_y - \tau_{xy}^2) = 0$$

解之得两个主应力为：

$$\frac{\sigma_1}{\sigma_2} = \frac{\sigma_x - \sigma_y}{2} \pm \sqrt{\left(\frac{\sigma_x - \sigma_y}{2}\right)^2 + \tau_{xy}^2} \qquad (9 – 75)$$

由于根号内的数值（两个数的平方之和）总是正的，所以 σ_1 和 σ_2 这两个根都将是实根。此外，将式（9 – 75）中的 σ_1 和 σ_2 相加得：

$$\sigma_1 + \sigma_2 = \sigma_x + \sigma_y \qquad (9 – 76)$$

2. 主应力的方向

设 σ_1 与 x 轴之间的夹角为 α_1，则：

$$\tan\alpha_1 = \frac{\sin\alpha_1}{\cos\alpha_1} = \frac{\cos(90° - \alpha_1)}{\cos\alpha_1} = \frac{m_1}{l_1}$$

利用式（9 – 74）中的第一式，可得：

$$\tan\alpha_1 = \frac{\sigma_1 - \sigma_x}{\tau_{xy}} \qquad (9 – 77)$$

设 σ_2 与 x 轴之间的夹角为 α_2，则：

$$\tan\alpha_2 = \frac{\sin\alpha_2}{\cos\alpha_2} = \frac{\cos(90° - \alpha_2)}{\cos\alpha_2} = \frac{m_2}{l_2}$$

利用（9 – 74）中的第二式，可得：

$$\tan\alpha_2 = \frac{\tau_{xy}}{\sigma_2 - \sigma_y} \qquad (9 – 78)$$

将式（9 – 76）移项可得：

$$\sigma_2 - \sigma_y = -(\sigma_1 - \sigma_x) \qquad (9 – 79)$$

将式（9 – 79）代入式（9 – 78），得到：

$$\tan\alpha_2 = -\frac{\tau_{xy}}{\sigma_1 - \sigma_x} \qquad (9 – 80)$$

将式（9 – 77）和式（9 – 80）相乘，可得：

$$\tan\alpha_1 \cdot \tan\alpha_2 = -1$$

这表示 σ_1 与 σ_2 互相垂直。这就证明：在任意一点 P，一定存在两个互相垂直的主应力，如图 9 – 13（a）所示。

3. 最大应力与最小应力

为了便于分析，假设已经求得任意一点的两个主应力 σ_1 和 σ_2，以及与之对应的应力主向，现将 x 轴和 y 轴分别放在 σ_1 和 σ_2 的方向，于是有：

$$\tau_{xy} = 0, \quad \sigma_x = \sigma_1, \quad \sigma_y = \sigma_2 \qquad (9-81)$$

按照式（9-69）及式（9-81），任意斜面上的正应力现在可以表示为：

$$\sigma_n = l^2 \sigma_1 + m^2 \sigma_2 \qquad (9-82)$$

用关系式 $l^2 + m^2 = 1$ 消去 m^2 得：

$$\sigma_n = l^2 \sigma_1 + (1 - l^2) \sigma_2 = l^2(\sigma_1 - \sigma_2) + \sigma_2$$

❶ 这就是说，两个主应力包含了最大与最小的正应力。

因为 l^2 的最大值为 1，而最小值为 0，所以 σ_n 的最大值为 σ_1，而最小值为 $\sigma_2$❶。

4. 最大剪应力与最小剪应力

按照式（9-75）及式（9-81），任意斜面上的剪应力现在可以表示为：

$$\tau_n = lm(\sigma_2 - \sigma_1) \qquad (9-83)$$

由 $l^2 + m^2 = 1$ 得 $m = \pm\sqrt{1 - l^2}$。代入式（9-83），得到：

$$\tau_n = \pm\sqrt{1 - l^2}(\sigma_2 - \sigma_1) = \pm\sqrt{l^2 - l^4}(\sigma_2 - \sigma_1) = \pm\sqrt{\frac{1}{4} - \left(\frac{1}{2} - l^2\right)}(\sigma_2 - \sigma_1)$$

由此可见，当 $1/2 - l^2 = 0$ 时，τ_n 为最大或最小。于是得 $l = \pm\sqrt{1/2}$。而最大与最小的剪应力为 $\pm(\sigma_2 - \sigma_1)/2$，发生在与 x 轴和 y 轴（应力主向）成 45° 角的斜面上（与 σ_1 轴和 σ_2 轴分别成 45° 角的方向上）。

小 结

本章讲述了弹性力学平面问题的基本理论。通过学习，要理解什么是平面应力问题，什么是平面应变问题；掌握平面问题的平衡微分方程、几何方程、物理方程、边界条件的推导过程，并理解与之相关的概念。

求解平面问题的方法一般有按位移求解和按应力求解。按位移求解是一种比较通用的方法，适应性很强，但要联立求解两个二阶偏微分方程，有较高的难度；按应力求解时，最终导致求解一个高阶的微分方程，由此得到一个应力函数 φ，再由应力函数求出各个应力分量，因而是弹性力学平面问题求解的主要方法。通过学习，要掌握按位移求解平面问题的思路和按应力求解平面问题的方法；理解应力函数、逆解法与半逆解法。

思考题

1. 如何理解弹性力学中的体力、面力、应力、应变、位移？

2. 试举例说明，什么是均匀的各向异性体，什么是非均匀的各向同性体，什么是非均匀的各向异性体。

3. 求解平面问题的方法一般有按位移求解和按应力求解两种方法，它们各有哪些优缺点？

习　题

1. 举例说明：什么样的工程问题可以简化为平面应力问题？什么样的工程问题可以简化为平面应变问题。

2. 设有任意形状的等厚度薄板，体力可以不计，在全部边界上（包括孔口边界上）受到均匀压力 q。试证：$\sigma_x = \sigma_y = -q$ 及 $\tau_{xy} = 0$ 能满足平衡微分方程、相容方程和边界条件，同时也满足位移单值条件，因而就是正确的解答。

3. 设有矩形截面的悬臂梁，在自由端受到荷载 F_P，体力可以不计。试根据材料力学公式，写出弯曲正应力 σ_x 和剪应力 τ_{xy} 的表达式，并取挤压应力 $\sigma_y = 0$，然后证明：这些表达式满足平衡微分方程和相容方程。这些表达式是否就表示正确的解答？

4. 一个水坝刚性固结在基础上，坝高为 h，坝基宽为 b，如题图 9-1 所示。试写出受齐坝顶水压作用时水坝的边界条件（设水的容重为 γ）。

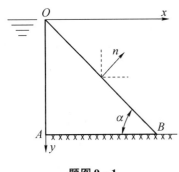

题图 9-1

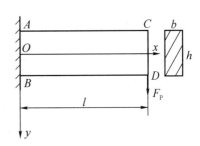

题图 9-2

5. 试写出如题图 9-2 所示悬臂梁的边界条件。已知左端固定，自由端受到合力 F_P。

6. 已知应力分量为：

$$\sigma_x - ax + by, \quad \sigma_y - cx + dy, \quad \tau_{xy} = \tau_{yx} = -dx - ay - \gamma x$$

而：

$$\sigma_z = \tau_{yz} = \tau_{zy} = 0$$

试问：这种应力分布在什么情况下满足平衡微分方程？其中，a、b、c、d 均为常数，γ 为容重。

7. 试证明：在发生最大与最小剪应力的面上，正应力的数值等于两个主应力的平均值。

第 10 章

弹性力学平面问题的直角坐标解答

学习指导

学习要求：学习掌握弹性力学平面问题的直角坐标解答，包括多项式解答、矩形梁的纯弯曲、悬臂梁的横力弯曲、简支梁受均布荷载、悬臂梁受拉力和弯矩作用、楔形体受重力和液体压力等情况下的应力解答和部分问题的位移解答。

本章重点：1. 熟记逆解法的几种解答。

2. 结合矩形梁的纯弯曲、悬臂梁的横力弯曲两种情况，重点掌握半逆解法中如何正确选取应力函数，如何利用边界条件确定积分常数，如何根据已求得的应力，通过物理方程、几何方程来确定位移。

10.1 多项式解答

前面已经讲过，逆解法是设定各种形式的，满足相容方程（9-64）的应力函数，求出应力分量，然后观察这些应力分量对应于什么样的边界面力，从而确定该应力函数可以解决什么样的问题。最简单、最方便的应力函数就是多项式。

本节将用逆解法求出几个简单平面问题的多项式解答。假设体力可以不计，即 $X = Y = 0$。

10.1.1 线性应力函数

线性应力函数的一般形式为：

$$\varphi = a + bx + cy \tag{10-1}$$

即无论各系数取任何值，相容方程（9-64）总能满足。

由式（9-63）得应力分量为：

$$\sigma_x = 0, \ \sigma_y = 0, \ \tau_{xy} = \tau_{yx} = 0$$

无论弹性体为何种形状，也无论坐标系如何选择，由应力边界条件总能得出：

$$\overline{X} = \overline{Y} = 0$$

由此可以得出如下结论：

（1）线性函数对应于无面力、无应力的状态。

（2）在任何平面问题的应力函数中加上一个线性函数，并不影响应力[1]

[1] 同样，在任何平面问题的应力函数中删去线性函数也不影响应力。

10.1.2 二次应力函数

二次应力函数的一般形式为：

$$\varphi = ax^2 + bxy + cy^2 \qquad (10-2)$$

无论各系数取任何值，相容方程（9-64）也总能满足。现在来考察式（10-2）中每一项所能解决的问题。

对应于 $\varphi = ax^2$，由式（9-63），可得应力分量为：

$$\sigma_x = 0, \sigma_y = 2a, \tau_{xy} = \tau_{yx} = 0$$

对于如图 10-1（a）所示的矩形板和坐标方向，当板内发生上述应力时，左、右两边没有面力，而上、下两边分别有向上和向下的均布面力 $2a$。由此可以得出结论，应力函数 $\varphi = ax^2$ 能解决矩形板在 y 方向受均布拉力（设 $a>0$）或均布压力（设 $a<0$）的问题。

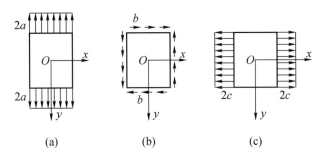

图 10-1 二次应力函数

对应于 $\varphi = bxy$（$b>0$），应力分量为：

$$\sigma_x = 0, \sigma_y = 0, \tau_{xy} = \tau_{yx} = -b$$

对于如图 10-1（b）所示的矩形板和坐标方向，当板内发生上述应力时，在左、右两边分别有向下和向上的均布面力 b，而在上、下两边分别有向右和向左的均布面力 b。由此可以得出结论，应力函数 $\varphi = bxy$ 能解决矩形板受均布剪力的问题。

同样可以得出，应力函数 $\varphi = cy^2$ 能解决矩形板在 x 方向受均布拉力（设 $c>0$）或均布压力（设 $c<0$）的问题，如图 10-1（c）所示。

10.1.3 三次应力函数

三次应力函数可以有 4 项，其一般形式为：

$$\varphi = ay^3 + by^2 x + cyx^2 + dx^3 \qquad (10-3)$$

❶ 暂时不讨论其他形式的三次式。

现仅分析如下形式的三次式**❶**：

$$\varphi = ay^3 \qquad (10-4)$$

无论系数 a 取任何值，相容方程（9 - 64）也总能满足。对应的应力分量为：

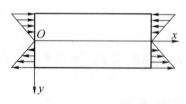

图 10 - 2　三次应力函数

$$\sigma_x = 6ay, \quad \sigma_y = 0, \quad \tau_{xy} = \tau_{yx} = 0 \qquad (10-5)$$

对于如图 10 - 2 所示的矩形板和坐标系，当板内发生上述应力时，上、下两边没有面力；左、右两边没有铅直面力，但有按直线变化的水平面力，而在每一边上的水平面力合成为一个力偶。可见，应力函数（10 - 4）能解决矩形梁受纯弯曲**❷**作用的问题。

❷ 即平板在板平面内受纯弯曲的问题。

10.1.4　四次及以上多项式

假设应力函数为：

$$\varphi = ax^4 + bx^3 y + cx^2 y^2 + dxy^3 + ey^4 \qquad (10-6)$$

或更高次数的多项式，要想满足相容方程（9 - 64），则各次项常数不能任意选取，必须满足一定的条件。由于这些应力函数不能直接与具体的实际问题相对应，因而这里没有讨论的必要。

10.2　矩形截面梁的纯弯曲

设有矩形截面的梁的宽度远小于它的高度和长度（近似的平面应力情况），或者远大于高度和长度（近似的平面应变情况），在两端受相反的力偶而弯曲，体力不计。为推导方便起见，取单位宽度梁来观察，在每单位宽度上力偶的矩为 M，如图 10 - 3 所示。

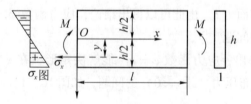

图 10 - 3　矩形截面梁的纯弯曲

需要注意的是，由于 M 为每单位宽度上的力偶矩，故其量纲为 LMT^{-2}（[力][长度]/[长度]，即 [力]）。下面分别导出其应力和位移。

10.2.1　矩形截面梁纯弯曲时的应力

取坐标轴如图 10 – 3 所示。由 10.1 节的分析可知，应力函数 $\varphi = ay^3$ 能解决纯弯曲问题，与之相应的应力分量为：

$$\sigma_x = 6ay, \ \sigma_y = 0, \ \tau_{xy} = \tau_{yx} = 0 \qquad (10-7)$$

现在来分析这些应力分量是否能满足边界条件。如能满足，系数 a 应取什么值。

在上边和下边，没有面力，应力边界条件在 $y = \pm h/2$ 处[1]为：

$$\sigma_y = 0, \ \tau_{yx} = 0$$

显然是可以满足的。在左端和右端，没有铅直面力，应力边界条件在 $x = 0$ 和 $x = l$ 处为：

$$\tau_{xy} = 0$$

也是可以满足的，但在水平方向上的面力应当合成为力偶[2]，而力偶的矩为 M，即：

$$\int_{-\frac{h}{2}}^{\frac{h}{2}} \sigma_x \mathrm{d}y = 0, \quad \int_{-\frac{h}{2}}^{\frac{h}{2}} \sigma_x y \mathrm{d}y = M$$

将式 (10 – 7) 中的 σ_x 代入，上列两式分别变为：

$$6a \int_{-\frac{h}{2}}^{\frac{h}{2}} y \mathrm{d}y = 0 \qquad (10-8a)$$

$$6a \int_{-\frac{h}{2}}^{\frac{h}{2}} y^2 \mathrm{d}y = M \qquad (10-8b)$$

前一式总能满足，而由后一式可得：

$$a = \frac{2M}{h^3} \qquad (10-9)$$

代入式 (10 – 7)，得到：

$$\sigma_x = \frac{12M}{h^3} y, \ \sigma_y = 0, \ \tau_{xy} = \tau_{yx} = 0$$

由于梁截面的惯性矩是 $I = h^3/12$，上式又可以改写为：

$$\sigma_x = \frac{M}{I} y, \ \sigma_y = 0, \ \tau_{xy} = \tau_{yx} = 0 \qquad (10-10)$$

这就是矩形梁受纯弯曲时的应力分量[3]。

应当指出的是，组成梁端力偶的面力必须按直线分布，而且在梁截面的中心处为 0，式 (10 – 10) 才是完全精确的。如果梁端的面力按其他方式分布，则式 (10 – 10) 是有误差的。但是，按照圣维南原理，只在梁的两端附近有显著的误差；在离开梁端较远处，误差是可以忽略不计的。由此可见，对于长度 l 远大于高度 h 的梁，式 (10 – 10) 是有实用价值的；对于长度 l

[1] 若梁的长度 l 大于梁的高度 h 则为主要边界。

[2] 次要边界。主要边界上须精确满足应力边界条件；次要边界上则可以近似满足应力边界条件。

[3] 结果与材料力学中完全相同。

与高度 h 同等大小的所谓深梁，式（10 – 10）没有什么实用意义。

10.2.2　矩形截面梁纯弯曲时的位移

位移分量可由应力分量（10 – 10）求出。

假设这里是平面应力的情况，将应力分量（10 – 10）代入物理方程（9 – 26），得到应变分量为：

$$\varepsilon_x = \frac{M}{EI}y, \quad \varepsilon_y = -\frac{\mu M}{EI}y, \quad \gamma_{xy} = 0 \qquad (10-11)$$

再将式（10 – 11）代入几何方程（9 – 16），得到：

$$\frac{\partial u}{\partial x} = \frac{M}{EI}y, \quad \frac{\partial v}{\partial y} = -\frac{\mu M}{EI}y, \quad \frac{\partial v}{\partial x} + \frac{\partial u}{\partial y} = 0 \qquad (10-12)$$

对在式（10 – 12）中的前两式积分，得到：

$$u = \frac{M}{EI}xy + f_1(y), \quad v = -\frac{\mu M}{2EI}y^2 + f_2(x) \qquad (10-13)$$

式中：f_1、f_2——任意函数。

将式（10 – 13）代入式（10 – 12）中的第三式，得到：

$$\frac{\mathrm{d}f_2(x)}{\mathrm{d}x} + \frac{M}{EI}x + \frac{\mathrm{d}f_1(y)}{\mathrm{d}y} = 0$$

移项得：

$$-\frac{\mathrm{d}f_1(y)}{\mathrm{d}y} = \frac{\mathrm{d}f_2(x)}{\mathrm{d}x} + \frac{M}{EI}x$$

等式左边只是 y 的函数，而等式右边只是 x 的函数。因此，只可能两边都等于同一常数 ω。于是有：

$$\frac{\mathrm{d}f_1(y)}{\mathrm{d}y} = -\omega, \quad \frac{\mathrm{d}f_2(x)}{\mathrm{d}x} = -\frac{M}{EI}x + \omega$$

积分后可得：

$$f_1(y) = -\omega y + u_0, \quad f_2(x) = -\frac{M}{2EI}x^2 + \omega x + v_0$$

代入式（10 – 13），可得位移分量为：

$$u = \frac{M}{EI}xy - \omega y + u_0, \quad v = -\frac{\mu M}{2EI}y^2 - \frac{M}{2EI}x^2 + \omega x + v_0 \qquad (10-14)$$

其中的任意常数 ω、u_0、v_0 需由约束条件求得。

由式（10 – 14）的第一式可见，无论约束情况如何（无论 ω、u_0、v_0 取任何值），铅直线段的转角均为（见 9.4 节）：

$$\beta = \frac{\partial u}{\partial y} = \frac{M}{EI}x - \omega$$

在同一个横截面上，x 是常量，因而 β 也是常量。由此可见，同一横截面上的各铅直线段的转角相同。这就是说，横截面保持为平面❶。

由式（10-14）的第二式可见，无论约束情况如何，只要位移是微小的，梁的各纵向纤维的曲率都是：

$$\frac{1}{\rho} = \frac{\partial^2 v}{\partial x^2} = -\frac{M}{EI} \qquad (10-15)$$

这是材料力学中求梁的挠度时所用的基本公式。

下面举例说明，若约束条件确定，矩形截面梁纯弯曲时的位移分量的具体表达式。

【例 10-1】 试分析如图 10-4 所示的简支梁（矩形截面）纯弯曲时的位移分量的具体表达式。

解：如图 10-4 所示的简支梁，在铰支座 O 处既没有水平位移，也没有铅直位移；在链杆支座 A，没有铅直位移。因此，约束条件是在 $x=0$ 和 $y=0$ 处，有：

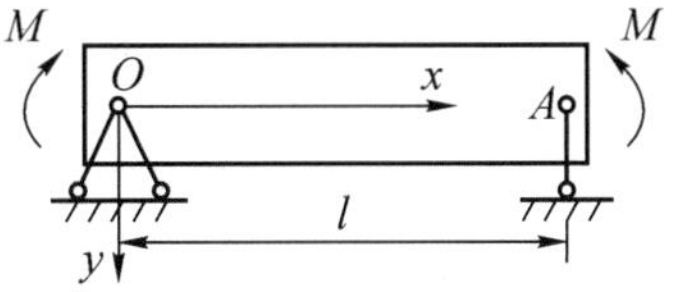

$$u=0, \quad v=0$$

图 10-4　简支梁（矩形截面）

在 $x=l$ 和 $y=0$ 处，有：

$$v=0$$

于是由式（10-14）得出：

$$u_0 = 0, \quad v_0 = 0, \quad -\frac{Ml^2}{2EI} + \omega l + v_0 = 0$$

解得：

$$u_0 = 0, \quad v_0 = 0, \quad \omega = \frac{Ml}{2EI}$$

代入式（10-14），可以得到该简支梁的位移分量为：

$$u = \frac{M}{EI}\left(x - \frac{l}{2}\right)y, \quad v = \frac{M}{2EI}(l-x)x - \frac{\mu M}{2EI}y^2 \qquad (10-16)$$

在式（10-16）中，令 $y=0$，则得梁轴的挠曲线方程为：

$$(v)_{y=0} = \frac{M}{2EI}(l-x)x$$

上式和材料力学中的结果相同。

【例 10-2】 试分析如图 10-5 所示的悬臂梁（矩形截面）纯弯曲时的位移分量的具体表达式。

如图 10-5 所示的悬臂梁，左端自由而右端完全固定。在梁的右端（$x=l$ 处），对于 y 的任何值 $-h/2 \leqslant y \leqslant h/2$，都要求 $u=0$ 和 $v=0$。由式（10-14）显然可见，这个条件无法满足。在工程实际上，这种完全固定的约束条件也是不大可能实现的。现在，和材料力学一样，假设右端截面

❶ 这就证明了平面截面假设的正确性。

❶ 次要边界上可
以不完全满足运
界条件。

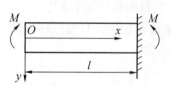

图 10-5 悬臂梁（矩形截面）

的中点不移动，该点的水平线段不转动❶。这样，约束条件可以写为如下形式，在 $x = l$ 和 $y = 0$ 处，有：

$$u = 0, \quad v = 0, \quad \frac{\partial v}{\partial x} = 0$$

于是由式（10-14）得出下列 3 个方程来决定 ω、u_0、v_0：

$$u_0 = 0, \quad -\frac{Ml^2}{2EI} + \omega l + v_0 = 0, \quad -\frac{Ml}{EI} + \omega = 0$$

解此方程可得任意常数为：

$$u_0 = 0, \quad v_0 = -\frac{Ml^2}{2EI}, \quad \omega = \frac{Ml}{EI}$$

代入式（10-14），可得出该悬臂梁的位移分量的表达式为：

$$u = -\frac{M}{EI}(l-x)y, \quad v = -\frac{M}{2EI}(l-x)^2 - \frac{\mu M}{2EI}y^2 \qquad (10-17)$$

令 $y = 0$，可得梁轴的挠曲线方程为：

$$(v)_{y=0} = -\frac{M}{2EI}(l-x)^2$$

该结果也和材料力学中的解答相同。

对于平面应变情况下的梁，需在以上的应变公式和位移公式中，把 E 换为 $E/(1-\mu^2)$，把 μ 换为 $\mu/(1-\mu)$。例如，梁的纵向纤维的曲率公式（10-15）应该变换为：

$$\frac{1}{\rho} = -\frac{(1-\mu^2)M}{EI} \qquad (10-18)$$

10.3 悬臂梁的横力弯曲

❷ 在工程实际
中，荷载在自由
端面上如何分布
是很难确定的。

一个悬臂梁如图 10-6 所示，其截面为矩形，宽度取为 1，梁的左端固定，而右端自由，荷载分布❷在自由端面上，其总值为 F_Q，梁的自重不计。这是一个平面应力问题。

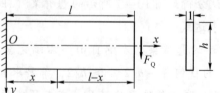

图 10-6 悬臂梁的横力弯曲

10.3.1　应力函数 φ 的选取

由材料力学内力计算可知，梁在任何截面的弯矩与 $(l-x)$ 成正比，在截面上任何点的应力 σ_x 与 y 成正比。因此，我们可以假设：

$$\sigma_x = \frac{\partial^2 \varphi}{\partial y^2} = A(l-x)y \qquad (10-19)$$

式中：A——常数。

对式（10-19）积分得到：

$$\varphi = \frac{A}{6}(l-x)y^3 + yf_1(x) + f_2(x) \qquad (10-20)$$

式中：$f_1(x)$、$f_2(x)$ ——坐标 x 的函数。

式（10-20）就是我们假设的应力函数。这个应力函数必须满足相容方程（9-64）。因此，我们对应力函数 φ 求导得：

$$\frac{\partial^4 \varphi}{\partial x^4} = y\frac{d^4 f_1}{dx^4} + \frac{d^4 f_2}{dx^4}, \quad \frac{\partial^4 \varphi}{\partial y^4} = 0, \quad \frac{\partial^4 \varphi}{\partial x^2 \partial y^2} = 0$$

将上式代入相容方程（9-64）得到：

$$y\frac{d^4 f_1}{dx^4} + \frac{d^4 f_2}{dx^4} = 0$$

由于 f_1 和 f_2 仅是 x 的函数，所以上式第二项与 y 无关。在梁的范围内，无论 x 和 y 为任何值，上式均应满足，唯一的可能是：

$$\frac{d^4 f_1}{dx^4} = 0, \quad \frac{d^4 f_2}{dx^4} = 0$$

对上式积分得到：

$$f_1(x) = Bx^3 + Cx^2 + Dx, \quad f_2(x) = Fx^3 + Gx^2 \qquad (10-21)$$

式中：B、C、D、F、G——积分常数。

注意：在式（10-21）中，$f_1(x)$ 中的常数项和 $f_2(x)$ 中的一次项、常数项已被略去[●]。将式（10-21）代入式（10-20），可得应力函数为：

$$\varphi = \frac{A}{6}(l-x)y^3 + y(x^3 + Cx^2 + Dx) + Fx^3 + Gx^2 \qquad (10-22)$$

将应力函数（10-22）代入式（9-63），可得应力分量为：

$$\begin{cases} \sigma_x = \dfrac{\partial^2 \varphi}{\partial y^2} = A(l-x)y \\[2mm] \sigma_y = \dfrac{\partial^2 \varphi}{\partial y^2} = 6(By+F)x + 2(Cy+G) \\[2mm] \tau_{xy} = -\dfrac{\partial^2 \varphi}{\partial x \partial y} = \dfrac{A}{2}y^2 - 3Bx^2 - 2Cx - D \end{cases} \qquad (10-23)$$

● 因为它在应力函数 φ 中为线性项，不影响应力分量。

对于悬臂梁的弯曲问题在材料力学中已有解答，我们也可以根据这个解答来选定应力函数。

10.3.2 积分常数的确定

积分常数可由边界条件确定。对于如图 10 - 6 所示的悬臂梁，其边界条件如下：[●]

$$在 \ y = \pm h/2 \ 处, \ \sigma_y = 0, \ \tau_{yx} = 0$$

将式（10 - 23）中的第二式代入 $\sigma_y = 0$，可得：

$$6\left(B\frac{h}{2} + F\right)x + 2\left(C\frac{h}{2} + G\right) = 0, \ 6\left(-B\frac{h}{2} + F\right)x + 2\left(-C\frac{h}{2} + G\right) = 0$$

对于从 0 到 l 所有 x 的值，上列方程均应满足，因此，可得：

$$B\frac{h}{2} + F = 0, \ C\frac{h}{2} + G = 0, \ -B\frac{h}{2} + F = 0, \ -C\frac{h}{2} + G = 0$$

解上列方程，得到：

$$B = C = F = G = 0$$

应力公式（10 - 23）可改写为：

$$\sigma_x = A(l-x)y, \ \sigma_y = 0, \ \tau_{xy} = \frac{A}{2}y^2 - D \tag{10 - 24}$$

将式（10 - 24）中的第三式代入边界条件 $\tau_{yx} = \tau_{xy} = 0$，得到：

$$\frac{A}{2}\left(\frac{h^2}{4}\right) - D = 0, \ D = A\frac{h^2}{8}$$

如图 10 - 6 所示的悬臂梁的次要应力边界是左、右两边。在右边端面，即 $x = l$ 在端面上，剪力总值为 F_Q，但原题没有规定怎样分布，因此，取积分为：

$$\int_{-\frac{h}{2}}^{\frac{h}{2}} \tau_{xy} \mathrm{d}y = \int_{-\frac{h}{2}}^{\frac{h}{2}} \frac{A}{8}(4y^2 - h^2)\mathrm{d}y = -\frac{Ah^3}{12} = F_Q$$

由此得到：

$$A = -\frac{12}{h^3}F_Q = -\frac{F_Q}{I}$$

上式中，$I = bh^3/12 = h^3/12$ 为梁横截面的惯性矩。由 A 可求得系数 D，然后将所得系数 A 和 D 代入式（10 - 24），得到应力公式为：

$$\sigma_x = -\frac{F_Q}{I}(l-x)y, \ \sigma_y = 0, \ \tau_{xy} = \frac{F_Q}{2I}\left(\frac{h^2}{4} - y^2\right) \tag{10 - 25}$$

上述结果证明，材料力学按平面假设所得的应力是正确的，但荷载必须按式（10 - 25）中的 τ_{xy} 所表示的方式分布于端面上。如果荷载 F_Q 按另一方式分布，则应力 σ_x 和 τ_{xy} 也将不同。不过，按局部影响原理，只有在

❶ 主要应力边界是上、下两边。

受荷载作用的右端的邻近部分，应力将受到大的影响，而远离荷载 F_Q 的部分，应力分量则基本上是按式（10-25）分布的[❶]。

10.3.3　位移的确定

按照平面应力状态，应变的表达式（将物理方程代入）有如下形式：

$$\begin{cases} \varepsilon_x = \dfrac{\partial u}{\partial x} = \dfrac{1}{E}\sigma_x = -\dfrac{F_Q}{EI}(ly - xy) \\[2mm] \varepsilon_y = \dfrac{\partial v}{\partial y} = \dfrac{1}{E}(-\mu\sigma_x) = \mu\dfrac{F_Q}{EI}(ly - xy) \\[2mm] \gamma_{xy} = \dfrac{\partial v}{\partial x} + \dfrac{\partial u}{\partial y} = \dfrac{1}{G}\tau_{xy} = \dfrac{(1+\mu)}{E}\dfrac{F_Q}{I}\left(\dfrac{h^2}{4} - y^2\right) \end{cases} \qquad (10-26)$$

对式（10-26）的前两式积分，可得：

$$u = -\frac{F_Q}{EI}\left(lyx - \frac{x^2 y}{2}\right) + \frac{F_Q}{EI}f_1(y) \qquad (10-27)$$

$$v = \frac{\mu F_Q}{EI}\left(\frac{ly^2}{2} - \frac{xy^2}{2}\right) + \frac{F_Q}{EI}f_2(x)$$

式中：f_1、f_2——任意函数[❷]。

为了确定两个函数 f_1 和 f_2，先对式（10-27）求导数，可得：

$$\frac{\partial v}{\partial x} = -\frac{\mu F_Q}{EI}\frac{y^2}{2} + \frac{F_Q}{EI}f_2'(x), \quad \frac{\partial u}{\partial y} = -\frac{F_Q}{EI}\left(lx - \frac{x^2}{2}\right) + \frac{F_Q}{EI}f_1'(y)$$

然后代入式（10-26）的第三式，并除以 F_Q/EI，得到：

$$-\frac{\mu y^2}{2} + f_2'(x) - \left(lx - \frac{x^2}{2}\right) + f_1'(y) = (1+\mu)\frac{h^2}{4} - (1+\mu)y^2$$

将有关 x 和 y 的函数分类整理，得到：

$$\left[f_2'(x) - \left(lx - \frac{x^2}{2}\right)\right] + \left[f_1'(y) - \frac{\mu y^2}{2} + (1+\mu)y^2\right] = (1+\mu)\frac{h^2}{4} \qquad (10-28)$$

在式（10-28）中的两个方括号内，第一个是 x 的函数，第二个是 y 的函数，x 和 y 是任意独立的变量，而方程的右面是常数，因此，只有两个方括号内的函数分别等于任意常数 m 和 n 时，式（10-28）才可能成立，即：

$$m + n = (1+\mu)\frac{h^2}{4} \qquad (10-29)$$

由式（10-28）得出：

$$f_2'(x) = lx - \frac{x^2}{2} + m, \quad f_1'(y) = \frac{\mu y^2}{2} - (1+\mu)y^2 + n = -\left(1+\frac{\mu}{2}\right)y^2 + n$$

对以上两式积分，得到：

❶ 荷载 F_Q 的不同分布的影响仅限于荷载 F_Q 的作用区域的邻近部分，远离此作用区域处，应力及其分布是一样的。

❷ 为计算方便起见，在这两个函数前附加一系数 F_Q/EI。

$$f_2(x) = \frac{lx}{2} - \frac{x^3}{6} + mx + a, \quad f_1(y) = -\left(\frac{2+\mu}{6}\right)y^3 + ny + b \qquad (10-30)$$

式中：a、b——任意常数。

将式（10-30）代入（10-27），得到：

$$\begin{cases} u = \dfrac{F_Q}{EI}\left(-lxy + \dfrac{x^2 y}{2} - \dfrac{2+\mu}{6}y^3 + ny + b\right) \\ v = \dfrac{F_Q}{EI}\left(\dfrac{\mu l y^2}{2} - \dfrac{\mu x y^2}{2} + \dfrac{l x^2}{2} - \dfrac{x^3}{6} + mx + a\right) \end{cases} \qquad (10-31)$$

下面根据梁的约束条件来确定任意常数 m、n、a、b。

首先，考察梁左端的固定情况，如梁在轴线的起点 O 是固定的，即在 $x = y = 0$ 处，$u = v = 0$。于是由式（10-31）得：

$$a = b = 0$$

为了使梁不能绕点 O 转动，设在点 O 处梁轴的切线不转动（如图 10-7 所示），即切线保持为水平方向❶。也就是说，在 $x = y = 0$ 处，$\partial v/\partial x$。由式（10-31）得：

$$m = 0$$

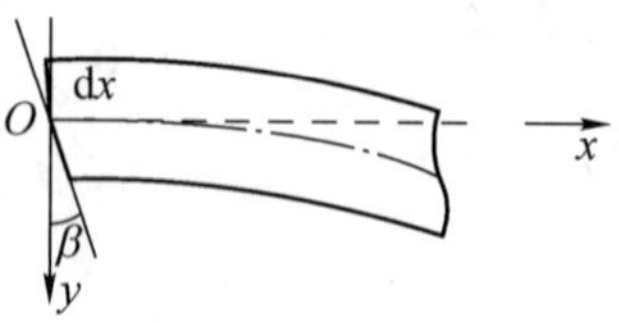

图 10-7 $\quad \beta = \dfrac{\partial u}{\partial y} = \dfrac{3F_Q}{2Gh}$

由此，从式（10-29）得：

$$n = (1+\mu)\frac{h^2}{4}$$

将所得常数代入式（10-31），可得位移的公式为：

$$\begin{cases} u = \dfrac{F_Q}{EI}\left[-\left(l - \dfrac{x}{2}\right)xy - \dfrac{2+\mu}{6}y^3 + \dfrac{(1+\mu)h^2}{4}y\right] \\ v = \dfrac{F_Q}{EI}\left[\dfrac{\mu(l-x)}{2}y^3 + \dfrac{l}{2}x^2 - \dfrac{1}{6}x^3\right] \end{cases} \qquad (10-32)$$

在式（10-32）中取 $y = 0$，可得梁轴线弯曲后的挠曲线方程为：

$$v = \frac{F_Q}{EI}\left(\frac{lx^2}{2} - \frac{x^3}{6}\right) \qquad (10-33)$$

式（10-33）与材料力学中所得到的公式相同。不过，如阻止梁绕 O 点转动的方式不同时，将得到不同的公式。

现在考察梁横截面的变形。设在发生变形前，某一横截面的方程为：

$$x = x_0$$

在发生变形后，它的方程为：

$$x = x_0 + u_0 = x_0 + \frac{F_Q}{EI}\left[-\left(l - \frac{x_0}{2}\right)x_0 y - \frac{2+\mu}{6}y^3 + \frac{(1+\mu)h^2}{4}y\right] \qquad (10-34)$$

这表示横截面并不保持为平面，而是变为以三次抛物线（10-34）为母线的曲面。在梁的左端（$x_0 = 0$），横截面按下列曲线为母线挠曲：

$$x = \frac{F_Q}{EI}\left[\frac{(1+\mu)h^2}{4}y - \frac{2+\mu}{6}y^3\right]$$

在 O 点，取微分线段 dy，其转动角度为：

$$\left(\frac{\partial u}{\partial y}\right)_{x=y=0} = \frac{(1+\mu)F_Q h^2}{4EI} = \frac{3F_Q}{2Gh} > 0$$

所以梁横截面在发生变形后不再与梁轴垂直。

　　在材料力学中，只是笼统地说梁端"固定"，没有规定具体的固定方式；在弹性力学中，必须规定固定的方式，根据不同的固定方式，得出不同的位移公式。

　　如果我们按另一种方式将梁左端固定，即除 O 点不动以外，设在 O 点取微分线段 dy 保持铅直，以阻止梁绕 O 点转动[1]（如图 10-8 所示），那么位移分量会是怎样的呢?

　　现在来做一推导。由于 $(\partial u/\partial y)_{x=y=0} = 0$，按上列条件，由式（10-32）得 $n = 0$，于是由式（10-29）得：

图 10-8　$\alpha = \dfrac{\partial v}{\partial x} = \dfrac{3F_Q}{2Gh}$

❶ 微线段 dy 保持不转动。此种固定方式的挠度较大，因为在坐标原点，有转角 α。

$$m = (1+\mu)\frac{h^2}{4}$$

这样，位移的公式为：

$$\begin{cases} u = \dfrac{F_Q}{EI}\left[-\left(l - \dfrac{x}{2}\right)xy - \dfrac{2+\mu}{6}y^3\right] \\ v = \dfrac{F_Q}{EI}\left[\dfrac{\mu(l-x)}{2}y^2 + \dfrac{l}{2}x^2 - \dfrac{1}{6}x^3 + \dfrac{(1+\mu)h^2x}{4}\right] \end{cases} \qquad (10-35)$$

式（10-35）与式（10-32）不同，梁轴弯曲后的挠曲线方程为：

$$v = \frac{F_Q}{EI}\left[\frac{l}{2}x^2 - \frac{1}{6}x^3 + \frac{(1+\mu)h^2x}{4}\right] \qquad (10-36)$$

　　由此可见，由于梁端固定的方式不同，梁的位移就不同[2]。至于应力，则根据圣维南原理，只有在固定的横截面附近应力是不同的，而对远离固定端的部分，应力没有什么影响。还必须指出的是，弹性力学中所采用的固定方法实际上是难以实现的，在实际工程结构中只是近似地实现这种固定方式。

❷ 梁端的固定方式对梁的位移影响较大，对于远离固定端的部分的应力几乎没有影响。

10.4　简支梁受均布荷载

　　一个简支梁如图 10-9 所示，其截面为矩形，高度为 h，长度为 $2l$。

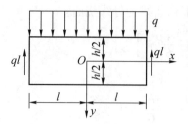

图 10-9 简支梁受均布荷载

梁的上面受有均布荷载 q 作用，梁支撑于两端，支撑反力为 ql，即分布在梁端面上的剪力❶之和。梁的自重不计。为计算方便起见，梁横截面的宽度取为一个单位。

10.4.1 应力函数 φ 的选取

这个问题可以使用半逆解法求解。由材料力学解答可知，弯曲应力 σ_x 主要是由弯矩引起的，剪应力 τ_{xy} 主要是由剪力引起的，挤压应力 σ_y 主要是由直接荷载 q 引起的，其中，q 是不随 x 改变的常量，因此，我们可以假设 σ_y 不随 x 而变，即假设 σ_y 只是 y 的函数❷，同时考虑到式（9-63），则有：

❷ 从几个应力中找出一个相对确定的来进行假设。

$$\sigma_y = \frac{\partial^2 \varphi}{\partial x^2} = f(y)$$

对 x 积分得：

$$\frac{\partial \varphi}{\partial x} = xf(y) + f_1(y) \tag{10-37}$$

$$\varphi = \frac{x^2}{2}f(y) + xf_1(y) + f_2(y) \tag{10-38}$$

式中：$f_1(y)$、$f_2(y)$ ——y 的任意待定函数。

❸ 由此可见，应力函数由若干个待定函数组成。

式（10-38）即为我们假设的应力函数 φ❸。为了考察这个应力函数是否满足相容方程，必须将 φ 代入相容方程（9-64）中。故我们先求出其四阶导数分别为：

$$\frac{\partial^4 \varphi}{\partial x^4} = 0, \quad \frac{\partial^4 \varphi}{\partial x^2 \partial y^2} = \frac{d^2 f(y)}{dy^2}, \quad \frac{\partial^4 \varphi}{\partial y^4} = x^2 \frac{d^4 f(y)}{2dy^4} + x\frac{d^4 f_1(y)}{dy^4} + \frac{d^4 f_2(y)}{dy^4}$$

代入相容方程（9-64），得各个待定函数应当满足的方程为：

$$\frac{1}{2}\frac{d^4 f(y)}{dy^4}x^2 + \frac{d^4 f_1(y)}{dy^4}x + \frac{d^4 f_2(y)}{dy^4} + 2\frac{d^2 f(y)}{dy^2} = 0$$

这是 x 的二次方程，但相容条件要求，无论 x 为何值，上式都应该成立，因此，这个二次方程的系数和自由项都必须等于0。于是有：

$$\frac{d^4 f(y)}{dy^4} = 0, \quad \frac{d^4 f_1(y)}{dy^4} = 0, \quad \frac{d^4 f_2(y)}{dy^4} + 2\frac{d^2 f(y)}{dy^2} = 0$$

❹ 因为这一项在 φ 的表达式中成为 x 的一次项，不影响应力分量。

对前两个方程积分可得：

$$f(y) = Ay^3 + By^2 + Cy + D, \quad f_1(y) = Ey^3 + Fy^2 + Gy \tag{10-39}$$

在这里，$f_1(y)$ 中的常数项已被略去❹，将第三个方程改写，并将 $f(y)$ 代入得到：

$$\frac{d^4 f_2(y)}{dy^4} = -2\frac{d^2 f(y)}{dy^2} = 12Ay - 4B$$

对上式积分四次得到：

$$f_2(y) = -\frac{A}{10}y^5 - \frac{B}{6}y^4 + Hy^3 + Ky^2 \qquad (10-40)$$

其中的一次项及常数项都被略去，因为它们不影响应力分量。将式（10-39）及式（10-40）代入式（10-38），得到应力函数 φ 为：

$$\varphi = \frac{x^2}{2}(Ay^3 + By^2 + Cy + D) + x(Ey^3 + Fy^2 + Gy) - $$
$$\frac{A}{10}y^5 - \frac{B}{6}y^4 + Hy^3 + Ky^2 \qquad (10-41)$$

将式（10-41）代入式（9-63），得应力分量为：

$$\sigma_x = \frac{x^2}{2}(6Ay + 2B) + x(6Ey + 2F) - 2Ay^3 - 2By^2 + 6Hy + 2K \qquad (10-42)$$

$$\sigma_y = Ay^3 + By^2 + Cy + D \qquad (10-43)$$

$$\tau_{xy} = -x(3Ay^2 + 2By + C) - (3Ey^2 + 2Fy + G) \qquad (10-44)$$

这些应力分量是满足平衡微分方程和相容方程的。因此，如果能够适当选择常数 A，B，$\cdots$，K，使所有的边界条件都被满足，则应力分量（10-42）～（10-44）就是正确的解答。

10.4.2　利用边界条件确定积分常数

一般来说，如果一个问题具有对称性质，则应该尽可能利用其对称性[1]。在这里，因为 yOz 面是梁和荷载的对称面，所以应力分布应当对称于 yOz 面。这样，σ_x 和 σ_y 应当是 x 的偶函数，而 τ_{xy} 应当是 x 的奇函数。由于 σ_x 是 x 的偶函数，所以在式（10-42）中 x 的奇次幂项的系数应该为 0；又因为 τ_{xy} 是 x 的奇函数，所以在式（10-44）中 x 的偶次幂项的系数也应该为 0。于是由式（10-42）和式（10-44）得到：

$$E = F = G = 0$$

如果不考虑问题的对称性，那么，在考虑过全部边界条件以后也可以得出同样的结果[2]。

在一般情况下，梁的跨度远大于梁的高度，梁的上、下两个边界占全部边界的绝大部分，因而是主要的边界。在主要的边界上，边界条件必须精确满足；在次要的边界（很小部分的边界）上，如果边界条件不能精确满足[3]，就可以引用圣维南原理，使边界条件得到近似的满足。尽管这样得到的解答具有一定的近似性，却是一个有用的解答。

[1] 这样往往可以减少一些运算工作量。

[2] 但运算工作要多一些。

[3] 工程实际中的问题往往是这样的。

1. 上、下两边的边界条件

上、下两边的边界条件如下：在 $y = h/2$ 处，有：

$$\sigma_y = 0, \quad \tau_{yx} = 0$$

在 $y = -h/2$ 处，有：

$$\sigma_y = -q, \quad \tau_{yx} = 0$$

将应力分量（10-43）和（10-44）代入，并注意已经得出的 $E = F = G = 0$，可得到如下 4 个方程：

$$\frac{h^3}{8}A + \frac{h^2}{4}B + \frac{h}{2}C + D = 0, \quad -\frac{h^3}{8}A + \frac{h^2}{4}B - \frac{h}{2}C + D = -q$$

$$-x\left(\frac{3}{4}h^2 A + hB + C\right) = 0, \quad -x\left(\frac{3}{4}h^2 A - hB + C\right) = 0$$

删去因子 x，联立求解[1]得：

$$A = -\frac{2q}{h^3}, \ B = 0, \ C = \frac{3q}{2h}, \ D = -\frac{q}{2}$$

将已确定的常数 A、B、C、D 代入式（10-42）~式（10-44），可得：

$$\sigma_x = -\frac{6q}{h^3}x^2 y + \frac{4q}{h^3}y^3 + 6Hy + 2K \tag{10-45}$$

$$\sigma_y = -\frac{2q}{h^3}y^3 + \frac{3q}{2h}y - \frac{q}{2} \tag{10-46}$$

$$\tau_{xy} = \frac{6q}{h^3}xy^2 - \frac{3q}{2h}x \tag{10-47}$$

2. 左、右两边的边界条件

由于问题的对称性，只需考虑其中的一边，如右边。如果右边的边界条件能满足，则左边的边界条件自然也能满足。

在梁的右边，没有水平面力，这就要求当 $x = l$ 时，无论 y 取何值（$-h/2 < y < h/2$），都有 $\sigma_x = 0$。由式（10-45）可见，这是不可能满足的，除非 $q = 0$。因此，我们只能引用圣维南原理，使边界条件得到近似的满足。

在本题中，我们只能要求 σ_x 在这部分边界上合成为平衡力系，而剪应力 τ_{xy} 合成为向上的反力 ql，即要求在 $x = l$ 处，有：

$$\int_{-\frac{h}{2}}^{\frac{h}{2}} \sigma_x dy = 0, \quad \int_{-\frac{h}{2}}^{\frac{h}{2}} \sigma_x y dy = 0, \quad \int_{-\frac{h}{2}}^{\frac{h}{2}} \tau_{xy} dy = -ql \tag{10-48}$$

式（10-48）的第三式中，在 ql 前面加了负号，因为右边的剪应力 τ_{xy} 以向下为正，向上的 ql 应该是负的[2]。将式（10-45）代入式（10-48）的第一式，可得：

$$\int_{-\frac{h}{2}}^{\frac{h}{2}}\left(-\frac{6ql^2}{h^3}y + \frac{4q}{h^3}y^3 + 6Hy + 2K\right)dy = 0$$

[1] 因积分常数 A、B、C、D 必须使以上 4 式同时成立，故可将以上式联立求解。

[2] 对一般问题来说，总可以列出上述 3 个方程，即水平和铅直两个方向上的合成以及力矩的合成。

积分后得：

$$K = 0$$

将式（10 – 45）代入式（10 – 48）的第二式，并令 $K = 0$，得到：

$$\int_{-\frac{h}{2}}^{\frac{h}{2}} \left(-\frac{6ql^2}{h^3}y + \frac{4q}{h^3}y^3 + 6Hy \right) y \, dy = 0$$

积分后得：

$$H = \frac{ql^2}{h^3} - \frac{q}{10h}$$

将 H 和 K 的已知值代入式（10 – 45），得到：

$$\sigma_x = -\frac{6q}{h^3}x^2 y + \frac{4q}{h^3}y^2 + \frac{6ql^2}{h^3}y - \frac{3q}{5h}y \qquad (10 – 49)$$

将式（10 – 47）代入式（10 – 48）的第三式，可得：

$$\int_{-\frac{h}{2}}^{\frac{h}{2}} \left(\frac{6ql^2}{h^3}y^2 - \frac{3ql}{2h} \right) dy = -ql$$

积分后，可见这一条件是满足的。

将式（10 – 49）、式（10 – 46）、式（10 – 47）略加整理，最后得应力分量为：

$$\begin{cases} \sigma_x = \dfrac{6q}{h^3}(l^2 - x^2)y + q\,\dfrac{y}{h}\left(4\,\dfrac{y^2}{h^2} - \dfrac{3}{5}\right) \\[2mm] \sigma_y = -\dfrac{q}{2}\left(1 + \dfrac{y}{h}\right)\left(1 - \dfrac{2y}{h}\right)^2 \\[2mm] \tau_{xy} = -\dfrac{6q}{h^3}x\left(\dfrac{h^2}{4} - y^2\right) \end{cases} \qquad (10 – 50)$$

各个应力分量沿铅直方向的变化大致如图 10 – 10 所示。

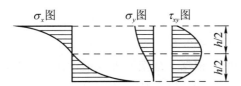

图 10 – 10　应力分量沿铅直方向的变化

10.4.3　与材料力学中解答的比较

现在将式（10 – 50）用材料力学中的符号表示，以便和材料力学中的解答进行比较。因为梁截面的宽度是 $b = 1$，惯性矩是 $I = h^3/12$，静矩是 $S = h^2/8 - y^2/2$，而梁的任意横截面上的弯矩和剪力分别为：

$$M = ql(l - x) - \frac{q}{2}(l - x)^2 = \frac{q}{2}(l^2 - x^2)$$

$$F_Q = -ql + q(l - x) = -qx$$

所以式（10－50）可以改写为：

$$\begin{cases} \sigma_x = \dfrac{M}{I}y + q\,\dfrac{y}{h}\left(4\,\dfrac{y^2}{h^2} - \dfrac{3}{5}\right) \\[2mm] \sigma_y = -\dfrac{q}{2}\left(1 + \dfrac{y}{h}\right)\left(1 - \dfrac{2y}{h}\right)^2 \\[2mm] \tau_{xy} = -\dfrac{F_Q S}{Ib} \end{cases} \quad (10-51)$$

在弯曲应力 σ_x 的表达式中，第一项是主要项，与材料力学中的解答相同；第二项则是弹性力学提出的修正项。对于通常的浅梁，修正项很小，可以不计。对于较深的梁❶，则需注意修正项。

❶ 材料力学的解答有较大误差。

例如，如表 10－1 所示为在梁跨中截面的下边（$y=0$，$y=h/2$），式（10－51）中的正应力 σ_x 的第二项（弹性力学修正项）与第一项（材料力学解答）之比。

表 10－1　弹性力学修正项与材料力学解答的比率 r

$h/(2l)$	比率 r
0.10	0.27%
0.25	1.67%
0.50	6.67%

❷ 在材料力学中，一般不考虑这个应力分量。

应力分量 σ_y 是梁的各纤维之间的挤压应力，它的最大绝对值是 q，发生在梁顶❷。剪应力 τ_{xy} 的表达式和材料力学里完全一样。

❸ 在实际结构中是很难实现的。

注意：按照式（10－50）的第一式，在梁的右边和左边，即 $x = \pm l$ 处，有水平面力❸，为：

$$\overline{X} = \pm(\sigma_x)_{x=\pm l} = \pm q\,\frac{y}{h}\left(4\,\frac{y^2}{h^2} - \frac{3}{5}\right)$$

但是，由式（10－48）的第一、二两式可见，每一边的水平面力都是一个平衡力系。因此，根据圣维南原理，不管这些面力是否存在，离两边较远处的应力都和式（10－51）所示的一样。

*10.5　悬臂梁受拉力和弯矩作用

如图 10－11 所示，矩形板状弹性体，一端固定（相当于悬臂梁），另一端受拉力 F_P 和弯矩 M 的作用，不计体力。现在用逆解法求其应力分量，并分析其应变和位移。

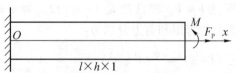

图 10－11　悬臂梁受拉力和弯矩作用

10.5.1　应力函数 φ 的选取

为了使问题简化，我们将右端的荷载 F_P 和 M 做如下假设：拉力 F_P 是由均布拉力合成的，弯矩 M 是由直线面力合成[1]的。由圣维南原理可知，这样假设的力的分布与实际分布（未知）可能是不同的，但这样的假设（静力等效替换）只可能会在右端一个很小的区域内产生误差，而不影响远离右端的其他区域的应力。

这样，根据 10.1 节多项式应力函数和面力之间的对应关系，该题的应力函数可由 y 的二次式和三次式叠加[2]而成，即：
$$\varphi = By^2 + Cy^3 \tag{10-52}$$
将式（10-52）代入应力分量计算公式（9-63）得：
$$\sigma_x = \frac{\partial^2 \varphi}{\partial y^2} = 2B + 6Cy, \quad \sigma_y = \frac{\partial^2 \varphi}{\partial x^2} = 0, \quad \tau_{xy} = -\frac{\partial^2 \varphi}{\partial x \partial y} = 0 \tag{10-53}$$

10.5.2　利用边界条件确定常数

该悬臂梁的边界由 4 段直线边界组成，每段的边界条件如下，在 $y = \pm h/2$ 处，有：
$$\sigma_y = 0, \quad \tau_{yx} = 0$$
在 $x = l$ 处，有：
$$\int_{-\frac{h}{2}}^{\frac{h}{2}} \sigma_x \mathrm{d}y = F_P, \quad \int_{-\frac{h}{2}}^{\frac{h}{2}} \sigma_x y \mathrm{d}y = M, \quad \tau_{xy} = 0$$
在 $x = 0$ 处，有：
$$u = 0, \quad v = 0$$

式（10-53）显然已经自动满足 $y = \pm h/2$ 的上、下边界条件，即主要边界条件。左、右两端为次要边界条件，在 $x = 0$ 端解除约束后，要求满足[3]如下条件：
$$\int_{-\frac{h}{2}}^{\frac{h}{2}} \sigma_x \mathrm{d}y = F_P, \quad \int_{-\frac{h}{2}}^{\frac{h}{2}} \sigma_x y \mathrm{d}y = M, \quad \int_{-\frac{h}{2}}^{\frac{h}{2}} \tau_{xy} \mathrm{d}y = 0$$
由于 $\tau_{xy} = 0$，可见上式第三式表示的边界条件自然满足。

将式（10-53）中的第一式代入上式前两个积分式，有：
$$(2By + 3Cy^2) \Big|_{-\frac{h}{2}}^{\frac{h}{2}} = F_P, \quad (By^2 + 2Cy^3) \Big|_{-\frac{h}{2}}^{\frac{h}{2}} = M$$
解得：
$$B = \frac{F_P}{2h}, \quad C = \frac{2M}{h^3} \tag{10-54}$$
将式（10-54）代入式（10-53），得到应力分量的表达式为：

[1] 两种荷载 F_P 和 M 互不影响，可用叠加法处理。

[2] 相当于叠加法。

[3] 由于不知道 F_P 和 M 是如何分布的，因此，使用圣维南原理。

$$\sigma_x = \frac{F_P}{h} + \frac{12M}{h^3}y, \ \sigma_y = 0, \ \tau_{xy} = 0 \qquad (10-55)$$

由于梁截面惯性矩 $I = bh^3/12 = h^3/12$，横截面面积 $A = bh = h$，故应力分量表达式 (10-55) 还可以写为：

$$\sigma_x = \frac{F_P}{A} + \frac{M}{I}y, \ \sigma_y = 0, \ \tau_{xy} = 0 \qquad (10-56)$$

式 (10-56) 即为应力分量的表达式，和材料力学的结果完全相同。

10.5.3　位移的确定

将式 (10-56) 代入物理方程 (9-26)，并将拉力 F_P 所产生的应力● 记为 q，即 $q = F_P/A$，则得到应变分量为：

● 即轴向拉伸所产生的应力，按均匀分布计算。

$$\begin{cases} \varepsilon_x = \frac{1}{E}(\sigma_x - \mu\sigma_y) = \frac{q}{E} + \frac{M}{EI}y \\[2mm] \varepsilon_y = \frac{1}{E}(\sigma_y - \mu\sigma_x) = -\frac{\mu q}{E} - \frac{\mu M}{EI}y \\[2mm] \gamma_{xy} = \frac{1}{G}\tau_{xy} = 0 \end{cases} \qquad (10-57)$$

将式 (10-57) 代入几何方程 (9-14)，得到方程组：

$$\frac{\partial u}{\partial x} = \frac{q}{E} + \frac{M}{EI}y, \ \frac{\partial v}{\partial y} = -\frac{\mu q}{E} - \frac{\mu M}{EI}y, \ \frac{\partial v}{\partial x} + \frac{\partial u}{\partial y} = 0 \qquad (10-58)$$

将式 (10-58) 中的前两式分别对 x、y 积分，得到：

$$u = \frac{q}{E}x + \frac{M}{EI}xy + f_1(y), \ v = -\frac{\mu q}{E}y - \frac{\mu M}{2EI}y^2 + f_2(x) \qquad (10-59)$$

将式 (10-59) 代入式 (10-58) 中的第三式，有：

$$\frac{\mathrm{d}f_2(x)}{\mathrm{d}x} + \frac{M}{EI}x + \frac{\mathrm{d}f_1(y)}{\mathrm{d}y} = 0$$

移项，并分离变量，有：

$$\frac{\mathrm{d}f_2(x)}{\mathrm{d}x} + \frac{M}{EI}x = -\frac{\mathrm{d}f_1(y)}{\mathrm{d}y}$$

等号左边为 x 的函数，而等号右边为 y 的函数，二者要相等，只能同时等于一个任意常数 ω。由此，得到两个常微分方程为：

$$\frac{\mathrm{d}f_2(x)}{\mathrm{d}x} = -\frac{M}{EI}x + \omega, \ \frac{\mathrm{d}f_1(y)}{\mathrm{d}y} = -\omega \qquad (10-60)$$

积分得：

$$f_2(x) = -\frac{M}{2EI}x^2 + \omega x + v_0, \ f_1(y) = -\omega y + u_0 \qquad (10-61)$$

将式 (10-61) 代入式 (10-59)，得到：

$$\begin{cases} u = \dfrac{q}{E}x + \dfrac{M}{EI}xy - \omega y + u_0 \\[3mm] v = -\dfrac{\mu q}{E}y - \dfrac{\mu M}{2EI}y^2 - \dfrac{M}{2EI}x^2 + \omega x + v_0 \end{cases} \qquad (10-62)$$

式中：ω、u_0、v_0——任意常数，代表刚体位移，可由约束条件确定。

在 $x=0$ 的左端，由于受约束，$u=0$，$v=0$，$\omega=0$ 在 $-h/2 \leqslant y \leqslant h/2$ 任意位置都如此，这是做不到的。关于这一点，在 10.3.3 小节中已讨论过。若取左端中点不移动，且中点梁轴线的切线也不转动[1]，约束条件成为：

❶ 微 线 段 dx 保持不转动。

在 $x=0$，$y=0$ 处，$u=0$，$v=0$，$\partial v/\partial x = 0$

从而求得：

$$u_0 = 0,\ v_0 = 0,\ \omega = 0 \qquad (10-63)$$

将式（10-63）代入式（10-62），可得位移分量为：

$$\begin{cases} u = \dfrac{q}{E}x + \dfrac{M}{EI}xy \\[3mm] v = -\dfrac{\mu q}{E}y - \dfrac{\mu M}{2EI}y^2 - \dfrac{M}{2EI}x^2 \end{cases} \qquad (10-64)$$

以上解答是按平面应力问题计算的，如果是平面应变问题，则需将计算结果中的 E 和 μ 分别换为 $E/(1-\mu^2)$ 和 $\mu/(1-\mu)$。由于使用了圣维南原理来处理次要边界条件，所以解答是基本正确的。

10.6　楔形体受重力和液体压力

设有一个楔形体，如图 10-12 所示，左面铅直，右面与铅直面成角 α，下端可看作无限长，承受重力及液体压力，楔形体的密度为 ρ，液体的密度为 γ[2]，现在来求应力分量。

❷ 这里是均匀密度。因此，在计算重力时，还要乘以重力加速度 g。

10.6.1　应力函数 φ 的选取

取坐标轴如图 10-12 所示。在楔形体的任意一点，每个应力分量都将由两部分组成：第一部分由重力引起，应当和楔形体的容重 ρg 成正比；第二部分由液体压力引起，应当和液体的容重 γg 成正比。当然，上述每一部分的应力分量还和 α、x、y 有关。由于应力分量的量纲是 $\text{L}^{-1}\text{MT}^{-2}$（［力］［长度］$^{-2}$），$\rho g$ 和 γg 的量纲是 $\text{L}^{-2}\text{MT}^{-2}$（［力］［长度］$^{-3}$），$\alpha$ 是无量纲的数量，而 x 和 y 的量纲是 L（［长度］），因此，如

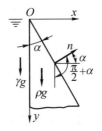

图 10-12　楔形体

❶ 这就是前面提到的因次分析法。

果应力分量具有多项式的解答，那么它们的表达式只可能是 $C_1\rho gx$、$C_2\rho gx$、$C_3\gamma gx$、$C_4\gamma gx$ 四种类型的项的组合❶，其中，C_1、C_2、C_3、C_4 是无量纲的数，只和 α 有关。这就是说，各个应力分量的表达式只可能是 x 和 y 的纯一次式，而应力函数应当是 x 和 y 的纯三次式（应力函数 φ 对 x 或 y 的二阶导数可得应力分量）。因此，假设应力函数为：

$$\varphi = Ax^3 + Bx^2y + Cxy^2 + Dy^3$$

在这里，体力分量 $X = 0$，而 $Y = \rho g$，所以由式（9 – 63），可得应力分量的表达式为：

$$\begin{cases} \sigma_x = \dfrac{\partial^2 \varphi}{\partial y^2} - Xx = 2Cx + 6Dy \\[3mm] \sigma_y = \dfrac{\partial^2 \varphi}{\partial x^2} - Yy = 6Ax + 2By - \rho gy \\[3mm] \tau_{xy} = -\dfrac{\partial^2 \varphi}{\partial x \partial y} = -2Bx - 2Cy \end{cases} \qquad (10 - 65)$$

10.6.2　利用应力边界条件确定常数

式（10 – 65）中的应力分量满足平衡微分方程和相容方程，现利用应力边界条件来确定其中的常数 A、B、C、D，使式（10 – 65）也能满足应力边界条件。

❷ 在左面和右面，应力边界条件是已知的（知道面力的分布），可以精确满足。

在左面，应力边界条件❷如下：

$$\text{在 } x = 0 \text{ 处，} \sigma_x = -\gamma gy，\ \tau_{xy} = 0$$

将上式代入式（10 – 65），得到：

$$6Dy = -\gamma gy，\quad -2Cy = 0$$

于是可见，应当取 $D = -\gamma g/6$，$C = 0$，而式（10 – 65）成为：

$$\sigma_x = -\gamma gy，\ \sigma_y = 6Ax + 2By - \rho gy，\ \tau_{xy} = \tau_{yx} = -2Bx \qquad (10 - 66)$$

在右面（$x = y\tan\alpha$），$\overline{X} = \overline{Y} = 0$，应力边界条件为：

$$\text{在 } x = y\tan\alpha \text{ 处，} \overline{X} = l\sigma_x + m\tau_{xy}，\ \overline{Y} = m\sigma_y + l\tau_{xy}$$

将上式代入式（10 – 66），简化得：

$$2Bm\tan\alpha + l\gamma g = 0，\ 6Am\tan\alpha + 2B(m - l\tan\alpha) - m\rho g = 0$$
$$(10 - 67)$$

其中的方向余弦 l、m 分别为（如图 10 – 12 所示）：

$$l = \cos(\boldsymbol{n}, \boldsymbol{i}) = \cos\alpha$$
$$m = \cos(\boldsymbol{n}, \boldsymbol{j}) = \cos(90° + \alpha) = -\sin\alpha$$

式中：$\boldsymbol{i}$、$\boldsymbol{j}$——x 方向和 y 方向上的单位矢量。

将 l、m 代入式（10 – 67），求解 B 和 A，得到：

$$B = \frac{\gamma g}{2} \cot^2\alpha, \quad A = \frac{\rho g}{6} \cot\alpha - \frac{\gamma g}{3} \cot^3\alpha$$

将这些系数代入式（10－66），即得所谓的李维解答为：

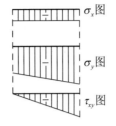

图 10－13　各应力分量沿水平方向的变化

$$\begin{cases} \sigma_x = -\gamma g y \\ \sigma_y = (\rho g \cot\alpha - 2\gamma g \cot^3\alpha)x + (\gamma g \cot^2\alpha - \rho g)y \\ \tau_{xy} = \tau_{yx} = -\gamma g x \cot^2\alpha \end{cases}$$

$$(10-68)$$

各个应力分量沿水平方向的变化大致如图 10－13 所示。

10.6.3　与材料力学中解答的比较

在材料力学中，如图 10－12 所示的问题一般是按压缩与弯曲的组合变形进行分析的。现将弹性力学与材料力学中的结果做简单比较。

在式（10－68）中，应力分量 σ_x 沿水平方向没有变化，这个结果是不可能由材料力学公式求得的[❶]。应力分量 σ_y 沿水平方向按直线变化，在左、右两面，它分别如下，在 $x=0$ 处，有：

$$\sigma_y = -(\rho g - \gamma g \cot^2\alpha)y$$

在 $x = y\tan\alpha$ 处，有：

$$\sigma_y = -\gamma g y \cot^2\alpha$$

这与用材料力学中偏心受压公式算得的结果相同。应力分量 τ_{xy} 也按直线变化，在左、右两面，它分别如下，在 $x=0$ 处，有：

$$\tau_{xy} = 0$$

在 $x = y\tan\alpha$ 处，有：

$$\tau_{xy} = -\gamma g y \cot\alpha$$

剪应力 τ_{yx} 沿水平方向直线变化，而在材料力学中，等截面矩形梁的剪应力是按抛物线变化的，二者显然不相同。

以上所得的解答一向被当作三角形重力坝中应力的基本解答。但是，在引用这一解答时，必须注意以下 3 点：

（1）沿着坝轴，坝身往往具有不同的截面，而且坝身也不是无限长的。因此，严格地说，这里不是一个平面问题。但是，如果沿着坝轴，有一些伸缩缝将坝身分成若干段，在每一段范围内，坝身的截面可以当作没有变化，而且 τ_{zx} 和 τ_{zy} 可以近似看作 0，那么，在计算时，是可以把这个问题当作平面问题的。

（2）这里假设楔形体在下端是无限长的，且可以自由变形。但是，实际上，坝身是有限高的，底部与地基相连，坝身底部的变形受到地基的约束，因此，对于底部来说，以上所得的解答是不精确的。

❶ 这说明，不能用材料力学中压缩与弯曲的组合变形来分析这个问题。

（3）坝顶总具有一定的宽度，而不会是一个尖顶，而且顶部通常还受到其他荷载，因此，在靠近坝顶处，以上所得的解答也不适用。

关于重力坝的较精确的应力分析，目前大都采用有限单元法进行。

小 结

本章讲述了弹性力学平面问题的直角坐标解答。首先通过对多项式解答的讨论，使学生进一步理解了逆解法的概念，掌握了常见的多项式解答所能解决的问题。然后分析了纯弯曲矩形截面梁的应力和位移、悬臂梁横力弯曲时的应力和位移、均布荷载作用下简支梁的应力、拉力和弯矩共同作用下悬臂梁的应力和位移、楔形体在重力和液体压力作用下的应力。每个问题求解开始时都要选取应力函数 φ，然后根据边界条件，确定积分常数或假定常数，最后根据应力—应变关系、应变—位移关系求出位移。

学完本章后，学生可以对各个问题求解的步骤进行对比分析，以便更好地理解，加深记忆。

思考题

1. 逆解法和半逆解法各有什么特点？
2. 应力函数 φ 一般应如何选取？
3. 第 10.6 节中的楔形体的弹性力学解答和材料力学解答有何不同？

习 题

1. 设图 10-9 中的简支梁只受重力作用，梁的材料密度为 ρ。试用在 10.4 节中的应力函数（10-41）求解应力分量。

2. 设有一个矩形截面的竖柱，密度为 ρ，在一边侧面上受均布剪力 q，如题图 10-1 所示，试求应力分量。

提示：可假设 $\sigma_x = 0$ 或 $\tau_{xy} = f(y)$，或 σ_y 如材料力学中偏心受压公式所示。上端的边界条件如不能精确满足，可应用圣维南原理，求出近似的解答。

3. 设如题图 10-2 所示的三角形悬臂梁只受重力作用，梁的密度为 ρ，试用纯三次式的应力函数求解。

4. 试证：

$$\varphi = \frac{qx^2}{4}\left(-4\frac{y^3}{h^3} + 3\frac{y}{h} - 1\right) + \frac{qy^2}{10}\left(2\frac{y^3}{h^3} - \frac{y}{h}\right)$$

是一个应力函数，并考察它在如题图 10-3 所示的矩形板和坐标系中能解决什么问题（设矩形板的长度为 l，高度为 h，体力不计）。

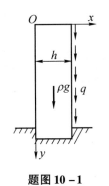

题图 10－1

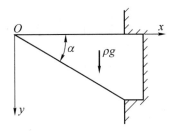

题图 10－2

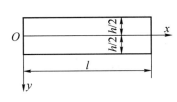

题图 10－3

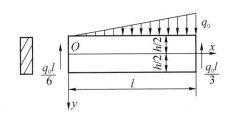

题图 10－4

5. 矩形简支梁上作用一个三角形分布荷载，如题图 10－4 所示，试检查应力函数：

$$\varphi = Ax^3y^3 + Bxy^5 + Cx^3y + Dxy^3 + Ex^3 + Fxy$$

是否成立。若成立，则写出应力分量。

第 11 章

弹性力学平面问题的极坐标解答

学习指导

学习要求：本章将主要学习弹性力学平面问题的极坐标解答，包括弹性力学平面问题在极坐标中的基本方程、应力函数、相容方程；应力分量和位移分量的坐标变换式；轴对称问题、圆环或圆筒受均布压力、压力隧洞、圆孔的孔边应力集中、楔形体在楔顶或楔面受力、半平面体在边界上受集中力和分布力。

本章重点：1. 掌握极坐标中的平衡微分方程、几何方程、应力函数与相容方程。

2. 掌握圆环或圆筒受均布压力时的解法。

11.1　用极坐标表示的基本方程

❶ 如圆形、楔形、扇形、曲梁等物体。

　　第 10 章我们用直角坐标解决了平面问题，得出了一些有用的解答。但是，对于有些问题❶，用极坐标求解往往比用直角坐标方便得多。在极坐标系中，在平面上任意点 P 的位置决定于该点与坐标原点之间的距离 $r = OP$，以及 OP 的方向与某一坐标轴，如 x 轴之间的夹角 θ。其中，r 称为径向坐标，θ 称为环向坐标，如图 11 - 1 所示。

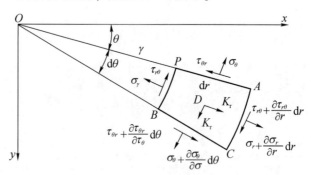

图 11 - 1　环向坐标

　　直角坐标可以用极坐标表示，它们之间的关系为：

$$x = r \cos\theta, \; y = r \sin\theta \tag{11-1}$$

极坐标也可以用直角坐标表示，即：

$$r = \sqrt{x^2 + y^2}, \; \theta = \arctan\frac{y}{x} \tag{11-2}$$

这里垂直于图面的坐标为 z 轴。

对于平面问题，我们认为，物体在 z 轴方向的尺寸或者很大（平面应变）或者非常小（平面应力）。为简单起见，我们取 z 轴方向的尺寸为一个单位[❶]。下面导出用极坐标表示的基本方程。

❶ 这一点与在直角坐标中一样。

11.1.1　用极坐标表示的平衡微分方程

1. 应力分量

为了表明极坐标中的应力分量，从所考察的薄板（平面应力）或长柱形体（平面应变）中取出微分体 $PACB$，如图 11-1 所示。沿 r 方向的正应力称为径向正应力，用 σ_r 表示；沿 θ 方向的正应力称为环向正应力或切向正应力，用 σ_θ 表示；剪应力用 $\tau_{r\theta}$ 及 $\tau_{\theta r}$ 表示[❷]（根据剪应力的互等关系，有 $\tau_{r\theta} = \tau_{\theta r}$）。径向及环向的体力分量分别用 K_r 及 K_θ 表示。

与直角坐标中相似，由于应力随坐标 r 变化，如果设在 PB 面上的径向正应力为 σ_r，则在 AC 面上的径向力将为 $\sigma_r + (\partial \sigma_r / \partial r)\, dr$；同样，在这两个面上的剪应力分别为 $\tau_{r\theta}$ 及 $\tau_{r\theta} + (\partial \tau_{r\theta} / \partial r)\, dr$；在 PA 及 BC 两个面上的环向正应力分别为 σ_θ 及 $\sigma_\theta + (\partial \sigma_\theta / \partial r)\, dr$；在这两个面上的剪应力分别为 $\tau_{\theta r}$ 及 $\tau_{\theta r} + (\partial \tau_{\theta r} / \partial r)\, dr$。

❷ 各应力分量的正负号规定和直角坐标中的一样，只是 r 方向代替了 x 方向，θ 方向代替了 y 方向。图中所示的应力分量都是正的。

2. 平衡微分方程

由于我们取微分体的厚度等于 1，所以微分体各面的面积分别为：

$$PA - dr,\ PB - rd\theta$$
$$BC - dr,\ AC - (r + dr)d\theta$$

微分体的体积为：

$$dv = 1 \cdot dr \cdot rd\theta = rdrd\theta$$

又由于 $d\theta$ 是微小的，所以取：

$$\sin \frac{d\theta}{2} \approx \frac{d\theta}{2},\ \cos \frac{d\theta}{2} \approx 1$$

现在来研究微分体的静力平衡关系。

对其中心 D 点列力矩方程 $\sum M_D(F) = 0$，得到：

$$\left(\tau_{r\theta} + \frac{\partial \tau_{r\theta}}{\partial r}dr\right) \cdot (r + dr)d\theta \cdot \frac{dr}{2} + \tau_{r\theta} \cdot rd\theta \cdot \frac{dr}{2} - \left(\tau_{\theta r} + \frac{\partial \tau_{\theta r}}{\partial \theta}d\theta\right) \cdot dr \cdot$$

$$\left(r + \frac{dr}{2}\right)\frac{d\theta}{2} - \tau_{\theta r} \cdot dr \cdot \left(r + \frac{dr}{2}\right)\frac{d\theta}{2} = 0$$

对上式简化，除以 $d\theta dr / 2$，略去微量，得到：

$$\tau_{r\theta} = \tau_{\theta r} \tag{11-3}$$

这又一次证明了剪应力互等定理[❸]。

❸ 这说明在极坐标系中，剪应力互等定理仍然成立。事实上，极坐标系也是正交坐标系。

将微分体所受各力投影到微分体中心的径向（r 向）轴上，列出径向的平衡方程，$\sum F_r = 0$，得到：

$$\left(\sigma_r + \frac{\partial \sigma_r}{\partial r} \mathrm{d}r \right) \cdot (r + \mathrm{d}r)\mathrm{d}\theta - \sigma_r \cdot r\mathrm{d}\theta - \left(\sigma_\theta + \frac{\partial \sigma_\theta}{\partial \theta} \mathrm{d}\theta \right) \cdot \mathrm{d}r \frac{\mathrm{d}\theta}{2} - \sigma_\theta \cdot \mathrm{d}r \frac{\mathrm{d}\theta}{2} +$$

$$\left(\tau_{\theta r} + \frac{\partial \tau_{\theta r}}{\partial \theta} \mathrm{d}\theta \right) \mathrm{d}r - \tau_{\theta r} \mathrm{d}r + K_r r\mathrm{d}\theta\mathrm{d}r = 0$$

由式（11-3），用 $\tau_{r\theta}$ 代替 $\tau_{\theta r}$，简化以后，除以 $r\mathrm{d}\theta\mathrm{d}r$，再略去微量，得到：

$$\frac{\partial \sigma_r}{\partial r} + \frac{1}{r} \frac{\partial \tau_{r\theta}}{\partial \theta} + \frac{\sigma_r - \sigma_\theta}{r} + K_r = 0 \qquad (11-4)$$

将所有各力投影到微分体中心的切向（θ 向）上，列出切向的平衡方程，$\sum F_\theta = 0$，得到：

$$\left(\sigma_\theta + \frac{\partial \sigma_\theta}{\partial \theta} \mathrm{d}\theta \right) \mathrm{d}r - \sigma_\theta \mathrm{d}r + \left(\tau_{r\theta} + \frac{\partial \tau_{r\theta}}{\partial r} \mathrm{d}r \right)(r + \mathrm{d}r)\mathrm{d}\theta - \tau_{r\theta}\, r\mathrm{d}\theta +$$

$$\left(\tau_{\theta r} + \frac{\partial \tau_{\theta r}}{\partial \theta} \mathrm{d}\theta \right) \mathrm{d}r \frac{\mathrm{d}\theta}{2} + \tau_{\theta r}\, \mathrm{d}r \frac{\mathrm{d}\theta}{2} + K_\theta r\mathrm{d}\theta\mathrm{d}r = 0$$

由式（11-3），用 $\tau_{r\theta}$ 代替 $\tau_{\theta r}$，简化以后，除以 $r\mathrm{d}\theta\mathrm{d}r$，再略去微量，得到：

$$\frac{1}{r} \frac{\partial \sigma_\theta}{\partial \theta} + \frac{\partial \tau_{r\theta}}{\partial r} + \frac{2\tau_{r\theta}}{r} + K_\theta = 0 \qquad (11-5)$$

这样，综合式（11-4）和式（11-5），就得到极坐标中的平衡微分方程为：

$$\begin{cases} \dfrac{\partial \sigma_r}{\partial r} + \dfrac{1}{r} \dfrac{\partial \tau_{r\theta}}{\partial \theta} + \dfrac{\sigma_r - \sigma_\theta}{r} + K_r = 0 \\[3mm] \dfrac{1}{r} \dfrac{\partial \sigma_\theta}{\partial \theta} + \dfrac{\partial \tau_{r\theta}}{\partial r} + \dfrac{2\tau_{r\theta}}{r} + K_\theta = 0 \end{cases} \qquad (11-6)$$

平衡微分方程●（11-6）中包含 3 个未知函数 σ_r、σ_θ 和 $\tau_{r\theta} = \tau_{\theta r}$。

● 比直角坐标中的平衡微分方程要复杂一些。

11.1.2 用极坐标表示的几何方程

在极坐标中，用 ε_r 表示径向正应变（径向微线段的正应变），用 ε_θ 表示环向正应变（环向微线段的正应变），用 $\gamma_{r\theta}$ 表示剪应变（径向与环向两微线段之间的直角的改变）；用 u_r 表示径向位移，用 u_θ 表示环向位移。

为了分析方便，我们在推导几何方程时分两种情况进行讨论：

（1）只有径向位移，没有环向位移。

（2）只有环向位移，没有径向位移。

然后按照叠加原理将两种结果叠加，就可以得到一般情况下的几何方程。

对于（1）的情况，假设只有径向位移而没有环向位移，如图 11-2（a）

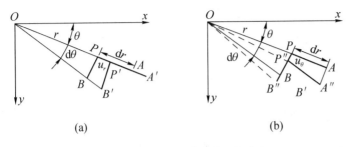

(a)　　　　　　　　(b)

图 11 – 2　用极坐标表示的几何方程

（a）只有径向位移，没有环向位移；（b）只有环向位移，没有径向位移

所示。由于这个径向位移，径向微线段 PA 移到 $P'A'$，环向微线段 PB 移到 $P'B'$，而 P、A、B 三点的位移分别为：

$$PP' = u_r, \quad AA' = u_r + \frac{\partial u_r}{\partial r}\mathrm{d}r, \quad BB' = u_r + \frac{\partial u_r}{\partial \theta}\mathrm{d}\theta$$

所以径向微线段 PA 的正应变[❶]为：

> ❶ 微线段的正应变（线应变）等于微线段的伸长量与原长之比。

$$\varepsilon_r = \frac{P'A' - PA}{PA} = \frac{AA' - PP'}{PA} = \frac{\left(u_r + \frac{\partial u_r}{\partial r}\mathrm{d}r\right) - u_r}{\mathrm{d}r} = \frac{\partial u_r}{\partial r} \tag{11-7}$$

环向微线段 PB 的正应变为：

$$\varepsilon_\theta = \frac{P'B' - PB}{PB} = \frac{(r + u_r)\mathrm{d}\theta - r\mathrm{d}\theta}{r\mathrm{d}\theta} = \frac{u_r}{r} \tag{11-8}$$

径向微线段 PA，由于假设没有环向位移，因而其转角为：

$$\alpha = 0$$

环向微线段 PB 的转角为：

$$\beta = \frac{BB' - PP'}{PB} = \frac{\left(u_r + \frac{\partial u_r}{\partial \theta}\mathrm{d}\theta\right) - u_r}{r\mathrm{d}\theta} = \frac{1}{r}\frac{\partial u_r}{\partial \theta}$$

由此得到剪应变为：

$$\gamma_{r\theta} = \alpha + \beta = \frac{1}{r}\frac{\partial u_r}{\partial \theta} \tag{11-9}$$

对于（2）的情况，假设只有环向位移而没有径向位移，如图 11 – 2（b）所示。由于这个环向位移，径向微线段 PA 移到 $P''A''$，环向微线段 PB 移到 $P''B''$，而 P、A、B 三点的位移分别为：

$$PP'' = u_\theta, \quad AA'' = u_\theta + \frac{\partial u_\theta}{\partial r}\mathrm{d}\theta, \quad BB'' = u_\theta + \frac{\partial u_\theta}{\partial \theta}\mathrm{d}\theta$$

由于径向微线段 PA 沿径向没有位移，即没有长度变化，故其正应变为：

$$\varepsilon_r = 0 \tag{11-10}$$

环向微线段 PB 的正应变为：

$$\varepsilon_\theta = \frac{P''B'' - PB}{PB} = \frac{BB'' - PP''}{PB} = \frac{\left(u_\theta + \dfrac{\partial u_\theta}{\partial r}\mathrm{d}\theta\right) - u_\theta}{r\mathrm{d}\theta} \qquad (11-11)$$

$$= \frac{1}{r}\frac{\partial u_\theta}{\partial \theta}$$

径向微线段 PA 的转角为：

$$\alpha = \frac{AA'' - PP''}{PA} = \frac{\left(u_\theta + \dfrac{\partial u_\theta}{\partial r}\mathrm{d}r\right) - u_\theta}{\mathrm{d}r} = \frac{\partial u_\theta}{\partial r}$$

环向微线段 PB 的转角为：

$$\beta = -\angle POP'' = -\frac{PP''}{OP} = -\frac{u_\theta}{r}$$

由此得到剪应变为：

$$\gamma_{r\theta} = \alpha + \beta = \frac{\partial u_\theta}{\partial r} - \frac{u_\theta}{r} \qquad (11-12)$$

因此，如果是一般情况，即沿径向和环向都有位移，则由式（11-7）～式（11-9）与式（11-10）～式（11-12）的分别叠加，可得应变与位移的关系式为：

$$\varepsilon_r = \frac{\partial u_r}{\partial r}, \quad \varepsilon_\theta = \frac{u_r}{r} + \frac{1}{r}\frac{\partial u_\theta}{\partial \theta}, \quad \gamma_{r\theta} = \frac{1}{r}\frac{\partial u_r}{\partial \theta} + \frac{\partial u_\theta}{\partial r} - \frac{u_\theta}{r} \qquad (11-13)$$

这就是极坐标中的几何方程。

11.1.3　用极坐标表示的物理方程

与直角坐标系中平面问题的物理方程的推导步骤一样，我们可以导出极坐标系中的物理方程。但是，由于极坐标和直角坐标一样，都是正交坐标，所以极坐标中的物理方程与直角坐标中的物理方程具有同样的形式[注]。因此，在平面应力的情况下，物理方程为：

> [注] 只是下标 x 和 y 分别改换为 r 和 θ。

$$\varepsilon_r = \frac{1}{E}(\sigma_r - \mu\sigma_\theta), \quad \varepsilon_\theta = \frac{1}{E}(\sigma_\theta - \mu\sigma_r),$$
$$\gamma_{r\theta} = \frac{1}{G}\tau_{r\theta} = \frac{2(1+\mu)}{E}\tau_{r\theta} \qquad (11-14\mathrm{a})$$

也可由式（11-14a）解出 σ_r、σ_θ、$\tau_{r\theta}$，写成如下形式：

$$\sigma_r = \frac{E}{1-\mu^2}(\varepsilon_r - \mu\varepsilon_\theta), \quad \sigma_\theta = \frac{E}{1-\mu^2}(\varepsilon_\theta - \mu\varepsilon_r),$$
$$\tau_{r\theta} = \frac{E}{2(1+\mu)}\gamma_{r\theta} \qquad (11-14\mathrm{b})$$

而在平面应变的情况下，物理方程为：

$$\varepsilon_r = \frac{1-\mu^2}{E}\left(\sigma_r - \frac{\mu}{1-\mu}\sigma_\theta\right) \tag{11-15}$$

$$\varepsilon_\theta = \frac{1-\mu^2}{E}\left(\sigma_\theta - \frac{\mu}{1-\mu}\sigma_r\right), \quad \gamma_{r\theta} = \frac{2(1+\mu)}{E}\tau_{r\theta}$$

在平面应变情况下的物理方程（11-15），也可由在平面应力情况下的物理方程（11-14）直接进行变量代换而得到，即将式（11-14）中的 E 和 μ 分别替换为 $E/(1-\mu^2)$ 和 $\mu/(1-\mu)$。

11.1.4　用极坐标表示的边界条件

极坐标系中边界条件的表达形式与直角坐标系中相同[1]。位移边界条件为：

$$u_r = \bar{u}_r, \quad u_\theta = \bar{u}_\theta \tag{11-16}$$

式中：$\bar{u}_r$——边界已知径向位移；

$\bar{u}_\theta$——边界已知环向位移。

在受荷载作用的边界，有如下应力边界条件：

$$l\sigma_r + m\tau_{\theta r} = \bar{K}_r, \quad l\tau_{\theta r} + m\sigma_\theta = \bar{K}_\theta \tag{11-17}$$

式中：l、m——应力边界外法线的方向余弦；

$\bar{K}_r$、$\bar{K}_\theta$——应力边界上沿着径向 r 和环向 θ 的面力分量，它们是坐标的已知函数。

对于混合边界，将同时用到位移边界条件（11-16）和应力边界条件（11-17）。

11.2　极坐标中的应力函数与相容方程

在直角坐标系中，当体积力是常量或没有体积力时，用应力函数表示的平面问题的相容方程（9-64）为：

$$\nabla^2\left(\frac{\partial^2\varphi}{\partial x^2} + \frac{\partial^2\varphi}{\partial y^2}\right) = 0 \tag{11-18}$$

我们可以利用极坐标和直角坐标之间的关系式（11-1）和式（11-2），将方程（11-18）变换成用极坐标表示的相容方程[2]。

由式（11-2）的第一式知：

$$r^2 = x^2 + y^2$$

将上式对 x 和 y 微分，得到：

$$2r = \frac{\partial r}{\partial x} = 2x, \quad 2r = \frac{\partial r}{\partial y} = 2y$$

由式（11-1），上式可以写为：

[1] 边界条件可分为位移边界条件、应力边界条件和混合边界条件。

[2] 以下逐步求出 $\partial r/\partial x$，$\partial r/\partial y$，$\partial\theta/\partial x$，$\partial\theta/\partial y$。

$$\frac{\partial r}{\partial x} = \frac{x}{r} = \cos\theta, \quad \frac{\partial r}{\partial y} = \frac{y}{r} = \sin\theta \qquad (11-19)$$

然后将式（11-2）的第二式对 x 求偏导数，得到：

$$\frac{\partial\theta}{\partial x} = \frac{1}{1+\frac{y^2}{x^2}}\left(-\frac{y}{x^2}\right) = -\frac{y}{x^2+y^2} = -\frac{y}{r^2} = -\frac{1}{r}\sin\theta \qquad (11-20)$$

同理，可得 θ 对 y 的偏导数为：

$$\frac{\partial\theta}{\partial y} = \frac{x}{r^2} = \frac{1}{r}\cos\theta \qquad (11-21)$$

现在来求应力函数 $\varphi(x, y)$ 对 x 及 y 的微分，考虑到 φ 同时也是 r 和 θ 的函数，利用复合函数求导规则，并考虑式（11-19）~式（11-21），得到：

$$\frac{\partial\varphi}{\partial x} = \frac{\partial\varphi}{\partial r}\frac{\partial r}{\partial x} + \frac{\partial\varphi}{\partial\theta}\frac{\partial\theta}{\partial x} = \cos\theta\frac{\partial\varphi}{\partial r} - \frac{\sin\theta}{r}\frac{\partial\varphi}{\partial\theta}$$

$$\frac{\partial\varphi}{\partial y} = \frac{\partial\varphi}{\partial r}\frac{\partial r}{\partial y} + \frac{\partial\varphi}{\partial\theta}\frac{\partial\theta}{\partial y} = \sin\theta\frac{\partial\varphi}{\partial r} + \frac{\cos\theta}{r}\frac{\partial\varphi}{\partial\theta}$$

重复以上的微分操作，得到：

$$\frac{\partial^2\varphi}{\partial x^2} = \left(\cos\theta\frac{\partial}{\partial r} - \frac{\sin\theta}{r}\frac{\partial}{\partial\theta}\right)\left(\cos\theta\frac{\partial\varphi}{\partial r} - \frac{\sin\theta}{r}\frac{\partial\varphi}{\partial\theta}\right)$$

$$= \cos^2\theta\frac{\partial^2\varphi}{\partial r^2} - \frac{2\sin\theta\cos\theta}{r}\frac{\partial^2\varphi}{\partial r\partial\theta} + \qquad (11-22)$$

$$\frac{\sin^2\theta}{r}\frac{\partial\varphi}{\partial r} + \frac{2\sin\theta\cos\theta}{r^2}\frac{\partial\varphi}{\partial\theta} + \frac{\sin^2\theta}{r^2}\frac{\partial^2\varphi}{\partial\theta^2}$$

$$\frac{\partial^2\varphi}{\partial y^2} = \left(\sin\theta\frac{\partial}{\partial r} + \frac{\cos\theta}{r}\frac{\partial}{\partial\theta}\right)\left(\sin\theta\frac{\partial\varphi}{\partial r} + \frac{\cos\theta}{r}\frac{\partial\varphi}{\partial\theta}\right)$$

$$= \sin^2\theta\frac{\partial^2\varphi}{\partial r^2} + \frac{2\sin\theta\cos\theta}{r}\frac{\partial^2\varphi}{\partial r\partial\theta} + \qquad (11-23)$$

$$\frac{\cos^2\theta}{r}\frac{\partial\varphi}{\partial r} - \frac{2\sin\theta\cos\theta}{r^2}\frac{\partial\varphi}{\partial\theta} + \frac{\cos^2\theta}{r^2}\frac{\partial^2\varphi}{\partial\theta^2}$$

$$\frac{\partial^2\varphi}{\partial x\partial y} = \left(\cos\theta\frac{\partial}{\partial r} - \frac{\sin\theta}{r}\frac{\partial}{\partial\theta}\right)\left(\sin\theta\frac{\partial\varphi}{\partial r} + \frac{\cos\theta}{r}\frac{\partial\varphi}{\partial\theta}\right)$$

$$= \sin\theta\cos\theta\frac{\partial^2\varphi}{\partial r^2} + \frac{\cos^2\theta - \sin^2\theta}{r}\frac{\partial^2\varphi}{\partial r\partial\theta} - \qquad (11-24)$$

$$\frac{\sin\theta\cos\theta}{r}\frac{\partial\varphi}{\partial r} - \frac{\cos^2\theta - \sin^2\theta}{r^2}\frac{\partial\varphi}{\partial\theta} -$$

$$\frac{\sin\theta\cos\theta}{r^2}\frac{\partial^2\varphi}{\partial\theta^2}$$

将式（11-22）与式（11-23）相加，得到：

$$\frac{\partial^2 \varphi}{\partial x^2} + \frac{\partial^2 \varphi}{\partial y^2} = \frac{\partial^2 \varphi}{\partial r^2} + \frac{1}{r} \frac{\partial \varphi}{\partial r} + \frac{1}{r^2} \frac{\partial^2 \varphi}{\partial \theta^2} \qquad (11-25)$$

可见，在两种坐标系下，拉普拉斯算子 ∇^2 的表达式为：

$$\nabla^2 = \frac{\partial^2}{\partial x^2} + \frac{\partial^2}{\partial y^2} = \frac{\partial^2}{\partial r^2} + \frac{1}{r} \frac{\partial}{\partial r} + \frac{1}{r^2} \frac{\partial^2}{\partial \theta^2} \qquad (11-26)$$

于是由直角坐标中的相容方程（11-18），可以得到极坐标中的相容方程为：

$$\left(\frac{\partial^2}{\partial r^2} + \frac{1}{r} \frac{\partial}{\partial r} + \frac{1}{r^2} \frac{\partial^2}{\partial \theta^2} \right)^2 \varphi = 0 \qquad (11-27a)$$

或简写为：

$$\nabla^2 \nabla^2 \varphi = 0 \qquad (11-27b)$$

式（11-27a）或（11-27b）在实际应用时需要展开[●]。简单推导如下：

❶ 但在极坐标中，其展开式要比在直角坐标系中烦琐。

将式（11-27a）重新写为：

$$\left(\frac{\partial^2}{\partial r^2} + \frac{1}{r} \frac{\partial}{\partial r} + \frac{1}{r^2} \frac{\partial^2}{\partial \theta^2} \right) \left(\frac{\partial^2 \varphi}{\partial r^2} + \frac{1}{r} \frac{\partial \varphi}{\partial r} + \frac{1}{r^2} \frac{\partial^2 \varphi}{\partial \theta^2} \right) = 0 \qquad (11-28)$$

式（11-28）中的第一个括号可以看作由 3 个微分算子组成的。现将每个微分算子对第二个括号内的函数进行操作，得到：

$$\frac{\partial^2}{\partial r^2} \left(\frac{\partial^2 \varphi}{\partial r^2} + \frac{1}{r} \frac{\partial \varphi}{\partial r} + \frac{1}{r^2} \frac{\partial^2 \varphi}{\partial \theta^2} \right)$$

$$= \frac{\partial^4 \varphi}{\partial r^4} + \frac{1}{r^2} \frac{\partial^4 \varphi}{\partial r^2 \partial \theta^2} + \frac{1}{r} \frac{\partial^3 \varphi}{\partial r^3} - \frac{4}{r^3} \frac{\partial^3 \varphi}{\partial r \partial \theta^2} - \frac{2}{r^2} \frac{\partial^2 \varphi}{\partial r^2} + \frac{6}{r^4} \frac{\partial^2 \varphi}{\partial \theta^2} + \frac{2}{r^3} \frac{\partial \varphi}{\partial r}$$

$$\frac{1}{r} \frac{\partial}{\partial r} \left(\frac{\partial^2 \varphi}{\partial r^2} + \frac{1}{r} \frac{\partial \varphi}{\partial r} + \frac{1}{r^2} \frac{\partial^2 \varphi}{\partial \theta^2} \right) = \frac{1}{r} \frac{\partial^3 \varphi}{\partial r^3} + \frac{1}{r^3} \frac{\partial^3 \varphi}{\partial r \partial \theta^2} + \frac{1}{r^2} \frac{\partial^2 \varphi}{\partial r^2} - \frac{2}{r^4} \frac{\partial^2 \varphi}{\partial \theta^2} - \frac{1}{r^3} \frac{\partial \varphi}{\partial r}$$

$$\frac{1}{r^2} \frac{\partial^2}{\partial \theta^2} \left(\frac{\partial^2 \varphi}{\partial r^2} + \frac{1}{r} \frac{\partial \varphi}{\partial r} + \frac{1}{r^2} \frac{\partial^2 \varphi}{\partial \theta^2} \right) = \frac{1}{r^2} \frac{\partial^4 \varphi}{\partial r^2 \partial \theta^2} + \frac{1}{r^3} \frac{\partial^3 \varphi}{\partial r \partial \theta^2} + \frac{1}{r^4} \frac{\partial^4 \varphi}{\partial \theta^4}$$

将以上 3 式相加，得到：

$$\nabla^2 \nabla^2 \varphi = \frac{\partial^4 \varphi}{\partial r^4} + \frac{2}{r^2} \frac{\partial^4 \varphi}{\partial r^2 \partial \theta^2} + \frac{1}{r^4} \frac{\partial^4 \varphi}{\partial \theta^4} + \frac{2}{r} \frac{\partial^3 \varphi}{\partial r^3} - \frac{2}{r^3} \frac{\partial^3 \varphi}{\partial r \partial \theta^2} - $$

$$\frac{1}{r^2} \frac{\partial^2 \varphi}{\partial r^2} + \frac{4}{r^4} \frac{\partial^2 \varphi}{\partial \theta^2} + \frac{1}{r^3} \frac{\partial \varphi}{\partial r} = 0 \qquad (11-29)$$

式（11-29）即为相容方程在极坐标系中的展开形式。

由图 11-1 可见，如果把 x 轴和 y 轴分别转换到 r 和 θ 的方向，使 θ 成为 0，则 σ_x、σ_y、τ_{xy} 分别成为 σ_r、σ_θ、$\tau_{r\theta}$。于是，当不计体力时，即可由式（11-22）~式（11-24），得到：

$$\begin{cases} \sigma_r = (\sigma_x)_{\theta=0} = \left(\dfrac{\partial^2 \varphi}{\partial y^2}\right)_{\theta=0} = \dfrac{1}{r}\dfrac{\partial \varphi}{\partial r} + \dfrac{1}{r^2}\dfrac{\partial^2 \varphi}{\partial \theta^2} \\[2mm] \sigma_\theta = (\sigma_y)_{\theta=0} = \left(\dfrac{\partial^2 \varphi}{\partial x^2}\right)_{\theta=0} = \dfrac{\partial^2 \varphi}{\partial r^2} \\[2mm] \tau_{r\theta} = (\tau_{xy})_{\theta=0} = \left(-\dfrac{\partial^2 \varphi}{\partial x \partial y}\right)_{\theta=0} = -\dfrac{1}{r}\dfrac{\partial^2 \varphi}{\partial r \partial \theta} + \dfrac{1}{r^2}\dfrac{\partial \varphi}{\partial \theta} = -\dfrac{\partial}{\partial r}\left(\dfrac{1}{r}\dfrac{\partial \varphi}{\partial \theta}\right) \end{cases} \qquad (11-30)$$

用极坐标求解平面问题时（假设体力可以不计），只需从微分方程 (11-27) 中求解应力函数 $\varphi = (r, \theta)$，然后按照式 (11-30) 求出应力分量即可❶。

❶ 和在直角坐标系中一样，这些应力分量还需满足位移单值条件，并且在边界上满足应力边界条件。

11.3 应力分量和位移分量的坐标变换式

11.3.1 应力分量的坐标变换式

在一定的应力状态下，如果已知极坐标中的应力分量，即可以利用简单的关系式求得直角坐标中的应力分量❷。表示两个坐标系中应力分量的关系式，称为应力分量的坐标变换式。现在就来推导这个坐标变换式。

❷ 反之，如果已知直角坐标中的应力分量，也可以利用简单的关系式求得极坐标中的应力分量。

设已知极坐标中的应力分量 σ_r、σ_θ、$\tau_{r\theta}$，试求直角坐标中的应力分量 σ_x、σ_y、τ_{xy}。为此，在弹性体中取微小三角板 A，如图 11-3 (a) 所示，它的 ab 边及 ac 边分别沿 r 及 θ 方向，bc 边沿 y 轴向，各边上的应力如图所示。令 bc 边的长度为 ds，则 ab 边及 ac 边的长度分别为 $ds \cdot \sin\theta$ 及 $ds \cdot \cos\theta$。三角板的厚度仍取为一个单位。

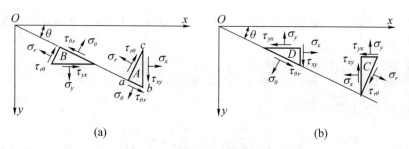

(a)   (b)

图 11-3 应力分量的坐标变换式

根据三角板 A 的平衡条件 $\sum F_x = 0$ 和 $\sum F_y = 0$，可以写出如下平衡方程：

$$\sigma_x ds - \sigma_r ds \cdot \cos^2\theta - \sigma_\theta ds \cdot \sin^2\theta + \tau_{r\theta} ds \cdot \cos\theta \sin\theta + \tau_{\theta r} ds \cdot \sin\theta \cos\theta = 0 \qquad (11-31)$$

$$\tau_{xy} ds - \sigma_r ds \cdot \cos\theta \sin\theta - \tau_{r\theta} ds \cdot \cos^2\theta + \sigma_\theta ds \cdot \sin\theta \cos\theta + \tau_{\theta r} ds \cdot \sin^2\theta = 0 \qquad (11-32)$$

另取微小三角板 B^❶，如图 11 - 3（a）所示，根据它的平衡条件 ❶ 各边的长度与
小三角板 A 相同。
$\sum F_y = 0$，可以列出如下平衡方程：

$$\sigma_y \mathrm{d}s - \sigma_r \mathrm{d}s \cdot \sin^2\theta - \sigma_\theta \mathrm{d}s\cos^2\theta - \tau_{r\theta}\mathrm{d}s \cdot \sin\theta\cos\theta + \tag{11 - 33}$$

$$\tau_{\theta r}\mathrm{d}s \cdot \cos\theta\sin\theta = 0$$

对式（11 - 31）~式（11 - 33），除以 $\mathrm{d}s$，并利用关系式 $\tau_{r\theta} = \tau_{\theta r}$，简化后即可得出应力分量由极坐标向直角坐标变换的公式为：

$$\sigma_x = \sigma_r\cos^2\theta + \sigma_\theta\sin^2\theta - 2\tau_{r\theta}\mathrm{d}s \cdot \sin\theta\cos\theta = 0 \tag{11 - 34a}$$

$$\sigma_y = \sigma_r\sin^2\theta + \sigma_\theta\cos^2\theta + 2\tau_{r\theta}\mathrm{d}s \cdot \sin\theta\cos\theta = 0 \tag{11 - 34b}$$

$$\tau_{xy} = (\sigma_r - \sigma_\theta)\sin\theta\cos\theta + \tau_{r\theta}(\cos^2\theta - \sin^2\theta) = 0 \tag{11 - 34c}$$

利用简单的三角公式：

$$\sin2\theta = 2\sin\theta\cos\theta, \quad \cos2\theta = \cos^2\theta - \sin^2\theta$$

可以将式（11 - 34）改写为：

$$\sigma_x = \frac{\sigma_r + \sigma_\theta}{2} + \frac{\sigma_r - \sigma_\theta}{2}\cos2\theta - \tau_{r\theta}\sin2\theta \tag{11 - 35a}$$

$$\sigma_y = \frac{\sigma_r + \sigma_\theta}{2} - \frac{\sigma_r - \sigma_\theta}{2}\cos2\theta + \tau_{r\theta}\sin2\theta \tag{11 - 35b}$$

$$\tau_{xy} = \frac{\sigma_r - \sigma_\theta}{2}\sin2\theta + \tau_{r\theta}\cos2\theta \tag{11 - 35c}$$

同样，如果已知直角坐标系中的应力分量 σ_x、σ_y、τ_{xy}，也可以求出极 ❷ 与 A、B 尺寸
相同。
坐标中的应力分量 σ_r、σ_θ、$\tau_{r\theta}$。现取微小三角板 C 和 D^❷，如图 11 - 3（b）所示。对三角板 C 列静力平衡方程 $\sum F_r = 0$ 和 $\sum F_\theta = 0$，对三角板 D 列静力平衡方程 $\sum F_\theta = 0$，对所得的三式进行同样的化简，可得应力分量由直角坐标向极坐标变换的公式为：

$$\sigma_r = \sigma_x\cos^2\theta + \sigma_y\sin^2\theta + 2\tau_{xy}\sin\theta\cos\theta \tag{11 - 36a}$$

$$\sigma_\theta = \sigma_x\sin^2\theta + \sigma_y\cos^2\theta - 2\tau_{xy}\sin\theta\cos\theta \tag{11 - 36b}$$

$$\tau_{r\theta} = (\sigma_y - \sigma_x)\sin\theta\cos\theta + \tau_{xy}(\cos^2\theta - \sin^2\theta) \tag{11 - 36c}$$

用三角公式改写后，得到：

$$\sigma_r = \frac{\sigma_x + \sigma_y}{2} + \frac{\sigma_x - \sigma_y}{2}\cos2\theta + \tau_{xy}\sin2\theta \tag{11 - 37a}$$

$$\sigma_\theta = \frac{\sigma_x + \sigma_y}{2} - \frac{\sigma_x - \sigma_y}{2}\cos2\theta + \tau_{xy}\sin2\theta \tag{11 - 37b}$$

$$\tau_{r\theta} = \frac{\sigma_y - \sigma_x}{2}\sin2\theta + \tau_{xy}\cos2\theta \tag{11 - 37c}$$

11.3.2　位移分量的坐标变换式

为了导出不同坐标系中位移分量的相互变换关系，取如图 11 - 4 所示

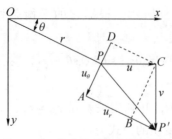

图 11-4 位移分量的坐标变换式

的坐标系进行分析。当在物体上的一点 P 移至点 P' 后，位移矢量 $\overline{PP'}$ 在直角坐标系中，沿 x 和 y 方向分别有分量 u 和 v；在极坐标系中，沿 r 和 θ 方向分别有分量 u_r 和 u_θ。如果已知 u、v，求极坐标中的位移分量 u_r 和 u_θ，则由图 11-4 按投影关系，可得：

$$u_r = AP' = AB + BP' = u\cos\theta + v\sin\theta \tag{11-38a}$$

$$u_\theta = PA = DA - DP = v\cos\theta - u\sin\theta \tag{11-38b}$$

$$= u(-\sin\theta) + v\cos\theta$$

用同样的方法，可得：

$$u = u_r\cos\theta - u_\theta\sin\theta, \quad v = u_r\sin\theta + u_\theta\cos\theta \tag{11-39}$$

11.4　轴对称问题

如果平面弹性体的几何形状和荷载都不随坐标 θ 变化，则其应力分布必然与坐标 θ 无关，应力分量只是坐标 r 的函数。这类问题称为应力轴对称问题[1]。

如果轴对称应力问题的约束条件也与坐标 θ 无关，则位移分量也必然与坐标 θ 无关，它只是坐标 r 的函数。这类问题称为位移轴对称问题。下面分别介绍这两类问题。

11.4.1　应力轴对称问题的应力函数和应力分量

假设应力函数 φ 只是径向坐标 r 的函数，即设 $\varphi = \varphi(r)$，这时，应力分量由式（11-30）简化为：

$$\sigma_r = \frac{1}{r}\frac{\mathrm{d}\varphi}{\mathrm{d}r}, \quad \sigma_\theta = \frac{\mathrm{d}^2\varphi}{\mathrm{d}r^2}, \quad \tau_{r\theta} = \tau_{\theta r} = 0 \tag{11-40}$$

相容方程也大为简化[2]。由式（11-29）得：

$$\frac{\mathrm{d}^4\varphi}{\mathrm{d}r^4} + \frac{2}{r}\frac{\mathrm{d}^3\varphi}{\mathrm{d}r^3} - \frac{1}{r^2}\frac{\mathrm{d}^2\varphi}{\mathrm{d}r^2} + \frac{1}{r^3}\frac{\mathrm{d}\varphi}{\mathrm{d}r} = 0 \tag{11-41}$$

式（11-41）是一个欧拉方程，通过变量代换 $r = \mathrm{e}^t$ 或 $t = \ln r$，可将其化为常系数线性齐次常微分方程来解。其特征方程为：

$$k(k-1)(k-2)(k-3) + 2k(k-1)(k-2) - k(k-1) + k = 0 \tag{11-42}$$

或：

$$k^2(k-2)^2 = 0$$

解得两对重根为：

[1] 其对称轴为坐标轴 z 轴（垂直于 r-θ 平面）。也就是说，通过 z 轴的任意截面上，应力分布方式是相同的。

[2] 在相容方程的展开式（11-29）中，令 φ 对 θ 的偏导数项为 0，并将 φ 对 r 的偏微分改写为 $\mathrm{d}\varphi/\mathrm{d}r$。

$$k = 0, \quad k = 2$$

故和欧拉方程相对应的常系数线性齐次常微分方程的解为：

$$\varphi(t) = C_1 + C_2 t + C_3 e^{2t} + C_4 t e^{2t} \tag{11-43}$$

将 $t = \ln r$ 代入，得到式（11-41）的通解为：

$$\varphi(r) = A \ln r + B r^2 \ln r + C r^2 + D \tag{11-44}$$

式中：A、B、C、D——任意常数。

将应力函数（11-44）代入式（11-40），得到应力分量为：

$$\sigma_r = \frac{A}{r^2} + B(1 + 2 \ln r) + 2C, \quad \sigma_\theta = -\frac{A}{r^2} + B(3 + 2 \ln r) + 2C \tag{11-45a}$$

$$\tau_{r\theta} = \tau_{\theta r} = 0 \tag{11-45b}$$

11.4.2　与轴对称应力相对应的位移

对于平面应力的情况，将应力分量（11-45）代入物理方程（11-14），得到应变分量为：

$$\varepsilon_r = \frac{1}{E}\left[(1+\mu)\frac{A}{r^2} + (1-3\mu)B + 2(1-\mu)B \ln r + 2(1-\mu)C\right]$$

$$\varepsilon_\theta = \frac{1}{E}\left[-(1+\mu)\frac{A}{r^2} + (3-\mu)B + 2(1-\mu)B \ln r + 2(1-\mu)C\right]$$

$$\gamma_{r\theta} = 0$$

由上式可见，应变分量与 θ 无关，应变也是绕 z 轴对称的。

将上面的应变分量代入几何方程（11-13），得到：

$$\begin{cases} \dfrac{\partial u_r}{\partial r} = \dfrac{1}{E}\left[(1+\mu)\dfrac{A}{r^2} + (1-3\mu)B + 2(1-\mu)B \ln r + 2(1-\mu)C\right] \\[3mm] \dfrac{u_r}{r} + \dfrac{1}{r}\dfrac{\partial u_\theta}{\partial \theta} = \dfrac{1}{E}\left[-(1+\mu)\dfrac{A}{r^2} + (3-\mu)B + 2(1-\mu)B \ln r + 2(1-\mu)C\right] \\[3mm] \dfrac{1}{r}\dfrac{\partial u_r}{\partial \theta} + \dfrac{\partial u_\theta}{\partial r} - \dfrac{u_\theta}{r} = 0 \end{cases} \tag{11-46}$$

首先，对（11-46）中的第一式积分，得到：

$$u_r = \frac{1}{E}\left[-(1+\mu)\frac{A}{r} + 2(1-\mu)Br(\ln r - 1) + \right. \tag{11-47}$$

$$\left. (1-3\mu)Br + 2(1-\mu)Cr\right] + f(\theta)$$

式中：$f(\theta)$ ——θ 的任意函数。

其次，由式（11-46）中的第二式，得到：

$$\frac{\partial u_\theta}{\partial \theta} = \frac{r}{E}\left[-(1+\mu)\frac{A}{r^2} + 2(1-\mu)B \ln r + (3-\mu)B + 2(1-\mu)C\right] - u_r$$

将式（11-47）代入，得到：

$$\frac{\partial u_\theta}{\partial \theta} = \frac{4Br}{E} - f(\theta)$$

积分以后，得到：

$$u_\theta = \frac{4Br\theta}{E} - \int f(\theta)\,\mathrm{d}\theta + f_1(r) \tag{11-48}$$

式中：$f_1(r)$ ——r 的任意函数。

再将式（11-47）及式（11-48）代入式（11-46）的第三式，得到：

$$\frac{1}{r}\frac{\mathrm{d}f(\theta)}{\mathrm{d}\theta} + \frac{\mathrm{d}f_1(r)}{\mathrm{d}r} + \frac{1}{r}\int f(\theta)\,\mathrm{d}\theta - \frac{f_1(r)}{r} = 0$$

❶ 这个方程的左边只是 r 的函数，而右边只是 θ 的函数，因此，只可能两边都等于同一常数 F。

按变量 r 和 θ，将上式重新写为❶：

$$f_1(r) - r\frac{\mathrm{d}f_1(r)}{\mathrm{d}r} = \frac{\mathrm{d}f(\theta)}{\mathrm{d}\theta} + \int f(\theta)\,\mathrm{d}\theta$$

将上式写成如下两个方程：

$$f_1(r) - r\frac{\mathrm{d}f_1(r)}{\mathrm{d}r} = F \tag{11-49}$$

$$\frac{\mathrm{d}f(\theta)}{\mathrm{d}\theta} + \int f(\theta)\,\mathrm{d}\theta = F \tag{11-50}$$

式（11-49）为欧拉方程，仿欧拉方程（11-41）的解法，可以得到其解为：

$$f_1(r) = Hr + F \tag{11-51}$$

式中：H——任意常数。

式（11-51）可以通过求导变换为如下微分方程：

$$\frac{\mathrm{d}^2 f(\theta)}{\mathrm{d}\theta^2} + f(\theta) = 0$$

根据微分方程理论，其解为：

$$f(\theta) = I\cos\theta + K\sin\theta \tag{11-52}$$

将式（11-52）代入式（11-50），得到：

$$\int f(\theta)\,\mathrm{d}\theta = F - \frac{\mathrm{d}f(\theta)}{\mathrm{d}\theta} = F + I\sin\theta - K\cos\theta \tag{11-53}$$

将式（11-52）代入式（11-47），并将式（11-53）及式（11-51）代入式（11-48），得到轴对称应力状态下的位移分量为：

$$u_r = \frac{1}{E}\Big[-(1+\mu)\frac{A}{r} + 2(1-\mu)Br(\ln r - 1) + (1-3\mu)Br +$$

$$2(1-\mu)Cr\Big] + I\cos\theta + K\sin\theta \tag{11-54a}$$

$$u_\theta = \frac{4Br\theta}{E} + Hr - I\sin\theta + K\cos\theta \tag{11-54b}$$

式中：A、B、C、H、I、K——任意常数。

❷ 这也是应力轴对称问题与下边位移轴对称问题的区别。

由式（11-54）可见，u_r 和 u_θ 的表达式中都含有 θ 变量，这说明与轴对称应力相对应的位移并不是轴对称的❷。

以上关于应变和位移的公式，也可以应用于平面应变问题，但需将 E

换为 $E/(1-\mu^2)$，μ 换为 $\mu/(1-\mu)$。

11.4.3　位移轴对称问题

在位移轴对称问题中，位移分量与 θ 无关，此时有 $u_r = u_r(r)$，$u_\theta = 0$，可以按位移求解。几何方程（11-13）可以简化为：

$$\varepsilon_r = \frac{\mathrm{d}u_r}{\mathrm{d}r}, \quad \varepsilon_\theta = \frac{u_r}{r}, \quad \gamma_{r\theta} = 0 \tag{11-55}$$

将式（11-55）代入物理方程（11-14b），得到：

$$\sigma_r = \frac{E}{1-\mu^2}\left(\frac{\mathrm{d}u_r}{\mathrm{d}r} + \mu\frac{u_r}{r}\right), \quad \sigma_\theta = \frac{E}{1-\mu^2}\left(\frac{\mu}{r}u_r + \mu\frac{\mathrm{d}u_r}{\mathrm{d}r}\right), \quad \tau_{r\theta} = 0 \tag{11-56}$$

在不计体力的情况下，平衡微分方程（11-6）中的第二式，因 σ_θ 与 θ 无关，而 $\tau_{r\theta}$ 为 0，所以成为恒等式。而式（11-6）中的第一式简化为：

$$\frac{\mathrm{d}\sigma_r}{\mathrm{d}r} + \frac{\sigma_r - \sigma_\theta}{r} = 0$$

将式（11-56）代入上式，并注意到如下微分规则：

$$\frac{\mathrm{d}}{\mathrm{d}r}\left(\frac{\mathrm{d}u_r}{\mathrm{d}r} + \mu\frac{u_r}{r}\right) = \frac{\mathrm{d}^2 u_r}{\mathrm{d}r^2} + \frac{\mu}{r}\frac{\mathrm{d}u_r}{\mathrm{d}r} - \frac{\mu u_r}{r^2}$$

得到：

$$\frac{\mathrm{d}^2 u_r}{\mathrm{d}r^2} + \frac{1}{r}\frac{\mathrm{d}u_r}{\mathrm{d}r} - \frac{u_r}{r^2} = 0$$

解这个欧拉方程可得：

$$u_r(r) = Ar + \frac{B}{r} \tag{11-57}$$

式中：A、B——任意常数，由边界条件决定。

求得位移 u_r 后，即可按式（11-55）求得应变分量，按式（11-56）求出应力分量。

11.5　圆环或圆筒受均布压力和压力隧洞

11.5.1　圆环或圆筒受均布压力作用

设有圆环或圆筒，内半径为 a，外半径为 b，受内压力 q_a 及外压力 q_b 的作用。如图 11-5（a）所示。这是一个轴对称应力问题。其应力分量应该满足式（11-45）。现在，我们根据边界条件来求出任意常数 A、B、C。

边界条件如下，在 $r = a$ 处，有：

$$\sigma_r = -q_a, \quad \tau_{r\theta} = 0 \tag{11-58}$$

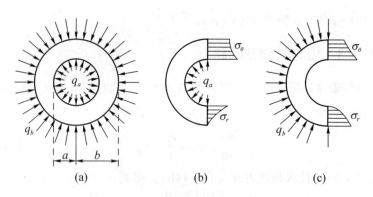

图 11 - 5　圆环或圆筒受均布压力作用

在 $r = b$ 处，有：

$$\sigma_r = -q_b,\ \tau_{\theta r} = 0 \qquad (11-59)$$

由表达式（11 - 45）可见，剪应力条件是满足的。由正应力条件，得到：

❶ 式 (11 - 60) 是两个方程，但有个待定常数，所以不能决定三个常数 A、B、C。

❷ 因为 (r_1, θ_1) 与 $(r_1, \theta_1 + 2\pi)$ 是同一点，所以不可能有不同的位移。

$$\frac{A}{a^2} + B(1 + 2\ln a) + 2C = -q_a,\ \frac{A}{b^2} + B(1 + 2\ln b) + 2C = -q_b \qquad (11-60)$$

因为这里讨论的是多连通体，所以我们来考察位移单值条件**❶**。

由式（11 - 54b）可见，在环向位移 u_θ 的表达式中，$4Br\theta/E$ 是多值的：对于同一个 r 值，如 $r = r_1$，当 $\theta = \theta_1$ 与 $\theta = \theta_1 + 2\pi$ 时，环向位移相差 $8\pi Br_1/E$。在圆环或圆筒中，这是不可能的**❷**。于是可见，必须 $B = 0$。这就是位移单值条件。

由于确定了 $B = 0$，由式（11 - 60）可求得 A 和 $2C$ 分别为：

$$A = \frac{a^2 b^2 (q_b - q_a)}{b^2 - a^2},\ 2C = \frac{q_a a^2 - q_b b^2}{b^2 - a^2}$$

代入式（11 - 45），稍加整理，即得应力分量如下：

$$\sigma_r = -\frac{\dfrac{b^2}{r^2} - 1}{\dfrac{b^2}{a^2} - 1} q_a - \frac{1 - \dfrac{a^2}{r^2}}{1 - \dfrac{a^2}{b^2}} q_b,\ \sigma_\theta = -\frac{\dfrac{b^2}{r^2} + 1}{\dfrac{b^2}{a^2} - 1} q_a - \frac{1 + \dfrac{a^2}{r^2}}{1 - \dfrac{b^2}{a^2}} q_b \qquad (11-61)$$

11.5.2　关于应力分量的讨论

式（11 - 61）就是圆环或圆筒受均布压力作用时应力分量的表达式。为了找出应力分量的变化规律，下面分别讨论内压力 q_a 和外压力 q_b 单独作用时的情况。

1. 仅有内压力 q_a 作用

当只有内压力 q_a 作用时，$q_b = 0$，式（11 - 61）简化为：

$$\sigma_r = -\frac{\dfrac{b^2}{r^2}-1}{\dfrac{b^2}{a^2}-1}q_a, \quad \sigma_\theta = -\frac{\dfrac{b^2}{r^2}+1}{\dfrac{b^2}{a^2}-1}q_a \qquad (11-62)$$

σ_θ 的最大值是在管的内壁[1]，将 $r=a$ 代入式（11–62）的第二式，得到 σ_θ 的最大值为：

$$\sigma_{\theta\max} = -\frac{b^2+a^2}{b^2-a^2}q_a \qquad (11-63)$$

显然，这个环向拉应力 $\sigma_{\theta\max}$ 总是大于内压力 q_a。当外径 b 逐渐增大时，$\sigma_{\theta\max}$ 接近于 q_a。径向应力 σ_r 和环向应力 σ_θ 的分布大致相同，如图 11–5（b）所示。当圆环或圆筒的外半径趋于无限大时（$b\to\infty$），它成为具有圆孔的无限大薄板，或具有圆形孔道的无限大弹性体，而式（11–62）成为：

$$\sigma_r = -\frac{a^2}{r^2}q_a, \quad \sigma_\theta = -\frac{a^2}{r^2}q_a \qquad (11-64)$$

可见，应力和 a^2/r^2 成正比。在 r 远大于 a（距圆孔或圆形孔道较远）处，应力是很小的，可以忽略不计[2]。

2. 仅有外压力 q_b 作用

当只有外压力 q_b 作用时，$q_a=0$，式（11–61）简化为：

$$\sigma_r = -\frac{1-\dfrac{a^2}{r^2}}{1-\dfrac{b^2}{a^2}}q_b, \quad \sigma_\theta = -\frac{1+\dfrac{a^2}{r^2}}{1-\dfrac{b^2}{a^2}}q_b \qquad (11-65)$$

由正负号可见，σ_r 和 σ_θ 总是压应力。应力分布大致如图 11–5（c）所示。环向应力 σ_θ 的最大值仍在管的内壁，将 $r=a$ 代入式（11–65）中的第二式，得到 σ_θ 的最大值（最大压应力）为：

$$\sigma_{\theta\max} = -\frac{2b^2}{b^2-a^2}q_b \qquad (11-66)$$

显然，这个环向压应力 $\sigma_{\theta\max}$ 总是大于外压力 q_b。当外径 b 逐渐增大时，$\sigma_{\theta\max}$ 接近于 $2q_b$；当外径 b 逐渐减小，使得管的壁厚越来越薄时，$\sigma_{\theta\max}$ 将变得非常大[3]。

*11.5.3　压力隧洞

压力隧洞或坝内埋管都可以看作埋在无限大弹性体中的圆筒，因此，可以用在 11.4 节中轴对称应力的式（11–46）来描述其应力分布。

如图 11–6 所示，圆筒的内径为 a，外径为 b，受有均布压力 q 作用。

[1] 由正负号可见，σ_r 总是压应力，σ_θ 总是拉应力。

[2] 这个实例也证实了圣维南原理，因为圆孔或圆形孔道中的内压力是平衡力系。

[3] 但必须注意的是，当管壁很薄时，还要考虑外压失稳问题。有关稳定性的概念可参见第 8 章。

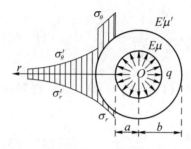

图 11 -6　压力隧洞

圆筒的材料为 E、μ，而其周围的无限大弹性体的材料为 E'、μ'。

由于应力分布是轴对称的，正如 11.5.1 小节中分析的那样，应力公式 (11 -46) 中的系数 B 应该为 0。

然而，因为圆筒和无限大弹性体一般具有不同的弹性常数，所以两者的应力表达式中的系数 A 和 C 一般也不相同。

现在，取圆筒的应力表达式为：

$$\sigma_r = \frac{A}{r^2} + 2C, \quad \sigma_\theta = -\frac{A}{r^2} + 2C \tag{11 -67}$$

取无限大弹性体的应力表达式为：

$$\sigma_r' = \frac{A'}{r^2} + 2C', \quad \sigma_\theta' = -\frac{A'}{r^2} + 2C' \tag{11 -68}$$

现在根据边界条件来确定常数 A、C、A'、C'。

（1）在圆筒的内面（$r = a$），有边界条件 $\sigma_r = -q$，由此得到：

$$\frac{A}{a^2} + 2C = -q \tag{11 -69}$$

（2）在距离圆筒很远处，按照圣维南原理，应当几乎没有应力，即当 $r \to \infty$ 时，$\sigma_r' = 0$，$\sigma_\theta' = 0$，因此，得到：

$$2C' = 0 \tag{11 -70}$$

（3）在圆筒和无限大弹性体的接触面上，径向应力应该相等，即当 $r = b$ 时，$\sigma_r = \sigma_r'$，于是由式（11 -67）和式（11 -68），得到：

$$\frac{A}{b^2} + 2C = \frac{A'}{b^2} + 2C' \tag{11 -71}$$

上述条件仍然不足以确定其余 3 个常数，下面来考虑位移条件。

（4）应用式（11 -54）中的第一式，并注意这里是平面应变问题，而且 $B = 0$，可以写出圆筒和无限大弹性体的径向位移的表达式为：

$$u_r = \frac{1 - \mu^2}{E}\left[-\left(1 + \frac{\mu}{1 - \mu}\right)\frac{A}{r} + 2\left(1 - \frac{\mu}{1 - \mu}\right)Cr \right] + I\cos\theta + K\sin\theta$$

$$u_r' = \frac{1 - \mu'^2}{E'}\left[-\left(1 + \frac{\mu'}{1 - \mu'}\right)\frac{A'}{r} \right] + I'\cos\theta + K'\sin\theta$$

在上式中已经删去了含有 C' 的项，因为 $C' = 0$。上式化简得到：

$$\begin{cases} u_r = \dfrac{1 + \mu}{E}\left[2(1 - 2\mu)Cr - \dfrac{A}{r} \right] + I\cos\theta + K\sin\theta \\[3mm] u_r' = \dfrac{1 + \mu'}{E'}\left(-\dfrac{A'}{r} \right) + I'\cos\theta + K'\sin\theta \end{cases} \tag{11 -72}$$

在接触面上，即当 $r=b$ 时，有 $u_r=u_r'$ [1]，考虑式（11-72），得到：

$$\frac{1+\mu}{E}\left[2(1-2\mu)Cb-\frac{A}{b}\right]+I\cos\theta+K\sin\theta=\frac{1+\mu'}{E'}\left(-\frac{A'}{b}\right)+I'\cos\theta+K'\sin\theta$$

因为这一方程在接触面上的任意一点都应当成立，即当 θ 取任何数值时都应当成立，所以方程两边的自由项必须相等[2]。于是得到：

$$\frac{1+\mu}{E}\left[2(1-2\mu)Cb-\frac{A}{b}\right]=\frac{1+\mu'}{E'}\left(-\frac{A'}{b}\right)$$

或：

$$n\left[2C(1-2\mu)-\frac{A'}{b^2}\right]+\frac{A'}{b^2}=0 \tag{11-73}$$

式中：

$$n=\frac{E'(1+\mu)}{E(1+\mu')}$$

由方程（11-69）、式（11-71）、式（11-73）求出系数 A、C、A'，然后代入式（11-67）及式（11-68），得到圆筒及无限大弹性体的应力分量表达式为：

$$\sigma_r=-\frac{\left[1+(1-2\mu)n\right]\dfrac{b^2}{r^2}-(1-n)}{\left[1+(1-2\mu)n\right]\dfrac{b^2}{a^2}-(1-n)}q \tag{11-74a}$$

$$\sigma_\theta=-\frac{\left[1+(1-2\mu)n\right]\dfrac{b^2}{r^2}+(1-n)}{\left[1+(1-2\mu)n\right]\dfrac{b^2}{a^2}-(1-n)}q \tag{11-74b}$$

$$\sigma_r'=\sigma_\theta'=-\frac{2(1-\mu)n\dfrac{b^2}{r^2}}{\left[1+(1-2\mu)n\right]\dfrac{b^2}{a^2}-(1-n)}q \tag{11-74c}$$

当 $n<1$ 时，应力分布大致如图 11-6 所示。

这个问题是最简单的一个所谓接触问题，即两个或两个以上不同弹性体互相接触的问题。接触问题一般分为无摩擦接触（光滑接触）和有摩擦接触。无摩擦接触属于"非完全接触"：两个相互接触的弹性体在接触面上的法向正应力相等，法向位移相等，但切向应力（剪应力）为 0。有摩擦接触具有这样的性质：两个弹性体在接触面上正应力、剪应力分别相等，法向位移相等。如果两个弹性体黏着在一起，则属于"完全接触"：切向位移相等。如果两个物体相对滑动，尽管其剪应力相等，但切向位移不相等。

[1] 在接触面上，圆筒和无限大弹性体应当具有相同的位移。

[2] 当然，两边 $\cos\theta$ 的系数及 $\sin\theta$ 的系数也必须相等。

11.6 圆孔的孔边应力集中

❶孔边的应力集中，并不是由于截面面积的减小而使应力有所增大。即使截面面积比无孔时只减小百分之几或千分之几，应力也会集中到无孔时应力的若干倍。

如果受力的弹性体具有小孔，则孔边的应力将远远大于无孔时的应力，也远大于距孔稍远处的应力，这种现象称为孔边应力集中[1]。应力集中的程度与孔的形状有关，但相同形状的孔，其尺寸大小几乎不影响应力集中的程度。

圆孔的孔边应力集中，可以用较简单的数学工具进行分析，所以本节仅以圆孔为例，按几种不同的荷载作用方式进行一些简单的讨论。

11.6.1 四边受拉力 q 作用时的孔边应力

设有一个矩形薄板（平面应力问题）或长柱（平面应变问题），取厚度为一个单位。内部有一个半径为 a 的圆孔，该圆孔距离边界较远，该矩形平面弹性体在四边受均布拉力 q 作用，如图 11－7 所示。现在来分析小圆孔的孔边应力集中情况。

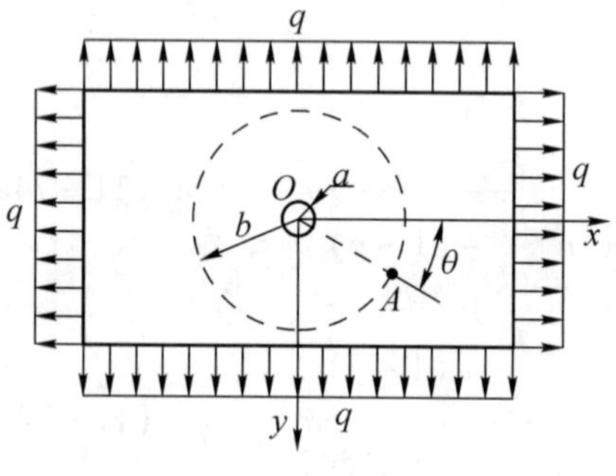

图 11－7　在四边受拉力 q 作用时的孔边应力

❷就直边的边界条件而论，宜采用直角坐标；就圆孔的边界条件而论，宜采用极坐标。

坐标的原点取在圆孔的中心，坐标轴平行于矩形的边界。我们的主要目的是分析圆孔的孔边应力集中，所以用极坐标[2]进行分析。对矩形的直边边界，则设法将其变换成为圆形边界：以坐标原点为圆心，以长度 b（$b \gg a$）为半径作一个大圆，如图 11－7 中的虚线所示。由应力集中的局部性可见，在大圆周处，如在点 A，应力状态与无孔时相同，即在 $r=b$ 处，有：

$$\sigma_x = q,\ \sigma_y = q,\ \tau_{xy} = 0$$

将上述边界条件中的直角坐标分量代入应力坐标变换（11－36），可得用极坐标表示的应力边界条件为：

$$\begin{cases}\sigma_r = \sigma_x \cos^2\theta + \sigma_y \sin^2\theta + 2\tau_{xy} \sin\theta \cos\theta = q \cos^2\theta + q \sin^2\theta = q \\ \tau_{r\theta} = (\sigma_y - \sigma_x) \sin\theta \cos\theta + \tau_{xy}(\cos^2\theta - \sin^2\theta) = 0\end{cases} \tag{11-75}$$

于是，原来的问题变换成这样一个新问题：内半径为 a 而外半径为 b 的圆环或圆筒，在外边界上受到如式（11－75）所示的面力。

为了求得这个假想的圆环或圆筒的应力分布，可以直接利用式（11－65），即取 $q_b = q$，得到：

$$\sigma_r = \frac{1 - \dfrac{a^2}{r^2}}{1 - \dfrac{a^2}{b^2}}q, \quad \sigma_\theta = \frac{1 + \dfrac{a^2}{r^2}}{1 - \dfrac{a^2}{b^2}}q, \quad \tau_{r\theta} = 0 \qquad (11-76)$$

既然 b 远大于 a，即 $a/b \ll 1$，就可以近似地取 $a^2/b^2 = 0$，从而得到：

$$\sigma_r = \left(1 - \frac{a^2}{r^2}\right)q, \quad \sigma_\theta = \left(1 + \frac{a^2}{r^2}\right)q, \quad \tau_{r\theta} = 0 \qquad (11-77)$$

由式（11-77）容易看出，在孔边 $r = a$ 处，σ_θ 达到最大值[❶]，$\sigma_{\theta max} = 2q$。也就是说，在如图 11-7 所示的问题中，应力集中的系数为 2。

❶ 要注意环向应力最大值发生的位置。

11.6.2　二向分别受拉压力 ±q 作用时的应力

如图 11-8 所示，带圆孔的矩形平面弹性体，在 x 方向上受拉力 q 作用，在 y 方向上受压力 q 作用。和如图 11-7 所示的问题一样，我们仍用极坐标系进行分析。

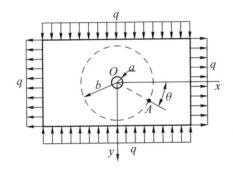

图 11-8　二向分别受拉压力 ±q 作用时的应力

以圆孔中心（坐标原点）为圆心，以 b（$b \gg a$）为半径作一个大圆，如图 11-8 中的虚线所示。同理，在大圆周上的点 A，应力状态与无孔时相同，即在 $r = b$ 处，有：

$$\sigma_x = q, \quad \sigma_y = -q, \quad \tau_{xy} = 0$$

代入坐标变换（11-36），得到：

$$\begin{cases} \sigma_r = q(\cos^2\theta - \sin^2\theta) = q\cos2\theta \\ \tau_{r\theta} = -2q\sin\theta\cos\theta = -q\sin2\theta \end{cases} \qquad (11-78)$$

取虚线以内的圆环或圆筒作为研究对象[❷]，可以使用半逆解法。由于边界条件（边界荷载）如下：

$$\begin{cases} \sigma_r = 0, \quad \tau_{r\theta} = 0, \quad r = a \text{ 处} \\ \sigma_r = q\cos2\theta, \quad \tau_{r\theta} = -q\sin2\theta, \quad r = b \text{ 处} \end{cases} \qquad (11-79)$$

❷ 又变成了 11.5 节中的圆环或圆筒。

与 2θ 有关，因此，我们假设体内任意一点的径向应力 σ_r 为 r 的某一函数乘以$\cos2\theta$，而$\tau_{r\theta}$为r的另一函数乘以$\sin2\theta$。但由式（11-30），有：

$$\sigma_r = \frac{1}{r}\frac{\partial\varphi}{\partial r} + \frac{1}{r^2}\frac{\partial^2\varphi}{\partial\theta^2}, \quad \tau_{r\theta} = -\frac{\partial}{\partial r}\left(\frac{1}{r}\frac{\partial\varphi}{\partial\theta}\right)$$

因此，我们假设应力函数为：

$$\varphi = f(r)\cos2\theta$$

代入相容方程（11-29），得到：

$$\cos2\theta\left[\frac{\mathrm{d}^4f(r)}{\mathrm{d}r^4} + \frac{2}{r}\frac{\mathrm{d}^3f(r)}{\mathrm{d}r^3} - \frac{9}{r^2}\frac{\mathrm{d}^2f(r)}{\mathrm{d}r^2} + \frac{9}{r^3}\frac{\mathrm{d}f(r)}{\mathrm{d}r}\right]$$

删去因子$\cos2\theta$以后，方括号内为四阶欧拉方程。做代换$r = \mathrm{e}^t$或$t = \ln r$可得常系数线性常微分方程。其特征方程为：

$$k(k-1)(k-2)(k-3) + 2k(k-1)(k-2) - 9k(k-1) + 9k = 0$$

或：

$$k(k-4)(k-2)(k+2) = 0$$

于是，得到：

$$f(t) = A\mathrm{e}^{4t} + B\mathrm{e}^{2t} + C + D\mathrm{e}^{-2t}$$

或：

$$f(t) = Ar^4 + Br^2 + C + Dr^{-2}$$

式中：A、B、C、D——任意常数。

从而得到应力函数为：

$$\varphi = \left(Ar^4 + Br^2 + C + \frac{D}{r^2}\right)\cos2\theta$$

再由式（11-30）得应力分量为：

$$\begin{cases} \sigma_r = -\left(2B + \dfrac{4C}{r^2} + \dfrac{6D}{r^4}\right)\cos2\theta \\[3mm] \sigma_\theta = \left(12Ar^2 + 2B + \dfrac{6D}{r^4}\right)\cos2\theta \\[3mm] \tau_{r\theta} = \left(6Ar^2 + 2B - \dfrac{2C}{r^2} - \dfrac{6D}{r^4}\right)\sin2\theta \end{cases} \quad (11-80)$$

为了确定式（11-80）中的任意常数，将式（11-80）代入边界条件（11-79），得到求解A、B、C、D的方程如下：

$$2B + \frac{4C}{a^2} + \frac{6D}{a^4} = 0, \quad 6Aa^2 + 2B - \frac{2C}{a^2} - \frac{6D}{a^4} = 0$$

$$2B + \frac{4C}{b^2} + \frac{6D}{b^4} = -q, \quad 6Ab^2 + 2B - \frac{2C}{b^2} - \frac{6D}{b^4} = -q$$

联立求解可得A、B、C、D。由于$a \ll b$，故取$a^2/b^2 = 0$，于是有：

$$A = 0, \quad B = -\frac{q}{2}, \quad C = qa^2, \quad D = -\frac{qa^4}{2}$$

将上式代入式（11-80），得到应力分量为：

$$\sigma_r = q\cos2\theta\left(1 - \frac{a^2}{r^2}\right)\left(1 - 3\frac{a^2}{r^2}\right), \quad \sigma_\theta = -q\cos2\theta\left(1 + 3\frac{a^4}{r^4}\right)$$
$$(11-81a)$$

$$\tau_{r\theta} = -q\sin2\theta\left(1 - \frac{a^2}{r^2}\right)\left(1 + 3\frac{a^2}{r^2}\right) \qquad (11-81b)$$

在孔边 $r = a$ 处，当 $\theta = \pm90°$ 时，$\cos2\theta = -1$，σ_θ 达到最大值 $\sigma_{\theta\max} = 4q$，说明在如图 11-8 所示的问题中，应力集中系数为 4[❶]。

❶ 这种情况的应力集中系数较大。

11.6.3　二向受不同拉力 q_1 和 q_2 作用时的应力

如果在两个坐标方向上受不同拉力 q_1 和 q_2 作用，则可利用上述两个结果，按照如图 11-9 所示叠加而成。其应力分量为：

$$\sigma_r = \frac{q_1 + q_2}{2}\left(1 - \frac{a^2}{r^2}\right) + \frac{q_1 - q_2}{2}\left(1 - \frac{a^2}{r^2}\right)\left(1 - 3\frac{a^2}{r^2}\right)\cos2\theta \qquad (11-82a)$$

$$\sigma_\theta = \frac{q_1 + q_2}{2}\left(1 + \frac{a^2}{r^2}\right) - \frac{q_1 - q_2}{2}\left(1 + 3\frac{a^4}{r^4}\right)\cos2\theta \qquad (11-82b)$$

$$\tau_{r\theta} = \frac{q_2 - q_1}{2}\left(1 - \frac{a^2}{r^2}\right)\left(1 + 3\frac{a^2}{r^2}\right)\sin2\theta \qquad (11-82c)$$

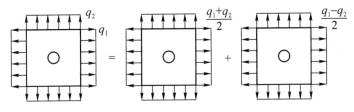

图 11-9　二向受不同拉力 q_1 和 q_2 作用时的应力

例如，当 $q_1 = q$，$q_2 = 0$，即只有左右受均匀拉力 q 作用时，如图 11-10所示，按叠加法，可得应力分量为：

$$\sigma_r = \frac{q}{2}\left(1 - \frac{a^2}{r^2}\right) + \frac{q}{2}\left(1 - \frac{a^2}{r^2}\right)\left(1 - 3\frac{a^2}{r^2}\right)\cos2\theta \qquad (11-83a)$$

$$\sigma_\theta = \frac{q}{2}\left(1 + \frac{a^2}{r^2}\right) - \frac{q}{2}\left(1 + 3\frac{a^4}{r^4}\right)\cos2\theta \qquad (11-83b)$$

$$\tau_{r\theta} = \tau_{\theta r} = -\frac{q}{2}\left(1 - \frac{a^2}{r^2}\right)\left(1 + 3\frac{a^2}{r^2}\right)\sin2\theta \qquad (11-83c)$$

沿着孔边，$r = a$，环向正应力为：

$$\sigma_\theta = q(1 - 2\cos2\theta) \qquad (11-83d)$$

当 $\theta = \pm90°$ 时，$\sigma_{\theta\max} = 3q$，说明在如图 11-10 所示的问题中，应力集中系数为 3[❷]，它的几个特殊的重要结果如表 11-1 所示。

❷ 注意将此应力集中系数与其他情况下的应力集中系数相比。

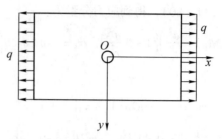

图 11 – 10 当 $\theta = \pm 90°$ 时, $\sigma_{\theta\max} = 3q$

表 11 – 1 $\sigma_{\theta\max} = 3q$ 时的几个特殊的重要结果

θ	0	30°	45°	60°	90°
σ_θ	$-q$	0	q	$2q$	$3q$

沿着 y 轴, $\theta = 90°$, 环向正应力为:

$$\sigma_\theta = q\left(1 + \frac{1}{2}\frac{a^2}{r^2} + \frac{3}{2}\frac{a^4}{r^4}\right) \tag{11 – 84}$$

它的几个特殊的重要结果如表 11 – 2 所示。

表 11 – 2 沿着 y 轴, $\theta = 90°$ 时的几个特殊的重要结果

r	a	$2a$	$3a$	$4a$
σ_θ	$3q$	$1.22q$	$1.07q$	$1.04q$

可见, 应力随着远离孔边而急剧趋近于 q, 如图 11 – 11 所示。沿着 x 轴, $\theta = 0$, 环向正应力为:

$$\sigma_\theta = -\frac{q}{2}\frac{a^2}{r^2}\left(3\frac{a^2}{r^2} - 1\right)$$

在 $r = a$ 处, $\sigma_\theta = -q$; 在 $r = \sqrt{3}a$ 处, $\sigma_\theta = 0$。

如果有一个任意形状的薄板 (或长柱), 受有任意面力, 而在距边界较远处有一个小圆孔, 应该如何分析其应力集中呢? 其实, 只要有了无孔时的应力解答, 也就可以计算孔边的应力了。为此, 可以先求出相应于圆

❶ 但需注意的是, 这时必须把 x 轴和 y 轴分别放在 σ_1 和 σ_2 的方向上。这样做虽然有一定的误差, 但对解决工程实际问题有一定的参考价值。

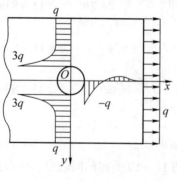

图 11 – 11 在 $r = \sqrt{3}a$ 处

孔中心处的应力分量, 然后求出相应的两个应力主向以及主应力 σ_1 和 σ_2。如果圆孔很小, 其附近部分就可以当作沿两个主向分别受均布拉力 $q_1 = \sigma_1$ 及 $q_2 = \sigma_2$, 也就可以应用式 (11 – 82) 了❶。

必须指出的是, 孔边应力集中是局部现象。在几倍孔径以外, 应力几乎不受孔的影响, 应力的分布情况及数值的大小都几乎与无孔时相同。一般来说,

集中的程度越高，集中的现象就越是局部性的。也就是说，随着距孔的距离的增大，应力趋近于无孔时应力的速度越快。

应力集中的程度，首先是与孔的形状有关。一般来说，圆孔孔边集中程度最低。因此，如果有必要在构件中挖孔或留孔，应当尽可能地用圆孔代替其他形状的孔。如果不可能采用圆孔，也应当采用近似于圆形的孔（如椭圆孔）代替具有尖角的孔。

11.7　楔形体在楔顶或楔面受力

本节将采用因次分析法来导出有关楔形体的几个有实用价值的解答。设楔形体的中心角为 α，下端仍为无限长，如图 11-12 所示。

11.7.1　楔形体顶端受集中力

设楔形体在楔顶受有集中力，与楔形体的中心线成角 β，取单位宽度的部分进行研究，并令单位宽度上所受的力为 F_P。取坐标轴如图 11-12 所示。

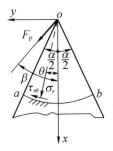

图 11-12　楔形体在楔顶或楔面受力

楔形体内任意一点的应力分量不仅取决于坐标 r、θ 以及楔形体的中心角 α，而且与力的大小和方向 F_P、β 有关。F_P 的量纲为 $L^{-1}MT^{-2}$（[力]/[长度]），r 的量纲为 L（[长度]），而 α、β、θ 是无量纲的量。由于应力的量纲为 $L^{-1}MT^{-2}$（[力]/[长度]^2），从量纲[1]运算来看，应力的可能形式为：

$$\sigma_r = K \cdot \frac{F_P}{r} F(\theta)$$

式中：K——系数。

令式（11-30）的第一式与上式相等，即：

$$\sigma_r = \frac{1}{r}\frac{\partial \varphi}{\partial r} + \frac{1}{r^2}\frac{\partial^2 \varphi}{\partial \theta^2} = K \cdot \frac{F_P}{r} \cdot F(\theta)$$

可见，应力函数 φ 中的 r 的幂次应当比应力分量中 r 的幂次高出 2 次。因此，我们假设应力函数 φ 有如下形式：

$$\varphi = rf(\theta) \tag{11-85}$$

将式（11-85）代入相容方程的展开式（11-29），并注意 φ 对 r 的两阶以上偏导数均为 0，得到：

$$\frac{1}{r^3}\left[\frac{\mathrm{d}^4 f(\theta)}{\mathrm{d}\theta^4} + 2\frac{\mathrm{d}^2 f(\theta)}{\mathrm{d}\theta^2} + f(\theta)\right] = 0$$

●注意各量的量纲（因次），这是因次分析法的依据。

删去因子 $1/r^3$，并求解这一常微分方程，得其通解为：

$$f(\theta) = A\cos\theta + B\sin\theta + \theta(C\cos\theta + D\sin\theta)$$

式中：A、B、C、D——任意常数。

代入式（11-85），得到应力函数为：

$$\varphi = Ar\cos\theta + Br\sin\theta + r\theta(C\cos\theta + D\sin\theta)$$

由于在上式中的前两项：

$$Ar\cos\theta + Br\sin\theta = Ax + By$$

❶ 这两项为直角坐标 x 与 y 的线性项。第10章已经讨论过，在一个应力函数中可以添加或删去线性函数，而不影响应力，故这里可以删去。

不影响应力❶，可以删去。于是得到应力函数为

$$\varphi = r\theta(C\cos\theta + D\sin\theta) \tag{11-86}$$

从而由式（11-30）得到相应的应力分量为：

$$\begin{cases} \sigma_r = \dfrac{1}{r}\dfrac{\partial\varphi}{\partial r} + \dfrac{1}{r^2}\dfrac{\partial^2\varphi}{\partial\theta^2} = \dfrac{2}{r}(D\cos\theta + C\sin\theta) \\[3mm] \sigma_\theta = \dfrac{\partial^2\varphi}{\partial r^2} = 0 \\[3mm] \tau_{r\theta} = \tau_{\theta r} = -\dfrac{\partial}{\partial r}\left(\dfrac{1}{r}\dfrac{\partial\varphi}{\partial\theta}\right) = 0 \end{cases} \tag{11-87}$$

楔形体左、右两面的应力边界条件为在 $\theta = \pm\alpha/2$ 处，有：

$$\sigma_\theta = 0, \ \tau_{\theta r} = 0$$

由式（11-87）中的后两式可见，应力满足上述边界条件，但仍无法确定任意常数 C、D。为此，我们必须利用另一个应力边界条件：在楔顶附近的一小部分边界上有一组面力，它的分布没有给出，但已知它在单位宽度上合成为 F_P。如果取任意一个截面，如圆柱面 ab（如图11-12所示），则该截面上的应力必然和上述面力合成平衡力系，因而也就必然和力 F_P 合成平衡力系。于是得出由应力边界条件转换而来的平衡条件为：

$$\sum F_x = 0: \int_{-\frac{\alpha}{2}}^{\frac{\alpha}{2}} \sigma_r r\mathrm{d}\theta\cos\theta + F_P\cos\beta = 0$$

$$\sum F_y = 0: \int_{-\frac{\alpha}{2}}^{\frac{\alpha}{2}} \sigma_r r\mathrm{d}\theta\sin\theta + F_P\sin\beta = 0$$

将式（11-87）中的第一式代入，得到：

$$2\int_{-\frac{\alpha}{2}}^{\frac{\alpha}{2}} (D\cos^2\theta - C\sin\theta\cos\theta)\mathrm{d}\theta + F_P\cos\beta = 0$$

$$2\int_{-\frac{\alpha}{2}}^{\frac{\alpha}{2}} (D\sin\theta\cos\theta - C\sin^2\theta)\mathrm{d}\theta + F_P\sin\beta = 0$$

积分以后，得到：

$$D(\sin\alpha + \alpha) + F_P\cos\beta = 0, \ C(\sin\alpha - \alpha) + F_P\sin\beta = 0$$

解得

$$C = \frac{F_P \sin\beta}{\alpha - \sin\alpha}, \ D = -\frac{F_P \cos\beta}{\sin\alpha + \alpha}$$

代入式（11-87），即得楔形体在楔顶受集中力 F_P 作用时的解，即如下所谓的密切尔解答：

$$\sigma_r = -\frac{2F_P}{r}\left(\frac{\cos\beta \cos\theta}{\alpha + \sin\alpha} + \frac{\sin\beta \sin\theta}{\alpha - \sin\alpha}\right) \qquad (11-88a)$$

$$\sigma_\theta = 0, \ \tau_{r\theta} = \tau_{\theta r} = 0 \qquad (11-88b)$$

由式（11-81）可见，当 $r=0$ 时，即在楔顶处，σ_r 成为无穷大。这是因为该处有集中力作用[❶]。楔顶的集中力可以理解为在一个小范围内的分布面力，并且这个面力的集度不超过比例极限，其合力就是集中力 F_P。当然，面力分布方式不同，应力分布也会不同。但是，按照圣维南原理，不论这个面力如何分布，在离开楔顶稍远处，应力分布都是相同的。

现在来讨论两个特殊情况。

（1）楔体顶端受竖向集中力 F_P，如图 11-13 所示。

在这种情况下，$\beta=0$。由式（11-88），得到：

$$\sigma_r = -\frac{2F_P \cos\theta}{r(\alpha + \sin\alpha)}, \ \sigma_\theta = 0, \ \tau_{r\theta} = \tau_{\theta r} = 0$$

$$(11-89a)$$

在任意一个横截面 ab 上的应力都可以用直角坐标表示为：

$$\sigma_x = \sigma_r \cos^2\theta = -\frac{2F_P \cos^3\theta}{r(\alpha + \sin\alpha)} = -\frac{2F_P}{\alpha + \sin\alpha} \cdot \frac{x^3}{(x^2 + y^2)^2} \qquad (11-89b)$$

$$\sigma_y = \sigma_r \sin^2\theta = -\frac{2F_P}{\alpha + \sin\alpha} \cdot \frac{xy^2}{(x^2 + y^2)^2} \qquad (11-89c)$$

$$\tau_{xy} = \frac{1}{2}\sigma_r \sin 2\theta = -\frac{2F_P}{\alpha + \sin\alpha} \cdot \frac{x^2 y}{(x^2 + y^2)^2} \qquad (11-89d)$$

在代换中，使用了坐标变换（11-1）和（11-2）。这些应力的分布如图 11-13 所示[❷]。

（2）楔形体在顶端受水平集中力 F_P，如图 11-14 所示。

在这种情况下，$\beta=\pi/2$，由式（11-88），得到：

$$\sigma_r = -\frac{2F_P \sin\theta}{r(\alpha - \sin\alpha)}, \ \sigma_\theta = 0, \ \tau_{r\theta} = \tau_{\theta r} = 0$$

在任意一个横截面 ab 上的应力同样用直角坐标表示为：

$$\sigma_x = \sigma_r \cos^2\theta = -\frac{2My \cos^4\theta}{(\alpha - \sin\alpha) x^3} \qquad (11-90a)$$

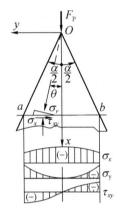

图 11-13　楔体顶端受竖向集中力的情况

[❶] 而实际上，集中于一点的力在实际工程中是不存在的，因此，也不会发生无限大的应力。而且，只要面力的集度超过了楔形体材料的比例极限，弹性力学的基本方程就不再适用了，以上解答也将不再适用。

[❷] 由图 11-13 可见，这与材料力学中等直杆受压时的应力分布是截然不同的。

图11－14　楔形体在顶端受水平集中力

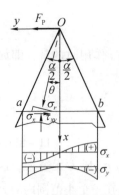

$$\tau_{xy}=\sigma_r\sin\theta\cos\theta=-\frac{2F_Py^2\cos^4\theta}{(\alpha-\sin\alpha)\ x^3}\qquad(11-90\text{b})$$

式中：$M=F_Px$——截面 ab 上的弯矩。

应力分量沿横截面 ab 的变化规律如图 11－14 所示。为便于比较，现假设楔形体的顶角 α 较小，可以将 $\sin\alpha$ 展开成级数，近似地取：

$$\alpha-\sin\alpha\approx\frac{\alpha^3}{6}$$

同时，由于截面的惯性矩为：

$$I=\frac{1}{12}\times1\times(2y)^3=\frac{2}{3}y^3=\frac{2}{3}\left(x\cdot\tan\frac{\alpha}{2}\right)^3$$

将以上两式代入式（11－90），得到应力表达式为：

$$\sigma_x=-\frac{My}{I}\left(\frac{2\ \tan\frac{\alpha}{2}}{\alpha}\right)^3\cos^4\theta,\ \tau_{xy}=-\frac{F_Py^2}{I}\left(\frac{2\ \tan\frac{\alpha}{2}}{\alpha}\right)^3\cos^4\theta\qquad(11-91\text{a})$$

如果角度 α 非常小，则 $\tan\ (\alpha/2)\approx/2$，$[2\ \tan\ (\alpha/2)/\alpha]^3$ 可近似地取等于1，则 σ_x 的公式与材料力学中横力弯曲的公式相同；τ_{xy} 的公式与材料力学中的结果大不相同：最大剪应力在点 a 和点 b（楔形体的左右表面），而楔形体的对称轴处（$y=0$）的剪应力为0。

11.7.2　楔形体在楔顶受集中力偶

设楔形体在楔顶受集中力偶，而每单位宽度内的力偶矩为 M，如图 11－15所示。

图 11－15　楔形体在楔顶受集中力偶

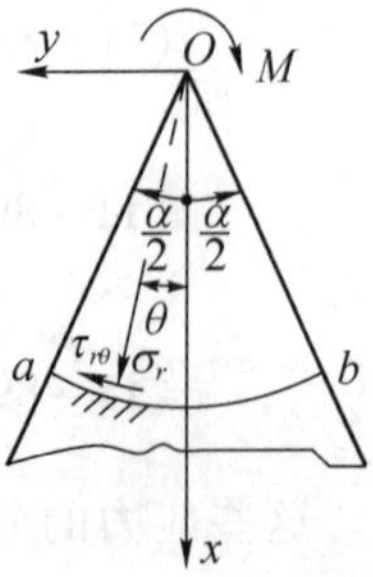

根据因次分析法可知，在各应力分量的表达式中，r 只可能以负二次幂出现，而应力函数的表达式应当与 r 无关❶，即：

$$\varphi=\varphi(\theta)\qquad(11-91\text{b})$$

将式（11－91）代入相容方程（11－29），得到：

$$\frac{1}{r^4}\left(\frac{\mathrm{d}^4\varphi}{\mathrm{d}\theta^4}+4\frac{\mathrm{d}^2\varphi}{\mathrm{d}\theta^2}\right)=0$$

删去因子 $1/r^4$，求解这一常微分方程，得到其通解为：

$$\varphi=A\ \cos2\theta+B\ \sin2\theta+C\theta+D$$

由于结构对称，荷载反对称，所以 σ_r 和 σ_θ 应当是 θ 的奇函数，而$\tau_{r\theta}=\tau_{\theta r}$ 应当是 θ 的偶函数。于是由式（11－30）可见，φ 应当是 θ 的奇函数，从而 $A=D=0$❷，而应力函数简化为：

$$\varphi=B\ \sin2\theta+C\theta\qquad(11-92)$$

❶ 和 11.7.1 小节中的量纲（因次分析方法）相同。

❷ $\cos2\theta$ 为偶函数，常数 D 也是偶函数。

将 φ 代入式（11 - 30），得到应力分量为：

$$\begin{cases} \sigma_r = \dfrac{1}{r}\dfrac{\partial\varphi}{\partial r} + \dfrac{1}{r^2}\dfrac{\partial^2\varphi}{\partial\theta^2} = -\dfrac{4B\,\sin2\theta}{r^2} \\[3mm] \sigma_\theta = \dfrac{\partial^2\varphi}{\partial r^2} = 0 \\[3mm] \tau_{r\theta} = \tau_{\theta r} = -\dfrac{\partial}{\partial r}\left(\dfrac{1}{r}\dfrac{\partial\varphi}{\partial\theta}\right) = \dfrac{2B\,\cos2\theta + C}{r^2} \end{cases} \tag{11-93}$$

楔形体左、右两面的边界条件如下：在 $\theta = \pm\alpha/2$ 处，$\sigma_\theta = 0$，$\tau_{\theta r} = 0$。由式（11 - 93）可见，前一条件总能满足，而由后一条件，得到：

$$\frac{2B\,\cos2\theta + C}{r^2} = 0$$

即：

$$C = -2B\,\cos\alpha$$

代入式（11 - 93），得到：

$$\begin{cases} \sigma_r = -\dfrac{4B\,\sin2\theta}{r^2} \\[3mm] \sigma_\theta = 0 \\[3mm] \tau_{r\theta} = \tau_{\theta r} = \dfrac{2B(\cos2\theta - \cos\alpha)}{r^2} \end{cases} \tag{11-94}$$

为了求出常数 B，仍然考虑 ab 以上部分的平衡条件。由平衡条件 $\sum M_0 = 0$，有：

$$\int_{-\frac{\alpha}{2}}^{\frac{\alpha}{2}} (\tau_{r\theta}r\mathrm{d}\theta)r + M = 0$$

将式（11 - 94）的第三式代入，积分以后得出：

$$2B = -\frac{M}{\sin\alpha - \alpha\,\cos\alpha}$$

代回式（11 - 94），即得楔形体在楔顶受集中力偶作用时的解答，即所谓的英格立斯解答：

$$\begin{cases} \sigma_r = \dfrac{2M\,\sin2\theta}{(\sin\alpha - \alpha\,\cos\alpha)r^2} \\[3mm] \sigma_\theta = 0 \\[3mm] \tau_{r\theta} = \tau_{\theta r} = -\dfrac{M(\cos2\theta - \cos\alpha)}{(\sin\alpha - \alpha\,\cos\alpha)r^2} \end{cases} \tag{11-95}$$

在楔顶（$r = 0$），应力也成为无穷大❶。但是，在离开楔顶稍远处，应力结果（11 - 95）是有应用价值的。

11.7.3　楔形体在一面受均布压力

设楔形体在一面受有均布压力 q，如图 11 - 16 所示。在这里，楔形体

❶ 与楔顶受集中力 F_P 作用时一样，可以把集中力偶看作分布的面力，其合成结果为力偶 M。

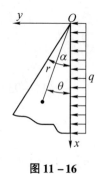

图 11-16

① 应力函数 φ 中 r 的幂次比应力公式中 r 的幂次高 2 次。

内任意一点的各个应力分量决定于 α、q、r 和 θ。根据因次分析法，各个应力分量的表达式只可能取 Kq 的形式，其中，K 是 α 和 θ 组成的无因次数量。这就是说，在各应力分量的表达式中，不可能出现坐标 r。于是由式（11-30）可见，应力函数 φ 应该是**①**θ 的某一函数乘以 r^2，即

$$\varphi = r^2 f(\theta) \qquad (11-96)$$

将式（11-96）代入相容方程（11-29），得到：

$$\frac{1}{r^2}\left[\frac{\mathrm{d}^4 f(\theta)}{\mathrm{d}\theta^4} + 4\frac{\mathrm{d}^2 f(\theta)}{\mathrm{d}\theta^2}\right] = 0$$

删去因子 $1/r^2$，并解出方括号内的常微分方程，得到：

$$f(\theta) = A\cos 2\theta + B\sin 2\theta + C\theta + D$$

将上式代入式（11-96），得到应力函数为：

$$\varphi = r^2(A\cos 2\theta + B\sin 2\theta + C\theta + D) \qquad (11-97)$$

由式（11-30）得到应力分量为：

$$\begin{cases} \sigma_r = -2A\cos 2\theta - 2B\sin 2\theta + 2C\theta + 2D \\ \sigma_\theta = 2A\cos 2\theta + 2B\sin 2\theta + 2C\theta + 2D \\ \tau_{r\theta} = \tau_{\theta r} = 2A\sin 2\theta - 2B\cos 2\theta - C \end{cases} \qquad (11-98)$$

该问题的边界条件为：

$$\begin{cases} \sigma_\theta = -q, \ \tau_{\theta r} = 0, \ \text{在} \ \theta = 0 \ \text{处} \\ \sigma_\theta = 0, \ \tau_{\theta r} = 0, \ \text{在} \ \theta = \alpha \ \text{处} \end{cases}$$

将式（11-98）代入，得到以 A、B、C、D 四个任意常数为未知数的 4 个线性方程。联立求解求出这 4 个任意常数，再代入式（11-98），即得楔形体在一面受均布压力作用时的解答，即所谓的李维解答：

$$\begin{cases} \sigma_r = -q + \dfrac{\tan\alpha(1+\cos 2\theta) - (2\theta + \sin 2\theta)}{2(\tan\alpha - \alpha)}q \\[3mm] \sigma_\theta = -q + \dfrac{\tan\alpha(1-\cos 2\theta) - (2\theta - \sin 2\theta)}{2(\tan\alpha - \alpha)}q \\[3mm] \tau_{r\theta} = \tau_{\theta r} = \dfrac{(1-\cos 2\theta) - \tan\alpha \sin 2\theta}{2(\tan\alpha - \alpha)}q \end{cases} \qquad (11-99)$$

11.8 半平面体在边界上受法向集中力

11.8.1 应力计算

在如图 11-13 所示的楔形体顶端受竖向集中力 F_P 作用的问题中，令

楔形体的中心角等于一个平角，则该楔形体的两个侧边就连成一个直边，而楔形体就成为一个所谓半平面体❶，如图 11 - 17 所示。因此，当这个平面体在边界上受到垂直于边界的力 F_P 时，为了得出应力分量，只需在式（11 - 89a）中令 $\alpha = \pi$。于是得到：

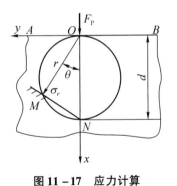

图 11 - 17　应力计算

❶ 这也是实际中常见的形式。

$$\sigma_r = -\frac{2F_P}{\pi}\frac{\cos\theta}{r},\ \sigma_\theta = 0,\ \tau_{r\theta} = \tau_{\theta r} = 0$$

$$(11 - 100)$$

解（11 - 100）满足边界 AB 上的应力条件（除集中力 F_P 的作用点 O 以外）。

设作直径为 d 的圆周，圆心在 x 轴上，与 y 轴相切于点 O（如图 11 - 17 所示），对于这个圆的圆周上的任一点 M，有：

$$r = d \cdot \cos\theta \qquad\qquad (11 - 101)$$

代入式（11 - 100），得到：

$$\sigma_r = -\frac{2F_P}{\pi d} \qquad\qquad (11 - 102)$$

由式（11 - 102）可见，除集中力 F_P 的作用点以外，在上述圆周上所有点的应力 σ_r 都是相同的❷。

利用坐标变换（11 - 34），可由式（11 - 102）得出直角坐标中的应力分量为：

❷ 但方向（用 θ 表示）是不一样的。

$$\sigma_x = -\frac{2F_P}{\pi}\frac{\cos^3\theta}{r},\ \sigma_y = -\frac{2F_P}{\pi}\frac{\sin^2\theta\,\cos\theta}{r},\ \tau_{xy} = -\frac{2F_P}{\pi}\frac{\sin\theta\,\cos^2\theta}{r}$$

$$(11 - 103)$$

或将其中的极坐标改为直角坐标，得到：

$$\sigma_x = -\frac{2F_P}{\pi}\frac{x^3}{(x^2+y^2)^2},\ \sigma_y = -\frac{2F_P}{\pi}\frac{xy^2}{(x^2+y^2)^2},\ \tau_{xy} = -\frac{2F_P}{\pi}\frac{x^2y}{(x^2+y^2)^2}$$

$$(11 - 104)$$

式（11 - 104）表示了在离边界为 x 的水平面 AB 上（如图 11 - 18 所示）的应力。当 $\theta = 0$ 时，应力 σ_x 为最大。此时，$r = x$，其值为：

$$\sigma_{x\max} = -\frac{2F_P}{\pi x} = -\frac{F_P}{1.57x}$$

在 $y = \pm(x/\sqrt{3})$ 处，应力 τ_{xy} 为最大，其值为：

$$\tau_{xy\max} = \frac{2F_P}{\pi x}\frac{9}{16\sqrt{3}}$$

这些应力的分布如图 11 - 19 所示。

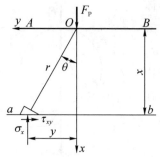
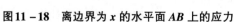
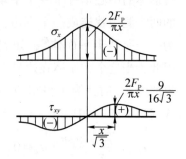

图 11 – 18　离边界为 x 的水平面 AB 上的应力　　　　图 11 – 19　应力的分布

11.8.2　位移计算

先假设这里是平面应力情况。将应力分量（11 – 100）代入物理方程（11 – 14），得应变分量：

$$\varepsilon_r = -\frac{2F_P}{\pi E}\frac{\cos\theta}{r}, \quad \varepsilon_\theta = \frac{2\mu F_P}{\pi E}\frac{\cos\theta}{r}, \quad \gamma_{r\theta} = 0 \qquad (11 – 105)$$

再将式（11 – 105）代入几何方程（11 – 13），得到：

$$\frac{\partial u_r}{\partial r} = -\frac{2F_P}{\pi E}\frac{\cos\theta}{r}, \quad \frac{u_r}{r} + \frac{1}{r}\frac{\partial u_\theta}{\partial\theta} = \frac{2\mu F_P}{\pi E}\frac{\cos\theta}{r},$$

$$\frac{1}{r}\frac{\partial u_r}{\partial\theta} + \frac{\partial u_\theta}{\partial r} - \frac{u_\theta}{r} = 0 \qquad (11 – 106)$$

对式（11 – 106）的第一式积分，得到：

$$u_r = -\frac{2F_P}{\pi E}\cos\theta\ln r + f_1(\theta) \qquad (11 – 107)$$

将式（11 – 106）的第二式改写为：

$$\frac{\partial u_\theta}{\partial\theta} = \frac{2\mu F_P}{\pi E}\cos\theta - u_r$$

将式（11 – 107）代入上式，并对 θ 积分，得到：

$$u_\theta = \frac{2\mu F_P}{\pi E}\sin\theta + \frac{2F_P}{\pi E}\sin\theta\ln r - \int f_1(\theta)\mathrm{d}\theta + f_2(r) \qquad (11 – 108)$$

将 u_r 和 u_θ 的表达式（11 – 107）和（11 – 108）代入式（11 – 106）的第三式，化简并乘以 r 后，得到：

$$rf'_2(r) - f_2(f) + f'_1(\theta) + \int f_1(\theta)\mathrm{d}\theta + \frac{2(1-\mu)F_P}{\pi E}\sin\theta = 0$$

在上列方程中，前两项为 r 的函数，后三项为 θ 的函数，它们的和为 0，故这两种函数应分别等于 0，于是得到下列两个方程：

$$f'_1(\theta) + \int f_1(\theta)\mathrm{d}\theta + \frac{2(1-\mu)F_P}{\pi E}\sin\theta = 0 \qquad (11 – 109)$$

$$rf_2'(r) - f_2(r) = 0 \qquad (11-110)$$

对式 (11 – 109) 求导, 得到:

$$f_1''(\theta) + f_1(\theta) + \frac{2(1-\mu)\,F_P}{\pi E}\cos\theta = 0 \qquad (11-111)$$

式 (11 – 111) 和式 (11 – 110) 是两个常微分方程, 解得:

$$f_1(\theta) = A\sin\theta + B\cos\theta - \frac{(1-\mu)\,F_P}{\pi E}\theta\sin\theta, \quad f_2(r) = Cr$$

式中: A、B、C——积分常数, 由约束条件来确定。

将以上两个解代入式 (11 – 107) 和式 (11 – 108), 得到位移 u_r 和 u_θ 分别为:

$$\begin{cases} u_r = -\dfrac{2F_P}{\pi E}\cos\theta\ln r - \dfrac{(1-\mu)F_P}{\pi E}\theta\sin\theta + A\sin\theta + B\cos\theta \\[3mm] u_\theta = \dfrac{2F_P}{\pi E}\sin\theta\ln r + \dfrac{(1-\mu)F_P}{\pi E}\sin\theta - \dfrac{(1-\mu)F_P}{\pi E}\theta\cos\theta + A\cos\theta - B\sin\theta + Cr \end{cases}$$

$$(11-112)$$

假设半无限板受到约束, 因而在 x 轴上各点没有侧向位移, 即当 $\theta = 0$ 时, $u_\theta = 0$。由式 (11 – 112) 的第二式, 得到:

$$A + Cr = 0$$

因此, 有:

$$A = 0, \quad C = 0$$

于是式 (11 – 112) 成为:

$$\begin{cases} u_r = -\dfrac{2F_P}{\pi E}\cos\theta\ln r - \dfrac{(1-\mu)F_P}{\pi E}\theta\sin\theta + B\cos\theta \\[3mm] u_\theta = \dfrac{2F_P}{\pi E}\sin\theta\ln r + \dfrac{(1-\mu)F_P}{\pi E}\sin\theta - \dfrac{(1-\mu)F_P}{\pi E}\theta\cos\theta - B\sin\theta \end{cases} \qquad (11-113)$$

如果半平面体不受铅直方向的约束, 则常数 B 不能确定, 因为 B 取决于铅直方向 (x 方向) 的刚体平移[❶]。

为了求得边界上任意一点 M (如图 11 – 20 所示) 向下的铅直位移, 即所谓的沉陷, 可应用式 (11 – 113) 中的第二式。需要注意的是, 位移 u_θ 以沿 θ 正方向时为正, 因此, 点 M 的沉陷为:

$$\theta = \frac{\pi}{2}: \ -u_\theta = -\frac{2F_P}{\pi E}\ln r - \frac{(1-\mu)F_P}{\pi E} + B \qquad (11-114)$$

如果常数 B 未能确定 (由于半平面体不受铅直方向的约束), 则沉陷式 (11 – 114) 也不能确定。这时, 只能求得相对沉陷。试在边界上取定一个基点 D (如图 11 – 20 所示), 它距荷载作用点的水平距离为 s。边界上点 M 对于基点 D 的相对沉陷[❷] η 为:

❶ 如果半平面体受有铅直方向的约束, 就可以根据这个约束条件来确定常数 B。

❷ 相对沉陷等于点 M 的沉陷减去点 D 的沉陷。

$$\eta = \left[-\frac{2F_P}{\pi E}\ln r - \frac{(1-\mu)F_P}{\pi E} + B \right] -$$

$$\left[-\frac{2F_P}{\pi E}\ln s - \frac{(1-\mu)F_P}{\pi E} + B \right]$$

或：

$$\eta = \frac{2F_P}{\pi E}\ln\frac{s}{r} \qquad (11-115)$$

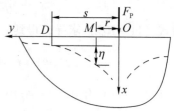

图 11-20　点 M 的沉陷

对于平面应变情况，在以上关于应变或位移的公式中，只需将 E 换为 $E/(1-\mu^2)$，将 μ 换为 $\mu/(1-\mu)$ 即可。

*11.9　半平面体在边界上受法向分布力

有了在 11.8 节中关于半平面体在边界上受法向集中力作用时的应力公式和沉陷公式，即可通过叠加得出法向分布力作用时的应力和沉陷。

11.9.1　应力计算

设半平面体在其边界的 AB 一段上受有分布力，它在各点的集度为 q，如图 11-21 所示。

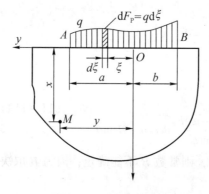

图 11-21　应力计算

为了求出半平面体内一点 M 处的应力，取坐标轴如图 11-21 所示，令点 M 的坐标为 (x, y)。在 AB 一段上距坐标原点 O 为 ξ 处，取微小长度 $d\xi$，将在其上所受的力 $dF_P = qd\xi$ 看作一个微小集中力。对于这个微小集中力引起的应力，可以应用式（11-104）。需要注意的是，在式（11-104）中，x 和 y 分别为欲求应力之点与集中力作用点的铅直和水平距离，而在图 11-21 中，点 M 与微小集中力 dF_P 的铅直和水平距离分别为 x 和 $y-\xi$。因此，$dF_P = qd\xi$ 在点 M 引起的应力为：

$$\begin{cases} d\sigma_x = -\dfrac{2qd\xi}{\pi} \dfrac{x^3}{[x^2+(y-\xi)^2]^2} \\[3mm] d\sigma_y = -\dfrac{2qd\xi}{\pi} \dfrac{x(y-\xi)^2}{[x^2+(y-\xi)^2]^2} \\[3mm] d\tau_{xy} = -\dfrac{2qd\xi}{\pi} \dfrac{x^2(y-\xi)}{[x^2+(y-\xi)^2]^2} \end{cases} \qquad (11-116)$$

为了求出全部分布力所引起的应力，只需将所有各个微小集中力所引起的应力相叠加[1]，即求出上面 3 式的积分，于是得到：

$$
\begin{cases}
\sigma_x = -\dfrac{2}{\pi} \int_{-b}^{a} \dfrac{qx^3\mathrm{d}\xi}{\left[x^2 + (y-\xi)^2\right]^2} \\[3mm]
\sigma_y = -\dfrac{2}{\pi} \int_{-b}^{a} \dfrac{x(y-\xi)^2 q\mathrm{d}\xi}{\left[x^2 + (y-\xi)^2\right]^2} \\[3mm]
\mathrm{d}\tau_{xy} = -\dfrac{2q\mathrm{d}\xi}{\pi} \int_{-b}^{a} \dfrac{x^2(y-\xi)}{\left[x^2 + (y-\xi)^2\right]^2}
\end{cases}
\qquad (11-117)
$$

在应用这些公式时，需将集度 q 表示成为 ξ 的函数，然后进行积分。

如果有均布荷载 p 作用在边界 AB 上，则上述应力也可以用极坐标表示的式（11 - 103）计算。如图 11 - 22 所示，微段 $\mathrm{d}\xi$ 上的荷载为 $p\mathrm{d}\xi$，而由几何关系，可以看出：

$$
\mathrm{d}\xi = r \frac{\mathrm{d}\theta}{\cos\theta} \qquad (11-118)
$$

将 $p\mathrm{d}\xi$ 代替式（11 - 103）中的 F_P，并进行积分[2]，得到：

❷ 积分时，因 p 为常数，故可以提到积分号外面。

$$
\begin{cases}
\sigma_x = -\dfrac{2p}{\pi} \int_{\theta_1}^{\theta_2} \cos^2\theta\,\mathrm{d}\theta = -\dfrac{p}{2\pi}(2\theta + \sin2\theta)\big|_{\theta_1}^{\theta_2} \\[3mm]
\sigma_y = -\dfrac{2p}{\pi} \int_{\theta_1}^{\theta_2} \sin^2\theta\,\mathrm{d}\theta = -\dfrac{p}{2\pi}(2\theta - \sin2\theta)\big|_{\theta_1}^{\theta_2} \\[3mm]
\tau_{xy} = -\dfrac{2p}{\pi} \int_{\theta_1}^{\theta_2} \sin\theta\cos\theta\,\mathrm{d}\theta = \dfrac{p}{2\pi}(\cos2\theta)\big|_{\theta_1}^{\theta_2}
\end{cases}
\qquad (11-119)
$$

其中，θ_1、θ_2 如图 11 - 22 所示。

11.9.2　位移计算

现在来推导半平面体在边界上受到均布单位力时的沉陷公式。

设有单位力均匀分布在半平面体边界的长度 c 上面，因而分布力的集度为 $1/c$，如图 11 - 23 所示。

为了求得距均布力中点 I 为 x 的一点 K 的沉陷 η_{ki}，将这个均布力分为无数多个微分力[3]：

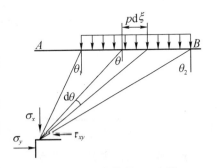

图 11 - 22　在微段 $\mathrm{d}\xi$ 上的
荷载为 $p\mathrm{d}\xi$

❸ 可以看作是无数多个集中力。

$$
\mathrm{d}F_\mathrm{P} = (1/c)\mathrm{d}r
$$

式中：r——该微分力至点 K 的距离。

应用沉陷公式（11 - 115），得出点 K 由于 $\mathrm{d}F_\mathrm{P}$ 作用而引起的微分沉

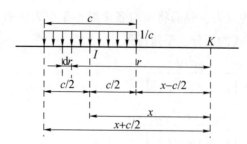

图 11 – 23　有单位力均匀分布在半
平面体边界的长度 c 上

陷为：

$$\mathrm{d}\eta_{ki} = \frac{2\mathrm{d}F_{\mathrm{P}}}{\pi E}\ln\frac{s}{r} = \frac{2}{\pi Ec}\ln\frac{x}{r}\mathrm{d}r$$

$$(11 - 120)$$

对 r 进行积分，即可求得沉陷 η_{ki}。

如果点 K 在均布力之外，则沉陷为：

$$\eta_{ki} = \frac{2}{\pi Ec}\int_{\frac{x-c}{2}}^{\frac{x+c}{2}}\ln\frac{s}{r}\mathrm{d}r$$

为简单起见，假设沉陷的基点取得很远，即 s 远远大于 r，积分时，可以把 s 当作常数，积分的结果为：

$$\eta_{ki} = \frac{1}{\pi E}(C + F_{ki}) \qquad (11 - 121)$$

其中：

$$C = 2\left(\ln\frac{s}{c} + 1 + \ln2\right),\ F_{ki} = -2\frac{x}{c}\ln\left(\frac{2\frac{x}{c} + 1}{2\frac{x}{c} - 1}\right) - \ln\left(4\frac{x^2}{c^2} - 1\right) \quad (11 - 122)$$

如果点 K 在均布力的中点 I ($x = 0$)，则沉陷为：

$$\eta_{ki} = \frac{2}{\pi Ec}2\int_0^{\frac{c}{2}}\ln\frac{s}{r}\mathrm{d}r$$

积分的结果仍然可以写成式（11 – 121）的形式，而且其中的常数 C 仍然如式（11 – 122）所示，但 $F_{ki} = 0$。

对于平面应变情况下的半平面体，沉陷公式（11 – 121）中的 E 应当换为 $E/(1 - \mu^2)$。

小　结

本章讲述了弹性力学平面问题的极坐标解答。首先推导了弹性力学平面问题在极坐标中的基本方程（平衡微分方程、几何方程）、应力函数、相容方程、应力分量和位移分量的坐标变换式；然后对轴对称问题、圆环或圆筒受均布压力、压力隧洞、圆孔的孔边应力集中、楔形体在楔顶或楔面受力、半平面体在边界上受法向集中力和法向分布力等问题进行了分析求解。求解步骤基本上是假设应力函数 φ，然后根据边界条件确定积分常数或假定常数，最后根据应力—应变关系、应变—位移关系求出位移。但必须注意的是，在假设应力函数 φ时，有时使用因次（量纲）分析法也是比较方便的；在确定常数时，对多连通体有时还要考虑位移单值条件。

思考题

1. 极坐标中各应变分量的表达式与直角坐标中有何不同？

2. 什么是轴对称问题？应力轴对称问题与位移轴对称问题一样吗？

3. 应力集中的程度与孔的形状有关吗？若为圆孔，与圆孔的半径有关吗？

习　题

1. 试导出用极坐标中的位移分量 u_r 和 u_θ 表示的直角坐标中的位移分量 u、v：

$$u = u_r \cos\theta - u_\theta \sin\theta, \quad v = v_r \sin\theta - v_\theta \cos\theta$$

2. 设有一个内半径为 a 而外半径为 b 的圆筒，受内压力 q 作用，试求内半径和外半径的改变，并求圆筒厚度的改变。

3. 设有一个刚体，具有半径为 b 的圆柱形孔道。孔道内放置一个圆筒，其外半径为 b 而内半径为 a，受内压力 q 作用，试求筒壁的应力。

4. 矩形薄板受纯剪切作用，剪力的集度为 q，如题图 11 - 1 所示。如果离板边较远处有一个小圆孔，试求孔边的最大和最小的正应力。

5. 在第 4 题中，如该矩形薄板中远离孔处的应力分量为：

$$\sigma_x = \sigma_y = \tau_{xy} = q$$

试求孔边的最大和最小的正应力。

6. 楔形体在两侧面上受有均布剪力 q，如题图 11 - 2 所示，试求应力分量。

提示：用式 (11 - 96)，并注意问题的对称性。

7. 如题图 11 - 3 所示的圆环，试证应力函数 $\varphi = M\theta/2\pi$ 能满足相容条件，并求出相应的应力分量。设在内半径为 a、外半径为 b 的圆环中发生上述应力，试求出边界上的面力，并求出每一边界上的主矢量与主矩。

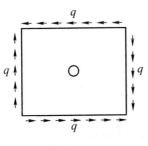

题图 11 - 1

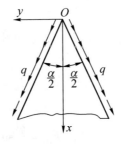

题图 11 - 2

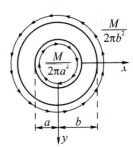

题图 11 - 3

部分习题参考答案

第1章

1. 题图 1-1（a）所示为几何不变体系，无多余约束。
   题图 1-1（b）所示为几何不变体系，无多余约束。
2. 题图 1-2（a）所示为几何不变体系，有两个多余约束。
   题图 1-2（b）所示为瞬变体系。
3. 题图 1-3（a）所示为几何不变体系，无多余约束。
   题图 1-3（b）所示为瞬变体系。
4. 题图 1-4（a）所示为几何不变体系，无多余约束。
   题图 1-4（b）所示为几何不变体系，无多余约束。
   题图 1-4（c）所示为几何常变体系。
   题图 1-4（d）所示为几何不变体系，无多余约束。
5. 题图 1-5（a）所示为瞬变体系。
   题图 1-5（b）所示为几何不变体系，无多余约束。
6. 题图 1-6（a）所示为几何不变体系，无多余约束。
   题图 1-6（b）所示为几何不变体系，有两个多余约束。
   题图 1-6（c）所示为几何不变体系，有两个多余约束。

第2章

2. 在题图 2-2（a）中，有：
$$M_A = 40 \text{ kN} \cdot \text{m （下侧受拉）}, \quad M_B = 80 \text{ kN} \cdot \text{m （上侧受拉）}$$
在题图 2-2（b）中，有：
$$M_D = 36 \text{ kN} \cdot \text{m （下侧受拉）}$$
在题图 2-2（c）中，有：
$$M_C = 8 \text{ kN} \cdot \text{m （下侧受拉）}, \quad M_D = M_E = 16 \text{ kN} \cdot \text{m （下侧受拉）}$$
在题图 2-2（d）中，有：
$$F_{VA} = ql\left(1 - \frac{1}{2}\cos^2\theta\right), \quad F_{HA} = \frac{ql}{4}\sin^2\theta, \quad F_{RB} = \frac{ql}{2}\cos\theta$$
在题图 2-2（e）中，有：
$$F_{QD} = \frac{20}{3} \text{ kN}, \quad M_D = 5 \text{ kN} \cdot \text{m}$$

在题图 2 - 2 (f) 中, 有:

$$F_{RH} = 5 \text{ kN } (\uparrow), \quad M_H = 15 \text{ kN} \cdot \text{m } (\text{下侧受拉})$$

3. 在题图 2 - 3 (a) 中, 有:

$$M_{AB} = 60 \text{ kN} \cdot \text{m } (\text{右侧受拉})$$

在题图 2 - 3 (b) 中, 有:

$$F_{RB} = 13.75 (\uparrow), \quad M_{CD} = 60 \text{ kN} \cdot \text{m } (\text{上侧受拉})$$

在题图 2 - 3 (c) 中, 有:

$$M_{DA} = \frac{1}{4}ql^2 \quad (\text{右侧受拉})$$

在题图 2 - 3 (d) 中, 有:

$$M_{DA} = \frac{2}{3}qa^2 \quad (\text{右侧受拉})$$

在题图 2 - 3 (e) 中, 有:

$$M_{ED} = 120 \text{ kN} \cdot \text{m } (\text{上侧受拉})$$

在题图 2 - 3 (f) 中, 有:

$$M_{DA} = 6 \text{ kN} \cdot \text{m } (\text{左侧受拉}), \quad M_{CE} = 5 \text{ kN} \cdot \text{m } (\text{上侧受拉})$$

在题图 2 - 3 (g) 中, 有:

$$M_{DA} = 6.75 \text{ kN} \cdot \text{m } (\text{左侧受拉})$$

在题图 2 - 3 (h) 中, 有:

$$M_{DA} = \frac{3}{2}ql^2 \quad (\text{右侧受拉}), \quad M_{FE} = \frac{1}{2}ql^2 \quad (\text{下侧受拉})$$

4. 如题图 2 - 4 (a) 所示的桁架有 4 根零杆; 如题图 2 - 4 (b) 所示的桁架有 8 根零杆; 如题图 2 - 4 (c) 所示的桁架有 15 根零杆。

5. 在如题图 2 - 5 (a) 所示桁架中, 有:

$$F_{BD} = -F_P, \quad F_{CD} = \frac{5\sqrt{5}}{8}F_P$$

在如题图 2 - 5 (b) 所示的桁架中, 有:

$$F_{HC} = 2F_P, \quad F_{IC} = \frac{3}{4}F_P$$

6. 在如题图 2 - 6 (a) 所示的桁架中, 有:

$$F_{N1} = 3.75 \text{ kN}, \quad F_{N2} = 12.5 \text{ kN}, \quad F_{N3} = -11.5 \text{ kN}$$

在如题图 2 - 6 (b) 所示的桁架中, 有:

$$F_{N1} = -50 \text{ kN}, \quad F_{N2} = -\frac{40}{3} \text{ kN}$$

在如题图 2 - 6 (c) 所示的桁架中, 有:

$$F_{N1} = 2F_P, \quad F_{N2} = 2F_P$$

在如题图 2-6 (d) 所示的桁架中, 有:
$$F_{N1} = 18 \text{ kN}, \quad F_{N2} = 25 \text{ kN}, \quad F_{N3} = 45 \text{ kN}$$

7. 在如题图 2-7 (a) 所示的组合结构中, 有:
$$M_F = 2 \text{ kN} \cdot \text{m} \text{ (上侧受拉)}, \quad F_{NDE} = 4 \text{ kN}$$

在如题图 2-7 (b) 所示的组合结构中, 有:
$$F_{NAD} = -12 \text{ kN}, \quad F_{QAC} = 3 \text{ kN}$$

8. 在如题图 2-8 所示的三铰拱中, 有:
$$M_K = 44 \text{ kN} \cdot \text{m}, \quad F_{QK} = -0.6 \text{ kN}, \quad F_{NK} = 5.8 \text{ kN} \text{ (拉力)}$$

9. (1) $F_{VA} = \dfrac{3}{4}F_P, \quad F_{VB} = \dfrac{1}{4}F_P, \quad F_H = \dfrac{1}{2}F_P$。

(2) $M_E = -0.50 \text{ m} \cdot F_P, \quad F_{NE} = -0.55F_P, \quad F_{QE} = -0.12F_P$。

(3) $F_{ND}^L = -0.78F_P, \quad F_{QD}^L = 0.45F_P$。

第3章

1. 题图 3-1 (a) 中端点 B 的竖直线位移为 $\Delta_V = 11F_P l^3/2EI_1$ ($\downarrow$); 题图 3-1 (b) 中端点 B 的水平线位移为 $\Delta_{BH} = qr^4/2EI$ ($\rightarrow$)。

2. 题图 3-2 中桁架结点 B 的竖直位移为 $\Delta_{BH} = 0.768 \text{ cm}$ ($\downarrow$)。

3. $\Delta_{FH} = 0.390 \text{ cm}$ ($\leftarrow$), $\Delta_{FV} = 0.124 \text{ cm}$ ($\uparrow$)。

5. 在题图 3-4 (a) 中, 有:
$$\Delta_{CV} = \frac{88}{3EI} \quad (\downarrow)$$

题图 3-4 (b) 中, 有:
$$\theta_C = \frac{3}{8EI}F_P l^2 \quad (\curvearrowleft)$$

在题图 3-4 (c) 中, 有:
$$\Delta_{CV} = \frac{11ql^4}{384EI} \quad (\downarrow), \quad \theta_C = \frac{ql^3}{48EI} \quad (\curvearrowright)$$

在题图 3-4 (d) 中, 有:
$$\Delta_{CV} = \frac{ql^4}{24EI} \quad (\downarrow)$$

6. $\Delta_{BH} = \dfrac{3qh^4}{8EI}$ ($\leftarrow$), $\Delta_{BV} = \dfrac{13}{12EI}qh^4$ ($\downarrow$), $\theta_B = \dfrac{4}{3EI}ql^3$ ($\curvearrowright$)。

7. $\theta_C = \dfrac{31F_P l^2}{72EI_1}$ ($\curvearrowright$), $\Delta_{CH} = \dfrac{17}{36EI_1}F_P l^3$ ($\leftarrow$)。

8. (1) $\Delta_{CV} = 0.088 \text{ cm}$ ($\downarrow$); (2) $\theta_B = 4.56 \times 10^{-4}$。

9. (a) $\dfrac{3ql^4}{2EI}$ ($\rightarrow\leftarrow$), 0, $\dfrac{7ql^3}{3EI}$ ($\curvearrowright\curvearrowleft$); (b) 0, $\dfrac{10l^3}{3EI}$ ($\downarrow\uparrow$), 0。

10. $\theta_{DB} = \dfrac{5ql^3}{24EI}$, $\theta_{CC} = \dfrac{11}{24EI}ql^3$ （ $\circlearrowleft$ $\circlearrowright$ ）。

11. $\Delta_{CV} = 15\alpha l + 7.5\dfrac{\alpha l^2}{h}$ （ $\uparrow$ ）。

12. $\Delta_{AV} = \dfrac{359}{4}\alpha tl$, $\Delta_{AH} = \dfrac{189}{8h}\alpha t^0 l^2 - \dfrac{23}{2}\alpha t^0 l$ （ $\leftarrow$ ）, $\theta_A = \dfrac{105}{2h}\alpha t^0 l$。

13. （1） $0.01a$；（2） -0.01。

14. $\Delta_{BV} = -\dfrac{ha}{l}$ （ $\leftarrow$ ）; $\theta_B = -\dfrac{a}{l}$ （ $\circlearrowright$ ）。

第 4 章

1. 如题图 4 – 1 （a） 所示结构的超静定次数为 5 次。

如题图 4 – 1 （b） 所示结构的超静定次数为 1 次。

如题图 4 – 1 （c） 所示结构的超静定次数为 4 次。

如题图 4 – 1 （d） 所示结构的超静定次数为 7 次。

如题图 4 – 1 （e） 所示结构的超静定次数为 12 次。

如题图 4 – 1 （f） 所示结构的超静定次数为 2 次。

如题图 4 – 1 （g） 所示结构的超静定次数为 5 次。

如题图 4 – 1 （h） 所示结构的超静定次数为 5 次。

2. 在题图 4 – 2 （a） 中，$F_{yB} = \dfrac{5}{18}F_P$。

在题图 4 – 2 （b） 中，$F_{yB} = \dfrac{5}{16}F_P$。

在题图 4 – 2 （c） 中，$M_{BA} = \dfrac{F_P l}{8}$ （上边受拉）。

在题图 4 – 2 （d） 中，$M_{BA} = \dfrac{F_P l}{8}$ （下边受拉）。

3. 如题图 4 – 3 （a） 所示结构的弯矩为 $M_{BA} = 45$ kN·m （上边受拉）。

如题图 4 – 3 （b） 所示结构的弯矩为 $M_{BA} = 15$ kN·m （上边受拉）。

4. 如题图 4 – 4 （a） 所示结构的弯矩为 $M_{CD} = 62.12$ kN·m （上边受拉）。

如题图 4 – 4 （b） 所示结构的弯矩为 $M_{CD} = 7.2$ kN·m （上边受拉）。

5. 如题图 4 – 5 （a） 所示刚架的弯矩为 $M_{CD} = 116.4$ kN·m （下边受拉）。

如题图 4 – 5 （b） 所示刚架的弯矩为 $M_{CD} = 1.98$ kN·m （上边受拉）。

6. 如题图 4 – 6 （a） 所示排架的弯矩为 $M_{AB} = 112.5$ kN·m （左边受拉）。

如题图 4 – 6 （b） 所示排架的弯矩为 $M_{DC} = 9.29$ kN·m （左边受拉）。

7. 如题图 4 – 7 （a） 所示桁架的轴力为 $F_{NCD} = 20$ kN。

如题图 4 – 7 （b） 所示桁架的轴力为 $F_{NDE} = -10$ kN。

8. 如题图 4 – 8 所示结构的弯矩为 $M_{EF} = 2.4 \text{ kN} \cdot \text{m}$ （下边受拉），
轴力为 $F_{NCD} = 37.60 \text{ kN}$。

9. 如题图 4 – 9 （a） 所示刚架的弯矩为 $M_{AB} = \dfrac{F_\text{P} h}{4}$ （左边受拉）。

如题图 4 – 9 （b） 所示刚架的弯矩为 $M_{CD} = 100 \text{ kN} \cdot \text{m}$ （下边受拉）。

如题图 4 – 9 （c） 所示刚架的弯矩为 $M_{AB} = \dfrac{qa^2}{24}$ （左边受拉）。

如题图 4 – 9 （d） 所示刚架的弯矩为 $M_{AB} = \dfrac{qa^2}{6}$ （上边受拉）。

10. $F_\text{H} = \dfrac{ql^2}{8f} \dfrac{1}{1 + \dfrac{15}{8} \dfrac{EI}{E_1 A_1 f^2}}$。

11. $M = 76.65 \text{ kN} \cdot \text{m}$。

12. $M_{BA} = 5.68 \text{ kN} \cdot \text{m}$ （上边受拉）。

13. $M_{CB} = 343.75 \text{ kN} \cdot \text{m}$ （上边受拉）。

14. $M_{AB} = 6.86 \text{ kN} \cdot \text{m}$ （右边受拉）。

15. $F_{NDE} = 2\,485.28 \text{ kN}$。

16. 如题图 4 – 16 （a） 所示超静定单跨梁由于支座移动引起的内力为：

$$M_{AB} = \frac{EI}{l} \theta_A \quad （上边受拉）$$

如题图 4 – 16 （b） 所示超静定单跨梁由于支座移动引起的内力为：

$$M_{AB} = -\frac{6EI\Delta_A}{l^2} \quad （下边受拉）$$

17. $M_{AB} = 8.06 \text{ kN} \cdot \text{m}$ （右边受拉）。

18. $\Delta_{CH} = 0.002 \text{ m}$ （→）。

19. $\Delta_{CH} = 0.000\,27 \text{ m}$ （→）。

第 5 章

1. 如题图 5 – 1 （a） 所示结构的基本未知量数目为 3。

如题图 5 – 1 （b） 所示结构的基本未知量数目为 8。

如题图 5 – 1 （c） 所示结构的基本未知量数目为 5。

如题图 5 – 1 （d） 所示结构的基本未知量数目为 3。

如题图 5 – 1 （e） 所示结构的基本未知量数目为 2。

如题图 5 – 1 （f） 所示结构的基本未知量数目为 3。

如题图 5 – 1 （g） 所示结构的基本未知量数目为 6。

如题图 5 – 1 （h） 所示结构的基本未知量数目为 3。

2. 如题图 5 - 2 （a） 所示连续梁的弯矩为 $M_{BA} = 13.33$ kN·m。

如题图 5 - 2 （b） 所示连续梁的弯矩为 $M_{BA} = 3.81$ kN·m。

3. 如题图 5 - 3 （a） 所示刚架的弯矩为 $M_{BA} = 46.67$ kN·m。

如题图 5 - 3 （b） 所示刚架的弯矩为 $M_{BA} = 6.67$ kN·m。

4. 如题图 5 - 4 （a） 所示刚架的弯矩为 $M_{BA} = 26.67$ kN·m。

如题图 5 - 4 （b） 所示刚架的弯矩为 $M_{BA} = 34.86$ kN·m。

如题图 5 - 4 （c） 所示刚架的弯矩为 $M_{BA} = 25.86$ kN·m。

如题图 5 - 4 （d） 所示刚架的弯矩为 $M_{BA} = 32.67$ kN·m。

5. 如题图 5 - 5 （a） 所示刚架的弯矩为 $M_{AC} = 45$ kN·m。

如题图 5 - 5 （b） 所示刚架的弯矩为 $M_{CA} = 337.5$ kN·m。

6. 如题图 5 - 6 （a） 所示刚架的弯矩为 $M_{CE} = 13.3$ kN·m。

如题图 5 - 6 （b） 所示刚架的弯矩为 $M_{DE} = 26.67$ kN·m。

如题图 5 - 6 （c） 所示刚架的弯矩为 $M_{DB} = 20.86$ kN·m。

如题图 5 - 6 （d） 所示刚架的弯矩为 $M_{BA} = 17.76$ kN·m。

7. 如题图 5 - 7 （a） 所示刚架的弯矩为 $M_{BA} = 60$ kN·m。

如题图 5 - 7 （b） 所示刚架的弯矩为 $M_{BA} = 64.8$ kN·m。

8. 如题图 5 - 8 （a） 所示刚架的弯矩为 $M_{BA} = 15$ kN·m。

如题图 5 - 8 （b） 所示刚架的弯矩为 $M_{BA} = 112.5$ kN·m。

如题图 5 - 8 （c） 所示刚架的弯矩为 $M_{BA} = 80$ kN·m。

如题图 5 - 8 （d） 所示刚架的弯矩为 $M_{AD} = 3.75$ kN·m。

第 6 章

1. 如题图 6 - 1 （a） 所示结构的弯矩为 $M_{BA} = -18$ kN·m。

如题图 6 - 1 （b） 所示结构的弯矩为 $M_{BA} = -24$ kN·m。

2. 如题图 6 - 2 （a） 所示结构支座 B 的反力为 $M_{BA} = 17.6$ kN·m。

如题图 6 - 2 （b） 所示结构支座 B 的反力为 $M_{BA} = 42$ kN·m。

3. 如题图 6 - 3 （a） 所示结构的力矩为 $M_{BA} = 83.2$ kN·m。

如题图 6 - 3 （b） 所示结构的力矩为 $M_{BA} = 6.57$ kN·m。

如题图 6 - 3 （c） 所示结构的力矩为 $M_{BA} = 14.77$ kN·m。

如题图 6 - 3 （d） 所示结构的力矩为 $M_{BA} = 31.71$ kN·m。

4. 如题图 6 - 4 （a） 所示结构的力矩为 $M_{BA} = 48$ kN·m。

如题图 6 - 4 （b） 所示结构的力矩为 $M_{BA} = 29.54$ kN·m。

如题图 6 - 4 （c） 所示结构的力矩为 $M_{BA} = 82.8$ kN·m。

如题图 6 - 4 （d） 所示结构的力矩为 $M_{BA} = 10.15$ kN·m。

如题图 6 - 4 （e） 所示结构的力矩为 $M_{BE} = -3.43$ kN·m。

如题图 6 – 4（f）所示结构的力矩为 $M_{BA} = 18.57 \ \mathrm{kN \cdot m}$。

如题图 6 – 4（g）所示结构的力矩为 $M_{BA} = 17.86 \ \mathrm{kN \cdot m}$。

如题图 6 – 4（h）所示结构的力矩为 $M_{BA} = 10.36 \ \mathrm{kN \cdot m}$。

5. 如题图 6 – 4（a）所示结构的力矩为 $M_{BC} = 24 \ \mathrm{kN \cdot m}$。

如题图 6 – 4（b）所示结构的力矩为 $M_{BA} = 18 \ \mathrm{kN \cdot m}$。

如题图 6 – 4（c）所示结构的力矩为 $M_{EF} = 12 \ \mathrm{kN \cdot m}$。

如题图 6 – 4（d）所示结构的力矩为 $M_{BE} = 24 \ \mathrm{kN \cdot m}$。

第 7 章

1.（a）M_C 影响线点 C 的纵坐标为 $\dfrac{ab}{l}$。

（b）$M_C = \dfrac{ab}{l} F_P l$（下拉），$F_{QC}^{\mathrm{L}} = \dfrac{b}{l} F_P$，$F_{QC}^{\mathrm{R}} = -\dfrac{a}{l} F_P$。

2. F_{RA} 影响线在梁左端的纵坐标为 $\dfrac{7}{5}$；M_C 影响线的最大值 -1（最左端），D 截面右侧 F_{QC} 的影响线的值 $-\dfrac{a}{l} F_P$。支座 A 左段 F_{QC} 影线线 -1，M_D 影响线的最大值为 $\dfrac{6}{5}$ m，D 截面左 F_{QD} 的影响线的值 $-\dfrac{3}{5}$，M_A 影响线在最左端的值 -2 m，支座 A 左段 F_{QA}^{L} 影响线的值 -1，支座 A 侧 F_{QA}^{R} 影响线的值 1。

3. $F_{yA} = F_{yA}^0$，$F_{yB} = F_{yB}^0$，$F_H = 0$ $M = M^0$，$F_{QC} = F_{QC}^0 \dfrac{l}{\sqrt{l^2 + h^2}}$，$F_{NC} = -F_{QC}^0 \dfrac{h}{\sqrt{l^2 + h^2}}$。其中 F_{yA}^0、$F_{yB}^0 M^0$、F_{QC}^0 分别为相应水平梁相关量值的影响线方程。

4. D 截面的 F_{RD} 影响线 1，M_C 影响线在点 F 的纵坐标 2 m，C 截面的 F_{QC}^{L} 影响线 -1，CF 段的 F_{QC}^{R} 影响线 1，E 截面的 M_H 影响线 1 m，E 截面右侧的 F_{QH} 影响线 1。

5. B 截面的 F_{RF} 影响线 2，AE 段的 F_{yA} 影响线 1，M_A 影响线在点 E 的竖坐标 3 m，I 截面的 M_I 影响线 1 m，I 截面左、右的 F_{QI} 影响线分别为 -1 和 1。

6. M_C 影响线在点 1、2 的竖坐标 $\dfrac{l}{6}$。F_{QC} 影响线在截面 1、2 的值分别为：-0.25 和 0.25。

7. M_A 在 B 截面的影响线为 a，M_F 在 C 截面的影响线为 a，F_{QF} 在 F 左截面的影响线为 1，F_{NA} 在 B 截面的影响线为 -1。

8. 杆 3、4、5、6、7、8 的轴力影响线在中点 C 的纵坐标分别为：$-\dfrac{1}{2}$、$-\dfrac{1}{2}$、0、$\dfrac{1}{2}$、$\dfrac{\sqrt{2}}{2}$、$\dfrac{1}{2}$。

9. $F_{N1} = -1$，$F_{N2} = \dfrac{\sqrt{2}}{2}$，$F_{N3} = -1$（均为中点的值）。

10. $M_E = 15.75$ kN $\cdot$ m，$F_{QE} = -0.50$ kN，$M_B = -4.50$ kN $\cdot$ m，$F^l_{QB} = -6.50$ kN。

11. $F_{RB} = 68$ kN，$M_D = 120$ kN $\cdot$ m。

12. （1）$M_{Cmax} = 195.30$ kN $\cdot$ m，（2）$F_{QAmax} = 51.19$ kN。（3）梁内绝对最大弯矩值为 195.30 kN $\cdot$ m。

13. $M_{max} = 7.03$ kN $\cdot$ m，F_{P2} 位于距左支点 1.90 m 处。

14. 当 $x = \dfrac{l}{3}$ 时，M_A 达到极大值。

15. $F_{RB} = \dfrac{1}{2l^3} x \ (3l^2 - x^2)$ （AB 段），$F_{RB} = \dfrac{1}{2l^3} \ (2l - x) \ [3l^2 - (2l - x)^2]$ （BC 段），

$F_{RB} = 0.6875$（D 点值），$M_D = \dfrac{1}{8l^2} x \ (3l^2 + x^2)$ （AD 段），$M_D = \dfrac{1}{8l^2} \ (l - x) \ (4l^2 - lx - x^2)$

（DB 段），$M_D = -\dfrac{1}{8l^2} \ (x - l)(2l - x)(3l - x)$ （BC 段），$M_D = 0.2031l$（点的值），$F_{QD} = \dfrac{1}{4l^3}$

$x \ (5l^2 - x^2)$ （AD 段），$F_{QD} = \dfrac{1}{4l^3} \ (l - x) \ (4l^2 - lx - x^2)$ （DB 段），$F_{QD} = -\dfrac{1}{4l^3} \ (x - l)$

$(2l - x)(3l - x)$（BC 段），$F_{QD} = 0.4063$（D 右点值）。

第 8 章

1. （1）$\theta = 0$，稳定平衡；$\theta = \pi$，不稳定平衡。

（2）$\theta = 0$，不稳定平衡；$\theta = \pi$，稳定平衡。

（3）随遇平衡。

2. 题图 8 - 2 所示结构的临界荷载 $q_{cr} = \dfrac{k}{6}$。

3. 题图 8 - 3 所示结构的临界荷载 $F_{Pcr} = \dfrac{kl}{2}$。

4. 题图 8 - 4 所示结构的临界荷载 $F_{Pcr} = \dfrac{6EI}{l^2}$。

5. 题图 8 - 5 所示结构的临界荷载 $F_{Pcr1} = \dfrac{k}{l}$；$F_{Pcr2} = \dfrac{3k}{l}$。

6. （1）$F_{Pcr} = \dfrac{3EI_2}{l^2}$；（2）$F_{Pcr} = \dfrac{\pi EI_1}{l^2}$；（3）$\pi I_1 = 3I_2$。

7. 题图 8 - 7 所示结构体系的特征方程为 $\tan \dfrac{\alpha l_1}{2} + \dfrac{i_1}{i_2} \dfrac{\alpha l_1}{2} = 0$。

8. 题图 8 - 8 所示结构体系的特征方程为 $\tan \alpha l = \dfrac{\alpha l}{1 + \dfrac{(\alpha l)^2}{6}}$。

9. 题图 8-9 所示结构的临界荷载为 $F_{\mathrm{Pcr}} = \dfrac{1.513EI}{l^2}$。

10. 题图 8-10 所示结构的临界荷载为 $F_{\mathrm{Pcr}} = 4.482 \dfrac{EI_1}{l^2}$。

11. 题图 8-11 所示结构的临界荷载为 $F_{\mathrm{Pcr}} = 1.849 \dfrac{\pi^2 EI_0}{l^2}$（提示：取 $y = A\sin\dfrac{\pi x}{l}$）。

第 9 章

1. 平面应力：建筑结构中的深梁；平板坝的平板支墩等。平面应变：受土压力作用的长挡土墙；很长的重力坝等。

2. 提示：将 $\sigma_x = \sigma_y = -q$ 及 $\tau_{xy} = 0$ 代入相应方程即可得证。

3. $\sigma_x = \dfrac{F_P L \cdot y}{I_z}$，$\tau_{xy} = \dfrac{F_P}{2I_z}\left(\dfrac{h^2}{4} - y^2\right)$。其中，$L$ 为悬臂梁的臂长，I_z 为整个截面对中性轴的惯性矩，y 为计算点到中性轴的距离（坐标），h 为梁截面的高度。

4. 垂直面 OA：$\sigma_x = -\gamma y$，$\tau_{xy} = 0$；斜面 OB：$\overline{X} = 0$，$\overline{Y} = 0$，代入应力边界条件即可。

5. 上表面 AC：$\sigma_y = 0$，$\tau_{yx} = 0$；下表面 BD：$\sigma_y = 0$，$\tau_{yx} = 0$；左边 AB：$u = \bar{u} = 0$，$v = \bar{v} = 0$；自由端 CD：$\sigma_x = 0$，$b\displaystyle\int_{-h/2}^{h/2} \tau_{xy}\,\mathrm{d}y = F_P$。

6. 体力必须这样分布：$X = 0$，$Y = \gamma$。

7. 利用 9.11 节中的公式（9-82）和（9-83）求得 $\tau_{\max}$ 和 $\tau_{\min}$ 的方向 $\alpha_1 = 45°$，$\alpha_2 = 135°$，代入式（9-82）得 $\sigma_n = \pm(\sigma_1 + \sigma_2)/2$。

第 10 章

1. $\sigma_x = \dfrac{My}{I} + \rho g y\left(\dfrac{4y^2}{h^2} - \dfrac{3}{5}\right)$，$\sigma_y = \dfrac{\rho g y}{2}\left(1 - \dfrac{4y^2}{h^2}\right)$。

2. $\sigma_y = 2q\dfrac{y}{h}\left(1 - \dfrac{3y}{h}\right) - \rho g y$，$\tau_{xy} = q\dfrac{x}{h}\left(3\dfrac{x}{h} - 2\right)$。

3. $\sigma_x = \rho g x\cot\alpha - 2\rho g y\cot^2\alpha$。

4. 可作为应力函数；能解决悬臂梁（左端自由，右端固定）在上边受均布荷载 q 作用的问题。

5. 当 $A = -5B/3$ 时，可作为应力函数：

$$\sigma_x = \dfrac{2q_0}{h^3}\dfrac{xy}{l}\left(2y^2 - x^2 - l^2 - \dfrac{3}{10}h^3\right)$$

$$\sigma_y = \dfrac{q_0}{2h^3}\dfrac{x}{l}\ (3yh^2 - 4y^3 - h^3)$$

$$\tau_{xy} = \dfrac{q_0}{4h^3 l}\ (h^2 - 4y^2)\ \left(-3x^2 - y^2 + l^2 - \dfrac{1}{20}h^2\right)$$

第 11 章

1. 提示：由正文中图 11-4，对各位移变量进行投影，即可得出该式。

2. $\dfrac{qa\ (1-\mu^2)}{E}\left(\dfrac{b^2+a^2}{b^2-a^2}+\dfrac{\mu}{1-\mu}\right)$, $\dfrac{qa\ (1-\mu^2)}{E}\dfrac{2ab}{b^2-a^2}$, $-\dfrac{qa\ (1-\mu^2)}{E}\left(\dfrac{b-a}{b+a}+\dfrac{\mu}{1-\mu}\right)$。

3. $\sigma_\theta=\dfrac{\dfrac{1-2\mu}{r^2}-\dfrac{1}{b^2}}{\dfrac{1-2\mu}{a^2}+\dfrac{1}{b^2}}q$, $\sigma_r=\dfrac{\dfrac{1-2\mu}{r^2}+\dfrac{1}{b^2}}{\dfrac{1-2\mu}{a^2}+\dfrac{1}{b^2}}q$。

4. $\pm 4q$。

5. $6q$。

6. $\sigma_r=-q\left(\dfrac{\cos 2\theta}{\sin\alpha}+\cot\alpha\right)$, $\sigma_\theta=q\left(\dfrac{\cos 2\theta}{\sin\alpha}-\cot\alpha\right)$, $\tau_{r\theta}=\tau_{\theta r}=q\dfrac{\sin 2\theta}{\sin\alpha}$。

7. 该应力函数能满足相容方程；主矢和主矩在内外边界上相同，主矢 $F_R=0$，主矩 $M_R=M$。

参考文献

［1］龙驭球，包世华，匡文起，等. 结构力学教程（Ⅰ）. 北京：高等教育出版社，2000.

［2］龙驭球，包世华，匡文起，等. 结构力学教程（Ⅱ）. 北京：高等教育出版社，2001.

［3］包世华，辛克贵. 结构力学（上）. 4 版. 武汉：武汉工业大学出版社，2012.

［4］包世华，辛克贵. 结构力学（下）. 4 版. 武汉：武汉工业大学出版社，2012.

［5］刘尔烈. 结构力学. 天津：天津大学出版社，1996.

［6］郭长城. 结构力学. 武汉：武汉大学出版社，1988.

［7］金宝桢. 结构力学：第一册. 3 版. 北京：高等教育出版社，1986.

［8］雷克昌. 结构力学. 北京：水利电力出版社，1995.

［9］李廉锟. 结构力学：上册. 2 版. 北京：高等教育出版社，1984.

［10］李廉锟. 结构力学：下册. 2 版. 北京：高等教育出版社，1984.

［11］范祖尧，郁永熙. 结构力学. 北京：机械工业出版社，1980.

［12］刘昭培，张韫美. 结构力学：上册. 天津：天津大学出版社，1991.

［13］刘昭培，张韫美. 结构力学：下册. 天津：天津大学出版社，1991.

［14］支秉深，包世华，雷钟和. 结构力学：修订本. 北京：中央广播电视大学出版社，1985.

［15］邓秀泰，樊友景，咸大明. 结构力学题解及考试指南. 北京：中国建材工业出版社，1995.

［16］郑念国，戴仁杰. 应用结构力学：典型例题剖析. 上海：同济大学出版社，1993.

［17］戴贤扬，江素华，赵如骝，等. 结构力学解题指导. 北京：高等教育出版社，1997.

［18］徐芝纶. 弹性力学：上册. 北京：高等教育出版社，1982.

［19］王龙甫. 弹性理论. 北京：科学出版社，1978.

［20］刘人通. 弹性力学. 西安：西北工业大学出版社，2002.

［21］丁立祚，邵震豪. 弹性力学习题解答. 北京：中国铁道出版社，1982.

［22］胡人礼. 桥梁力学. 北京：中国铁道出版社，1999.

［23］龙驭球. 有限元法概论：上册. 2 版. 北京：高等教育出版社，1978.

［24］龙驭球. 有限元法概论：下册. 2 版. 北京：高等教育出版社，1978.

［25］赵超燮. 结构矩阵分析原理. 北京：人民教育出版社，1982.